· The Works of Archimedes ·

任何一张列举有史以来三个最伟大的数学家的名单之中，必定会包括阿基米德，而另外两个通常是牛顿和高斯。不过以他们的宏伟业绩和所处的时代背景来比较，或拿他们影响当代和后世的深邃久远来比较，还应首推阿基米德。他的那句名言"给我一个支点，我就能撬动地球"，至今被人们所传诵。

给我一个支点，我就能撬动地球。

——阿基米德

本书列入"十四五"国家重点图书出版规划

科学元典丛书

The Series of the Great Classics in Science

主　　编　任定成

执行主编　周雁翎

策　　划　周雁翎

丛书主持　陈　静

　　科学元典是科学史和人类文明史上划时代的丰碑，是人类文化的优秀遗产，是历经时间考验的不朽之作。它们不仅是伟大的科学创造的结晶，而且是科学精神、科学思想和科学方法的载体，具有永恒的意义和价值。

科学元典丛书

阿基米德经典著作集

The Works of Archimedes

[古希腊] 阿基米德　著　　[英] T.L.希思　编

凌复华　译

北京大学出版社
PEKING UNIVERSITY PRESS

图书在版编目（CIP）数据

阿基米德经典著作集 /（古希腊）阿基米德著;(英) T. L.希思编;凌复华译. —北京：北京大学出版社,2022.1
(科学元典丛书)
ISBN 978-7-301-32542-1

Ⅰ.①阿…　Ⅱ.①阿…②T…③凌…　Ⅲ.①阿基米德(Archimedes 前 287—前 212)-数学－文集②阿基米德(Archimedes 前 287—前 212)-物理学－文集　Ⅳ.①O115.45-53②O4-53

中国版本图书馆 CIP 数据核字（2021）第 192791 号

The Works of Archimedes by Archimedes

Edited in modern notation with introductory chapters by T. L. Heath

Cambridge：Cambridge University Press，1897

书　　　名	阿基米德经典著作集
	AJIMIDE JINGDIAN ZHUZUOJI
著作责任者	[古希腊] 阿基米德　著　　[英] T. L.希思　编　凌复华　译
丛 书 策 划	周雁翎
丛 书 主 持	陈　静
责 任 编 辑	唐知涵
标 准 书 号	ISBN 978-7-301-32542-1
出 版 发 行	北京大学出版社
地　　　址	北京市海淀区成府路 205 号　　100871
网　　　址	http://www.pup.cn　　新浪微博：@北京大学出版社
微信公众号	科学元典（微信号：kexueyuandian）
电 子 信 箱	zyl@pup.pku.edu.cn
电　　　话	邮购部 010-62752015　发行部 010-62750672　编辑部 010-62753056
印 刷 者	北京中科印刷有限公司
经 销 者	新华书店
	787 毫米×1092 毫米　16 开本　27.75 印张　16 插页　640 千字
	2022 年 1 月第 1 版　2023 年 1 月第 2 次印刷
定　　　价	98.00 元

弁　言

　　这套丛书中收入的著作,是自古希腊以来,主要是自文艺复兴时期现代科学诞生以来,经过足够长的历史检验的科学经典。为了区别于时下被广泛使用的"经典"一词,我们称之为"科学元典"。

　　我们这里所说的"经典",不同于歌迷们所说的"经典",也不同于表演艺术家们朗诵的"科学经典名篇"。受歌迷欢迎的流行歌曲属于"当代经典",实际上是时尚的东西,其含义与我们所说的代表传统的经典恰恰相反。表演艺术家们朗诵的"科学经典名篇"多是表现科学家们的情感和生活态度的散文,甚至反映科学家生活的话剧台词,它们可能脍炙人口,是否属于人文领域里的经典姑且不论,但基本上没有科学内容。并非著名科学大师的一切言论或者是广为流传的作品都是科学经典。

　　这里所谓的科学元典,是指科学经典中最基本、最重要的著作,是在人类智识史和人类文明史上划时代的丰碑,是理性精神的载体,具有永恒的价值。

一

　　科学元典或者是一场深刻的科学革命的丰碑,或者是一个严密的科学体系的构架,或者是一个生机勃勃的科学领域的基石,或者是一座传播科学文明的灯塔。它们既是昔日科学成就的创造性总结,又是未来科学探索的理性依托。

　　哥白尼的《天体运行论》是人类历史上最具革命性的震撼心灵的著作,它向统治西方思想千余年的地心说发出了挑战,动摇了"正统宗教"学说的天文学基础。伽利略《关于托勒密和哥白尼两大世界体系的对话》以确凿的证据进一步论证了哥白尼学说,更直接地动摇了教会所庇护的托勒密学说。哈维的《心血运动论》以对人类躯体和心灵的双重关怀,满怀真挚的宗教情感,阐述了血液循环理论,推翻了同样统治西方思想千余年、被"正统宗教"所庇护的盖伦学说。笛卡儿的《几何》不仅创立了为后来诞生的微积分提供了工具的解析几何,而且折射出影响万世的思想方法论。牛顿的《自然哲学之数学原理》标志着 17 世纪科学革命的顶点,为后来的工业革命奠定了科学基础。分别以惠更斯的《光论》与牛顿的《光学》为代表的波动说与微粒说之间展开了长达 200 余年的论战。拉瓦锡在《化学基础论》中详尽论述了氧化理论,推翻了统治化学百余年之久的燃素理论,这一智识壮举被公认为历史上最自觉的科学革命。道尔顿的《化学哲学新体系》奠定了物质结构理论的基础,开创了科学中的新时代,使 19 世纪的化学家们有计划地向未知领域前进。傅立叶的《热的解析理论》以其对热传导问题的精湛处理,突破了牛顿的《自然哲学之数学原理》所规定的理论力学范围,开创了数学物理学的崭新领域。达尔文《物种起源》中的进化论思想不仅在生物学发展到分子水平的今天仍然是科学家们阐释的对象,而且 100 多年来几乎在科学、社会和人文的所有领域都在施展它有形和无形的影响。《基因论》揭示了孟德尔式遗传性状传递机理的物质基础,把生命科学推进到基因水平。爱因斯坦的《狭义与广义相对论浅说》和薛定谔的《关于波动力学的四次演讲》分别阐述了物质世界在高速和微观领域的运动规律,完全改变了自牛顿以来的世界观。魏格纳的《海陆的起源》提出了大陆漂移的猜想,为当代地球科学提供了新的发展基点。维纳的《控制论》揭示了控制系统的反馈过程,普里戈金的《从存在到演化》发现了系统可能从原来无序向新的有序态转化的机制,二者的思想在今天的影响已经远远超越了自然科学领域,影响到经济学、社会学、政治学等领域。

　　科学元典的永恒魅力令后人特别是后来的思想家为之倾倒。欧几里得的《几何原本》以手抄本形式流传了 1800 余年,又以印刷本用各种文字出了 1000 版以上。阿基米德写了大量的科学著作,达·芬奇把他当作偶像崇拜,热切搜求他的手稿。伽利略以他的继承人自居。莱布尼兹则说,了解他的人对后代杰出人物的成就就不会那么赞赏了。为捍卫《天体运行论》中的学说,布鲁诺被教会处以火刑。伽利略因为其《关于托勒密和哥白尼两大世界体系的对话》一书,遭教会的终身监禁,备受折磨。伽利略说吉尔伯特的《论磁》一书伟大得令人嫉妒。拉普拉斯说,牛顿的《自然哲学之数学原理》揭示了宇宙的最伟大定律,它将永远成为深邃智慧的纪念碑。拉瓦锡在他的《化学基础论》出版后 5 年被法国革命法庭处死,传说拉格朗日悲愤地说,砍掉这颗头颅只要一瞬间,再长出这样的头颅 100 年也不够。《化学哲学新体系》的作者道尔顿应邀访法,当他走进法国科学院会议厅时,院长和全体院士起立致敬,得到拿破仑未曾享有的殊荣。傅立叶在《热的解析理论》中阐述的强有力的数学工具深深影响了整个现代物理学,推动数学分析的发展达一个多世纪,麦克斯韦称赞该书是"一首美妙的诗"。当人们咒骂《物种起源》是"魔鬼的经典""禽兽的哲学"的时候,赫胥黎甘做"达尔文的斗犬",挺身捍卫进化论,撰写了《进化论与伦理学》和《人类在自然界的位置》,阐发达尔文的学说。经过严复的译述,赫胥黎的著作成为维新领袖、辛亥精英、"五四"斗士改造中国的思想武器。爱因斯坦说法拉第在《电学实验研究》中论证的磁场和电场的思想是自牛顿以来物理学基础所经历的最深刻变化。

在科学元典里,有讲述不完的传奇故事,有颠覆思想的心智波涛,有激动人心的理性思考,有万世不竭的精神甘泉。

二

按照科学计量学先驱普赖斯等人的研究,现代科学文献在多数时间里呈指数增长趋势。现代科学界,相当多的科学文献发表之后,并没有任何人引用。就是一时被引用过的科学文献,很多没过多久就被新的文献所淹没了。科学注重的是创造出新的实在知识。从这个意义上说,科学是向前看的。但是,我们也可以看到,这么多文献被淹没,也表明划时代的科学文献数量是很少的。大多数科学元典不被现代科学文献所引用,那是因为其中的知识早已成为科学中无须证明的常识了。即使这样,科学经典也会因为其中思想的恒久意义,而像人文领域里的经典一样,具有永恒的阅读价值。于是,科学经典就被一编再编、一印再印。

早期诺贝尔奖得主奥斯特瓦尔德编的物理学和化学经典丛书"精密自然科学经典"从 1889 年开始出版,后来以"奥斯特瓦尔德经典著作"为名一直在编辑出版,有资料说目前已经出版了 250 余卷。祖德霍夫编辑的"医学经典"丛书从 1910 年就开始陆续出版了。也是这一年,蒸馏器俱乐部编辑出版了 20 卷"蒸馏器俱乐部再版本"丛书,丛书中全是化学经典,这个版本甚至被化学家在 20 世纪的科学刊物上发表的论文所引用。一般把 1789 年拉瓦锡的化学革命当作现代化学诞生的标志,把 1914 年爆发的第一次世界大战称为化学家之战。奈特把反映这个时期化学的重大进展的文章编成一卷,把这个时期的其他 9 部总结性化学著作各编为一卷,辑为 10 卷"1789—1914 年的化学发展"丛书,于 1998 年出版。像这样的某一科学领域的经典丛书还有很多很多。

科学领域里的经典,与人文领域里的经典一样,是经得起反复咀嚼的。两个领域里的经典一起,就可以勾勒出人类智识的发展轨迹。正因为如此,在发达国家出版的很多经典丛书中,就包含了这两个领域的重要著作。1924 年起,沃尔科特开始主编一套包括人文与科学两个领域的原始文献丛书。这个计划先后得到了美国哲学协会、美国科学促进会、科学史学会、美国人类学协会、美国数学协会、美国数学学会以及美国天文学学会的支持。1925 年,这套丛书中的《天文学原始文献》和《数学原始文献》出版,这两本书出版后的 25 年内市场情况一直很好。1950 年,沃尔科特把这套丛书中的科学经典部分发展成为"科学史原始文献"丛书出版。其中有《希腊科学原始文献》《中世纪科学原始文献》和《20 世纪(1900—1950 年)科学原始文献》,文艺复兴至 19 世纪则按科学学科(天文学、数学、物理学、地质学、动物生物学以及化学诸卷)编辑出版。约翰逊、米利肯和威瑟斯庞三人主编的"大师杰作丛书"中,包括了小尼德勒编的 3 卷"科学大师杰作",后者于 1947 年初版,后来多次重印。

在综合性的经典丛书中,影响最为广泛的当推哈钦斯和艾德勒 1943 年开始主持编译的"西方世界伟大著作丛书"。这套书耗资 200 万美元,于 1952 年完成。丛书根据独创性、文献价值、历史地位和现存意义等标准,选择出 74 位西方历史文化巨人的 443 部作品,加上丛书导言和综合索引,辑为 54 卷,篇幅 2 500 万单词,共 32 000 页。丛书中收入不少科学著作。购买丛书的不仅有"大款"和学者,而且还有屠夫、面包师和烛台匠。迄 1965 年,丛书已重印 30 次左右,此后还多次重印,任何国家稍微像样的大学图书馆都将其列入必藏图书之列。这套丛书是 20 世纪上半叶在美国大学兴起而后扩展到全社会的经典著作研读运动的产物。这个时期,美国一些大学的寓所、校园和酒吧里都能听到学生讨论古典佳作的声音。有的大学要求学生必须深研 100 多部名著,甚至在教学中不得使用最新的实验设备,而是借助历史上的科学大师所使用的方法和仪器复制品去再现划时代的著名实验。至 20 世纪 40 年代末,美国举办古典名著学习班的城市达 300 个,学员 50 000 余众。

相比之下,国人眼中的经典,往往多指人文而少有科学。一部公元前 300 年左右古希腊人写就的《几何原本》,从 1592 年到 1605 年的 13 年间先后 3 次汉译而未果,经 17 世纪初和 19 世纪 50 年代的两次努力才分别译刊出全书来。近几百年来移译的西学典籍中,成系统者甚多,但皆系人文领域。汉译科学著作,多为应景之需,所见典籍寥若晨星。借 20 世纪 70 年代末举国欢庆"科学春天"到来之良机,有好尚者发出组译出版"自然科

学世界名著丛书"的呼声,但最终结果却是好尚者抱憾而终。20 世纪 90 年代初出版的
"科学名著文库",虽使科学元典的汉译初见系统,但以 10 卷之小的容量投放于偌大的中
国读书界,与具有悠久文化传统的泱泱大国实不相称。

我们不得不问:一个民族只重视人文经典而忽视科学经典,何以自立于当代世界民
族之林呢?

三

科学元典是科学进一步发展的灯塔和坐标。它们标识的重大突破,往往导致的是常
规科学的快速发展。在常规科学时期,人们发现的多数现象和提出的多数理论,都要用
科学元典中的思想来解释。而在常规科学中发现的旧范型中看似不能得到解释的现象,
其重要性往往也要通过与科学元典中的思想的比较显示出来。

在常规科学时期,不仅有专注于狭窄领域常规研究的科学家,也有一些从事着常规
研究但又关注着科学基础、科学思想以及科学划时代变化的科学家。随着科学发展中发
现的新现象,这些科学家的头脑里自然而然地就会浮现历史上相应的划时代成就。他们
会对科学元典中的相应思想,重新加以诠释,以期从中得出对新现象的说明,并有可能产
生新的理念。百余年来,达尔文在《物种起源》中提出的思想,被不同的人解读出不同的
信息。古脊椎动物学、古人类学、进化生物学、遗传学、动物行为学、社会生物学等领域的
几乎所有重大发现,都要拿出来与《物种起源》中的思想进行比较和说明。玻尔在揭示氢
光谱的结构时,提出的原子结构就类似于哥白尼等人的太阳系模型。现代量子力学揭示
的微观物质的波粒二象性,就是对光的波粒二象性的拓展,而爱因斯坦揭示的光的波粒
二象性就是在光的波动说和粒子说的基础上,针对光电效应,提出的全新理论。而正是
与光的波动说和粒子说二者的困难的比较,我们才可以看出光的波粒二象性说的意义。
可以说,科学元典是时读时新的。

除了具体的科学思想之外,科学元典还以其方法学上的创造性而彪炳史册。这些方
法学思想,永远值得后人学习和研究。当代诸多研究人的创造性的前沿领域,如认知心
理学、科学哲学、人工智能、认知科学等,都涉及对科学大师的研究方法的研究。一些科
学史学家以科学元典为基点,把触角延伸到科学家的信件、实验室记录、所属机构的档案
等原始材料中去,揭示出许多新的历史现象。近二十多年兴起的机器发现,首先就是对
科学史学家提供的材料,编制程序,在机器中重新做出历史上的伟大发现。借助于人工
智能手段,人们已经在机器上重新发现了波义耳定律、开普勒行星运动第三定律,提出了
燃素理论。萨伽德甚至用机器研究科学理论的竞争与接受,系统研究了拉瓦锡氧化理

论、达尔文进化学说、魏格纳大陆漂移说、哥白尼日心说、牛顿力学、爱因斯坦相对论、量子论以及心理学中的行为主义和认知主义形成的革命过程和接受过程。

除了这些对于科学元典标识的重大科学成就中的创造力的研究之外，人们还曾经大规模地把这些成就的创造过程运用于基础教育之中。美国几十年前兴起的发现法教学，就是在这方面的尝试。近二十多年来，兴起了基础教育改革的全球浪潮，其目标就是提高学生的科学素养，改变片面灌输科学知识的状况。其中的一个重要举措，就是在教学中加强科学探究过程的理解和训练。因为，单就科学本身而言，它不仅外化为工艺、流程、技术及其产物等器物形态，直接表现为概念、定律和理论等知识形态，更深蕴于其特有的思想、观念和方法等精神形态之中。没有人怀疑，我们通过阅读今天的教科书就可以方便地学到科学元典著作中的科学知识，而且由于科学的进步，我们从现代教科书上所学的知识甚至比经典著作中的更完善。但是，教科书所提供的只是结晶状态的凝固知识，而科学本是历史的、创造的、流动的，在这历史、创造和流动过程之中，一些东西蒸发了，另一些东西积淀了，只有科学思想、科学观念和科学方法保持着永恒的活力。

然而，遗憾的是，我们的基础教育课本和不少科普读物中讲的许多科学史故事都是误讹相传的东西。比如，把血液循环的发现归于哈维，指责道尔顿提出二元化合物的元素原子数最简比是当时的错误，讲伽利略在比萨斜塔上做过落体实验，宣称牛顿提出了牛顿定律的诸数学表达式，等等。好像科学史就像网络上传播的八卦那样简单和耸人听闻。为避免这样的误讹，我们不妨读一读科学元典，看看历史上的伟人当时到底是如何思考的。

现在，我们的大学正处在席卷全球的通识教育浪潮之中。就我的理解，通识教育固然要对理工农医专业的学生开设一些人文社会科学的导论性课程，要对人文社会科学专业的学生开设一些理工农医的导论性课程，但是，我们也可以考虑适当跳出专与博、文与理的关系的思考路数，对所有专业的学生开设一些真正通而识之的综合性课程，或者倡导这样的阅读活动、讨论活动、交流活动甚至跨学科的研究活动，发掘文化遗产、分享古典智慧、继承高雅传统，把经典与前沿、传统与现代、创造与继承、现实与永恒等事关全民素质、民族命运和世界使命的问题联合起来进行思索。

我们面对不朽的理性群碑，也就是面对永恒的科学灵魂。在这些灵魂面前，我们不是要顶礼膜拜，而是要认真研习解读，读出历史的价值，读出时代的精神，把握科学的灵魂。我们要不断吸取深蕴其中的科学精神、科学思想和科学方法，并使之成为推动我们前进的伟大精神力量。

任定成

2005 年 8 月 6 日

北京大学承泽园迪吉轩

阿基米德（Archimedes，前287—前212），
古希腊哲学家、数学家、物理学家。

由于海上贸易的需要，雅典和其他城邦国家的希腊人开始向外殖民。新的希腊城邦遍及地中海及黑海沿岸。因此，许多古希腊名人并不出生在希腊本土。比如，阿基米德便出生于现在意大利西西里岛的锡拉库萨（古名叙拉古）。

⬆现今锡拉库萨街景。（梁冰摄影）

▶锡拉库萨位置图。

⬆ 锡拉库萨城中的阿基米德雕像，他右手拿着镜子，左手握着圆规。（梁冰摄影）

◀ 锡拉库萨也是那首意大利民歌中唱的桑塔露琪亚的故乡。图为 Saint Lucia 教堂。（梁冰摄影）

⬇ 下面这座面朝大海的古希腊剧场，始建于公元前 5 世纪。后为公元前 3 世纪叙拉古国王希伦二世改建。希伦二世就是让阿基米德鉴定王冠是否为纯金的那位国王。（梁冰摄影）

阿基米德青年时去埃及的亚历山大城学习数学，结识了数学家科农和厄拉多塞。他在这里的学习和工作，为他以后的科学研究和发明打下了基础。

⬆欧几里得

⬆阿基米德求学的亚历山大图书馆，曾是举世闻名的古代文化中心。此馆建于托勒密王朝时期，后来毁于战火。

◀厄拉多塞

⬇1995 年，联合国教科文组织和埃及政府开始重建亚历山大图书馆。新馆建在亚历山大海滨大道上，紧傍"地中海新娘"雕像。新馆面朝大海，背靠亚历山大大学，有强烈的现代感和厚重的历史感。（周雁翎摄影）

◀ **亚历山大灯塔,**位于亚历山大港近旁的法罗斯岛上。大约在公元前283年由小亚细亚的建筑师索斯特拉特设计,在托勒密王朝时建造,是当时世界最高的建筑。14世纪时,灯塔毁于地震。

▶ 考古学家赫尔曼·蒂尔施于1909年绘制的灯塔复原图。

◢ 1480年,埃及国王玛姆路克苏丹为了抵抗外来侵略,使用灯塔遗留下来的石料在灯塔的遗址上建造了一个城堡。见下图。(周雁翎摄影)

阿基米德在亚历山大城学成后回到故乡叙拉古，此后再也没有离开。当时为了抵御罗马入侵，他设计了许多机械保卫叙拉古。

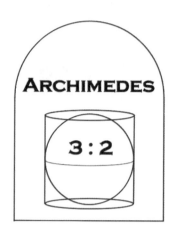

⬆ 公元前 212 年，当叙拉古被罗马大军攻破时，阿基米德仍专注于在地面上描画几何图形。罗马士兵破门而入，他大声呵责"不要碰坏我的图！"这句话激怒了罗马士兵，阿基米德被杀害，时年 75 岁。

⬆ 阿基米德的墓碑上镌刻有一个圆柱及其内切球，上面注明二者的体积之比和面积之比均为 3:2。

⬇ 公元前 75 年，即他去世 137 年后，时任西西里岛财务官的罗马政治家、演说家西塞罗（Cicero），在锡拉库萨找到了荒废的阿基米德墓，并加以修缮。（梁冰摄影）

希腊学者的书最初都是写在纸草上的，不易保存，传世很少。迄今为止，尚未发现阿基米德的手稿。6世纪时常见的阿基米德著作，不过两三种而已。那时有少量拉丁语译本保存于修道院的图书馆中。从10世纪中叶开始，大量希腊语著作被翻译为拉丁语。阿基米德的著作在经过了漫长岁月的洗礼后，依然以希腊文抄本、阿拉伯文或拉丁文本译本以及重写本的形式流传。

▶ 海贝格（Johan Heiberg，1854—1928），丹麦学者，其1879年的博士论文《解读阿基米德》探讨了阿基米德著作的各种版本，随后推出了一个至今沿用的阿基米德著作希腊语版本。

◀ 海贝格于1906—1908年在君士坦丁堡检视一份祈祷书时，发现它写在阿基米德的书上。除了制作于16世纪的少数纸页，都是羊皮纸，仍可辨认于10世纪精心抄写的阿基米德著作的大部分内容。其中最引人注目的是一直被认为已经佚失的《方法》。

▶ 沃尔特斯艺术博物馆收藏的阿基米德著作的重写本。在中世纪时，作为书写载体的羊皮纸非常昂贵。因此，在抄写书籍（通常是宗教书籍）时，有时会选择将原有书籍的文字抹去，在上面重新书写。常常将原先的一页从中间拆为两页装帧，因此新的文字与原文字相互垂直。

除了海贝格，还有几位学者在保存、传播和研究阿基米德著作中有重大贡献。

PAPPI ALEXANDRINI MATHEMATICARVM COLLECTIONVM LIBER TERTIVS.

CVM COMMENTARIIS
FEDERICI COMMANDINI VRBINATIS.

◀ 帕普斯（Pappus，约290—约350），罗马帝国晚期伟大的数学家，著有《数学汇编》，该书记录了许多重要的古希腊数学成果，在数学史上意义重大。希思《阿基米德经典著作集》英文版对《数学汇编》的引用也甚多。

▶ 希思（T. L. Heath，1861—1940），《阿基米德经典著作集》英文版编者，20世纪研究古希腊数学史最负盛名的学者。自1885年开始，写了十余本书，涵盖所有主要古希腊数学家。包括欧几里得、阿基米德和阿波罗尼奥斯。这些书不是简单的翻译，而是在忠于原著的基础上重新编写，并采用了现代记法，更便于阅读。这些书成为当今数学界引用最多的古希腊数学英语文献。

目 录

引　言

导　　读

• Introduction to Chinese Version •

阿基米德具有良好的学术道德,从不贬低别人来夸大自己的成就,反而经常提到自己因前人的成果而得到启发。他也坦承有些问题的求解折磨他许久。凡是用到他人成果之处,阿基米德都明确指出。

阿基米德肖像

一、阿基米德是谁?

一提起阿基米德,许多读者会立刻想到关于他的三个故事。

第一个故事,说的是阿基米德在澡盆里泡澡时,突然悟出了如何解决叙拉古国王希伦(Hieron)交给他的难题:在不损坏王冠的前提下,检验王冠是否为纯金。找到答案后,他激动不已,来不及穿上衣服就光着身子在大街上狂奔,边跑边喊:"尤里卡(Eureka)! 尤里卡(Eureka)!"意思是"找到了! 找到了!"这个故事引出了我们现在熟知的"浮力定律"。

第二个故事,阿基米德声称:给我一个支点,我就能撬动地球。这也是出于希伦国王的要求,阿基米德向他演示如何用很小的力,移动很重的物体。在国王和众多市民的瞩目之下,阿基米德借助一套复杂的曲柄滑轮机械,以一己之力移动了一艘大船,然后就说出了"给我一个支点,我就能撬动地球"这句豪言壮语。这个故事引出了我们现在熟知的"杠杆原理"。

第三个故事,说的是阿基米德痴迷于几何学。痴迷到什么程度呢? 当叙拉古被罗马大军攻破时,他浑然不觉,仍专注于自己在地面上描画的几何图形。罗马士兵破门而入,他大声呵责:"不要碰坏我的图!"阿基米德因此激怒罗马士兵而被杀害。(关于阿基米德被杀害经过,有多种版本,但大同小异。)

这三个故事,给世人留下了深刻的印象。

阿基米德的一位朋友赫拉克利德斯(Heracleides),曾撰写过阿基米德的生平传记,但该传记未能存留至今。因此,我们对阿基米德的生活细节不甚清楚,例如,他是否结婚? 有无子嗣? 这些都不清楚。不过,比较确切知道的有以下事实:

第一,阿基米德在他的著作《数沙者》中提到,他父亲是一位天文学家,名为菲迪亚斯(Pheidias)。

第二,阿基米德与叙拉古国王希伦和王子革隆(Gelon)之间的关系十分密切,他们很可能是亲戚。

第三,亚历山大城是当时的希腊文化中心,有一座闻名于世的亚历山大图书馆,云集了各地慕名而来的学者。阿基米德曾在亚历山大城待过一段时间,在那里学习和做研究。这意味着,他曾与大数学家欧几里得的学生一起做过研究工作。在亚历山大城，阿基米德结识了当时的著名学者——来自萨摩斯的科农（Conon）和数学家厄拉多塞。阿基米德习惯于在发表新成果之前与科农沟通，也曾把"牛群问题"的要点寄给厄拉多塞。他还把自己的几部作品题献给另一位朋友，来自佩鲁西乌姆的多西休斯（Dositheus），他是科农的学生，也住在亚历山大。

第四，从繁华的亚历山大城回到故乡叙拉古以后，阿基米德再也没有离开过。他把全部精力用于研究几何学，顺便又发明了许多精巧的机械。但这些机械对他而言只是"几何之余的消遣"，他并不看重。

第五，阿基米德发明的一些机械，让攻打叙拉古的罗马士兵闻风丧胆，主帅不得不转而围城。三年后，叙拉古因为防务出现漏洞而被攻破。

第六，叙拉古陷落后，陷入一片混乱之中，但阿基米德仍全神贯注于他在沙地上绘制的几何图形。他被一名罗马士兵所杀，但那名士兵并不知道被杀者是谁。

第七，阿基米德曾请求他的朋友和亲戚，在他的墓上放置一个内部有相切圆球的圆柱体，并在其上镌刻圆柱体与圆球的体积之比及面积之比（均为 3∶2）。可见，他把这个比值的发现，看作他一生最重要的成就。公元前 75 年，即他去世137 年后，时任西西里岛财务官的罗马政治家、演说家西塞罗（Cicero），找到了被废弃的阿基米德墓，看到了墓碑上镌刻的铭文诗句。西塞罗随后对墓地进行了修缮。

除此之外，还有许多关于阿基米德的传说，如他会忘记食物和其他生活必需品，他会在炉灰或者在抹油的身上勾画几何图形；再如上面提到的测量王冠、杠杆拖动大船，以及后面将要讲到的用镜面和大吊车摧毁罗马战船，等等。虽然有的略显夸张，但很能体现这位伟大科学家的性格和智慧。

二、辉煌的古希腊文明

大家都知道，古代巴比伦、埃及、印度和中国，是四大古代文明区域，或者叫文明圈。比这四大文明圈晚一些，出现了爱琴海文明。爱琴海文明发源于克里特岛（也有说是希腊半岛和爱琴海诸岛），后来文明中心移至希腊半岛，出现了迈锡尼文明。对迈锡尼时期的了解，主要来自《荷马史诗》。公元前 1100 年至公元前 1000年，由于战乱等原因，迈锡尼文明被毁灭，希腊历史进入了所谓的"黑暗时期"。

后来,由于海上贸易再次兴盛,新的城邦国家纷纷建立,雅典和其他城邦国家的希腊人,开始向外殖民。有些殖民地由逃离本土的战败者或放逐者所建立,更多的是为了贸易需要而建立。因此,许多古希腊名人并不出生在希腊本土。比如,阿基米德便出生于现在意大利西西里岛的锡拉库萨(古名叙拉古)。

公元前490年,波斯大军渡海西侵,但在马拉松战役中被人数居于劣势的雅典重装步兵击败。希腊人赢得了第一次希波战争的胜利,希腊历史进入"古典时期"。

在古代希腊各城邦中,势力最大的是雅典和斯巴达。这两个城邦为了争霸,互相攻伐,进行了旷日持久的内战,给繁荣的古希腊带来了前所未有的破坏,导致其国力式微,整个希腊开始由盛转衰。

公元前338年,希腊被马其顿王国征服。公元前336年,年仅20岁的马其顿王子亚历山大继承王位。在继任马其顿国王后,亚历山大在短短的十几年时间内,东征西战,建立了一个横跨欧亚非的大帝国。于是,亚历山大国王就变成了亚历山大大帝。然而,不幸的是,公元前323年6月,亚历山大大帝突发疾病,仅几天时间,就匆匆离世,年仅33岁。尽管亚历山大像一颗短暂的流星划破天际,但他开创的希腊化时代,对世界文明产生了深远的影响。

古希腊文明在政治、经济、哲学、艺术、科学、数学等方面都有巨大成就。关于科学和数学,后面将详细介绍。

经济方面,希腊早就形成了古代世界堪称发达的外向型经济。当地适合种植葡萄和橄榄,制成的葡萄酒和橄榄油绝大部分用来出口。希腊人还用陶土生产上乘的陶器,将石头制成优质的建筑材料和雕塑材料,运销海外。

聪明睿智的希腊人,几乎创设了现代政治学研究的一切形式:僭主制、寡头制、贵族制、共和制、民主制、君主制等。在政治制度上,不采用代表制,更不采用世袭制,一切都以公民的意志为转移。这是一种直接的民主,在历史的发展中,它演化为一种精神,这就是民主精神。

在哲学王国里,从苏格拉底(Socrates)开始,经过柏拉图(Plato),再到亚里士多德(Aristotle),名师才高八斗,高徒学富五车,更形成了一道万世瞩目的风景。

在文学园地里,希腊神话最为引人瞩目,史诗也居于重要地位。《荷马史诗》既具有重大的文学价值,又蕴含着大量史学信息。

古希腊建筑开欧洲建筑的先河。古希腊建筑的结构属梁柱体系,早期主要建筑材料都用石头。石柱以鼓状砌块垒叠而成,砌块之间有榫卯或金属销子连接。墙体也用石砌块垒成,砌块平整精细,砌缝严密,不用胶结材料。古希腊建筑的一个重要特点是,必须遵循一定的数学比例,例如大量采用黄金分割比例——1：0.618。

三、古希腊数学与科学

表1列出了400多年间,古希腊20位大数学家及其主要成就。

表1 古希腊的知名数学家

年代(公元前)	姓名(汉译)	姓名(英译)	主要成就
约624—约547	泰勒斯	Thales	引进几何学
约570—约495	毕达哥拉斯	Pythagoras	勾股定理和无理数
约560—约490	埃利斯的希庇亚斯	Hippias of Elis	
500—428	阿那克萨哥拉	Anaxagoras	
460—370	希俄斯的希波克拉底	Hippocrates of Chios	
460—370	德谟克利特	Democritus	
460—385	昔兰尼的特奥多鲁斯	Theodorus of Cyrene	
430—360	阿尔基塔斯	Archytas	
427—347	柏拉图	Plato	
415—369	特埃特图斯	Theaetetus	
408—355	尼多斯的欧多克斯	Eudoxus of Cnidos	穷举法与比例
活跃于约350	莱昂	Leon	
	梅奈奇姆斯	Menaechmus	发现圆锥曲线
约390—约320	狄诺斯特拉托斯	Dinostratus	
活跃于前4世纪	泰乌迪乌斯	Theudius	
约325—约270	欧几里得	Euclid	公理系统
310—230	萨摩斯的阿里斯塔克	Aristarchus of Samos	首创日心说
287—212	阿基米德	Archimedes	度量几何学
276—194	厄拉多塞	Eratosthenes	
约262—约190	帕加的阿波罗尼奥斯	Apollonius of Perga	形式与状态几何学

在这些数学家中,最重要的当推欧几里得、阿基米德和阿波罗尼奥斯。对阿基米德影响较大的有泰勒斯、毕达哥拉斯、欧多克斯、欧几里得等。阿里斯塔克和厄拉多塞是阿基米德同时代的人,后者是阿基米德的好友。许多数学家同时也是物

理学家、天文学家、工程师等。下面,我们对几位最重要的数学家略作介绍。

　　泰勒斯出生于今土耳其境内米利都,曾去埃及学习,带来了一条几何定理:圆周上任一点到直径两端连线的夹角为直角。一般把他看作希腊几何学始祖。他因预测公元前585年的日食而出名,又曾提出"万物本原为水"和"万物有灵",创建米利都学派。在柏拉图时代,他被誉为"希腊七贤"之一。

　　毕达哥拉斯出生于今土耳其境内爱奥尼亚,后移居意大利南部,曾游历巴比伦和印度,可能还有埃及。他认为"万物皆数",并以此为宗旨,建立了一个集宗教、政治、学术于一体的团体——毕达哥拉斯学派。毕达哥拉斯痴迷于数学,引入黄金分割、勾股定理和无理数。他还把音乐纳入他的世界——以数为中心的理论之中。他对弦长比例与音乐和谐关系的研究,在乐器的制造上具有重要的实用价值,他还试图把音程的和谐与宇宙星际的和谐秩序相对应。毕达哥拉斯也是最早指出地球是球体的人。

　　欧多克斯生于小亚细亚。他采用穷举法测量面积和体积,创立了几何学中重要的比例理论,对可通约数和不可通约数都可应用。此外,他还提出了行星轨道同心球理论。欧多克斯可能是对阿基米德影响最大的先驱。他开馆执教,培养了许多学生。

　　欧几里得曾在雅典柏拉图学园求学,后来前往亚历山大城游学。在总结前人成果的基础上又有所发展,写出了传世名作《几何原本》。这本巨著给几何学建立了严谨的公理系统,一直沿用至今。此外,他还著有《论数字》《图形分割》《镜面成像》《球面天文学》和《透视光学》等著作,还有一些著作已经遗失了。

　　阿波罗尼奥斯出生于今土耳其帕加,曾在亚历山大城学习。著有《圆锥曲线论》七卷,全面地讨论了圆锥曲线的性质。阿波罗尼奥斯被称为形式与状态几何学始祖。

　　由上可知,古希腊在算术和几何学方面取得了高度的成就。但古希腊人不知道零和负数,在他们的数学著作中也没有代数学。零是印度人发明的,代数是从阿拉伯人那里引入的。

　　古希腊的科学也相当发达。物理学起源于古希腊学者(如泰勒斯、亚里士多德和柏拉图)对物质起源和运动的思考。在天文学方面,古希腊人对历法,地球、月球、太阳的大小,地月距,日地距以及行星轨道均有研究。喜帕恰斯(Hipparchus)创建了西方最早的星图。

　　在希腊化时期,实用科学和工程得到了极大的发展,如克特西比乌斯

(Ktesibios)发明真空泵、菲洛的军事工程等。然而希腊化时期,最重要的科学家和工程师,无疑当首推阿基米德。他发现的流体静力学原理、杠杆原理及其在曲柄滑轮机械中的应用、重心定理等,至今仍是静力学的基本定理,有着十分广泛的应用。

四、阿基米德的重要成就

阿基米德在很多方面都做出了杰出的成就,主要表现在以下几个方面。

(一) 对几何学的贡献

第一,关于 π 的计算。阿基米德由圆的外切 96 边形算出 π<3.1428,又由圆的内接 96 边形算出 π>3.1408。注意,我们现在计算的 π 的准确值是3.1415926535……

第二,关于圆柱及其内切球之体积与表面积之间的关系。阿基米德要求后人在他的墓碑上刻一个圆柱及其内切球,注明两者的体积与表面积之比(圆柱表面积包括两底面)均为 3∶2,这是他认为自己最重要的成就。

第三,算出球的表面积是大圆面积的 4 倍。

第四,求出抛物线弓形的面积,为同底等高三角形的 4/3。

第五,给出三次方程的解及其应用。

第六,对阿基米德螺线(见图 1)的研究和应用。为解决用尼罗河水灌溉土地的问题,阿基米德发明了圆筒状的螺旋扬水器,后面还要提到。

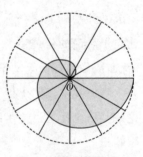

图 1　阿基米德螺线

(二) 对力学的贡献

第一,提出了杠杆原理。原理本身十分简单,如图 2 所示,$DW=dw$,其中 D 为阻力臂,W 为阻力,d 为动力臂,w 为动力,即阻力臂×阻力=动力臂×动力。阿基米德根据这个公式声称,"给我一个支点,我就能撬动地球"。我们来算一下,要撬动地球,

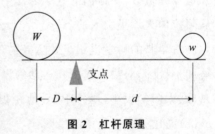

图 2　杠杆原理

这根杠杆需要多长。已知地球的重量约为 6×10^{24} 千克,设阿基米德施加的向下压力为 60 千克,又设支点离杠杆与地球的接触点(重力臂)为 10 m,则撬动地球杠杆的动力臂为 10^{21} 千米。11 光年 $=10^{16}$ 米,即杠杆的另一端在 10 万光年以外,约等于银河系的直径。至于杠杆原理的应用,那就不胜枚举了。

第二,研究了多种图形的重心。阿基米德得到的主要结果是:

相同重量组合的重心位于二者连线的中点,不同重量组合的重心到二者的距离与相应的重量成反比;三角形的重心位于两条中线的交点;抛物线弓形的重心位于其轴(顶点与底边中点的连线)上距底边 2/5 处;旋转抛物体正截段的重心位于其轴(顶点与底面中点的连线)上距底面 3/5 处。

(三) 对机械学的贡献

第一,设计并制造螺旋扬水器(见图 3)。阿基米德在亚历山大求学期间发明了螺旋扬水器。操作方法是,用手柄转动螺旋扬水器,随着扬水器的转动,就可以把水从尼罗河提升到河岸上。后人称这种机械为"阿基米德螺旋"。类似的装置以后沿用了很多年。这个发明有两个要素:一是转动螺杆使水克服重力沿着轴线向斜上方推进,从河流进入农田;二是用曲柄转动螺杆,曲柄离轴线越远,产生同样力矩所需的力便越小,当然经过的距离越长。

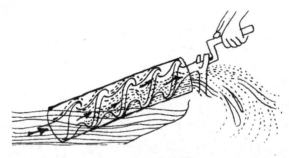

图 3　螺旋扬水器

现在,阿基米德螺旋原理具有十分广泛的应用。例如,轮船的螺旋桨,只不过被推进的不是水,而是轮船本身。飞机的螺旋桨也类似。此外,该原理还被应用于钻头和螺钉等。

第二,对滑轮的研究。滑轮有三种类型:定滑轮、动滑轮和滑轮组(见图 4)。定滑轮用于改变力的方向;动滑轮以增加作用距离为代价,可以用较小的力拖动或提升重物;若用一个定滑轮和一个动滑轮构成复合滑轮,则既能改变力的方向,又能省力;还可以把几个复合滑轮组成滑轮组,省更多的力。

阿基米德曾凭一己之力拖动一艘大船。他使用了曲柄、螺杆、滑轮等机构,甚至还可能有齿轮。滑轮在阿基米德前几百年便为人所知，但他十分熟练地应用于实践中，并对其运动学原理做出了说明。

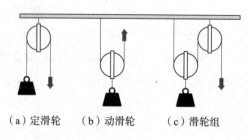

（a）定滑轮　　（b）动滑轮　　（c）滑轮组

图 4　滑轮

（四）对流体静力学的贡献

第一，提出浮力定律。物体受到的浮力等于它排开液体的重量。因此船浮在水面，且有一定吃水深度。同一物体在比重大的液体中浮起较多。

第二，证明了海平面形状与地球表面吻合而成球形。

第三，研究了旋转抛物体截段浮在液体中的稳定平衡位置。

（五）对数字研究的贡献

第一，对开平方的研究。

第二，发明了大数的表示方法。

第三，提出了所谓的"牛群问题"。

（六）对天文学的贡献

第一，发明了测量太阳视角的工具。阿基米德在一根长杆的一端固定一个小圆柱或圆盘，日出时（便于直接观察）指向太阳升起的方向，然后移动圆柱到某个距离，使它恰好覆盖太阳。他测得的太阳直径的视角与现代数据相当接近。

第二，推测了地球、月球和太阳的直径，但不太准确。

第三，制作了天象仪。阿基米德制作了一个精巧的多层天象仪。为西塞罗亲眼所见并予以描述，说它表示了月球的周期和太阳的视运动。该天象仪模拟太阳、月球和五颗行星在天空中的运动，精确到甚至可预测短期月食和日食，它很可能是由水力驱动的。阿基米德的著作《球的制作》对这台天象仪做了描述，可惜这本书也失传了。

（七）在其他方面的贡献

第一，战争机械。最令人感兴趣的传说是，阿基米德用大凹面镜焚毁罗马战船，但推测更可能是用许多平面镜。近年来对此有若干模仿例：1973 年，希腊科学家萨卡斯（Sakkas）用 60 面平面镜在 50 米外引燃了木船；2009 年，MIT 学生用 100 面平面镜在 40 米外经十分钟引燃木头；2010 年，在一个电视秀中用 500 面平面镜聚光，但只达到约 105℃，不足以引燃木头。

有人认为，阿基米德可能用蒸汽炮摧毁了罗马战船。又有人说他设计了投石机，通过城墙上的孔洒下碎石雨，打击敌人。还有人说他设计了配备有可移动长杆的大吊车，超越城墙，或是投射重物于敌人的战船，或是用抓斗型的东西抓住战船，将船首高高举起、狠狠摇晃，随后或是撞击巨石，或是放开战船重重落下而摧毁之。

第二，阿基米德盒子（见图 5）。这是一种拼图智力游戏，用 14 块象牙可以拼成小狗、人像、大象等，长期以来都被学者认为只是借用阿基米德的名字来表示它很困难。但 1906 年发现的君士坦丁堡抄件，证实了它确系阿基米德的原创。近来的研究表明，拼成方形的不同方式有 536 种，若象牙块可以翻转，则多达 17152 种，也许这才是阿基米德发明这个拼图的目的。

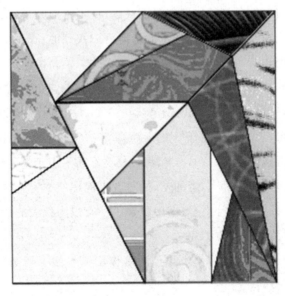

图 5　阿基米德盒子

五、对阿基米德著作的保存、传播和研究

希腊学者的书最初写在纸草上,不易保存,传世很少。约公元前 170 年,人们发明了羊皮纸,公元 3 世纪起,羊皮纸在欧洲广泛应用,直到 14 世纪被中国纸替代。

迄今为止,尚未发现阿基米德本人的手稿。

公元 5 世纪,西罗马帝国灭亡后,西欧进入黑暗时期,懂希腊语的人寥寥无几。6 世纪时常见的阿基米德著作,不过两三种而已。那时有少量拉丁语译本,保存于修道院图书馆中。6 世纪阿拉伯人崛起后,不少希腊语著作被译为阿拉伯语。10 世纪中叶开始,大量希腊语著作被翻译为拉丁语,首先便是借助已有的阿拉伯语译本。

阿基米德著作的希腊语原本被不断转抄,但它们都源自 9—10 世纪的所谓瓦拉手抄本,遗憾的是它已无迹可寻。瓦拉(Georga Valla)于 1486 至 1499 年间执教于威尼斯;他本人翻译了阿基米德和尤托西乌斯的部分著作。我们只知道,瓦拉的阿基米德原本,看起来是根据属于一位精通数学人士的原稿,细心抄写而成的。但原稿从何而来,又是如何编辑而成的,便不得而知了。瓦拉的阿基米德原本,收集了十余本专著,远多于几个世纪前可以找到的,真是十分幸运,但其来源不详,令人猜测。

此外,阿基米德著作拉丁语译本的印刷,始于 1544 年巴塞尔首印版。

丹麦学者海贝格(Johan Heiberg,1854—1928),在 1879 年的博士论文《解读阿基米德》中,探讨了阿基米德著作的各种版本。此后不久,他推出一个令人满意、至今沿用的希腊语版本。1906 年,海贝格又在君士坦丁堡发现了抄写在阿基米德的书上的一本祈祷书。幸运的是,抄写者未能把原文完全抹去,原来的文字仍然或多或少可以辨认。特别是,书中包含了一直以为佚失的《方法》,还有被称为阿基米德盒子的拼图智力游戏。

读者现在看到的这本《阿基米德经典著作集》,包括了阿基米德所有的存世著作。这些著作包括:

《论球与圆柱》《圆的度量》《论拟圆锥与旋转椭球》《论螺线》《论平面图形的平衡或平面图形的重心》《数沙者》《抛物线弓形求积》《论浮体》《引理汇编》《牛群问

题《阿基米德的方法》。

还有一些阿基米德的著作在文献中有比较确凿的记载,但已佚失。帕普斯(Pappus,约290—约350)描述了阿基米德发现的13种半正多面体,由等边、等角但不相似的多边形面构成;《论平衡或杠杆》;一本内容与算术有关的书,标题为《原理》;一部光学方面的著作;《论球的制作》,描述了如何制作水力驱动的天象仪;《论重心》《论曲面轨迹》。又根据喜帕恰斯所述,阿基米德一定写过关于日历或年的长度的书。

一些阿拉伯学者认为,阿基米德还写了以下几本书,但除了第一个主题的内容见于文献外,其他并无确证。这些书是:《论圆周上的七边形》《论相切的圆》《论平行线》《论三角形》《论直角三角形的性质》以及关于数的书。

在保存、传播和研究阿基米德著作方面有重大贡献的学者中,除了海贝格之外,首推本书英文原版的编写者,英国学者希思(T. L. Heath,1861—1940)。他是20世纪最负盛名的古希腊数学史研究者,自1885年开始写了十余本书,涵盖了所有主要的古希腊数学家,包括欧几里得、阿基米德和阿波罗尼奥斯。本书的英语原版于1897年出版,包括了当时已知的13篇阿基米德著作,1912年第二版又补充了新发现的一篇。

英语原版不是简单的翻译,而是在忠于原著的基础上重新编写,还加入了一些历史资料,并采用现代记法,以便于阅读。该书还有一篇详尽的引言,篇幅约为正文的四分之一,除了介绍书中的内容,也补充了不少其他资料,更有编者本人和其他学者多年来对阿基米德工作的研究和分析。这些使该书成为当今数学界应用最广的阿基米德著作英文版本。

另外还要提到罗马帝国晚期的数学家和数学史家,亚历山大的帕普斯,他的著作《数学汇编》记录了包括阿基米德在内的许多重要的古希腊数学成果,在数学史上十分重要。

如果您想要对阿基米德进行深入研究,除了细读本书,还可以参考戴克斯泰赫伊斯关于阿基米德的专著(E. J. Dijksterhuis , Archimedes , Princeton University Press , 1987),其中克诺尔(Wilbur R. Knorr)的一篇综述值得关注,它列出了250余篇较近的相关文献。

六、阿基米德的治学态度和治学方法

阿基米德具有良好的学术道德,从不贬低别人来夸大自己的成就,反而经常提到自己因前人的成果而得到启发。他也坦承有些问题的求解折磨他许久。凡是用到他人成果之处,阿基米德都明确指出。这为历史学家的研究提供了极大方便。阿基米德与其同时代的学者保持良好的互动关系,毫不吝啬对他们的赞扬。

希腊学者通常只给出结论而不告知该结论如何得到。阿基米德的专论《方法》是一个难得的例外。这篇专论清楚地展示了作者的思路,先利用力学模型得出一个合理的结论,然后用数学方法(通常是穷举法和反证法)严格证明。由此途径所得到的结果有抛物线图形面积、旋转抛物体体积和重心、球的体积和半球的重心等。

值得指出的是,阿基米德的思维十分缜密。像欧几里得一样,他从非常基本的定义出发,加上一些公设和假设,并应用若干已知的相关结果,开始于证明非常简单的命题,每次前进一小步,最后所得到的常常是一开始难以想象的结果,关键的数学证明步骤以使用穷举法为主。例如在《论球与圆柱》卷 I 中,他先定义了弯折线、曲面、凹向同一侧的线和面、球扇形和立体菱形等概念,然后提出了最短线段、最小面积及不等图形可以通过自我相加而反超等假设,再经过几十条命题和引理,最终在命题 34 的推论中给出了他最引以为傲的结果:底面为球的大圆、高为球的直径的圆柱的体积和表面积都是相应的球的 1.5 倍。

在另一些专著中,阿基米德利用已有的结果,对一些专题进行了透彻的讨论。例如在《论球与圆柱》卷 II 中,阿基米德对球、球缺、圆锥等的体积与表面积之间的关系进行了详细的讨论。

在关于其他对象(圆、抛物线、重心、螺线、旋转体、浮体)的专著中,也可以观察到上述阿基米德纵深推进和横向扩展的思维方法。

英文版前言

• *Preface to the English Edition* •

当我们阅读阿基米德接踵而来的命题时，也许印象并不是特别深刻，但我们发现在后面应用时绝对无误；而且我们被引导进入了这样易于驾驭的平台，以致原始问题开始时出现的困难，变得几乎不那么重要了。

阿基米德制作了一个精巧的多层水力驱动天象仪。西塞罗曾见到并报导它如何运行。

本书旨在作为我最近出版的阿波罗尼奥斯（Apollonius）《圆锥曲线论》专著的姊妹篇。使"伟大几何学家"的著作可以为当代数学家们阅读，我觉得是很值得做的一件事情。由于原著的长度与形式，数学家们要么不能阅读原始希腊语文本或拉丁语译文，要么虽然读了，也不能理解及把握其完整体系。更因为这也许是最伟大的一位数学旷世奇才的杰作，虽然我对公众提供的并非我的原创而只是对他人工作的转述，我也觉得问心无愧。

米歇尔·夏斯莱（Michel Chasles）对阿基米德几何学，以及如此高度发展的阿波罗尼奥斯的几何学的主要特征，做了颇具教益的区分。夏斯莱说，他们两位的工作可以被视为整个几何学领域的两项伟大研究的本源与基础。阿波罗尼奥斯关注的是形式与位置的几何学，而在阿基米德那里，我们找到了曲线平面图形求面积与曲面包容体求体积的度量几何学，而正是这些催生了后世的微积分研究，微积分被开普勒（Johannes Kepler）、卡瓦列里（Cavalieri）、费马（Pierre de Fermat）、莱布尼茨（Gottfried Wilhelm Leibniz）和牛顿（Isaac Newton）成功地构思并完成。但是如何评价阿基米德的主要成就呢？是他虽然只有十分有限的手段可用，却能够成功地求出抛物线与螺线图形的面积、球与球缺①的表面积与体积以及二次曲线旋转体任意截段的体积，还是他找到了抛物线弓形的重心、用算术方法计算了 π 的近似值、发明了一个能够用词语表示极大数字（大到 1 后面加上 80 万亿个零）的系统，或者是他发明了水力学这整个科学学科，并对其进行深入研究，给出对飘浮在流体中的旋转抛物面正截段②的静止与稳定位置的最完善研究？聪明的读者不可能不对他异常广阔的学科领域和娴熟的处理手法印象深刻。而若用这些来激发阿基米德研究者的真正热情，其风格和方法在吸引力方面也毫不逊色。对于习惯于现代方法所保证的快捷性和直接性的数学家而言，也许最令人印象深刻的，是阿基米德处理他的任何一个重要问题时的特点：深思熟虑和面面俱到。正是这个特点及其随之产生的效用，使其获得了更多赞赏。因为这种特点指引了伟大战略家做出决策。他预见一切，消除与执行他的计划并无直接关联的所有东西，精确掌控每一个因素，然后突然（当精心安排的细致加工在旁观者眼中几乎掩盖了其最终目标之时）做出最后一击。因此，当我们阅

---

① 英语单词 segment 的意思是从物体上截下的一段，因此与立体图形有关的译为"截段"，而与平面图形有关的（如圆、椭圆、抛物线和双曲线）按惯例译为"弓形"。另外，球的截段是"球缺"，其面积为"球冠"。——译者注

② 英文为 right segment，指与旋转抛物体轴垂直的平面生成的截段。立体图形详见《论浮体》卷 II。——译者注

读阿基米德接踵而来的命题时,也许印象并不是特别深刻,但我们发现在后面应用时绝对无误;而且我们被引导进入了这样易于驾驭的平台,以致原始问题开始时出现的困难,变得几乎不那么重要了。正如普鲁塔克(Plutarch)所说:"不可能在几何学里找到更困难和更令人纠结的问题,或者更简单和更清晰明白的解。"普鲁塔克进一步说,我们被貌似容易的相继步骤欺骗,相信任何人都可以发现这些,但这肯定并非如此。与之相反,简单的研究和处理的完美结局都涉及了一个神秘元素。虽然每一步骤都取决于前一步骤,我们还是不知道阿基米德为什么这样做。事实上,瓦利斯(Wallis)的以下评论颇有见地:"他似乎故意掩盖自己研究的线索,就好像他一方面很不情愿向后代提供自己研究方法的秘密,另一方面又想迫使他们同意他的研究结果。"瓦利斯还说,由于同样的原因,不仅阿基米德,而且几乎所有古人,都对后人深藏他们(肯定有)的分析方法,以致更多现代数学家们发现,发明一种新的分析方法要比找到旧的分析步骤来得容易。这无疑是作为几何学家,为什么阿基米德和其他人一样,在 19 世纪甚少受到关注的原因,在大多数情况下,阿基米德主要被人们含糊地记得是螺杆的发明家,甚至数学家也很少了解他,除了是以他的名字命名的水力学原理的发现者。只是近年来,我们才有了一个令人满意的阿基米德著作的希腊语版本,这是海贝格(Heiberg)在 1880 年至 1881 年间推出的,并且除了尼采(Nizze)于 1824 年出版的德语译本,我不知道是否还有别的完整译本,尼采的德语译本由于已脱销而十分珍稀,可谓一书难求。

本书的计划与我编辑阿波罗尼奥斯的《圆锥曲线论》的计划相同。但在这里,我较少需要也较少有机会对原著进行压缩,且尽可能保持命题的编号,以便以更接近原著的方式解读它们,又不至于使这种解读晦涩难懂。再者,本书的论题并非如此复杂,无须应用绝对一致的记法(但对阿波罗尼奥斯的书,只能用这种方法使之哪怕只是勉强可读),虽然我还是试图尽可能保证一致性。我的主要目标是向读者呈现著作的一个忠实的复制品,既不增加也不减少任何实质性或重要的东西。注释多半是为了说明正文中的特定要点,或者提供阿基米德认为已知的命题的证明。有时我认为把注释插入一些命题之后的方括号中更为妥当,因为这与指出那些命题的实际重要性的注释是同样的类型。若把这些注释置于引言或页脚,它们可能会被读者忽略。

如同将要看到的,引言的大部分内容是历史性的;其余内容,部分用于对阿基米德所用的一些方法及其在数学上的重要性给出较为一般的观点,因为这在对单独命题的注释中是不可能做到的，另一些则探讨论题中出现的缺乏可靠历史资料导向的某些问题。后一种情况，当必须做出一些假设以解释一些含糊不清之处时，我的目标是罗列我们具有的所有可靠信息，以及由之已经和可能得出的推论，使读者能够自行判断其可信程度。人们也许会认为，我把所谓νεύσεις，或即 inclinationes（逼近线）的那一章拉得过长，有点超出了对阿基米德进行说明的需要；但相应的论题十分有趣，我觉得最好还是尽可能完备地加以说明，以便在一定程度上圆满地结束我对阿波罗尼奥斯和阿基米德的研究。

在准备本书出版过程中有一点遗憾之处。我特别想在标题页或其背面放一幅阿基米德的肖像，我的这个主意发端于以下事实，托雷利（Torelli）版的标题页有一个圆形装饰图案肖像，题签为古罗马保存下来的阿基米德大理石雕像。但我后来又发现了两幅肖像，与之截然不同但都被声称是阿基米德，其中之一出现在佩拉尔（Peyrard）1807 年法语译本，另一幅出现在赫罗诺维厄斯（Gronovius）的《希腊古董珍品》，这使我开始警觉和怀疑，觉得应该对之深究。现在我从不列颠博物馆的默里（A. S. Murray）博士处获悉，这三幅肖像中没有哪一幅比其他的更为可信，且对所有现存的阿基米德肖像，肖像研究者们显然并不承认任何一幅是其本尊。因此，我不得不放弃我的打算。[①]

如前一本书，清样由我的兄弟伯明翰梅森学院院长希思（R. S. Heath）博士校阅，我希望利用这个机会感谢他承担这项工作。对任何不那么真正热爱希腊几何学的人，这看起来很像是一项吃力不讨好的任务。

希思（T. L. Heath）
1897 年 3 月

---

① 这一状况现在似有所改变，现代一般采用的阿基米德肖像如菲尔兹奖奖牌上所示（见右图）。——译者注

主要参考文献

JOSEPH TORELLI, *Archimedis quae supersunt omnia cum Eutocii Ascaloni-
tae commentariis.* (Oxford, 1792.)

ERNST NIZZE, *Archimedes von Syrakus vorhandene Werke aus dem griechi-
schen übersetzt und mit erläuternden und kritischen Anmerkungen begleitet.*
(Stralsund, 1824.)

J. L. HEIBERG, *Archimedis opera omnia cum commentariis Eutocii.* (Leipzig,
1880-1881.)

J. L. HEIBERG, *Quaestiones Archimedeae.* (Copenhagen, 1879.)

F. HULTSCH, Article *Archimedes* in Pauly-Wissowa's *Real-Encyclopädie der
classischen Altertumswissenschaften.* (Edition of 1895, Ⅱ.1, pp. 507-539.)

C. A. BRETSCHNEIDER, *Die Geometrie und die Geometer vor Euklides.*
(Leipzig, 1870.)

M. CANTOR, *Vorlesungen über Geschichte der Mathematik*, Band Ⅰ,
zweite Auflage. (Leipzig, 1894.)

G. FRIEDLEIN, *Procli Diadochi in primum Euclidis elementorum librum
commentarii.* (Leipzig, 1873.)

JAMES GOW, *A short history of Greek Mathematics.* (Cambridge, 1884.)

SIEGMUND GÜNTHER, *Abriss der Geschichte der Mathematik und der
Naturwissenschaften im Altertum* in Iwan von Müller's *Handbuch der klassi-
schen Altertumswissenschaft*, v. 1.

HERMANN HANKEL, *Zur Geschichte der Mathematik in Alterthum und
Mittelalter.* (Leipzig, 1874.)

J. L. HEIBERG, *Litterargeschichtliche Studien über Euklid.* (Leipzig, 1882.)

J. L. HEIBERG, *Euclidis elementa.* (Leipzig, 1883-1888.)

F. HULTSCH, Article *Arithmetica* in Pauly-Wissowa's *Real-Encyclopädie*,

Ⅱ. 1, pp. 1066-1116.

F. HULTSCH, *Heronis Alexandrini geometricorum et stereometricorum reliquiae*. (Berlin, 1864.)

F. HUTSCH, *Pappi Alexandrini collectionis quae supersunt*. (Berlin, 1876-1878.)

GINO LORIA, *I'l periodo aureo della geometria greca*. (Modena, 1895.)

MAXIMILIEN MARIE, *Histoire des sciences mathématiques et physiques*, Tome I. (Paris, 1883.)

J. H. T. MÜLLER, *Beiträge zur Terminologie der griechischen Mathematiker*. (Leipzig, 1860.)

G. H. F. NESSELMANN, *Die Algebra der Griechen*. (Berlin, 1842.)

F. SUSEMIHL, *Geschichte der griechischen Litteratur in der Alexandrinerzeit*, Band Ⅰ. (Leipzig, 1891.)

P. TANNERY, *La Géométrie grecque*, Première partie, *Histoire générale de la Géométrie élémentaire*. (Paris, 1887.)

H. G. ZEUTHEN, *Die Lehre von den Kegelschnitten im Altertum*. (Copenhagen, 1886.)

H. G. ZEUTHEN, *Geschichte der Mathematik im Altertum und Mittelalter*. (Copenhagen, 1896.)

引　言

• Introduction •

阿基米德不会仅限于对已有材料加工提高；他的目标对象永远是某种新东西，对现存知识总成的某种肯定的添加，即使没有大多数著作前的导读信函中提供的确凿证据，阿基米德仅凭其十足的原创性，也足以令睿智的读者印象深刻。

　　阿基米德制作了日出时测量太阳视角的工具，推算了地球直径、月亮和太阳的大小，以及日地距和月地距，虽然不太准确。

第一章　阿基米德

有一位名叫赫拉克利德斯的人①曾撰写过阿基米德的生平传记,但该传记未能存留至今,人们所知的阿基米德生平细节出自许多不同来源②。据策策斯(Tzetzes)所述③,阿基米德死时 75 岁,因为他死于叙拉古陷落时(前 212),所以他很可能生于公元前 287 年。阿基米德是天文学家菲迪亚斯④的儿子,他与国王希伦和国王的儿子(或者是亲戚)革隆关系十分密切。根据狄奥多罗斯(Diodorus)的一段文字⑤,阿基米德曾在亚历山大居住过相当长一段时间,这也许意味着他曾与欧几里得的后继者们一起做过研究工作。可能就是在亚历山大,他结识了来自萨摩斯的科农。对科农,无论是作为数学家还是作为私人朋友,他的评价都很高。他也在那里结识了厄拉多塞。阿基米德习惯于在发表新成果之前与科农沟通,他也曾把有名的牛群问题的要点寄给厄拉多塞。他还曾把自己的几部作品题献给另一位朋友,来自佩鲁西乌姆的多西休斯,科农的学生,多西休斯应该住在亚历山大,但题献日期在阿基米德离开亚历山大之后。

回到叙拉古以后,他把全部精力用于研究数学。同时又发明了许多精巧的机械,并因此而出名。但这些对他而言只是"几何之余的消遣"⑥,对之他并不看重。按照普鲁塔克的说法:"他拥有的心灵是如此高傲深邃,他拥有的科

---

① 尤托西乌斯(Eutocius)曾在他对阿基米德的著作《圆的度量》的评论中提到过这本传记。他在对阿波罗尼奥斯的《圆锥曲线论》的评论(ed. Heiberg, Vol. II. p. 168)中又提及该传记,但他把赫拉克利德斯的名字错拼为 Ἡράκλειος。这位赫拉克利德斯可能就是阿基米德本人在他的著作《论螺线》的前言中提到的赫拉克利德斯。

② 这些材料的一个详尽汇总见海贝格的《解读阿基米德》(1879)。托雷利版的前言也给出了要点,书中(pp. 363-370)大量引用了关于阿基米德发明的机械的大多数原始文献。再者,泡利-维索瓦(Pauly-Wissowa)编写的"经典古代科学现代百科丛书"中胡尔奇的文章"阿基米德"给出了所有已知信息的极佳汇总。又见苏塞米尔(Susemihl)的《亚历山大时期希腊文献历史》,I. pp. 723-733。

③ Tzetzes, *Chiliad*., II. 35, 105。

④ 在他的著作《数沙者》中,阿基米德提到了菲迪亚斯,*τῶν προτέρων ἀστρολόγων Εὐδόξου...Φειδία δὲ τοῦ ἀμοῦ πατρὸς*﹛最后几个词是布拉斯[Blass]对原文中 *τοῦ Ἀκούπατρος* 的纠正﹜。参见 Gregor. Nazianz. Or. 34, p. 355, Schol. Clark, a Morel, *Φειδίας τὸ μὲν γένος ἦν Συρακόσιος ἀστρολόγος ὁ Ἀρχιμήδους πατήρ*。

⑤ Diodorus v. 37, 3, *οὓς [τοὺς κοχλίας] Ἀρχιμήδης ὁ Συρακόσιος εὗρεν, ὅτε παρέβαλεν εἰς Αἴγυπτον*。

⑥ Plutarch, *Marcellus*, 14。

学知识是如此博大精深,虽然他的这些发明使人们把他看得神乎其神,他却并无让这些东西留下任何书面资料的打算,他把机械和所有工程技艺都视为低下无奇的平庸,他把自己的全身心投入与生活中的一般需求并无交集的精妙绝伦的思想之中。"①事实上,他只写过一本机械类的书《论球的制作》②,对之我们后面还要提及。

他发明的一些机械,在抵御罗马人围城攻打叙拉古时十分有用。他设计的投石机种类繁多,构思巧妙,有些是通过城墙上的孔洒下碎石雨,还有一些配备有可移动的长杆,既可越过城墙,投射重物于敌人的战船,又可用铁臂或类似于起重机抓斗的东西抓住战船的船首高高举起,然后放开使战船重重落下。③ 据说马塞勒斯(Marcellus)曾用以下话语激励他自己的工程师和工匠:"难道我们不应该最终打败这个几何百手巨人(布里亚柔斯)吗? 他悠闲地坐在海边,随便出个点子,抛掷玩弄我们的战船令我们大惊失色,并用阵阵碎石雨伤害我们,简直胜过那百手巨人。"④但这一敦促并未奏效,罗马人的恐惧是如此之巨大,以致"只要看见一条绳索或一段木头伸出城墙,他们就会哀号,'噢,他又来了',断定阿基米德又在开动某种机器攻击他们,于是他们赶紧逃跑,马塞勒斯无计可施,只得停止一切冲突和攻击,寄全部希望于长期围城之中"。⑤

如果我们所知的确凿无误,阿基米德既活在,也死于对数学的冥思苦想之中。对他死亡情形的各种精确描写在细节上颇有出入。例如李维(Livy)只是说,叙拉古陷落后陷入一片混乱之中,但阿基米德仍全神贯注于他在尘土上绘制的一些图形,他被一名士兵所杀,但那名士兵并不知道他是谁。⑥ 普鲁塔克则在以下文字中给出了另外几种说法。"马塞勒斯对阿基米德的死亡最为悲伤。因

---

① Plutarch, *Marcellus*, 17。

② Pappus VIII. p. 1026 (ed. Hultsch) Κάρπος δέ πού φησιν ὁ Ἀντιοχεὺς Ἀρχιμήδη τὸν Συρακόσιον ἐν μόνον βιβλίον συντεταχέναι μηχανικὸν τὸ κατὰ τὴν σφαιροποιΐαν, τῶν δὲ ἄλλων οὐδὲν ἠξιωκέναι συντάξαι. καίτοι παρὰ τοῖς πολλοῖς ἐπὶ μηχανικῆι δοξασθεὶς καὶ μεγαλοφυής τις γενόμενος ὁ θαυμαστὸς ἐκεῖνος, ὥστε διαμεῖναι παρὰ πᾶσιν ἀνθρώποις ὑπερβαλλόντως ὑμνούμενος, τῶν τε προηγουμένων γεωμετρικῆς καὶ ἀριθμητικῆς ἐχομένων θεωρίας τὰ βραχύτατα δοκοῦντα εἶναι σπουδαίως συνέγραφεν· ὃς φαίνεται τὰς εἰρημένας ἐπιστήμας οὕτως ἀγαπήσας ὡς μηδὲν ἔξωθεν ὑπομένειν αὐταῖς ἐπεισάγειν.

③ Polybius, *Hist*. VIII. 7-8;Livy XXIV. 34;Plutarch, *Marcellus*, 15-17。

④ Plutarch, *Marcellus*, 17。

⑤ 同上。

⑥ Livy XXV. 31. Cum multa irae, multa auaritiae foeda exempla ederentur, Archimedem memoriae proditum est in tanto tumultu, quantum pauor captae urbis in discursu diripientium militum ciere poterat, intentum formis, quas in puluere descripserat, ab ignaro milite quis esset interfectum; aegre id Marcellum tulisse sepulturaeque curam habitam, et propinquis etiam inquisitis honori praesidioque nomen ac memoriam eius fuisse.

为像是命中注定的那样，阿基米德正专心致志于一个图形以解决一些问题，无论是心力还是眼神都专注于研究，他根本没有注意到罗马人的入侵和城市的陷落，因此当一名士兵突然到来并命令他去见马塞勒斯时，他拒绝了并说要先解出这个问题。士兵因此大怒，拔剑杀死了他。另一种说法是，罗马人拔剑出鞘要杀他，但阿基米德诚恳地请求罗马人等一小会儿，因为那样不至于使他的问题悬而未决，但罗马人未予理会，还是把他杀死了。还有第三种说法说他带着他的数学仪器、日晷、球和调整到太阳视尺寸的角规去马塞勒斯处，途中遇到几名士兵，他们以为他的容器里有黄金，便杀死了他。"[①]这类故事最形象化的说法是，他对一名来到他近旁的罗马士兵说："兄弟，离我的图形远一点。"于是士兵大怒而杀死了他。[②] 佐诺拉斯（Zonaras）对这个故事添油加醋，他描述阿基米德说了 $\pi\alpha\rho\grave{\alpha}$ $\varkappa\varepsilon\varphi\alpha\lambda\grave{\alpha}\nu$ $\varkappa\alpha\grave{\iota}$ $\mu\grave{\eta}$ $\pi\alpha\rho\grave{\alpha}$ $\gamma\rho\alpha\mu\mu\grave{\alpha}\nu$，无疑使人联想起普鲁塔克的第二种说法，这也许是后人绘声绘色而成的最不靠谱的故事。

据说阿基米德曾请求他的朋友和亲戚在他的墓碑上放置表现圆柱主体内部有相切圆球的一个物体，并在其上镌刻圆柱体与圆球的体积之比及它们的面积之比。[③] 由此我们可以意识到，他把这个比值的发现（《论球与圆柱》卷 I 命题33,34）看作他一生最大的成就。时为西西里岛财务官的西塞罗找到了这个被废弃的墓，并对之进行了修缮。[④]

除了以上关于阿基米德生平的情况，我们只有一些故事而并无别的殷实资料，这些故事尽管并非那么确凿，却能帮助我们认识这位最独特的古代数学家的个性，对于这一认识，我们无意改变。为了说明他十分专注于他的抽象研究，我们知道他会忘记食物和其他生活必需品，他还会在炉灰上勾画几何图形，甚至他会在身上抹油，然后在上面绘图。[⑤] 类似的还有以下众所周知的故事，当他在浴室里解出了希伦向他提出的问题（如何确定纯金的王冠并未包含白银）的答案时，他裸体跑到街上狂奔回家，高喊"找到了！找到了！"[⑥]

---

① Plutarch, *Marcellus*, 19。

② Tzetzes, *Chiliad.*, II. 35, 135; Zonaras IX. 5。

③ Plutarch, *Marcellus*, 17 *ad fin*。

④ Cicero, *Tusc*. v. 64 sq.。

⑤ Plutarch, *Marcellus*, 17。

⑥ Vitruvins, *Architect*. IX. 3。关于阿基米德解出该问题之可能方法的说明，见《论浮体》卷 I 命题 7 之后的附注（本书 317 页及以后）。

　　根据帕普斯①②所述,通过解决*用给定力移动给定重量*这个问题,阿基米德道出了他的名言,"给我一个支点,我就能撬动地球"。普鲁塔克说阿基米德曾对希伦宣称,用一定的力可以移动任何重量的物体,基于其论证的说服力,阿基米德还断言,如果存在另一个地球,他可以去那里撬动我们的地球。"希伦大为吃惊,要求他通过实例来展示如何用很小的力来移动很大重量的物体。他从国王的船队里找了一条刚被众人用尽力气拖动过的三桅船,让许多乘客上船并在船上满载货物,自己则端坐在远处,手持穿过一组滑轮中缆绳的末端,轻松拉动缆绳,三桅船就平稳安全地移动了,就像在海面上航行一般。"③据普罗克勒斯(Proclus)所述,这艘船是希伦下令建造送给托勒密国王的,全部叙拉古人协力都未能使它下水,阿基米德设计的机械却使希伦凭一己之力就能移动它,希伦因此宣示:"从今天开始,我们必须对阿基米德言听计从。"④这个故事确认了阿基米德发明了某种机械装置来移动大船,从而也用实例展示了他的理论,但所用的机械未见得就是普鲁塔克所说的滑轮组(πολύσπαστος),因为阿忒那奥斯(Athenaeus)⑤对同一事件的描述中提到应用了*螺杆*。这个术语应该指的是与帕普斯描述过的某种装置(κοχλίας)相类似的机械,其中有一个用手柄转动的圆柱形螺杆,螺杆进而驱动一个斜齿轮。⑥然而帕普斯描写的是希伦的装置(βαρουλκός),而且他明确表示它出自希伦,但他从未提及阿基米德发明了任一装置,无论是βαρουλκός,或者特别是κοχλίας。另一方面,加伦(Galen)提到了滑轮组⑦,而奥尔巴西乌斯(Oribasius)提到了三联滑轮(τρίσπαστος)⑧,它们均为阿基米德的发明。三联滑轮这个名称或许是因为它有三个轮子[维特路维乌斯(Vitruvius)],或许是因为它有三段绳索(奥尔巴西乌斯)。无论如何,船一旦启动,就容易用三联滑轮或滑轮

---

① Pappus VIII. p. 1060。

② 亚历山大的帕普斯(古希腊语:*Πάππος ὁ Ἀλεξανδρεύς*,约290—约350),伟大的数学家,著有《数学汇编》(*Synagoge*)一书,该书记录了许多重要的古希腊数学成果,在数学史上意义重大。本书中对他的引用甚多。——译者注

③ Plutarch,*Marcellus*,14。

④ Proclus,*Comm. on Eucl*. I. ,p. 63(ed. Friedlein)。

⑤ Athenaeus v. 207A-b, *κατασκευάσας γὰρ ἕλικα τὸ τηλικοῦτον σκάφος εἰς τὴν θάλασσαν κατήγαγε· πρῶτος δ' Ἀρχιμήδης εὗρε τὴν τῆς ἕλικος κατασκευήν*,同样的陈述见于 Eustathius *ad Il*. III. p. 114(ed. Stallb.) *λέγεται δὲ ἕλιξ καί τι μηχανῆς εἶδος, ὁ πρῶτος εὑρὼν ὁ Ἀρχιμήδης εὐδοκίμησέ, φασι, δι' αὐτοῦ*。

⑥ Pappus VIII. pp. 1066,1108 sq.

⑦ Galen,*in Hippocr. De Artie*. ,IV. 47(=XVIII. p. 747,ed. Kühn)。

⑧ Oribasius,*Coll. med*. ,XLIX. 22(IV. p. 407,ed. Bussemaker),*Ἀπελλίδους ἢ Ἀρχιμήδους τρίσπαστον* 与有关*πρὸς τὰς τῶν πλοίων καθολκάς*的发明,在同一段文字中描述。

组保持它继续运动,但阿基米德一定用了一个带有螺杆的装置(类似于 $\varkappa o\chi\lambda i\alpha\varsigma$)来启动它。

与移动地球的话语相关联,出现了另一个装置的名字。策策斯的版本是,"给我一个支点($\pi\tilde{\alpha}$ $\beta\tilde{\omega}$),我将用一个杠杆($\chi\alpha\rho\iota\sigma\tau i\omega\nu$)来移动整个地球"[1];但在另一段文字里[2],他用了 $\tau\rho i\sigma\pi\alpha\sigma\tau o\varsigma$ 这个词,因此可以认为这两个词指的是同一件东西[3]。

这里正好方便提及阿基米德发明的其他机械,其中最有名的汲水螺杆[4](也称 $\varkappa o\chi\lambda i\alpha\varsigma$),显然是阿基米德在埃及发明的,该机械被用于农田灌溉,也被用于从矿井或船舱中抽水。

另一个发明是一个用来模拟太阳、月亮和五颗行星在天空中的运动的球形装置。西塞罗亲眼看到这个装置并予以描述[5],说它表示了月亮的周期和太阳的视运动,其精度是如此之高,甚至可以用它来演示(短期内的)日食和月食。胡尔奇猜想它是水力驱动的。[6] 如上所述,我们从帕普斯那里知道,阿基米德写了一本关于如何构建这样的一个球的书($\pi\varepsilon\rho i$ $\sigma\varphi\alpha\iota\rho o\pi o\iota i\alpha\varsigma$),帕普斯还在某处提到,"他是懂得怎样制作一个球,并借助水的规则圆周运动来制造一个天体模型的人"。无论如何,阿基米德对天文学甚为精通。李维称他为"独树一帜的星空观测家"。喜帕恰斯则说:"从那些观测可以很清楚地看出,每一年的长度的差别总是很小,但就至日而言,我几乎认为($o\dot{u}\varkappa$ $\dot{\alpha}\pi\varepsilon\lambda\pi i\zeta\omega$),我和阿基米德都在观测和由之得到的推论方面差了四分之一天。"[7]由此看来,阿基米德考虑了每一年的长度问题,阿米亚诺斯(Ammianus)也提到了这一点。[8] 马克罗毕乌斯(Macrobius)说阿基米德测定了行星之间的距离。[9] 阿基米德在《数沙者》中描述了自己用来测

---

① Tzetzes, *Chiliad.*, II. 130。

② 同上书, III. 61, *ὁ γῆν ἀνασπῶν μηχανῇ τῇ τρισπάστῳ βοῶν· ὅπα βῶ καὶ σαλεύσω τὴν χθόνα*。

③ 海贝格比较了 Simplicius, *Comm. in Aristot. Phus.* (ed. Diels, p. 1110, 1, 2), *ταύτῃ δὲ τῇ ἀναλογίᾳ τοῦ κινοῦντος καὶ τοῦ κινουμένου καὶ τοῦ διαστήματος τὸ σταθμιστικὸν ὄργανον τὸν καλούμενον χαριστίωνα συστήσας ὁ Ἀρχιμήδης ὡς μέχρι παντὸς τῆς ἀναλογίας προχωρούσης ἐκόμπασεν ἐκεῖνο τὸ πᾷ βῶ καὶ κινῶ τὰν γᾶν*。

④ Diodorns I. 34, V. 37; Vitruvius X. 16(11); Philo III. p. 330(ed. Pfeiffer); Strabo XVII. p. 807; Athenacus V. 208 f.

⑤ Cicero, *De rep.*, I. 21-22; *Tusc.*, I. 63; *De nat. deor.*, II. 88. Cf. Ovid, *Fasti*, VI. 277; Lactanitius, *Instit.*, II. 5, 18; Martianus Capella, II. 212, VI. 583 sq.; Claudian, *Epigr.* 18; Sextus Empiricus, p. 416(ed. Bekker)。

⑥ *Zeitschrift f. Math. u. Physik(hist. litt. Abth.*), XXII. (1877), 106 sq.

⑦ Ptolemy, *σύνταξις*, I. p. 153。

⑧ Ammianus Marcell., XXIV. i. 8。

⑨ Macrobius, *in Somn. Scip.*, II. 3。

量太阳的视直径或即视角的一种仪器。

关于他用凸透镜或凹透镜使罗马战船着火的故事,在卢西恩(Lucian)之前并未被任何权威作者提到过[①];此外,所谓的阿基米德盒子(一种智力玩具,由可以拼成一个正方形的 14 块不同形状的象牙片组成)不能被认为是他的发明[②],所以这个名称也许只是用来表示这种玩具构思的巧妙,就像阿基米德问题($\pi\rho\acute{o}\beta\lambda\eta\mu\alpha$ $\mathrm{A}\rho\chi\iota\mu\acute{\eta}\delta\epsilon\iota o\nu$)只是指一个很难的问题一样[③]。

---

① 同样的故事也被普罗克勒斯在 Zonaras XIV.3 中叙述过。关于这个问题的其他参考资料,见海贝格的《解读阿基米德》,pp. 39-41[4]。

② 根据 1906 年发现的抄本,这确实是阿基米德的发明,见本书《阿基米德的方法》368 页及以后。——译者注

③ 亦见 Tzetzes, *Chiliad.*, XII. 270, $\tau\tilde{\omega}\nu$ $\mathrm{A}\rho\chi\iota\mu\acute{\eta}\delta o\upsilon\varsigma$ $\mu\eta\chi\alpha\nu\tilde{\omega}\nu$ $\chi\rho\epsilon\acute{\iota}\alpha\nu$ $\check{\epsilon}\chi\omega$。

第二章 原本与主要版本—写作次序—方言—佚失的著作

海贝格在他关于阿基米德的书卷 III 的绪论里,对文本与版本的来源做了很完整的叙述,其中的编者增补对他的博士论文《解读阿基米德》做了一些修订。因此,本章只需简述其中的要点就足够了。

所有最好的抄本都来自同一原本①,就我们所知,该原本已不再存世。在它的一个副本(制作于公元 1499 至 1531 年之间,后面将会提到)中,它被称为'最古老的'($\pi\alpha\lambda\alpha\iota\sigma\tau\acute{\alpha}\tau\sigma\upsilon$),且所有证据都表明,它的誊写早在 9 至 10 世纪。它曾在乔治·瓦拉手中,而瓦拉于 1486 至 1499 年间执教于威尼斯。瓦拉本人翻译了阿基米德和尤托西乌斯的部分著作,译文载于瓦拉所著《论探寻与避免之事》(*De expetendis et fugiendis rebus*,威尼斯,1501),从这些译文可以得到关于原本的许多重要线索。它看起来是根据属于一位精通数学人士的原稿细心抄写而成的,其中插图的绘制多半十分细致和准确,但图中与正文中的字符之间颇有混淆不清之处。瓦拉于 1499 年去世以后,该原本落入卡尔皮王子阿尔贝托·皮奥(Alberto Pio)手中。他的部分藏书几经转手,最后到达梵蒂冈。但瓦拉原本的命运看来并非如此,因为我们只听说 1544 年它在阿尔贝托的外甥,卡尔皮王子鲁道夫·皮奥(Rodolfo Pio)手中,此后似乎就消失了。

现存的三个最重要的抄本是:

F[＝佛罗伦萨图书馆手抄本,劳伦廷·美第奇(Laurentianae Mediceae)汇集 XXVIII,4to.]

B[＝巴黎手抄本 2360,曾属于美第奇家族]

C[＝巴黎手抄本 2361,富特布朗顿(Fonteblandensis)]

---

① 阿基米德(以及其他希腊学者)的著作,当然都是通过手抄本传承下来的。已知最早的一些 MS(＝manuscript)译为原本,此后一些重要的 MSS(＝manuscripts)译为抄本,以及 copy 译为副本。另有 archetype 译为原件,codex 译为手抄本。其实所有这些,归根结底都是手抄本,只是根据作者的分类,采用不同的中文译名。——译者注

其中 B 肯定是从瓦拉的原本复制的。抄本中的一条注释可作佐证,其中说原稿本来属于乔治·瓦拉,后来属于阿尔贝托·皮奥。由此也可以推测,B 的抄写在 1531 年阿尔贝托去世之前。因为如果在抄写 B 时瓦拉原本已转到鲁道夫·皮奥手中,后者的名字应当会被提及。上述注释也给出了原件中所使用特殊缩写的汇总表,该表对于 B 与 F 和其他抄本相比较十分重要。

从 C 中的一条注释看来,该抄本由赫里斯托弗罗斯·奥韦鲁斯(Christophorus Auverus)于 1544 年誊写于罗马,赞助者为罗德主教乔治·达马尼亚克(Georges d'Armagnac),当时他正奉国王法兰西斯一世之命拜见教皇保罗三世。此外,吉勒尔慕斯·菲兰德(Guilelmus Philander)在给法兰西斯一世的一封信(载于维特鲁威 1552 年版)中提到,鲁道夫·皮奥王子友好地允许他代表乔治·达马尼亚克阅读并摘录阿基米德的一卷书,以便为法兰西斯在枫丹白露建立的图书馆增色。他还说该书曾是乔治·瓦拉的财产。由此毋庸置疑,C 由乔治·达马尼亚克制作,用于在枫丹白露图书馆展示。

值得注意的是,F,B 与 C 都包含相同的阿基米德和尤托西乌斯的著作,连次序也相同,即(1)《论球与圆柱》两卷,(2)《圆的度量》,(3)《论拟圆锥与旋转椭球》,(4)《论螺线》,(5)《论平面图形的平衡或平面图形的重心》两卷,(6)《数沙者》,(7)《抛物线弓形求积》,以及尤托西乌斯对(1),(2)与(5)的评论。在《抛物线弓形求积》的末尾,F 与 B 都包含以下两行文字:

$$εὐτυχοίης λέον γεώμετϱα$$
$$πολλοὺς εἰς λυκάβαντας ἴοις πολὺ φίλτατε μούσαις.$$

F 与 C 也包含海伦的《论度量》,以及《论位置》($περὶ σταϑμῶν$)与《论度量》($περὶ μέτϱων$)两个残段,且在两个抄本中的次序相同,内容只在一处有别,即最后一段《论度量》在 F 中比在 C 中稍长。

C 的一篇短前言说,原件的第一页因年代久远而磨损严重,甚至连阿基米德的名字都找不到,且当时在罗马没有其他抄本可以用来改善损坏的部分,再者,海伦的《论度量》的最后一页也消失了。F 的首页一开始明显是空白的,后来由别人补写上去,但仍留有许多空白,B 中也有类似的缺陷,抄写者加了一个注,其大意是原件的第一页很不清楚。在另一处(Vol. III. ,ed. Heiberg, p. 4),所有三个抄本都有同样的缺陷,且 B 的抄写者指出,佚失了一整页甚至两整页。

C 不可能是从 F 转抄的,一方面,因为《论度量》残段的最后一页与 F 中的全然不同;另一方面,F 的原件的末尾部分一定是不可读的,因为 F 的最末没有"结束"($τέλος$)字样,也没有抄写者通常标识其任务完成的任何其他符号。此外,由瓦拉的译文可以看出,他依据的原件有一些文字对应于 B 与 C 中的正确文字,而不是 F 中的不正确文字。因此 F 不可能是瓦拉原件本身。

关于 F 的正面证据如下。除了刚才提到的少数文字,瓦拉的译文与 F 的文字完全一致。从安杰洛·波利齐亚洛(Angelo Poliziano)于 1491 年在威尼斯写给洛伦佐·德·美第奇(Lorenzo de'Medici)的一封信中可以看出,前者似乎在威尼斯发现了一份包含阿基米德和海伦著作的原本,并建议誊写一份抄本。因为乔治·瓦拉当时居住在威尼斯,这份原本不大可能是别人的,而 F 无疑确实是在 1491 年或稍后根据它抄写的。F 出处的确凿证据还基于以下事实:其中大多数字母采用的是15 世纪以前的写法,并且虽然缩写等都有古老原件的痕迹,但 F 中的缩写非常符合上述 B 的注释中关于瓦拉原稿中所用缩写的描述。更引人瞩目的是,对应于原件的无法阅读的第一页的残缺文字,正好占据了 F 的一页,不多也不少。

从所有证据可以得到的合理结论是:F,B 与 C 都源自瓦拉的原本;三份之中F 最为可靠。因为(1)F 的抄写者对原本极为忠实,其表现是,F 中的一些错误对应于瓦拉的理解,这些错误在 B 与 C 中被纠正了,以及(2)B 的抄写者是达到某种水平的一位专家,他自行做了许多修改,但这些修改并非总是成功的。

至于其他抄本,我们知道教皇尼古拉斯五世曾有一份阿基米德的原本,他安排人把它译为拉丁语。翻译者是雅各布斯·克雷莫内休斯(Jacobus Cremonensis)[1],而乔安妮斯·雷吉奥蒙塔努斯(Joannes Regiomontanus)[来自哥尼斯堡的约翰·米勒(Johann Müller),哥尼斯堡临近位于法兰克尼亚的哈斯富尔特]于 1461年左右誊写了一份副本,他不仅在页边空白处用拉丁语写了许多注释,还在许多地方添加了来自其他原本的希腊语文字。雷吉奥蒙塔努斯的这一副本被保存在纽伦堡,托马斯·盖肖夫·维纳托里乌斯(Thomas Gechauff Venatorius)据之出版了拉丁语译本首印版(巴塞尔,1544),该副本被海贝格称为 N^b(同一译文的另一副本曾被雷吉奥蒙塔努斯所提及,它无疑是 15 世纪的拉丁语原本 327,现仍收藏在威尼斯)。从雅各布斯·克雷莫内休斯的译文,以及上述提及的 F,B 与 C 有相同缺陷这个事实(Vol. III., ed. Heiberg, p. 4)看来,翻译者或者有瓦拉的原本,或者(更可能)有原本的一个副本。虽然译文中的次序有一处与我们的抄本不

---

① Tiraboschi, *Storia della Letteratura Italiana*, Vol. VI. Pt. 1(p. 358 of the edition of 1807)。康托(Cantor, *Vorlesungen üb. Gesch. d. Math.*, II. p. 192)给出全名与称谓为 Jacopo da S. Cassiano Cremonese canonico regolare。

同，即《论螺线》在《抛物线弓形求积》之后而并非之前。

雷吉奥蒙塔努斯所用的希腊语原本有可能是 V〔＝韦内图斯·马尔恰诺 (Venetus Marcianus)15 世纪手抄本 CCCV〕，它仍然存在并包含有与 F 相同的所有阿基米德和尤托西乌斯的著作，以及相同的海伦的片断，连次序也相同。如果上述关于 F 制作于约 1491 年的结论是正确的，那么因为贝萨里翁(Bessarione)死于 1472 年，V 不可能是由 F 复制的，为了说明它与 F 之间有相似性，最简单的办法是假定它也是由瓦拉的原本衍生的。

雷吉奥蒙塔努斯后来在用不同墨水书写的一条注中，提到另外两份希腊语抄本，他称其中之一为"保卢姆(Paulum)教授的原版"。这里提到的可能是威尼斯的保卢斯(Paulus)修道士，他生活在 1430 至 1475 年间。这里的"原版"可能就是瓦拉的原件。

另外两个质量低下的抄件，即 A(＝巴黎抄本 2359，曾属于美第奇家族)与 D (＝巴黎抄本 2362，富特布朗顿)，都起源于 V。

下一步必须考虑尼古拉斯·塔尔塔利亚(Nicolas Tartaglia)用来把阿基米德的一些著作翻译成拉丁语时所用的抄本。他的一部分译文于 1543 年在威尼斯发表，包括《论重心及论平衡》(*De centris gravium vel de aequere pentibus*)两卷、《抛物线弓形求积》〈*tetragonismus*〔*parabolae*〕〉、《圆的度量》(*Dimensio circuli*)和《论水的浮力》(*De insidentibus aquae*)卷 I；其余部分，包括《论水的浮力》卷 II，在 1557 年塔尔塔利亚死后由特洛亚努斯·库尔提乌斯(Troianus Curtius)与卷 I 一起发表(威尼斯，1565)。但最后一部专著在任何希腊语原件中都不存在，塔尔塔利亚将其添加到书中时，并未提及与书的其他部分不同的任何单独来源，他说该书取自一份残缺不全且几乎无法阅读的希腊语原件，很容易想到这部专著也被包含在那份希腊语原件中。但塔尔塔利亚本人 8 年后(1551)所写的一封信表明，他那时手头已没有了《论水的浮力》的希腊语文本。这显然很奇怪，该文本怎么会在如此短的时间里消失得无影无踪呢？进而，科曼底努斯(Commandinus)在同一著作版本(博洛尼亚，1565)的前言中说，他从未听说过其希腊语文本。从而，最可能的假设是，塔尔塔利亚系从其他来源得到了它，并且只有拉丁语文本。①

---

① 马伊(A. Mai)根据两份梵蒂冈抄本(*Classici auci* I. pp. 426-430；Vol. II. of Heiberg's edition, pp. 356-358)编辑的希腊语文本卷 I，περὶ τῶν ὕδατι ἐφισταμένων ἢ περὶ τῶν ὀχουμένων 片断的权威性看来存疑。除了第一个命题，它只包含陈述而无证明。海贝格趋向于认为这代表了一些中世纪学者译回到希腊语的尝试，并比较了里沃(Rivault)的类似尝试。

塔尔塔利亚提到他用来作为"破碎和零散阅读"的古老原本，与 C 的前言的作者对瓦拉原件给出的一个类似描述，在时间上几乎相同，这个事实提示了二者其实可能是同一个。这一可能性更被塔尔塔利亚版本与瓦拉版本中的错误契合颇多所佐证。

但对《抛物线弓形求积》和《圆的度量》，塔尔塔利亚全部采用了它们，且并未以任何方式指出其来源。卢卡斯·戈里库斯（Lucas Gauricus）于 1503 年发表了另一个拉丁语译本，"来自那不勒斯王国的尤法能奇斯（Iuphanensis ex regno Neapolitano）"，他的复制是如此忠实，以致最明显的错误和不正确的标点都得以重现了，只填满了几个空白和改变了某些图形和字母。通过与瓦拉的文字和雅各布斯·克雷莫内休斯译文的比较，戈里库斯的译文源自与后者相同的原本，即教皇尼古拉斯五世的那一份。

即便当塔尔塔利亚应用瓦拉的原本时，他似乎也并未费神去辨认解读难以阅读的原本——也许是因为他不习惯于辨认解读抄件——他在这种情况下毫不犹豫地转而应用其他资源。在一处（《论平面图形的平衡或平面图形的重心》卷 II 命题 9），他甚至把经过某种润饰和简缩的尤托西乌斯的文字，作为阿基米德的证明给出，在许多别的地方，他插入了源自他曾提到过的另一希腊语原本的修订和增补。这一原本看起来是由 F 复制得到的，并带有某人的增补，这个人对其内容的实质并非一无所知。F 的这一修订复制品，显然也是现在要提到的纽伦堡原本的本源。

N^a［＝诺利姆卑尔根（Norimbergensis）手抄本］制作于 16 世纪，由维利巴尔德·皮克海默（Wilibald Pirckheymer）从罗马带到纽伦堡。一方面，它包含的阿基米德和尤托西乌斯的著作及其次序与 F 的相同，但明显并非直接来自 F 的复制；另一方面，它与塔尔塔利亚版本十分雷同，这提示了它们的本源相同。菲纳托里乌斯（Venatorius）在准备首印版时使用了 N^a，并在空白边或夹入的小纸条上亲笔撰写注释，纠正了许多错误。他也对正文做了许多改动，删除了一些原文，并在其上写了些对印刷的指示。由此判断它也许确实曾被用于印刷。这一原本的特征显示了它与其他同属一类。它与其他版本有相同的较重要错误，并在开始处有类似的缺陷。仅仅由它与 F 有一些共同错误这一点，就表明其来源是 F，虽然如上所述，但不是直接的。

剩下的工作是列举主要希腊语版本和已出版的拉丁语译本，全部或部分地基于与抄件的直接比对。除了上述戈里库斯和塔尔塔利亚的译本,还有以下这些。

1.托马斯·盖肖夫·维纳托里乌斯 1544 年巴塞尔首印版,书名为《阿基米德现存所有希腊语和拉丁语著作首印版以及来自阿什凯隆的尤托西乌斯的拉丁语和希腊语注释》(*Archimedis opera quae quidem exstant omnia nunc primum graece et latine in lucem edita. Adiecta quoque sunt Eutocii Ascalonitae commentaria item graece et latine nunquam antea excusa*)。该版中的希腊语文本和拉丁语译文取自不同本源,希腊语文本是 Nᵃ,而拉丁语译文由雅各布斯·克雷莫内休斯根据教皇尼古拉斯五世的原本做出,并又经乔安妮斯·雷吉奥蒙塔努斯修订(Nᵇ)。雷吉奥蒙塔努斯的修订得以进行是借助于(1)现尚存在的同一译本的另一份副本,(2)其他希腊语抄本,其中之一可能是 V,而另一份可能是瓦拉原本本身。

2.1558 年出现于威尼斯的科曼底努斯译本(包含以下专著:《圆的度量》《论螺线》《抛物线弓形求积》《论球与圆柱》《数沙者》),书名为《阿基米德部分著作拉丁语译本及注释》(*Archimedis opera nonnulla in latinum conversa et commentariis illustrata*)。这个译本采用了几份抄件,其中之一是 V,但没有哪一个优于我们现有的抄件。

3.里沃版本,《阿基米德的现存希腊语和拉丁语著作新版及注释》(*Archimedis opera quae exstant graece et latine novis demonstr. et comment. Illust*,巴黎,1615),其中仅命题用希腊语,证明用拉丁语并有某些修改。里沃采用巴塞尔*首印版*并借助了 B。

4.托雷利(Torelli)版(Oxford,1792)标题为《阿基米德现存所有著作,来自阿什凯隆的尤托西乌斯注释,J.托雷利·维罗纳修订与拉丁语新版本。抄本的变化和修正》(Ἀρχιμήδους τὰ σωζόμενα μετὰ τῶν Εὐτοκίου Ἀσκαλωνίτου ὑπομνημάτων, *Archimedis quae supersunt omnia cum Eutocii Ascalonitae commentariis ex recensione J. Torelli Veronensis cum nova versione latina. Accedunt lectiones variantes ex codd*)。梅迪奇奥和巴黎托雷利主要采用巴塞尔首印版,但也根据 V 校核。该书于托雷利死后由艾布拉姆·罗伯森(Abram Robertson)出版,除巴塞尔版之外,他还用了 5 个抄本,F,A,B,C 与 D 校核。但校核工作做得并不是很好,该版付印时并未修订完善。

5.最后是海贝格的最终版《阿基米德著作全集,尤托西乌斯注释。据佛罗伦萨 E 抄本审校,J. L. 海贝格拉丁语注释》(*Archimedis opera omnia cum commentariis Eutocii. Ecodice Florentino recensuit, Latine uertit notisque illustrauit J. L. Heiberg*,莱比锡,1880-1881)。

海贝格在以下图表中,清晰地表明了所有这些抄件与以上各版本和译本之间的关系(当然不包括他自己的版本):

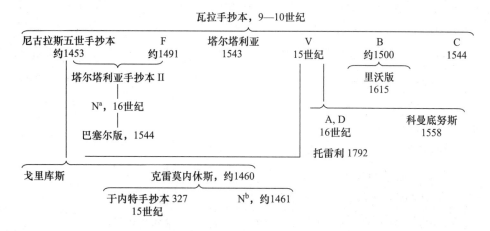

其他版本给出的阿基米德著作部分地用希腊语,其余为出现在海贝格版之前的全部或部分著作的其他译本,它们都没有根据原始来源进行任何新的校核,但是有些编者对文字做了很好的修订,特别是瓦利斯和恩斯特·尼采(Ernst Nizze)。以下几本书值得一提。

斯图尔姆(Joh. Chr. Sturm),《无与伦比的阿基米德精选,翻译并加说明》(*Des unvergleichlichen Archimedis Kunstbücher, übersetzt und erläutert*,纽伦堡,1670)。这个译本涵盖了所有当时存在的希腊语著作,它出现在同一作者单独翻译的《数沙者》三年之后。由斯塔姆(Storm)的前言看来,译者主要应用了里沃的版本。

巴罗(Is. Barrow),《阿基米德的著作,帕加的阿波罗尼奥斯圆锥体书,狄奥多西的新的说明》(*Opera Archimedis, Apollonii Pergaei conicorum libri, Theodosii sphaerica methodo novo illustrata et demonstrata*,伦敦,1675)

瓦利斯,《阿基米德的〈数沙者〉和〈圆的度量〉,尤托西乌斯的评论》(*Archimedis arenarius et dimensio circuli, Eutocii in hane commentarii cum versione el notis*,牛津,1678),也载于瓦利斯的《著作选》(*Opera*),Vol. III. pp. 509-546。

卡尔·弗里德里希·毫贝尔(Karl Friedr Hauber),《阿基米德的〈论球与圆柱〉两卷、〈圆的度量〉,译文并附评论等》(*Archimedis Zwei Bücher über Kugel und Cylinder. Ebendesselben Kriesmessung. Übersetzt mit Anmerkungen u. s. w. begleitet*,蒂宾根,1798)。

佩拉尔(F. Perard),《阿基米德著作的译文,带注释,根据译者对新的众多反应札记及 M. 德朗布尔关于希腊算术的札记》(*Œuvres d'Archimède，traduites littéralement，avec un commentaire，suivies d'un mémoire du traducteur，sur un nouveau miroir ardent，et d'un autre mémoire de M. Delambre，sur l'arithmétique des Grecs*,第二版,巴黎,1808)。

恩斯特·尼采,《来自叙拉古的阿基米德的著作,译自希腊语,并附解释和评论》(*Archimedes von Syrakus vorhandene Werke，aus dem Griechischen übersetzt und mit erläuternden und kritischen Anmerkungen begleitet*,施特拉尔松德,1824)。

诸抄件按照下面的次序给出了以下专著,

1. *περὶ σφαίρας καὶ κυλίνδρου α' β'*,《论球与圆柱》,两卷。

2. *κύκλου μέτρησις*[①],《圆的度量》。

3. *περὶ κωνοιδέων καὶ σφαιροειδέων*,《论拟圆锥与旋转椭球》。

4. *περὶ ἑλίκων*,《论螺线》。

5. *ἐπιπέδων ἰσορροπιῶν*[②],《论平面图形的平衡或平面图形的重心》,两卷。

6. *ψαμμίτης*,《数沙者》。

7. *τετραγωνισμὸς παραβολῆς*(这个名称后来替代了阿基米德本人给出的专著名称。但它无疑是 *τετραγωνισμὸς τῆς τοῦ ὀρθογωνίου κώνου τομῆς*[③],《抛物线弓形求积》)。

---

① 帕普斯在 *ἐν τῷ περὶ τῆς τοῦ κύκλου περιφερείας*(在其自身情况下圆的度量)这个短语中,间接地提到了 *κύκλου μέτρησις*(圆的度量)(I. p. 312, ed. Hultsch)。

② 阿基米德自己两次间接提到在卷 I 中证明的性质是已经说明了的,*ἐν τοῖς μηχανικοῖς*(《抛物线弓形求积》命题6,10)。帕普斯(VIII. p. 1034)引用的是 *τὰ Ἀρχιμήδους ἰσορροπιῶν*。卷 I 的开始部分也被普罗克勒斯在他的《评欧几里得》(*Commentary on Eucl.*) I. p. 181 中引用,那里应当读作 *τοῦ ā ἰσορροπιῶν*,而不是 *τοῦ ἀνισορροπιῶν*(胡尔奇)。

③ '抛物线'这个名称首先被阿波罗尼奥斯应用于该曲线。阿基米德一直沿用旧术语'直角圆锥截线',参看尤托西乌斯(Heiberg, vol. III. , p. 342) *δέδεικται ἐν τῷ περὶ τῆς τοῦ ὀρθογωνίου κώνου τομῆς*。

8. $\pi\epsilon\varrho\grave{\iota}\ \grave{o}\chi\omega\iota\mu\acute{\epsilon}\nu\omega\nu$[①]，这是《论浮体》这一专著的希腊语标题，仅拉丁语译文存留。

然而这些专著并非按照上述顺序写成。一部分通过导引信件，一部分通过在较晚专著中应用的较早专著中已证明了的性质，阿基米德本人就提供了足够的信息，使得我们了解其著作大致的写作顺序，具体如下：

1.《论平面图形的平衡或平面图形的重心》卷 I

2.《抛物线弓形求积》

3.《论平面图形的平衡或平面图形的重心》卷 II

4.《论球与圆柱》卷 I，卷 II

5.《论螺线》

6.《论拟圆锥与旋转椭球》

7.《论浮体》卷 I，卷 II

8.《圆的度量》

9.《数沙者》

但需要指出，我们只能肯定著作 7 写作于 6 之后，8 写作于 4 之后和 9 之前。

除了以上这些，我们还有一个来自阿拉伯语的《引理汇集》。这个汇集最早由福斯特（S. Foster）编辑为《杂记》（伦敦，1659），然后载入博雷利（Borelli）于 1661 年在佛罗伦萨出版的一本书中，其标题是《阿基米德的假定，泰比特·奔·科鲁翻译和阿尔莫奇太索·阿比尔哈桑博士解释》（*Liber assumptorum Archimedis interprete Thebit ben Koru et exponente doctore Almochtasso Abilhasan*）。但现在形式的这些引理，不可能是阿基米德本人写的，因为他的名字在其中引用了不止一次。这些可能是阿基米德以后的某位希腊作者[②]汇集的，其目的是阐明古代的一些工作，虽然很可能有些命题来源于阿基米德，例如关于所谓 $\check{\alpha}\varrho\beta\eta\lambda\sigma\varsigma$[③]（直译为'制鞋

---

①　这个标题相应于以下书中的文献，Strabo, I. p. 54（$\mathcal{A}\varrho\chi\iota\mu\dot{\eta}\delta\eta\varsigma\ \dot{\epsilon}\nu\ \tau\sigma\tilde{\iota}\varsigma\ \pi\epsilon\varrho\grave{\iota}\ \tau\tilde{\omega}\nu\ \grave{o}\chi\sigma\nu\mu\acute{\epsilon}\nu\omega\nu$）和 Pappus Ⅷ. p. 1024（$\dot{\omega}\varsigma\ \mathcal{A}\varrho\chi\iota\mu\acute{\eta}\delta\eta\varsigma\ \grave{o}\chi\sigma\nu\mu\acute{\epsilon}\nu\sigma\iota\varsigma$）。马伊编辑的段落有一个较长的标题，$\pi\epsilon\varrho\grave{\iota}\ \tau\tilde{\omega}\nu\ \ddot{\upsilon}\delta\alpha\tau\iota\ \dot{\epsilon}\varphi\iota\sigma\tau\alpha\mu\acute{\epsilon}\nu\omega\nu\ \check{\eta}\ \pi\epsilon\varrho\grave{\iota}\ \tau\tilde{\omega}\nu\ \grave{o}\chi\sigma\nu\mu\acute{\epsilon}\nu\omega\nu$，其第一部分相当于塔尔塔利亚版本的《论水中物体》（*De iis quae vehuntur in aqua*）。但阿基米德故意用较一般的名词 $\dot{\upsilon}\gamma\varrho\acute{o}\nu$（流体）来代替 $\ddot{\upsilon}\delta\omega\varrho$，因为较短的标题《论浮体》（$\pi\epsilon\varrho\grave{\iota}\ \grave{o}\chi\sigma\nu\mu\acute{\epsilon}\nu\omega\nu$，*De iis quae in humido vehuntur*，托雷利和海贝格）看来较好。

②　看起来，《引理汇集》的编者一定从与帕普斯相同的来源得到相当多的内容。依我看来，两本汇集中大体相同的命题的数量，比迄今为止注意到的还要多。例如塔内里（*La Géométrie greeque*, p. 162）提到引理 1, 4, 5, 6，但由该书的注释可知，尚有另外几个吻合之处。

③　帕普斯（p. 279）对同样的图形给出了一个他所谓的"古代命题"（$\dot{\alpha}\varrho\chi\alpha\acute{\iota}\alpha\ \pi\varrho\acute{o}\tau\alpha\sigma\iota\varsigma$），他称之为 $\chi\omega\varrho\acute{\iota}\sigma\nu$, $\acute{o}\ \delta\grave{\eta}\ \kappa\alpha\lambda\sigma\tilde{\upsilon}\sigma\iota\nu\ \check{\alpha}\varrho\beta\eta\lambda\sigma\nu$。参看对命题 6 的注释（p. 356）。这个词的意义来自对尼坎德尔（Nicander）*Theriaca*, 423 的注释：$\check{\alpha}\varrho\beta\eta\lambda\sigma\iota\ \lambda\acute{\epsilon}\gamma\sigma\nu\tau\alpha\iota\ \tau\grave{\alpha}\ \kappa\upsilon\kappa\lambda\sigma\tau\epsilon\varrho\tilde{\eta}\ \sigma\iota\delta\acute{\eta}\varrho\iota\alpha$, $\sigma\tilde{\iota}\varsigma\ \sigma\acute{\iota}\ \sigma\kappa\upsilon\tau\sigma\tau\acute{o}\mu\sigma\iota\ \tau\acute{\epsilon}\mu\nu\sigma\upsilon\sigma\iota\ \kappa\alpha\grave{\iota}\ \xi\acute{\upsilon}\sigma\upsilon\sigma\iota\ \tau\grave{\alpha}\ \delta\acute{\epsilon}\varrho\mu\alpha\tau\alpha$，参见赫西基奥斯（Hesychius）：$\dot{\alpha}\nu\acute{\alpha}\varrho\beta\eta\lambda\alpha$, $\tau\grave{\alpha}\ \mu\grave{\eta}\ \dot{\epsilon}\xi\epsilon\sigma\mu\acute{\epsilon}\nu\alpha\ \delta\acute{\epsilon}\varrho\mu\alpha\tau\alpha\cdot\ \check{\alpha}\varrho\beta\eta\lambda\sigma\iota\ \gamma\grave{\alpha}\varrho\ \tau\grave{\alpha}\ \sigma\mu\iota\lambda\acute{\iota}\alpha$。

匠的刀')和σάλινον(也许是'盐罐'①)的那些,命题 8 包含了三等分角问题。

在莱辛(Lessing)于 1773 年编辑的隽语中,阿基米德被视为牛群问题的作者。按照隽语的标题,这个问题是阿基米德通过写给厄拉多塞的一封信,与亚历山大的数学家们沟通的问题。② 在对柏拉图的《夏尔米德》的注释 165E 中,也提及了"阿基米德所谓的牛群问题"(τὸ κληθὲν ὑπ' Ἀρχιμήδους βοεικὸν πρόβλημα)。

---

① 看来最可信的是,无论如何,不是阿基米德自己把σάλινον赋予提及的图形,而是后来的某位作者。我相信σάλινον简单地就是拉丁词 salinum(盐)的希腊化形式。我们知道,从罗马共和国早期开始,盐罐就是意大利一种重要的家庭用具。"所有在贫穷线以上长大的人都有一个世代相传的银器(Hor.,*Carm*. II,16,13,Liv. XXXVI. 36),并有一个银浅碟相伴,于家庭供奉时使用(Pers. III. 24,25)。这两个银器与罗马共和国早期的简约罗马风格是一致的(Plin.,H. N. XXXIII.§153,Val. Max. IV. 4,§3)。……在大多数情况下,盐罐是一个圆形的浅容器。"[*Dict. of Greek and Roman Antiquities*,article *salinum*]。进而,在蒙森(Mommsen)的《罗马史》中,关于拉丁词转化为希腊西西里方言有很多证据。(Book I.,ch. xiii.)表明,由于拉丁-西西里通商,一些标识重量、度量的词,libra(秤)、triens(第三)、quadrans(四分之一)、sextans(六分仪)、uncia(盎司)在 3 世纪便进入西西里普通会话中,其形式为 λίτρα,τριᾶς,τετρᾶς,ἑξᾶς,οὑγκία。类似地,拉丁语法律术语也被转化(ch. XI.)。于是 mutuum(某种形式的贷款)成为 μοῖτρον,carcer(监狱)成为κάρκαρον。最后,拉丁语中的土地,arvina,成为西西里希腊语中的ἀρβίνη,而 patina(盘子)、πατάνη这最后一个词,是对假定的 salinum 的转换可能想象的一个最接近的平行例子。再者,把σάλινον解释为 salinum 有两个明显的优点,(1)无须要求词的任何改变,以及(2)下半部曲线与普通盐罐的相似性很明显。为了佐证我的假设,还可以追加一点,不列颠博物馆的默里博士的意见是,认为 salinum 是博物馆中罗马教权时代的一种小银碗,该银碗发现于法国绍尔斯(埃纳省),其形状与盐罐的曲线足够相像(下图)。

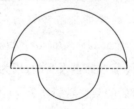

对σάλινον的解释还有以下建议。

(a)康托(Cantor)把它与σάλος,"惊涛骇浪"相联系,认为应该翻译成波浪线。但其相似程度并不完全令人满意,并且对结尾-ινον需要做出说明。

(b)海贝格说这个词是"sine dubio ab Arabibus deprauatum",并认为它应为σέλινον,西芹"ex similitudine frondis apii(基于与芹菜叶子的相似性)"。但无论有什么相似性,这个词被搞错了的理论肯定不能成立,因为从前面一个注释所述的帕普斯文字可知,在类似的情况下,阿拉伯人正确地复制了ἄρβηλος。

(c)高(Gow)博士认为σάλινον可能是一个'筛子',比照σάλαξ。但这一猜想并无任何证据支持。

② 其标题是 Πρόβλημα ὅπερ Ἀρχιμήδης ἐν ἐπιγράμμασιν εὑρὼν τοῖς ἐν Ἀλεξανδρείᾳ περὶ ταῦτα πραγματευομένοις ζητεῖν ἀπέστειλεν ἐν τῇ πρὸς Ἐρατοσθένην τὸν Κυρηναῖον ἐπιστολῇ。海贝格将其翻译成"阿基米德发现并以隽言形式……写在给厄拉多塞的信中的问题"。但他承认词序与这个意义不相符合,何况还用了复数ἐπιγράμμασιν。显然,认为ἐν ἐπιγράμμασιν与ἐν ἐπιστολῇ二者都尾随ἀπέστειλεν是很不合适的。事实上,看来别无选择而只能如克伦比格尔那样,按词序把它译为"阿基米德在(一些)隽言中发现的一个问题,并写在……他给厄拉多塞的信中",所以海贝格的翻译肯定不能令人满意。胡尔奇评论道,尽管把πραγματευομένοις误以为是πραγματευομένοις,以及标题的整体构成显露出作者生于阿基米德几个世纪之后,但他一定有一个较早的信息来源,因为他不大可能给厄拉多塞的信件杜撰这样一个故事。

至于阿基米德是否真正提出了这个问题，还是人们把这个问题冠以他的名字，表示这个问题极端困难，对此争论颇多。对正反两方争论意见的一个完备记述，见于克伦比格尔（Krumbiegel）的文章［*Zeitschrift für Mathematik und Physik*（*Hist. litt. Abtheilung*）XXV.（1880），p. 121 及以后］，阿姆托尔（Amthor）对之还增加了一个关于问题本身的讨论（同上，p. 153 及以后）。克伦比格尔研究的一般结果表明，（1）这个隽语现在的形式不大可能是阿基米德写的，但（2）可能，甚至很可能，这个问题实质上开始于阿基米德。胡尔奇①对这种情况有一个很聪明的提议。众所周知，阿波罗尼奥斯在他的 ὠκυτόκιον 一书中计算了一个比阿基米德的更佳的 π 的近似值，因此他所做的乘法一定比《圆的度量》中的更困难。另外，帕普斯部分保存的阿波罗尼奥斯在大数相乘方面的其他工作，受到了阿基米德的《数沙者》的启发。虽然我们不一定需要把阿波罗尼奥斯的专著视为颠覆性的，但它确实对以前的著作做了批评。因此阿基米德并非绝无可能用这样一个问题来回应，该问题涉及如此巨大数字的运算，以致对阿波罗尼奥斯也并非易事。而且在隽语的开始部分，毫无疑问有一句讽刺的话，"假如你有智慧，把它用在这里，计数太阳神的牛群"，在由第一部分向第二部分的过渡中说，拥有解决第一部分能力的人，将被看作"在数字方面不是无知，不是无技巧的，但还不能跻身于聪明人之中"，并又在最后一行重复此语。胡尔奇的结论是，在任何情况下，这个问题的出现不会晚于阿基米德的时代，最迟在公元 2 世纪之初。

可以肯定，在公元 6 世纪现存的书中，只有三种是众所周知的，即《论球与圆柱》《圆的度量》和《论平面图形的平衡或平面图形的重心》。因此，对这些工作写过评论的来自阿什凯隆的尤托西乌斯只知道《抛物线弓形求积》这个名称，但从未见过该书，也没有见过《论螺线》。如果某一段落可能需要参考以前的书予以说明，尤托西乌斯便给出来自阿波罗尼奥斯和其他来源的解释，他含糊地说到直线与给定圆的圆周相等是"借助某种螺线"，但若他知道《论螺线》这一专著，他就会引用命题 18。有理由假定只有尤托西乌斯评论过的那三本专著，被包括在当时的普通版本中，例如包括在尤托西乌斯的老师，来自米利都的伊西多卢斯（Isidorus）的版本中，对之尤托西乌斯曾多次间接提到。

在这种情况下，令人奇怪的是怎么会有如此多的书留存至今。实际情况是，

---

① 　Pauly-Wissowa，*Real-Encyclopädie*，II. 1，pp. 534，535.

它们在相当程度上失去了其原始形式。阿基米德是用多里斯方言①写作的,但在最熟知的书(《论球与圆柱》和《圆的度量》)中,该方言的所有痕迹事实上都消失了,虽然多里斯方言消失的部分也在其他书中出现,《数沙者》消失得最少。在所有书中,除《数沙者》,其他书的变更和增添主要由通晓多里斯方言的校对者做出,而后,在接近尤托西乌斯时期,《论球与圆柱》和《圆的度量》被彻底改造了。

阿基米德的以下作品被确认已经佚失。

1. 帕普斯提到了与多面体有关的研究,他在提及五种正多面体(见 p. 352②)之后,描述了阿基米德发现的其他 13 种,它们是半正多面体,由等边、等角但不相似的多边形面构成。

2. 一本内容与算术有关的书,标题为《原理》(ἀρχαί),题献给宙克西帕斯(Zeuxippus)。我们从阿基米德本人所述可知该书处理数字的记法(κατονόμαξις τῶν ἀριθμῶν)③,并说明了一个系统,它可用于表达普通希腊标记法无法表达的大数。这个系统包括的数字可以很大,大到相当于我们现在所用 1 后面有 80 万亿个码;并且,阿基米德在《数沙者》中设置了同样的系统,他解释说,他这样做是为了方便那些此前没有机会阅读他早先题献给宙克西帕斯的书的读者。

3. περὶ ζυγῶν,《论平衡或杠杆》,帕普斯说(VIII. p. 1068),阿基米德证明了"当环绕同一点旋转时,较大的圆压倒(κατακρατοῦσι)较小的圆"。毫无疑问,阿基米德在这本书里证明了他在《抛物线弓形求积》命题 6 中应用的定理,即若悬挂在一点的物体静止,则该物体的中心与悬挂点在同一条竖直线上。

4. κεντροβαρικά,《论重心》。辛普利西乌斯(Simplicius)在亚里士多德的《论天》卷 II 中提到这项工作(亚里士多德中的注释 508 a 30)。阿基米德说前已证

①　因此,尤托西乌斯在评论《论球与圆柱》卷 II 命题 4 时提到他在一本古书中找到的一个段落,他认为它是对所述命题的消失部分的补充,"部分地保存了阿基米德喜用的多里斯方言"(ἐν μέρει δὲ τὴν Ἀρχιμήδει φίλην Δωρίδα γλῶσσαν ἀπέσωζον)。从应用表达式 ἐν μέρει 这一点,海贝格得出结论,在尤托西乌斯时代,多里斯方言已开始在书中消失,我们现有的书中缺少的不只是所引的段落。

②　指 Pappus VIII. p. 352,下同。——译者注

③　察看《数沙者》中所有对该书的提及,阿基米德说到了对数字或者已被命名或有它们自己的名字的数字的命名(ἀριθμοὶ κατονομασμένοι, τὰ ὀνόματα ἔχοντες, τὰν κατονομαξίαν ἔχοντες),胡尔奇说(Pauly-Wissowa, Real-Encyclopädie, II. 1, p. 511),κατονόμαξις τῶν ἀριθμῶν 是该书的名称。他并解释了 τινὰς τῶν ἐν ἀρχαῖς ⟨ἀριθμῶν⟩ τῶν κατονομαξίαν ἐχόντων 的意义是,"开始时提及的有专门名称的数字",这里的"开始时"指阿基米德首次提及 τῶν ὑφ᾽ ἁμῶν κατονομασμένων ἀριθμῶν καὶ ἐνδεδομένων ἐν τοῖς ποτὶ Ζεύξιππον γεγραμμένοις 的段落。但看起来,用于表达"在开始时",ἐν ἀρχαῖς 不如 ἐν ἀρχῇ 或 κατ᾽ ἀρχάς 来得自然。再者,除了 κατονομαξίαν ἐχόντων,没有一个分词表达式可与 ἐν ἀρχαῖς 在这个意义上相匹配,因此这一解释并不令人满意。对并非在开始时命名,而只是提到的数字,需用到有些词如 εἰρημένων。因为这些理由,我认为海贝格、康托和苏塞米尔取 ἀρχαί 这个专著的名称是正确的。

明(《论平面图形的平衡或平面图形的重心》卷Ⅰ命题4),两个物体之组合的重心位于它们各自重心的连线上,他可能就是指这本书。在《论浮体》中,阿基米德认为旋转抛物体截段的重心在这一截段的轴上,与重心顶点之间的距离为轴长的2/3。如果这一点没有被作为另一本著作的主题,它可能在 κεντροβαρικά 中被证明过。

毫无疑问,περὶ ξυγῶν 和 κεντροβαλικά 都成书于现存的《论平面图形的平衡或平面图形的重心》之前。

5. κατοπτρικά,一部光学著作,塞昂(Theon)从其中引用了关于折射的一个评述(on Ptolemy, *Synt.* I. p. 29, ed. Halma)。又见 Olympiodorus(in *Aristot. Meteor.*, II. p. 94, ed. Ideler)。

6. περὶ σφαιροποιΐας,《论球的制作》,这本机械类书籍涉及构建一个表示天体运行的球,前已提及。

7. ἐφόδιον,《方法》,曾被苏伊达斯(Suidas)提及,他说特奥多修斯(Theodosius)对之写了一个评论,但无关于它的进一步信息。[①]

8. 根据喜帕恰斯可知,阿基米德一定写过关于历法或一年的长度的书。

一些阿拉伯作者认为阿基米德还写了以下几本书:(1)《论圆周上的七边形》[②],(2)《论相切的圆》,(3)《论平行线》,(4)《论三角形》,(5)《论直角三角形的性质》,(6)关于数据的书。但没有证据可以确认他写过这些书。贡加瓦(Gongava)从阿拉伯语翻译为拉丁语的书(卢万,1548),标题为《关于凹抛物线镜面的古代著作》(*Antiqui scriptoris de speculo comburente concavitatis parabolae*),该书不可能是阿基米德的著作,因为其中引用了阿波罗尼奥斯。

---

① 这部著作后来被发现,见本书最后一章,即《阿基米德的方法》。——译者注
② 在下面这本书中提到了这篇关于正七边形作图法的论文:T. L. Heath, *A Manual of Greek Mathematics*. Clarendon Press,1931,pp. 340-342。——译者注

第三章　阿基米德与前辈之间的关系

　　阿基米德著作的绝大部分学术内容反映了他本人的全新发现。他涉猎的学术领域几乎是百科全书式的,包括(平面和立体)几何学、算术、力学、水力学和天文学,但他并不擅长编写教科书。在这方面,他甚至与他的重要继承者阿波罗尼奥斯不同,后者就像此前的欧几里得一样,在几何学家早期的独立奋斗中,着重于把所用的方法和所得到的结果系统化和一般化。但阿基米德不会仅限于对已有材料加工提高;他的目标对象永远是某种新东西,对现存知识总成的某种肯定的添加;即使没有大多数著作前的导读信函中提供的确凿证据,阿基米德仅凭其十足的原创性,也足以令睿智的读者印象深刻。然而这些导读完全展示了阿基米德其人与其作品的鲜明特征。坦率而简明,全无自我主义,也丝毫没有尝试通过与他人的成就作比较,或强调自己成功而他人失败之处,来夸大自己的成就。所有这一切都强化了同样的印象。因此,他的风格就是,简单地陈述前人的某种特定发现如何启发了他,这为他在新的方向进行拓展提供了可能性。例如他提到,正是早期几何学家把圆和其他形状转化为正方形的努力,启发了他注意到从来没有人把抛物线图形转化为正方形,于是他尝试并最终完成了这项任务。在他的专著《论球与圆柱》的前言中,他以类似的方式,把他的发现作为对欧多克斯证明的关于角锥、圆锥和圆柱的定理的补充。他毫不掩饰地说,有些问题折磨了他很长时间,有一些解,他花费了多年才找到。在《论螺线》的前言中,他特别强调,他提出的两个命题在进一步研究中被证明是错误的,这为我们树立了正确的道德标准。同一前言中包含了对科农的慷慨大方的赞扬,感叹他英年早逝,说不然他可能会在自己之前解决一些问题,并会用许多别的发现使几何学更加丰富。

　　在一些学科领域中,阿基米德是开山鼻祖,例如水力学,这是一门由他开创的新学科,又如他对机械的研究(就数学演示而言,实属先驱)。在这些场合,当奠定学科基础时,他必须采取以更类似于初等教科书的形式来阐述,但紧随其后,他便立即投入专题研究。

于是，对阿基米德在何处受惠于前辈的研究，数学历史学家的任务相对轻松。首先，他们只需要描述阿基米德对已被前辈几何学家接受的一般方法的应用；其次，列举一些特定的结果，对此他提到以前已经被发现并作为自己研究的基础，或对此他默认是已知的。

§1. 传统几何方法的应用

在我的阿波罗尼奥斯《圆锥曲线论》版本[①]中，遵循宙滕（Zeuthen）在《古希腊圆锥曲线理论》中的线索，我对在希腊几何学著作中发挥了如此巨大作用的*几何代数学*（这是一个很恰当的名称），做出了一些说明。在这个名称下包含的主要方法有（1）*比例理论*的应用，与（2）*面积适配*[②]方法，虽然这两种方法都曾在欧几里得的《几何原本》中进行了详细说明，但第二种方法要古老得多，欧德摩斯（Eudemus）的学生把该方法归功于毕达哥拉斯（由普罗克勒斯引述）。在欧几里得 II 中提出，并在 VI 中拓展的*面积适配*，被阿波罗尼奥斯用来表达他认为的圆锥曲线的基本性质，也就是我们用以任意直径与在其一端点的切线为坐标轴的笛卡儿方程：

$$y^2 = px,$$

$$y^2 = px \mp \frac{p}{d}x^2$$

所表达的基本特性；其中后一个方程可与欧几里得 VI 27,28 与 29 中得到的结果相比较，它等价于对二次方程

$$ax \pm \frac{b}{c}x^2 = D$$

用几何方法得到的解。又可以看到，阿基米德通常并未像阿波罗尼奥斯那样，把

---

① 阿波罗尼奥斯，引言第二部分第三章§1.

② 英文原词是 application，其意义如正文中下面所描述的，中文似尚无适当译名，这里译为"适配"。简而言之，要求一个面积为 A 的矩形与一条长度为 a 的直线适配，其实质就是求 x，使得 $A=ax$；同样的矩形与直线适配并超出一个正方形，就是求 x，使得 $A=(a+x)x$；适配而缺少一个正方形，就是求 x，使得 $A=(a-x)x$。注意，在阿基米德时代还没有代数方法，因此不得不采用这种现在看起来有点烦琐的所谓几何代数方法。——译者注

他对有心二次曲线①的描述与面积适配方法相联系,但阿基米德一般把基本性质用比例形式表达为

$$\frac{y^2}{x \cdot x_1} = \frac{y'^2}{x' \cdot x'_1},$$

在椭圆的情形是

$$\frac{y^2}{x \cdot x_1} = \frac{b^2}{a^2},$$

其中 x, x_1 是从参考直径末端算起的横坐标。

因此,与阿波罗尼奥斯相比,在阿基米德的书中面积适配的出现次数要少得多。阿基米德只是以最一般的形式应用它。对给定直线段"适配一个矩形"使之有给定面积的最简单形式,例如出现在《论平面图形的平衡或平面图形的重心》卷 II 命题 1;同样模式的表达式用于(如阿波罗尼奥斯)抛物线中的性质 $y^2 = px$,其中 px 被阿基米德描述为"适配于"($\pi\alpha\rho\alpha\pi\acute{\iota}\pi\tau o\nu\ \pi\alpha\rho\acute{\alpha}$)等于 p 的一条直线的矩形,"其宽度"($\pi\rho\acute{\alpha}\tau o\varsigma\ \acute{\epsilon}\chi o$)为横坐标 x。然后,在《论拟圆锥与旋转椭球》的命题 2,25,26,29 中,我们有等同于方程

$$ax + x^2 = b^2$$

的解的完整表达式,它"适配一个矩形于[某一段直线]并超出一个正方形而等于[某一矩形]"($\pi\alpha\rho\alpha\pi\epsilon\pi\tau\omega\kappa\acute{\epsilon}\tau\omega\ \chi\omega\rho\acute{\iota}o\nu\ \acute{\upsilon}\pi\epsilon\rho\beta\acute{\alpha}\lambda\lambda o\nu\ \epsilon\acute{\iota}\delta\epsilon\iota\ \tau\epsilon\tau\rho\alpha\gamma\acute{\omega}\nu\varphi$)。于是,就必须构建这样一个矩形(在命题 25 中),它等于我们在上面双曲线情形的所谓 $x \cdot x_1$,也就是 $x(a+x)$ 或 $ax+x^2$,这里 a 是横向轴的长度。但奇怪的是,我们未在阿基米德的书中找到"缺少一个正方形"的矩形的适配;若为椭圆,当用 $x(a-x)$ 代替 $x \cdot x_1$ 时可得到。当为椭圆时,面积 $x \cdot x_1$ 用一个 L 形表示(《论拟圆锥与旋转椭球》命题 29),它是矩形 $h \cdot h_1$(这里 h, h_1 是界定一个椭圆弓形纵坐标的两个横坐标②)与适配于 $h_1 - h$ 但多出边长为 $h - x$ 的一个正方形的矩形之差。矩形 $h \cdot h_1$ 就是 h, h_1 构成的矩形。这样,阿基米德避免了缺少一个正方形的矩形的应用③,但对 $x \cdot x_1$ 应用了一个相当复杂的形式:

---

① Central conics,指有对称中心的二次曲线,即双曲线与椭圆。——译者注

② 现代数学中的坐标一般是一个数,而在古希腊,一般是一条线段,其长度值被称为对应的参数。古希腊并无坐标系的概念,纵坐标即泛指的坐标,一般相对于一根轴而言。——译者注

③ 阿基米德的目标,无疑是为了使命题 2 中的引理[求一般项为 $a \cdot rx + (rx)^2$ 的级数之和,其中 r 相继取值 $1, 2, 3, \cdots$]也能用于旋转抛物体与旋转椭球。

$$h \cdot h_1 - \{(h_1-h)(h-x)+(h-x)^2\}。$$

容易看出,这个表达式等于 $x \cdot x_1$,因为它可以简化为

$$h \cdot h_1 - \{h_1(h-x)-x(h-x)\}$$
$$= x(h_1+h)-x^2$$
$$= ax-x^2,因为 h_1+h=a,$$
$$= x \cdot x_1。$$

容易理解,基于欧几里得 II 中所述方法的矩形与正方形变换,对阿基米德恰如对其他几何学家一样重要,因此这里无须详述几何代数的这种形式。

在欧几里得 V 与 VI 中详细说明的*比例*理论,包括比值的变换{记为 *componendo*(合比例),*dividendo*(分比例)等}及比值的复合或相乘,使古代几何学家有可能在一般情况下处理量,并能得出它们之间的关系,其有效程度并不甚亚于现代代数。例如,比值的加减产生的效果可以等价于我们在代数学中称为通分的步骤。另外,比值的复合或相乘可以无限拓展,从而相乘与相除的代数运算在代数几何中有方便的表达式。作为一种特殊情况,假定有一个等比级数(即几何级数)为 $a_0, a_1, a_2, \cdots, a_n$,满足

$$\frac{a_0}{a_1}=\frac{a_1}{a_2}=\cdots=\frac{a_{n-1}}{a_n}。$$

于是通过相乘得到,

$$\frac{a_n}{a_0}=\left(\frac{a_1}{a_0}\right)^n,或\frac{a_1}{a_0}=\sqrt[n]{\frac{a_n}{a_0}}$$

下面举数例说明这一比例方法在阿基米德手中应用得何等精湛。

举例 1　按照上面所示方式降低比值阶次的一个佳例见于《论平面图形的平衡或平面图形的重心》卷 II 命题 10。阿基米德在此有一个我们称之为 a^3/b^3 的比值,其中 $a^2/b^2=c/d$;他通过取两段直线 x, y 使得

$$\frac{c}{x}=\frac{x}{d}=\frac{d}{y},$$

把立体之间的比值简化为直线段之间的比值。由此可得

$$\left(\frac{c}{x}\right)^2=\frac{c}{d}=\frac{a^2}{b^2},$$

或即

$$\frac{a}{b}=\frac{c}{x};$$

并从而

$$\frac{a^3}{b^3} = \left(\frac{c}{x}\right)^3 = \frac{c}{x} \cdot \frac{x}{d} \cdot \frac{d}{y} = \frac{c}{y}.$$

举例 2 在上一个例子中，我们应用辅助固定线的方法来简化比值，从而降低阶次，这样能够节约精力并更成功地把握一个复杂问题。借助图形中的这些辅助线或辅助固定点（二者是一回事）并结合比例的应用，阿基米德成功地实现了一些出色的消元。

例如，《论球与圆柱》卷 II 命题 4，他得到了联系三个待定点的三个关系式，并立即消去其中两点，于是问题简化为用一个方程来找出剩下的点。用代数形式表达，三个原始关系包含在以下三个方程中

$$\left.\begin{aligned} \frac{3a-x}{2a-x} &= \frac{y}{x} \\ \frac{a+x}{x} &= \frac{z}{2a-x} \\ \frac{y}{z} &= \frac{m}{n} \end{aligned}\right\},$$

消去 y 与 z 以后得到的结果，被阿基米德陈述为等价于

$$\frac{m+n}{n} \cdot \frac{a+x}{x} = \frac{4a^2}{(2a-x)^2}$$

的形式。[①]

再者，《论平面图形的平衡或平面图形的重心》卷 II 命题 9 用相同的比例方法证明了，若 a, b, c, d, x, y 是满足以下条件的直线段：

———————————

① 我们试对这个公式进行推导，如下：

由联立方式第一式得，

$$y = \frac{3a-x}{2a-x}x;$$

由第二式

$$z = \frac{a+x}{x}(2a-x);$$

代入第三式后得：

$$\frac{y}{z} = \frac{3a-x}{2a-x}x \cdot \frac{x}{(a+x)(2a-x)} = \frac{m}{n}$$

于是

$$\frac{m+n}{n} = \frac{(3a-x)x^2 + (2a-x)^2(a+x)}{(2a-x)^2(a+x)},$$

分子 $= 3ax^2 - x^3 + 4a^3 - 4a^2x + ax^2 + 4a^2x - 4ax^2 + x^3,$

即

$$\frac{m+n}{n} \cdot \frac{a+x}{a} = \frac{4a^2}{(2a-x)^2}.$$

译者怀疑原书有一个印刷错误，即把等式左边分母中的 a 误印为 x。——译者注

$$\left. \begin{array}{c} \dfrac{a}{b}=\dfrac{b}{c}=\dfrac{c}{d} \quad (a>b>c>d) \\[2mm] \dfrac{d}{a-d}=\dfrac{x}{\dfrac{3}{5}(a-c)} \\[4mm] \dfrac{2a+4b+6c+3d}{5a+10b+10c+5d}=\dfrac{y}{a-c} \end{array} \right\},$$

则
$$x+y=\frac{2}{5}a$$

这个命题只是作为后面命题的辅助引理而引入的,并无任何实质上的重要性;但看一下证明(其中又引入了一条辅助线)可以知道,它确实是巧妙地运用比例的极佳例子。

举例 3　这里还值得给出另一个例子。它其实是证明,若
$$\frac{x^2}{a^2}+\frac{y^2}{b^2}=1,$$

则
$$\frac{2a+x}{a+x}\cdot y^2(a-x)+\frac{2a-x}{a-x}\cdot y^2(a+x)=4ab^2,$$

A,A' 是旋转椭球与其两个平行切平面的接触点;纸张所在平面通过 AA' 与旋转椭球的轴的平面,PP' 是该平面与另一个与之成直角(因此平行于两个切平面)的平面的交线,后一个平面把旋转椭球分为两个截段,它们的轴分别是 AN,$A'N$。作另一个平面通过中心并平行于切平面,它把旋转椭球分为相同的两半。最后作两个圆锥,其底面分别是上述两个平行平面的一部分,如下图所示。

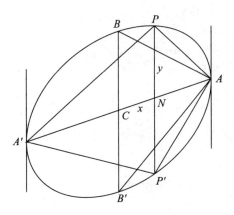

阿基米德命题的形式如下所述(《论拟圆锥与旋转椭球》命题 31,32)。

APP' 是以通过 PP' 的截面为共同底面的两个截段中的较小者，x,y 点是 P 的坐标，他在此前的命题中证明了

$$\frac{\text{截段 } APP'\text{（的体积）}[1]}{\text{圆锥 } APP'\text{（的体积）}}=\frac{2a+x}{a+x}, \qquad (\alpha)$$

以及

$$\frac{\text{半旋转椭球 } ABB'}{\text{圆锥 } ABB'}=2; \qquad (\beta)$$

且他打算证明

$$\frac{\text{截段 } A'PP'}{\text{圆锥 } A'PP'}=\frac{2a-x}{a-x}。$$

其方法如下：由

$$\frac{\text{圆锥 } ABB'}{\text{圆锥 } APP'}=\frac{a}{a-x}\cdot\frac{b^2}{y^2}=\frac{a}{a-x}\cdot\frac{a^2}{a^2-x^2}。$$

如果我们假定

$$\frac{z}{a}=\frac{a}{a-x}, \qquad (\gamma)$$

那么这两个圆锥的比值成为 $\dfrac{za}{a^2-x^2}$。

其次，根据假设 (α)，

$$\frac{\text{圆锥 } APP'}{\text{截段 } APP'}=\frac{a+x}{2a+x}。$$

因此，由依次比例[2]，

$$\frac{\text{圆锥 } ABB'}{\text{截段 } APP'}=\frac{za}{(a-x)(2a+x)}。$$

由 (β) 式得到

$$\frac{\text{旋转椭球}}{\text{截段 } APP'}=\frac{4za}{(a-x)(2a+x)},$$

从而

$$\frac{\text{截段 } A'PP'}{\text{截段 } APP'}=\frac{4za-(a-x)(2a+x)}{(a-x)(2a+x)}$$

$$=\frac{z(2a-x)+(2a+x)[z-\overline{(a-x)}]}{(a-x)(2a+x)}。$$

现在，我们需要得到截段 $A'PP'$ 与圆锥 $A'PP'$ 体积之比，而截段 APP' 与圆锥

---

① 式中（的体积）系译者所加。古希腊数学书中出现的形状名称，默认是其体积式面积，后面出现不再一一注明，敬请读者注意。——译者注

② 原文是拉丁文 *ex aequali*，*ex* 是"由"，*aequali* 是"相等"，在本书中出现十几次，意思是由两个（或多个）比例得到的一个新的比例。——译者注

$A'PP'$体积之比，系通过组合两个比值由依次比例得到。于是

$$\frac{\text{截段 } APP'}{\text{圆锥 } APP'}=\frac{2a+x}{a+x}，\text{由}(\alpha)，$$

可得

$$\frac{\text{圆锥 } APP'}{\text{圆锥 } A'PP'}=\frac{a-x}{a+x}。$$

于是，组合最后三个比例式并由依次比例，由 $a^2=z(a-x)$ 和 (γ) 式。我们有

$$\frac{\text{截段 } A'PP'}{\text{圆锥 } A'PP'}=\frac{z(2a-x)+(2a+x)[z-\overline{(a-x)}]}{a^2+2ax+x^2}$$

$$=\frac{z(2a-x)+(2a+x)[z-\overline{(a-x)}]}{z(a-x)+(2a+x)x}。$$

$\Big[$把最后一个分数中以 $z(2a-x)$ 为首项的分子，与以 $z(a-x)$ 为首项的分母作变换的目的现

在十分清楚，因为 $\dfrac{2a-x}{a-x}$ 是阿基米德想要得到的分数，为了证明所需的比值等于它，只需证明

$$\frac{2a-x}{a-x}=\frac{z-(a-x)}{x}。\Big]$$

现在

$$\frac{2a-x}{a-x}=1+\frac{a}{a-x}$$

$$=1+\frac{z}{a}，\text{由}(\gamma)，$$

$$=\frac{a+z}{a}$$

$$=\frac{z-(a-x)}{x}（\text{分比例}），$$

所以

$$\frac{\text{截段 } A'PP'}{\text{圆锥 } A'PP'}=\frac{2a-x}{a-x}。$$

举例 4 欧几里得对比例方法的一种应用值得一提，因为阿基米德并未在类似情况下应用它。阿基米德（《抛物线弓形求积》命题 23）对一个特定的几何级数

$$a+a\left(\frac{1}{4}\right)+a\left(\frac{1}{4}\right)^2+\cdots+a\left(\frac{1}{4}\right)^{n-1}$$

求和，应用了类似于我们教科书中的方法，但欧几里得（IX.35）对有任意多项的任意几何级数用比例方法求和。

假定 $a_1,a_2,\cdots,a_n,a_{n+1}$ 是一个几何级数的 $(n+1)$ 项，其中 a_{n+1} 是最大项。

那么

$$\frac{a_{n+1}}{a_n} = \frac{a_n}{a_{n-1}} = \frac{a_{n-1}}{a_{n-2}} = \cdots = \frac{a_2}{a_1}。$$

因此

$$\frac{a_{n+1} - a_n}{a_n} = \frac{a_n - a_{n-1}}{a_{n-1}} = \cdots = \frac{a_2 - a_1}{a_1}。$$

把所有前项与所有后项分别相加，我们有

$$\frac{a_{n+1} - a_1}{a_1 + a_2 + a_3 + \cdots + a_n} = \frac{a_2 - a_1}{a_1},$$

它给出了级数的所有 n 项之和。

§2. 对求面积与求体积有影响的早期发现

阿基米德引用了几何学家以前已经证明的定理，圆的面积之比如同其直径的平方之比，他又说这是用某一引理证明了的，对此他陈述如下："在不相等的线、不相等的面或不相等的立体中，较大者超出较小者的量，如果[不断]自我相加，可以超出任何与之可比较($τ\tilde{ω}ν\ πρὸς\ ἄλληλα\ λεγομέναων$)的给定量。"我们知道，来自希俄斯的希波克拉底证明了一条定理，圆的面积之比等于其直径的平方之比，但对其所用的方法尚无明确结论。另一方面，穷举法的发明一般归功于欧多克斯(《论球与圆柱》的引言曾提到他证明了即将提及的立体几何中的两条定理)，欧几里得利用它证明了 XII. 2 中涉及的命题。但阿基米德陈述的引理曾用于原始证明这一点，并未在《几何原本》中以这种形式找到，且并未应用于 XII. 2 的证明中，那里应用的引理是他在 X. 1 中证明的，"给定两个不同的量，如果从较大的一个减去大于其一半的部分，又从剩余的部分减去大于其一半的部分，如此不断继续，则剩下的量会小于给定的较小的量"。这最后一条引理常常被阿基米德引用，XII. 2 中对内接于圆周或圆弧的正多边形的应用方式，被提到是从《原本》(Elements)继承下来的[①]，这里的《原本》，指的只能是欧几里得的《几何原本》(Elements)。然而，由于提到两条引理与所述定理相关而引起的明显困惑，我认为可以通过参考欧几里得 X. 1 中的证明来解释。欧几里得在那里取较小的量，

---

① 《论球与圆柱》卷 I 命题 6。

并说可以通过增加它,使之在某一时刻超出较大的量,这个陈述明显地基于 V 的第四条定义,其大意是"若两个量几经放大后能相互反超,则称这两个量相互之间有一个比值"。因为 X.1 中较小的量可以被看作两个不等的量之间的差额,很显然,欧几里得首先提到的引理,实质上是用于证明 X.1 中的引理,后者在研究求面积与求体积中起了很大的作用,因而一直流传至今。

阿基米德归功于欧多克斯的两条定理[①]是:

(1)*任意角锥的体积都是同底等高棱柱体积的三分之一*,以及

(2)*任意圆锥的体积都是同底等高圆柱体积的三分之一*。

阿基米德引用的已被以前的几何学家证明了的立体几何定理[②]是:

(3)*诸等高圆锥体积之比等于其底面面积之比,反之亦然*。

(4)*若圆柱被平行于底面的平面分成两部分,则二者的体积之比等于二者的轴长之比*。

(5)*分别与对应圆柱同底等高的诸圆锥,其体积之比与对应圆柱体积之比相同*。

(6)*相同体积诸圆锥的底面面积与其高成反比,反之亦然*。

(7)*底面直径之比与轴长之比相同的诸圆锥,其体积之比等于其直径的三次方之比*。

在《抛物线弓形求积》中,他说以前的几何学家也证明了,

(8)*球的体积之比等于其直径的三次方之比*。他还说,这个命题以及他归功于欧多克斯的那些命题中的第一个,上述定理(1),是用同一引理证明的,即任意两个不等量之间的差额可以放大到超出任何给定的量值,而(如果海贝格的叙述正确)欧多克斯的第二个命题,上述定理(2),系采用"类似于上面提到过的一条引理"证明的。事实上,除了定理(5),上述定理都在欧几里得 XII 中给出,但(5)是(2)的一个简单的推论;而定理(1),(2),(3)与(7)都依赖于同一个引理[X.1],如在欧几里得 XII.2 中所用到的。

除了定理(5),欧几里得给出的以上七个定理的证明都太冗长而不宜在此引述,证明中采取的路线和次序在下面概述。假定 ABCD 是一个以三角形为底面的角锥,又假定它被两个平面切割,一个在 F,G,E 等分 AB,AC,AD,另一个在 H,K,F 等分 BC,BD,BA。这些平面每个都平行于角锥的一个面,它们截下

---

① 《论球与圆柱》卷 I,引言。

② 同上书,命题 16 与 17 之间的引理。

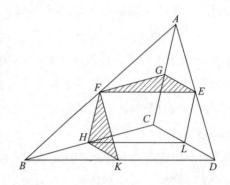

的两个角锥彼此相等且都与原来的角锥相似,可证明原始角锥的剩余部分由两个相等的棱柱构成,其体积之和大于原始角锥的一半[XII.3]。然后又证明了[XII.4]:若有两个以三角形为底面且等高的角锥,每个都以所示方式被分割为两个相似于全体并彼此相等的角锥以及两个棱柱,则一个角锥中棱柱体积之和与另一个角锥中棱柱体积之和之间的比值等于两个原始角锥底面面积之比。于是,如果我们以同样的方式分割每个原始角锥中剩余的两个角锥,然后所有剩余的角锥,并继续依此类推,则一方面,根据 X.1,剩余的角锥体积之和小于任何一个指定的立体,另一方面,从相继分割得到的所有棱柱体积之和正比于原四面体的底面面积。因此,欧几里得能够应用在 XII.2 例示的正则穷举法并确立以下命题[XII.5]:等高并有三角形底面的角锥的体积之比等于其底面面积之比。这一命题然后被推广到[XII.6]等高并有多边形底面的角锥。然后[XII.7],一个三角形底面棱柱被分割为三个角锥,可以按照 XII.5 的方法证明它们是相等的;从而,作为一条推论,任何角锥的体积都是同底等高棱柱体积的三分之一。再者,取两个相似且相似地放置的角锥,各构成一个平行六面体,则它们分别是相应角锥的六倍大;并且(根据 XI.33)相似平行六面体的体积之比是相应边长的立方,由此可知,同样的结论对于角锥也成立[XII.8]。一条推论对具有多边形底面的相似角锥给出了显而易见的推广。命题[XII.9]:在具有三角形底面的相等角锥之间,底面积反比于高,这可以通过构建平行六面体并应用与 XI.34 相同的方法加以证明;对相反的情形类似。然后证明了[XII.10],若对圆柱的底面圆作一个内接正方形,然后相继作多边形分割每种情况下剩余的弧使边数翻倍,且若先以正方形,然后以多边形为底面作一个与相应的圆柱等高的棱柱,以正方形为底面的棱柱大于圆柱的一半,下一个棱柱将增加多于体积差额的一半,依此类推。并且每一个棱柱都是同底等高角锥的三倍大。这样,与 XII.2 相同的穷举法被用来证明,任何圆锥体积都是同底等高圆柱的三分之一。完全相同的方法被用来证明

[XI.11]，对高相同的几个圆锥（或圆柱），其相互间体积之比等于其底面积之比，且[XII.12]指出，相似的圆锥（或圆柱）的体积之比是其底面直径的三次方之比（这后一个命题当然取决于对角锥的类似命题 XII.8）。随后的三个命题的证明无须重新回顾 X.10。V.5 的相等乘子准则被用来证明[XII.13]，若一个圆柱被平行于其底面的平面切割，生成的圆柱体积之比等于其轴长之比。容易推出[XII.14]，同底圆锥或圆柱的体积正比于它们的高，且[XII.15]，对相等体积的圆锥（或圆柱），底面面积与高成反比，反过来说，有这一性质的圆锥（或圆柱）是等体积的。最后，为了证明球的体积与其直径的三次方成正比[XII.18]，采取的步骤涉及两个预备命题，其中第一个[XII.16]，通过应用常用的引理 X.1 证明了，若给定两个同心圆（无论它们如何接近），都可以在外圆中作一个内接正多边形，其诸边不触及内圆；第二个命题[XII.17]应用第一个的结果证明，给定两个同心球，总可以对外球内接一个多面体，它不会在任何位置触及内球，而一条推论进一步证明了，若有一个相似的多面体内接内球，两个多面体的体积之比是相应球直径之比的三次方。这最后一个性质用于证明[XII.18]，球体积与其直径的三次方成正比。

§3. 圆锥曲线

在我的阿波罗尼奥斯的《圆锥曲线论》版本中，对曾被阿基米德应用过的所有命题有一个完整的说明，我把它们分为三种类型：(1)被他明确地归功于以前作者的那些命题，(2)假定没有任何这类参考的那些命题，(3)看来是代表圆锥曲线论新发展的那些归功于阿基米德本人的命题。因为所有这些类型都将在本书中合适的位置出现，这里只要陈述第一类的那些命题和第二类中的几个（它们可以有把握地被假定为是以前知道的）就可以了。

阿基米德说，以下命题"是在《圆锥曲线论原本》中"，即在欧几里得和阿里斯塔俄斯（Aristaeus）的早期著作中被证明的。

1. 在*抛物线*中[①]

(a)若 PV 是一个弓形的直径,QVq 是与在 P 的切线[②]平行的弦,则 $QV=Vq$[③];

(b)若在 Q 点的切线与 VP 相交于 T 点,那么 $PV=PT$;

(c)若皆平行于在 P 点的切线的两根弦 QVq,$Q'V'q'$ 与 PV 分别在 V,V' 点相交,则

$$PV : PV' = QV^2 : Q'V'^2。$$

2. 若由同一点引直线与*任意圆锥截线*相切,且若平行于相应切线的两根弦相交,则弦段下的矩形[面积]之比等于在平行切线上的相应正方形[面积]之比。

3. 以下命题被指明"在《圆锥曲线论原本》中"得到证明。若在一条抛物线中,p_a 是主纵坐标参数,QQ' 是任意不垂直于轴的弦,它被直径 PV 等分于 V 点,p 是相对于 PV 的纵坐标的参数,且若作 QD 垂直于 PV,则

$$QV^2 : QD^2 = p : p_a。$$

[由《论拟圆锥与旋转椭球》命题 3 可知[④]]

抛物线的性质,$PN^2 = p_a \cdot AN$ 与 $QV^2 = p \cdot PV$[⑤],早在阿基米德时代之前就已广为人知。事实上,前一个性质曾被圆锥曲线的发现者梅奈奇姆斯用于他的倍立方体问题中。

椭圆和抛物线的以下性质肯定在欧几里得的《圆锥曲线论原本》中得到了证明。

---

① 请参考下图。——译者注

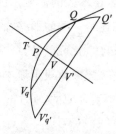

② "在 P 的切线"现常写成"在 P 点的切线",但用前者并无歧义,为尊重原作,不予修改,以下相同。——译者注

③ 原文误为 $QV = V_q$。——译者注

④ 请参考该命题的图。——译者注

⑤ 请参考第 36 页的图。——译者注

1.对于椭圆有[①]

$$PN^2 : AN \cdot A'N = P'N'^2 : AN' \cdot A'N' = CB^2 : CA^2$$

以及　　　　$$QV^2 : PV \cdot P'V = Q'V'^2 : PV' \cdot P'V' = CD^2 : CP^2 。$$

(事实上,这两个命题都可以从上面所引述的关于相交弦截距构成矩形的命题导出。)

2.对于双曲线有

$$PN^2 : AN \cdot A'N = P'N'^2 : AN' \cdot A'N'$$

以及　　　　$$QV^2 : PV \cdot P'V = Q'V'^2 : PV' \cdot P'V',$$

然而在这种情况下,欧几里得和阿基米德都不知道双曲线的两个分支其实是一条曲线(这一点首先由阿波罗尼奥斯意识到),这使得他们未能把上式中相应的比值与在平行半直径上正方形的比值相等同。

3.在一条双曲线中,若 P 是曲线上的任意点,作 PK,PL 每条都平行于一条渐近线,并与另一条相交,则

$$PK \cdot PL = 常数。$$

在等轴双曲线[②]的特殊情况下,这条性质已为梅奈奇姆斯所知。

抛物线次法线的性质 $\left(NG = \dfrac{1}{2}p_a\right)$,可能已被阿基米德的前辈所知。这在《论浮体》卷 II 命题 4 等中被默认。

由以下假设:在抛物线中 $AT < AN$(这里 N 是 P 的纵坐标底脚,T 是在 P 的切线与横轴相交的点),我们也许可以推断,调和性质

$$TP : TP' = PV : P'V,$$

或至少其特殊情况,

$$TA : TA' = AN : A'N,$$

在阿基米德之前便是已知的。

最后,关于圆锥截线发生于圆锥与圆柱,欧几里得在他的《现象》中已经提到,“若圆锥或圆柱被一个不平行于底面的平面切割,则所得为一条锐角圆锥截线[椭圆],类似于一个盾牌(θυρεός)”。虽然欧几里得不大可能知道除正圆锥以外的任何其他东西,这个陈述应与《论拟圆锥与旋转椭球》命题 7,8,9 对照。

─────────────

①　请参考第 27 页的图。——译者注
②　二渐近线相互垂直的双曲线称为等轴双曲线,也称为直角双曲线。——译者注

§4.二次曲面

《论拟圆锥与旋转椭球》命题 11 未经证明地陈述了旋转二次曲面的某些平面截线的特性。除明显的事实:(1)垂直于旋转轴的平面截线是圆,以及(2)通过轴的平面截线与生成二次曲线相同,阿基米德指出以下几点。

第一,旋转抛物面中任何平行于轴的平面的截线是一条与生成抛物线相同的抛物线。

第二,旋转双曲面中任何平行于轴的平面的截线是一条与生成双曲线相似的双曲线。

第三,旋转双曲面中通过其包络圆锥顶点的平面的截线是一条与生成双曲线不相似的双曲线。

第四,任何旋转椭球面中平行于轴的平面的截线是一个与生成椭圆相似的椭圆。

阿基米德又说,“所有这些命题的证明都‘显而易见’($\varphi\alpha\nu\varepsilon\varrho\alpha\acute{\iota}$)”。事实上,其证明可以陈述如下。

1.平行于轴的平面所作旋转抛物面的截线。

假定纸面表示通过轴 AN 的平面,它与给定平面截面成直角,设 $A'O$ 为交线。设 POP' 为通过轴的截面上相对于 AN 的任意双向纵坐标[①],它与 $A'O$ 及 AN 分别成直角相交于 O,N 点。作 $A'M$ 垂直于 AN。

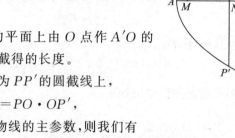

假定在平行于轴的给定截面的平面上由 O 点作 $A'O$ 的垂直线,并设 y 为该垂直线被曲面截得的长度。

于是,因为 y 的两端位于直径为 PP' 的圆截线上,

$$y^2 = PO \cdot OP',$$

若 $A'O=x$,且若 p 是生成抛物线的主参数,则我们有

$$y^2 = PN^2 - ON^2$$
$$= PN^2 - A'M^2$$
$$= p(AN - AM)$$
$$= px,$$

---

①　双向纵坐标(double ordinate)是某个对象(一般是曲线)上两点的连线,或垂直于一根轴并被等分,或对称于一个点。这个概念现在很少应用。——译者注

所以该截线是与生成抛物线相同的一条抛物线。

2.*平行于轴的平面所作旋转双曲面的截线*。

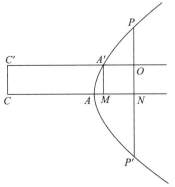

与前相同，取通过轴的平面截面，它在 $A'O$ 与给定平面交成直角。设双曲线 PAP' 位于纸面（表示通过轴的平面截面）上，并设 C 点为中心（或包络圆锥的顶点）。作 CC' 垂直于 CA，并延长 OA' 与之相交于 C' 点。设其余构型与前相同。

假定 $CA=a$，$C'A'=a'$，$C'O=x$，并设 y 的意义与前相同。

于是
$$y^2=PO \cdot OP'=PN^2-A'M^2 。$$
又根据原始双曲线的性质，
$$PN^2:(CN^2-CA^2)=A'M^2:(CM^2-CA^2)（这是一个常数）。$$
于是
$$A'M^2:(CM^2-CA^2)=PN^2:(CN^2-CA^2)$$
$$=(PN^2-A'M^2):(CN^2-CM^2)$$
$$=y^2:(x^2-a'^2)，$$

从而，看来该截线是与原来的双曲线相似的一条双曲线。

3.*旋转双曲面由通过中心（或包络圆锥顶点）的平面所作的截线*。

我认为，阿基米德无疑会借助圆锥曲线的一般性质（被用于证明同一专著的命题 3 与 12—14），来证明关于这一截线的命题。他在命题 3 开始时明确指出，这是在《圆锥曲线论原本》中已知的定理，相交弦截距构成矩形的面积之比，等于与之平行切线的平方之比。

设纸面表示通过轴的平面截面，它与通过中心的给定平面成直角。设 $CA'O$ 为交线，C 为中心，$CA'O$ 与曲面相交于 A' 点。假定 $CAMN$ 是双曲线的轴，POp，$P'O'p'$ 是通过轴的平面截面上相对于 $CAMN$ 的两个双向纵坐标，且与 $CA'O$ 分别相交于 O，O'；类似地，设 $A'M$ 是由 A' 的纵坐标，在通过轴的截面上由 A 与 A' 作切线，它们相交于 T，并设 QOq，$Q'O'q'$ 为同一截面上的两个双向纵坐标，它们平行于在 A' 点的切线，并分别通过 O，O' 点。

与前一样，假定 y，y' 是曲面在通过 $CA'O$ 的给定截面所在的平面上截得的由 O 及 O' 至 OC 的垂线的长度，并记
$$CO=x，CO'=x'，CA=a，CA'=a' 。$$

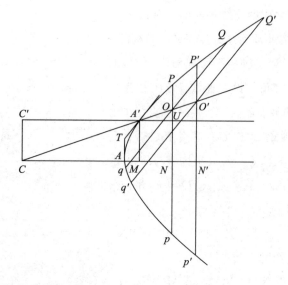

于是,根据相交弦的性质,因为 $QO=Oq$,我们有

$$(PO \cdot Op) : QO^2 = TA^2 : TA'^2$$
$$= (P'O' \cdot O'p') : Q'O'^2$$

另外,$\qquad\qquad y^2 = PO \cdot Op, y'^2 = P'O' \cdot O'p',$

以及由于双曲线的性质,

$$QO^2 : (x^2 - a'^2) = Q'O'^2 : (x'^2 - a'^2)。$$

由依次比例可知,

$$y^2 : (x^2 - a'^2) = y'^2 : (x'^2 - a'^2), \qquad\qquad (\alpha)$$

因此截线是双曲线。

为了证明这条双曲线并不与生成双曲线相似,我们作 CC' 垂直于 CA,作 $C'A'$ 平行于 CA,它与 CC' 相交于 C' 点并与 Pp 相交于 U 点。

若双曲线 (α) 与原始双曲线相似,则根据上一个命题,它必须相似于通过 $C'A'U$ 并与纸面成直角的平面所作的双曲线截线。

现在 $\qquad CO^2 - CA'^2 = (C'U^2 - C'A'^2) + (CC' + OU)^2 - CC'^2$
$$> C'U^2 - C'A'^2,$$

以及 $\qquad\qquad\qquad PO \cdot Op < PU \cdot Up。$

因此

$$PO \cdot Op : (CO^2 - CA'^2) < PU \cdot Up : (C'U^2 - C'A'^2),$$

由此可知这两条双曲线并非相似的[①]。

4.*旋转椭球面平行于轴的平面所作的截线*。

这是一个与生成椭圆相似的椭圆，这一点当然可以用与上述对于旋转双曲面的定理(2)一样的方法证明。

我们现在可以揣度阿基米德的评论，"所有这些性质的证明都是显而易见的(manifest)"到底是什么意思。首先，"显而易见的"不大可能意味"已知的(known)"，即已经被以前的几何学家证明了的；因为阿基米德习惯于每当应用其直接前辈的重要命题时，均精确地陈述事实，这见于当他引用欧多克斯和引用欧几里得的《圆锥曲线论原本》和《几何原本》的场合。当我们就平行于轴的各种截线分别考虑这个评论时，一种自然的解释是假定阿基米德所指的只是这些定理现在可以容易地用由方程表达的三种二次曲线的基本性质，加上垂直于轴的平面截线是圆的考虑而导出。但我认为，对"显而易见的"特性的这种解释并不怎么适用于第三条定理，该定理陈述的是，对一个旋转双曲面，通过包络圆锥顶

---

① 我认为欧几里得更可能应用了这个证明，而不是宙滕(p.421)所提议的。后者简单地应用双曲线的方程进行。若 y 的意义同上，又若相对于以 CA, CC' 为轴的 P 的纵坐标为 z, x，而 O 对相应轴的纵坐标分别为 z, x'，则对 P 点有

$$x^2 = \kappa(z^2 - a^2),$$

这里 κ 是常数。

又因为角 $A'CA$ 给定，$x' = \alpha z$，这里 α 是常数。

于是 $\qquad y^2 = x^2 - x'^2 = (\kappa - \alpha^2)z^2 - \kappa a^2$.

现在 z 正比于 CO，事实上等于 $\dfrac{CO}{\sqrt{1+\alpha^2}}$，以上方程成为

$$y^2 = \frac{(\kappa - \alpha^2)}{1+\alpha^2} \cdot CO^2 - \kappa a^2, \tag{1}$$

这显然是一条双曲线，因为 $\alpha^2 < \kappa$。

值得注意的是，虽然希腊人可能用等价于上述的一种几何形式做出证明，但根据阿基米德对有心二次曲线方程的处理方式，我觉得这会是奇怪的。他总是采用比值形式表达的方程，

$$\frac{y^2}{x^2 - a^2} = \frac{y'^2}{x'^2 - a'^2} \left[= \frac{b^2}{a^2} \text{在椭圆的情形} \right],$$

而从来不会用面积之间关系形式的方程，如阿波罗尼奥斯所用的，

$$y^2 = px \pm \frac{p}{d}x^2.$$

此外，出现两个不同的常数，并必须在几何上分别表为面积与长度之比，这会使证明十分冗长和复杂；事实上，阿基米德在双曲线情形从未把比值 $y^2/(x^2 - a^2)$ 表达为常数面积之比(如 b^2/a^2)的形式。最后，若通过 $CA'O$ 的给定截线的方程以形式(1)出现，假若希腊人真的找到了等价几何形式，我觉得还是必须先验证

$$CA'^2 = \frac{\kappa(1+\alpha^2)}{\kappa - \alpha^2} \cdot a^2,$$

然后才能最终声称，这个方程代表的双曲线与平面所作的截线确实是同样的东西。

点但不通过轴的平面的截线是一条双曲线。与关于旋转椭球面的类似定理（任何通过中心但不垂直于轴的平面的截线是一个椭圆）相比，这一事实在一般意义上而言并非是"显而易见的"。但关于旋转椭球面的定理并未与其他定理一起，在命题 11 中作为"显而易见的"给出；其证明包括在更一般的命题（14）中，即旋转椭球面的任意不垂直于轴的平面的截线是一个椭圆，且相互平行截面上的椭圆是相似的。即使看到这些命题实质上是相似的，我也不能认为阿基米德希望把它理解为，如宙滕所建议的，若仅有关于旋转抛物面的命题（不含其他命题），则应当直接借助二次曲线笛卡儿方程的等价几何形式来证明，而不是借助相交弦截距构成的矩形的性质来证明，后者在以前（命题 3）谈及抛物线时使用过，之后应用于旋转椭球面，以及圆锥曲面和旋转椭球面的椭圆截线等一般情况。我认为，因为只用二次曲线方程来证明，对希腊人而言要困难得多，因此不大会被说成是"显而易见的"。

因此，看来有必要寻找另一个解释，我想它是下面这样的。上述关于拟圆锥曲面与旋转椭球面的平行于轴的平面的截线的定理 1，2 与 4，后来与切平面关联地应用于命题 15—17；但关于通过中心却不通过轴的旋转双曲面的平面的截线的定理（3），并未与切平面关联地应用，而只是用于从形式上证明，由旋转双曲面上任意点所作平行于旋转双曲面任意横向直径的直线，对凸面在其外，对凹面在其内。因此，看来不大可能是为了在后面可以应用，而把四条定理收集在命题 11 中，更大的可能性是，它们被插入这一特定位置，系出于对紧随其后的三个命题（12—14）的考虑，这些命题探讨了三种曲面的椭圆截线。整个专著的主要目标是确定被平面截下的三个立体截段的体积，因而首先必须确定所有截线是椭圆还是圆，并因此可以成为这些截段的底面。这样，在命题 12—14 中，阿基米德着眼于找到椭圆截线，但在此之前，他先给出命题 11 中的一组定理准备条件，以便以最高精准度确切地说明关于椭圆截线的命题。命题 11 事实上包含了用来定义以下三个命题范围的说明，而不是对于这些定理自身的明确说明。阿基米德认为，在处理椭圆截线之前必须先说明，垂直于每个曲面的轴的平面的截线不是椭圆而是圆，且两种拟圆锥面的某些平面截线既不是椭圆也不是圆，而是抛物线或双曲线。正如他所说，"我的目标是找到被圆截面或椭圆截面截下的三种立体截段的体积，我从考虑不同的椭圆截面开始；但我应当先说明，与轴成直角的截面不是椭圆而是圆，并且以一定方式所作的拟圆锥曲面的平面截线既不是椭圆也不是圆,而是抛物线或双曲线。我在下一个命题中不涉及后两种截线,因此我不需要用证明来干扰我的写作。其中有些容易借助圆锥曲线的普通性质来证明,另一些可借助现在即将给出的命题中说明的方法来证明,我将把它们作为习题留给读者"。我认为,这将完美解释所有定理的假设,除涉及旋转椭球面的与轴平行平面的截线。我还认为,提到这一点及其他是为了对称性,且因为已确认它可以用与对应的旋转双曲面相同的方式证明,所以,即使一般说来,对它的提及延迟到关于旋转椭球面的椭圆截线的命题14,它仍需要一个自己的命题,因为命题14处理的截面与旋转椭球面的轴成一定角度,而不是与之平行。

　　同时,阿基米德因为"显而易见的"略去关于拟圆锥曲面与旋转椭球面平行于轴的平面的截线的定理的证明本身,就足以使人们可以认为,当时的几何学家们熟悉三维的概念,并知道如何把它应用于实践中。注意到阿尔基塔斯在他对两个比例中项的求解中,应用了某个圆锥与一条在直圆柱面上双曲率曲线的交点[1],这并不令人惊讶。但当查找三维几何早期研究的其他例子时,除了有几处含糊提及佚失的,题为《曲面轨迹》(Sur face Loci,τόποι πρὸς ἐπιφανείᾳ)[2]的欧几里得的两卷专著的内容,我们一无所获。这一专著曾被帕普斯与一组被称为轨迹分析(τόπος ἀναλυόμενος)[3]的阿里斯塔俄斯、欧几里得和阿波罗尼奥斯的其他著作一起提及。因为这一书单中的其他书只涉及直线、圆与圆锥曲线,欧几里得的《曲面轨迹》很可能至少包括这些轨迹,以及圆锥、圆柱与球。除此之外,只有基于帕普斯给出的与这部专著相关的两条引理所做的猜测。

*　与欧几里得《曲面轨迹》有关的第一条引理。[4]*

　　这条引理的文字与附图的状况都不能令人满意,但塔内里(Tannery)对之作

---

①　参看 *Eutocius on Archimedes*(Vol. III. pp. 98-102),或阿波罗尼奥斯引言第一部分第一章。

②　由于这个术语,我们的结论是,希腊人所说的是"曲面(surface)的轨迹(loci)",而与线的轨迹相区别。参看普罗克勒斯对轨迹的定义,"一条曲线或一个曲面的各个位置都具有相同的性质"。(γραμμῆς ἤ ἐπιφανείας θέσις ποιοῦσαν ἐν καὶ ταὐτὸν σύμπτωμα),p. 394。引用阿波罗尼奥斯的*平面轨迹*,帕普斯(Pappus,pp. 660-2)给出轨迹的分类,以它们是什么样的轨迹为序。他说,轨迹可以是(1)ἐφεκτικοί,即*固定的*,例如在这个意义上,点的轨迹是点,线的轨迹是线等,(2)διεξοδικοί,或*沿着它移动*,在这个意义上,线是点的轨迹,面是线的轨迹,立体是面的轨迹,(3)ἀναστροφικοί,*后退转向*,即来回移动,在这个意义上,面是点的轨迹,立体是线的轨迹。这样,曲面轨迹显然或是一个点,或是一条线在空间移动的轨迹。

③　Pappus,pp. 634,636.

④　Pappus,p. 1004.

出了很好的解释，其中需要对图做如下的改动，但文字的改动十分微小。[①]

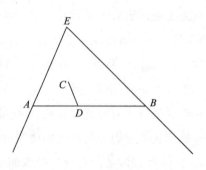

"若 AB 是一条直线，CD 是平行于给定直线的一条直线，且若比值为 $(AD \cdot DB):DC^2$[给定]，则 C 点在一条圆锥曲线上。若现在 AB 的位置不再给定，且 A,B 点也不再给定，但它们分别在位置给定的直线 AE,EB 上[②]，则从[包含 AE,EB 的平面]提升的 C 点，位于位置给定的曲面上。这是已经得到证明的。"

根据这一解释，若 AB 移动，但其端点分别保持在固定直线 AE,EB 上，DC 在一个固定的方向，且 $(AD \cdot DB):DC^2$ 是常数，那么 C 点位于某个确定的曲面上。从第一个句子看来，AB 对所有它可能采取的位置保持长度不变，但没有说得很清楚的是，若 AB 的位置不再给定，其长度是否会改变。[③] 但若 AB 的长度对它采取的所有位置不变，作为 C 点的轨迹的曲面会是一个复杂的曲面，我们不认为欧几里得可能成功地研究过它。因此，也许帕普斯故意表达得略微含糊，以使之显得包括了几种曲面轨迹；它们虽然属于同一类型，但欧几里得分别予以讨论，因为在每种情况下都有不同的一组条件限制了定理的一般性。

如宙滕所指出的[④]，至少可以推测，欧几里得考虑过两种类型，即(1)其中 AB 保持长度不变，而 A,B 点分别在其上移动的两条固定直线是平行的而不相交于一点，以及(2)其中两条固定直线相交于一点，AB 始终平行移动，并相应地变化长度。

在第一种情况下，AB 的长度不变且两条固定直线相互平行，我们将得到整体移动的圆锥曲线描述的一个曲面。[⑤] 这个曲面是一个圆柱面，若移动的圆锥曲线是一个*椭圆*，古人只是称它为一个"圆柱"，因为圆柱的实质是它可以界于两个平行的圆截面之间。若移动的圆锥曲线是一个椭圆，不难找到圆柱的圆截面。这可以通过首先取一个与轴成直角的截面，然后按照阿基米德《论拟圆锥与旋转

---

① *Bulletin des sciences math.*，2e Série，VI. 149.

② 这段话的希腊语是 γένηται δὲ πρὸς θέσει εὐθεῖα ταῖς AE，EB，以上翻译只是用 εὐθείας 替代了 εὐθεῖα。正文中的图是这样画的，ADB，AEB 表示两条平行线，CD 表示 ADB 的垂线，它与 AEB 相交于 E。

③ 这段话就是，"若 AB 丧失它的位置(στερηθῇ τῆς θέσεως)，且 A,B 丧失它们被给定的这个[特性](στερηθῇ τοῦ δοθέντος εἶναι)"。

④ Zeuthen，*Die Lehre von den Kegelschnitten*，pp. 425 sqq.

⑤ 这将给出一条移动的线生成的一个曲面，διεξοδικὸς γραμμῆς，如帕普斯所说。

椭球》命题 9 的方式证明，该截面首先是一个椭圆或一个圆，然后，在前一种情况下，通过或平行于长轴并对椭圆有一定倾斜度的平面所作的截面是一个圆。没有什么可以阻碍欧几里得研究由移动的双曲线或抛物线生成的曲面，但其中没有圆截面，因此这些曲面可能不会被看作是十分重要的。

在第二种情况下，AE，BE 相交于一点，AB 总是平行于自身移动，所生成的曲面当然是一个圆锥。欧几里得可以很容易地讨论这种类型的一些特殊情况，但他不大可能处理 DC 可以取任何方向的一般情况，除非证明了该曲面确实是希腊人理解的圆锥，或者（换句话说）找到了圆截面。为了做到这一点，也许必须确定主平面，或者解出立方体，但我们不能假定欧几里得做过这件事情。再者，如果欧几里得在最一般情况下找到了圆截面，那么阿基米德只需要提及这个事实，而不需要又在对称平面给定的特殊情况下做同样的事情。这些评论也适用于 C 点的轨迹是一个椭圆的情形；较少理由可以假定欧几里得有可能证明二次曲线是双曲线时圆截面的存在性，因为没有证据表明，欧几里得有可能知道双曲线与抛物线可以通过截一个斜圆锥得到。

与《曲面轨迹》有关的第二条引理。[①]

帕普斯在其中陈述了命题并给出了完全的证明，*与一个给定点及一条固定直线的距离之比恒定的点的轨迹是一条圆锥曲线，即椭圆、抛物线或者双曲线，具体是哪一种取决于该比值或小于或等于或大于 1*。[②] 关于欧几里得在所引著作中对该定理的应用，有两种可能的猜想。

第一种　考虑一个平面与一条直线以任意角度相交。设想作一个平面与该直线成直角，并与第一个平面相交于一条直线 X。若给定直线在 S 点与该平面成直角相交，则可以在该平面上以 S 为焦点且以 X 为准线作一条圆锥曲线。因为该圆锥曲线上任意一点到 X 的垂直距离与同一点到原始平面的垂直线之比恒定，圆锥曲线上所有的点都有这样的性质，它们与 S 点的距离与给定平面的相应距离之比是恒定的。类似地，作一系列平面成直角切割给定直线于除 S 点以外的任何数目的点，我们看到，与一条给定直线的距离及与一个给定平面的距离之间的比恒定的点的轨迹是一个圆锥，其顶点是给定直线与给定平面相交的点，其

---

① Pappus，p. 1004.

② 见 Pappus，pp. 1006-1014，和 Hultsch 的附录，pp. 1270-1273；或参看阿波罗尼奥斯，引言第一部分第二章。

对称平面通过给定直线,并与给定平面成直角。如果给定比值导致圆锥曲线是
一个椭圆,那么至少在这种情况下,有可能借助阿基米德用过的方法(《论拟圆锥
与旋转椭球》命题 8)找到该曲面的圆截面,阿基米德在更为一般的情况下使用过
该方法,其中由圆锥顶点至给定椭圆截面的垂直线不一定通过焦点。

　　第二种　另一个自然的猜测是假定,借助帕普斯给出的命题,欧几里得找到
了与一个给定的点及与一条固定直线的距离之间的比恒定的点的轨迹。这将给
出与阿基米德讨论过的拟圆锥曲面与旋转椭球面等同的曲面,除了椭圆绕其短
轴旋转得到的旋转椭球面。我们的这个观点与夏斯莱的观点相同,他猜想欧几
里得用曲面轨迹处理二次旋转曲面及其截线。[①] 近来的作者一般认为,这个理论
不大可能成立。因此海贝格说,拟圆锥曲面与旋转椭球面无疑是阿基米德本人
发现的,不然他不会认为有必要在他给多西修斯的导读信函中给出它们的精确
定义,因此它们不可能是欧几里得的专著处理过的内容。[②] 我需要坦言,我认为
与夏斯莱的猜测相比,海贝格的论点并无任何可取之处。假定欧几里得采用帕
普斯叙述及证明的定理,找到了与给定点及固定平面的距离之比恒定的一个点
的轨迹,我们也不必认为,或者是他给出了轨迹这个名称,或者是他除了说明通
过给定平面上给定点的垂直线的截面生成的是圆锥曲线,而与同一垂直线成直
角的截面生成的是圆之外,还做了进一步的研究。当然这些事实是很容易被想
到的。但注意到阿基米德的目标是找到每个曲面的立体截段的体积,毋庸惊讶
他会乐意给出指示它们形状的更直接定义,而不是用轨迹描述它们,并且我们区
分了这样的圆锥曲线和看作轨迹的圆锥曲线的平行情况。它们在欧几里得的
《圆锥曲线论原本》与阿里斯塔俄斯的《立体轨迹》中用不同的标题说明,而且还
有这样的事实,尽管阿波罗尼奥斯在他的书《圆锥曲线论》的前言中提到,这些定
理中的一些对综合‘立体轨迹’是有用的,并进一步提及‘相对于三条或四条线的
轨迹’,但并未提出命题,陈述这种或那种点的轨迹是圆锥曲线。还有一个额外
的特别理由,说明了为什么要把拟圆锥曲面与旋转椭球面定义为圆锥曲线环绕
它的轴旋转得到的曲面。因为这个定义使欧几里得可以包括他所谓的‘扁’旋转
椭球面(ἐπιπλατὺ σφαιροειδές),即由一个椭圆绕其短轴旋转得到的旋转椭球面,
这不是以上猜测所认为的被欧几里得发现的轨迹之一。阿基米德的新定义还有
一个附加作用,与欧几里得建议的处理这些曲面的方式相比,它使通过及垂直于
旋转轴的截面的性质更加明显;而且这也可以说明,阿基米德为什么不把这两类
截线称为已知的,其原因是没有必要把这些命题的证明归功于欧几里得。因为

[①]　*Aperçu Historique*, pp. 273, 274.

[②]　*Litterargeschichtliche Studien über Euklid*, p. 79.

应用了曲面的新定义之后，它们成了不证自明的。阿基米德给出的进一步定义可以在同样的原则下说明。于是，他定义的轴意味着旋转轴，这与他定义的曲面有特殊的关联，而圆锥曲线的轴对阿基米德而言是直径。旋转双曲面的包络圆锥是渐近线绕轴旋转生成的，以及中心被看作渐近线的交点，这些都有助于阿基米德对曲面的讨论，且无须提及欧几里得对曲面是轨迹的陈述。关于曲面的每个截段的轴与顶点的情形类似。并且一般地，在我看来，阿基米德给出的所有定义，都可以用类似的方式加以说明，无须事先假定欧几里得发现了这三个曲面。

然而我觉得，我们也许仍然可以认为，有可能欧几里得的曲面轨迹不仅涉及圆锥面、圆柱面及（也许）球面，也（在一定程度上）涉及三种其他二阶旋转曲面，即旋转抛物面、旋转双曲面与旋转椭球面。不幸的是，无论我们怎样对我们的可能性陈述加以细化，也很难得到肯定的结论，除非发现了新的文献。

§5. 连比例中的两个比例中项

阿基米德在两个命题中给出了两个比例中项（《论球与圆柱》卷 II 命题 1,5）的构建。他也许满足于应用阿尔基塔斯、梅奈奇姆斯[1]和欧多克斯给出的构建。但值得指出，阿基米德并未引入只是方便但并非必需的两个比例中项；于是，当在《论球与圆柱》卷 I 命题 34 中，他必须替代直线之间的比值 $\left(\dfrac{\beta}{\gamma}\right)^{\frac{1}{3}}$（其中 $\beta > \gamma$）时，对于他的目的，要求比值不大于 $\left(\dfrac{\beta}{\gamma}\right)^{\frac{1}{3}}$ 就足够了，可以小于，他取 β, γ 之间的两个比例中值为 δ, ε，然后认为[2]

$$\frac{\beta^3}{\delta^3} < \frac{\beta}{\gamma}$$

是已知结果。

---

[1]　阿尔基塔斯和梅奈奇姆斯的作图法由尤托西乌斯给出（*Archimedes*, Vol. III. pp. 92-102）；或见 *Apollous of Perga*, pp. xix-xxiii。

[2]　这个命题被尤托西乌斯证明；见对《论球与圆柱》卷 I 命题 34 的附注（151 页）。

第四章　阿基米德著作中的算术

　　《圆的度量》与《数沙者》这两篇论文的内容，主要在算术方面。对《数沙者》无须在此多说，因为在表述任意大小数字系统的展开与应用方面，谁也不可能比该书做得更好；但《圆的度量》中涉及相当大数字的大量运算，采用的是普通的希腊数字标记法。阿基米德只给出各种算术运算及计算平方根等的结果，而未陈述运算本身的任何细节，这使人们大感兴趣。为了方便读者，我将首先简要地说明希腊数字系统，以及希腊数学家通常用于进行的包括在一般名称 λογιστική（计算的艺术）下的各种运算方法，目的是说明（1）阿基米德求出很大数字的平方根的近似值的方法，（2）用他的方法得到 $\sqrt{3}$ 的两个近似值的方法，对之他只给出了结果，却并未给出如何得到它们的任何提示。[①]

§ 1. 希腊数字系统

　　众所周知，希腊人对 1 到 999 数字的表示，用的是字母表中的字母外加三个符号，按照以下方式，其中每个字母或符号的撇号可以用水平短划代替，例如 $\bar{\alpha}$[②]。

　　$\alpha', \beta', \gamma', \delta', \varepsilon', \varsigma', \zeta', \eta', \theta'$ 分别是 1,2,3,4,5,6,7,8,9,

---

　　①　在写作本章时，我特别用到了胡尔奇的文章，《算术与阿基米德》（*Arithmetica and Archimedes*），载于泡利－维索瓦的《真正百科全书》（*Real-Encyclopädie*），II. 1，以及同一学者的文章（1）《阿基米德计算的无理数平方根近似值》（*Die Näherungswerthe irrationaler Quadratwurzeln bei Archimedes*），*Nachrichten von der kgl. Gesellschaft der Wissenschaften zu Göttingen*（1893），pp. 367 sqq.，以及（2）《关于阿基米德的圆的度量》（*Zur Kreismessung des Archimedes*），*Zeitschrift für Math. u. Physik*（*Hist. litt. Abtheilung*）xxxix.（1894），pp. 121 sqq. and 161 sqq. 在本章的前半部，我也应用了内塞尔曼（Nessermann）的书《希腊代数》（*Die Algebra der Griechen*），以及康托和高（Gow）的历史回顾。

　　②　在后文中，几个数字在一起时往往省略前几个数字的撇号，甚至所有撇号，如下页 1823 写成 αωκγ′ 或 αωκγ。因此这可以看成一条隐含的规则，下页注③中更提到丢番图（Diophantus）把 $\frac{5}{3}$ 写成 $\frac{\gamma}{\varepsilon}$，也把撇号省略了，所有这些撇号的省略都不引起歧义，但请读者注意。——译者注

$\iota',\kappa',\lambda',\mu',\nu',\xi',o',\pi',\varsigma'$ 分别是 $10,20,30,\cdots,90$，

$\rho',\sigma',\tau',\upsilon',\varphi',\chi',\psi',\omega',\text{ʌ}'$ 分别是 $100,200,300,\cdots,900$。

介乎其间的数字用简单的并列（juxtaposition，这里表示添加，addition）来表示，较大的数字在左边，次大的紧随，以此类推。于是，数字 153 表示为 $\rho\nu\gamma'$ 或 $\overline{\rho\nu\gamma}$。没有表示 0 的符号，因此 780 是 $\psi\pi'$，306 是 $\tau\varsigma'$。

千（$\chi\iota\lambda\iota\acute{\alpha}\delta\varepsilon\varsigma$）被取作更高阶的单位，$1000,2000,\cdots,9000$（读作 $\chi\acute{\iota}\lambda o\iota$, $\delta\iota\sigma\chi\acute{\iota}\lambda o\iota$, $\cdots$, $\varkappa.\tau.\lambda.$）用与头 9 个数字相同的字母表示，但字母前下方另带一小斜撇；于是例如 δ' 是 4000，而按照同样的并列原则，1823 被表示为 $\alpha\omega\kappa\gamma'$ 或 $\overline{\alpha\omega\kappa\gamma}$，1007 为 $\alpha\zeta'$ 等。

在 9999 以上有一个"万"（$myriad$, $\mu\upsilon\rho\iota\acute{\alpha}\varsigma$），而 10000 及更大的数字采用普通数字连同表示一万的 $\mu\upsilon\rho\iota\acute{\alpha}\delta\varepsilon\varsigma$ 作为新的幂位[1]（有时也会看到 $\mu\acute{\upsilon}\rho\iota o\iota$, $\delta\iota\sigma\mu\acute{\upsilon}\rho\iota o\iota$, $\tau\rho\iota\sigma\mu\acute{\upsilon}\rho\iota o\iota$ 等写法，这是从 $\chi\acute{\iota}\lambda\iota o\iota$, $\delta\iota\sigma\chi\acute{\iota}\lambda\iota o\iota$ 等类推过来的）。对 $\mu\upsilon\rho\iota\acute{\alpha}\varsigma$ 这个词应用不同的简写，最常见的是 M 或 $\mathrm{M}\upsilon$；在应用中，数字万（10000）的倍数，一般在它上方，虽然有时有它前面甚至在它后面标注。例如 349450 是 $\overset{\lambda\delta}{\mathrm{M}}.\theta\upsilon\nu'$[2]。

分数（$\lambda\varepsilon\pi\tau\acute{\alpha}$）有多种不同的表达方式。最常见的是把分母表达为带有两撇的普通数字。若分子是 1，则只用一个词作为符号，例如 $\frac{1}{3}$（$\tau\rho\acute{\iota}\tau o\nu$）的符号是 γ''，类似地，$\varsigma''=\frac{1}{6}$，$\iota\varepsilon''=\frac{1}{15}$，等等。若分子不是 1，而是某个数字如 4,5 等，那么对分子用普通的数字表示，例如 $\theta'\iota\alpha''=\frac{9}{11}$，$\iota'o\alpha''=\frac{10}{71}$。在海伦的《几何学》中，后一类分数的分母重复一次，于是 $\frac{2}{3}$（$\delta\acute{\upsilon}o$ $\pi\acute{\varepsilon}\mu\pi\tau\alpha$）是 β' ε'' ε''，$\frac{23}{33}$（$\lambda\varepsilon\pi\tau\grave{\alpha}$ $\tau\rho\iota\alpha\varkappa o\sigma\tau\acute{o}\tau\rho\iota\tau\alpha$ $\varkappa\gamma'$ 或者 $\varepsilon\iota\varkappa o\sigma\iota\tau\rho\acute{\iota}\alpha$ $\tau\rho\iota\alpha\varkappa o\sigma\tau\acute{o}\tau\rho\iota\tau\alpha$）是 $\varkappa\gamma'\lambda\gamma''$ $\lambda\gamma''$。$\frac{1}{2}$（$\H{\eta}\mu\iota\sigma\upsilon$）的符号，在阿基米德、丢番图和尤托西乌斯中为 $\angle''$，在海伦中为 C 或一个类似于大写 s 的符号。[3]

当分子大于 1 时，有一种常用的表达方式是把它分解为几个分子为 1 的分数

---

[1]　denomination，这里译为幂位，是仿效个位、百位、千位等的一般化称呼，也可以用来计量分数。——译者注

[2]　丢番图用普通的数字符号记万及其以后的千，只用一点与千分开。例如他把 3069000 记为 $\overline{\tau\varsigma}\cdot\overline{\theta}$，331776 记为 $\overline{\lambda\gamma}\cdot\overline{\alpha\psi o\varsigma}$。有时，在普通字母上方加两点表示万，如 $\ddot{\rho}=100$ 万（1000000），加两组点表示亿，例如 $\ddot{\ddot{\iota}}$ 为 10 亿（1000000000）。

[3]　丢番图有一种表达分数的一般方法，恰与现代所用的相反；即把分母写在分子的上方，例如 $\frac{\gamma}{\varepsilon}=\frac{5}{3}$，$\frac{\varkappa\varepsilon}{\varkappa\alpha}=\frac{21}{25}$，以及 $\frac{\alpha\cdot\omega\iota\varsigma}{\rho\varkappa\zeta\cdot\varphi\xi\eta}=\frac{1270568}{10816}$。有时先写分母，然后用 $\varepsilon\nu$ $\mu o\rho\acute{\iota}\omega$ 或 $\mu o\rho\acute{\iota}o\upsilon$（$\mu o\rho$）引入分子，例如如 $\tau\varsigma\cdot\theta$ $\mu o\rho\cdot\overline{\lambda\gamma}\cdot\overline{\alpha\psi o\varsigma}=3069000/331776$。

的组合,并列在一起表示相加。例如$\frac{3}{4}$被写为$\llcorner'\delta''=\frac{1}{2}+\frac{1}{4}$;$\frac{15}{16}$是$\mathsf{C}\,\delta''\eta''\iota\,\varsigma''=\frac{1}{2}+\frac{1}{4}+\frac{1}{8}+\frac{1}{16}$;尤托西乌斯把$\frac{33}{64}$写成$\llcorner''\xi\delta''$即表示$\frac{1}{2}+\frac{1}{64}$,等等。分数可以表示为几种不同形式的和;在海伦(p. 119, ed. Hultsch)中,$\frac{163}{224}$有如下几种不同的表达方式:

$$(a)\ \frac{1}{2}+\frac{1}{7}+\frac{1}{14}+\frac{1}{112}+\frac{1}{224},$$

$$(b)\ \frac{1}{2}+\frac{1}{8}+\frac{1}{16}+\frac{1}{32}+\frac{1}{112},$$

与

$$(c)\ \frac{1}{2}+\frac{1}{6}+\frac{1}{21}+\frac{1}{112}+\frac{1}{224}。$$

60进制分数。我们必须提到这个系统,因为有一些留存至今的数学运算题解的仅有例子正是用这种分数表示的;再者,它们因为与10进制现代系统有许多共同性而特别令人感兴趣,当然其约数是60而不是10。60进制分数系统被希腊人用于天文学计算中,在托勒密的《至大论》($\sigma\acute{v}\nu\tau\alpha\xi\iota\varsigma$)中有充分的显示。圆的周边以及被它对向的在中心的四个直角,被分成360份($\tau\mu\acute{\eta}\mu\alpha\tau\alpha$或$\mu o\widetilde{\iota}\rho\alpha\iota$)或者我们所说的*度*,每个$\mu o\widetilde{\iota}\rho\alpha\iota$又被分为60份,称为(第一个)60分之一,($\pi\rho\widetilde{\omega}\tau\alpha$)$\dot{\varepsilon}\xi\eta\varkappa o\sigma\tau\acute{\alpha}$或*分*($\lambda\varepsilon\pi\tau\acute{\alpha}$),每个(分)又被分为$\delta\varepsilon\acute{v}\tau\varepsilon\rho\alpha\ \dot{\varepsilon}\xi\eta\varkappa o\sigma\tau\acute{\alpha}$(*秒*),等等。类似地把圆半径分为60份($\tau\mu\acute{\eta}\mu\alpha\tau\alpha$),这些又细分为60份,等等。于是有了一个可用于一般算术计算的方便的分数系统,以任何量或特性的单位表达,许多分数我们用$\frac{1}{60}$表示,另外许多分数我们用$\left(\frac{1}{60}\right)^2$,$\left(\frac{1}{60}\right)^3$表示,依此类推直至任意程度。因此毋庸惊讶,托勒密会在某处说,"一般而言,我们将采用60进制方式的数字,因为[普通]分数不甚方便"。原因很清楚,以60为约数的连续分割形成了一种带有固定间隔的结构,任何分数都可以放入其中,且容易看出,例如在加法及减法中,60进制分数几乎像现在的10进制一样便于使用,一个幂位的60个单位,等于下一个较大的幂位;至于"进位"与"借位",无论下一个较大的幂位是当前幂位的10单位还是60单位,几乎一样容易。表示圆周的单位,一般用度,$\mu o\widetilde{\iota}\rho\alpha\iota$,或符号$\overset{\circ}{\mu}$,连同带有一横的普通数字;分、秒等用加在数字上的一撇、两撇等来表示。例如$\overset{\circ}{\mu}\bar{\beta}=2°$,$\mu o\iota\rho\widetilde{\omega}\nu\ \overline{\mu\zeta}\mu\beta'\mu''=47°\,42'\,40''$。若任何特定的幂位没有单位,则用 O,表示无关($o\dot{v}\delta\varepsilon\mu\acute{\iota}\alpha\ \mu o\widetilde{\iota}\rho\alpha$),一点不是六十($o\dot{v}\delta\grave{\varepsilon}\nu\ \dot{\varepsilon}\xi\eta\varkappa o\sigma\tau\acute{o}\nu$)之类的意思,例如$\overline{\mathrm{O}\alpha}'\beta'\mathrm{O}''=0°1'2''0'''$。类似地,表示半径分割的单位采用词$\tau\mu\acute{\eta}\mu\alpha\tau\alpha$或某种等价物,而分数部

48   · *Introduction* ·

分则如前一样表示,例如 $\tau\mu\eta\mu\acute{\alpha}\tau\omega\nu\ \overline{\xi\xi}\,\delta'\nu\varepsilon'' = 67$（单位）$4'55''$。

§2. 加法与减法

毫无疑问,为了计算加法与减法,在书写数字时,10 的各幂次分开,实际上与我们数字系统的方式相同,百、千等写在分开的竖行中:

$$
\begin{array}{rr}
,\alpha\upsilon\kappa\delta' & 1424 \\
\rho\ \gamma' & 103 \\
\overset{\alpha}{\mathrm{M}}\,,\beta\sigma\pi\alpha' & 12281 \\
\overset{\gamma}{\mathrm{M}}\quad\lambda' & +30030 \\
\hline
\overset{\delta}{\mathrm{M}}\,,\gamma\omega\lambda\eta' & 43838
\end{array}
$$

在这一点上,希腊人的思维方法与我们相同。

类似地,减法写成:

$$
\begin{array}{rr}
\overset{\theta}{\mathrm{M}}\,,\gamma\chi\lambda\varsigma' & 93636 \\
\overset{\beta}{\mathrm{M}}\,,\gamma\upsilon\ \theta' & -23409 \\
\hline
\overset{\zeta}{\mathrm{M}}\quad\sigma\kappa\zeta' & 70227
\end{array}
$$

§3. 乘法

尤托西乌斯在对《圆的度量》的评论中给出了许多乘法的例子,它们与我们步骤的类似性,恰如上面指出的加法与减法的情形。首先写被乘数,在它的后面是乘数,乘数之前有 $\dot{\varepsilon}\pi\acute{\iota}$（进入）。然后在乘数中取 10 的最高幂,与包含 10 的相继幂的各乘子相乘,从最高幂开始,逐渐下降到最低幂;在此以后,把乘数中 10 的次高幂,与被乘数中各幂次以同样的次序乘入不同的幂位。如果其中有一些包含分数,所有步骤仍相同。这里附上尤托西乌斯的两个例子,以便读者理解整个过程。

（1）

$\psi\pi'$		780	
$\overline{\grave{\varepsilon}\pi\grave{\iota}\,\psi\pi'}$		×780	
$\overset{\mu\theta}{\mathrm{MM}}\overset{\varepsilon}{,\varsigma'}$		490000	56000
$\overset{\varepsilon}{\dot{\mathrm{M}}},\varsigma,\varsigma\upsilon'$		56000	6400
$\overline{\acute{o}\mu o\tilde{\upsilon}\,\overset{\varepsilon}{\mathrm{M}},\eta\upsilon'}$		和	608400

（2）

$,\gamma\iota\gamma'\mathcal{L}''\delta''$	$3013+(\frac{1}{2}+\frac{1}{4})\;[=3013\frac{3}{4}]$				
$\overline{\grave{\varepsilon}\pi\grave{\iota}\,,\gamma\iota\gamma'\mathcal{L}''\delta''}$	$×3013+(\frac{1}{2}+\frac{1}{4})$				
$\overset{m}{\mathrm{MM}}\overset{\gamma}{,\theta},\alpha\phi\psi\upsilon'$	9000000	30000	9000	1500	750
$\overset{\gamma}{\mathrm{M}}\rho\lambda\varepsilon'\beta'\mathcal{L}''$	30000	100	30	5	$2\frac{1}{2}$
$,\theta\lambda\theta'\alpha'\mathcal{L}'\mathcal{L}''\delta''$	9000	30	9	$1\frac{1}{2}$	$\frac{1}{2}+\frac{1}{4}$
$,\alpha\phi'\varepsilon'\alpha'\mathcal{L}''\delta''\eta''$	1500	5	$1\frac{1}{2}$	$\frac{1}{4}$	$\frac{1}{8}$
$\psi\upsilon'\beta'\mathcal{L}'\mathcal{L}''\delta''\eta''\iota\varsigma''$	750	$2\frac{1}{2}$		$\frac{1}{8}$	$\frac{1}{16}$

$$[\acute{o}\mu o\tilde{\upsilon}]\;\overset{m\eta}{\mathrm{M}},\beta\chi\theta'\iota\varsigma''\;\Big[9041250+30137+\frac{1}{2}+9041+\frac{1}{4}+1506+\frac{1}{2}$$

$$+\frac{1}{4}+\frac{1}{8}+753+\frac{1}{4}+\frac{1}{8}+\frac{1}{16}\Big]=9082689\frac{1}{16}。$$

海伦(pp.80,81)给出了涉及分数的类似乘法的一个例子。这只是许多个之

一，为简单起见，忽略希腊记法。海伦需要找到 $4\frac{33}{64}$ 与 $7\frac{62}{64}$ 的乘积，过程如下：

$$4\cdot 7=28,$$

$$4\cdot\frac{62}{64}=\frac{248}{64},$$

$$\frac{33}{64}\cdot 7=\frac{231}{64},$$

$$\frac{33}{64}\cdot\frac{62}{64}=\frac{2046}{64}\cdot\frac{1}{64}=\frac{31}{64}+\frac{62}{64}\cdot\frac{1}{64}。$$

相应的结果是

$$28+\frac{510}{64}+\frac{62}{64}\cdot\frac{1}{64}=28+7+\frac{62}{64}+\frac{62}{64}\cdot\frac{1}{64}$$

$$=35+\frac{62}{64}+\frac{62}{64}\cdot\frac{1}{64}。$$

来自亚历山大的塞昂在他对托勒密的《至大论》的评论中，以完全相似的方式，做了 $37°4'55''$ 的自乘（在 60 进制系统中）。

§4. 除法

若除数是一位数，对希腊人来说和对我们一样容易，而我们所谓的"长除法"，他们用试错法完成如下，其方式与现在借助乘法与减法进行的一样。例如，假定以上给出的乘法运算的第一例需要逆转，从而 $\overset{\xi}{\mathrm{M}},\eta\nu'$（608 400）需要被除以 $\psi\pi'$（780）。涉及 10 的不同幂次的各项分别处理，就像做加法与减法时那样。于是第一个问题是，考虑到 700 后面还有 80，且 780 与 800 相差不多，60 万中有多少个 700？答案是 700 或 ψ'，把它乘以除数 $\psi\pi'$（780）得到 $\overset{\nu}{\mathrm{M}},\varsigma'$（546 000），从 $\overset{\xi}{\mathrm{M}},\eta\nu'$（608 400）中减去它，得到余数 $\overset{\varsigma}{\mathrm{M}},\beta\nu'$（62 400）。这个余数随后必须除以 780 或一个接近 800 的数，我们会试用 80 或 π'。在这种特殊情况下，计算就完成了，商是 $\psi\pi'$（780），不再有余数，因为 π'（80）与 $\psi\pi'$（780）相乘得到精确数字 $\overset{\varsigma}{\mathrm{M}},\beta\nu'$（62 400）。

塞昂叙述了一个真实的冗长除法的例子，其中被除数与除数都包含 60 进制的分数。这个问题是：$1515 \times 20'15''$ 除以 $25 \times 12'10''$，塞昂对过程的说明如下。[①]

于是，商是略小于 $60\ 7'33''$ 的一个数。可以看到，塞昂的这个运算与上述 $\overset{\xi}{\mathrm{M}},\eta\nu'$ 除以 $\psi\pi'$（780）的运算之间的差别在于，塞昂对商数的一项做了三次减法，而在另一种情况下，余数在一次减法以后就得到了。其结果是，虽然塞昂的方法很清楚，但更冗长，再者，它不便用来预测在商数中试探的合适数字，会在不成功的尝试中浪费更多时间。

---

① 这里采用的记法是"度"不加记号°，另外在换算过程中出现如 $12' \cdot 7' = 84''$，计算结果是对的，虽不大符合现代记法，但似亦无更好方案，故保留原状。——译者注

除数	被除数			商数

$\underline{25\ 12'10''}$ 1515　20′　15″　｜第一项为　60

$25 \cdot 60 = 1500$

余数　　　15 $= 900'$

和　　　920′

$12' \cdot 60 =$ 　　$\underline{720'}$

余数　　　200′

$10'' \cdot 60 =$ 　　$\underline{10'}$

余数　　　190′　　　｜第二项为 7′

$25 \cdot 7' =$ 　　$\underline{175'}$

余数　　　15′ $= \underline{900''}$

和　　　915″

$12' \cdot 7$ 　　$\underline{84''}$

余数　　　831″

$10'' \cdot 7'$ 　　$\underline{1''10'''}$

余数　　　829″50‴　　｜第三项为 33″

$25 \cdot 33''$ 　　$\underline{825''}$

余数　　　4″50‴ $= 290'''$

$12' \cdot 33''$ 　　　　$\underline{396'''}$

（大了）106‴

§5. 计算平方根

　　我们现在可以看出计算平方根的工作如何进行。首先,如同在除法的情形,把需要求取平方根的整数分开到若干个所谓的隔间中,其中每个都包含 10 的不同幂次的数字单位,即每个有若干个一、若干个十、若干个百,等等;并且不要忘记,1 到 9 之间的数字的平方在 1 到 99 之间,10 到 90 之间的数字的平方在 100 到 9900 之间,等等。于是平方根的第一项会是十、百或千等位数的某个数字,并会采用与找到"长除法"中的商数大体相同的方式,也许需要通过试错。如果对

A 这个数求平方根，a 表示平方根的第一项或第一幂位，而 x 是待求的下一项或下一幂位，于是必须利用等式 $(a+x)^2 = a^2 + 2ax + x^2$，并找到 x，使得 $2ax+x^2$ 稍少于余数 $A-a^2$。这样，通过试错，容易找到满足该条件的 x 的最大可能值。如果这个值是 b，则需要在第一个余数 $A-a^2$ 中减去 $2ab+b^2$，然后必须从这样得到的第二个余数中，导出平方根的第三项，或者需要导出平方根的分数部分，等等。通过塞昂对托勒密《至大论》的评论中给出的一种简单情况，可以清楚看到，这是一个真实被采用的步骤。那里待求的是 144 的平方根，而它是用欧几里得 II.4 的方法得到的。平方根中最高的可能幂位（即 10 的幂次）是 10；从 144 中减去 10^2 留下 44，而这不仅必须包含 10 的两倍与平方根下一项的乘积，而且也包含这下一项本身的平方。这样，因为 $2 \cdot 10$ 本身产生了 20，44 除以 20 提示 2 为平方根的下一项，而这正好是所需的精确数字，因为

$$2 \cdot 20 + 2^2 = 44。$$

塞昂在解释 60 进制分数系统中求平方根的托勒密方法中，说明了同一步骤。问题是求 4500 $\mu o \tilde{\iota} \rho a \iota$（或度）平方根的近似值，其中应用了一张图，它清楚地说明了整个方法在本质上是基于欧几里得的。内塞尔曼完整地复制了塞昂的这一段文字，与图对照着看，也许可以帮助读者更清楚地理解以下对其意图的纯算术表示。

托勒密首先找到 $\sqrt{4500}$ 的整数部分是 67。但 $67^2 = 4489$，因此余数为 11。现在假定平方根的其余部分以通常的 60 进制分数表示，则我们有

$$\sqrt{4500} = \sqrt{67^2 + 11} = 67 + \frac{x}{60} + \frac{y}{60^2},$$

这里 x, y 待定。于是 x 必须使得 $\dfrac{2 \cdot 67 x}{60}$ 稍小于 11，即 x 必须稍小于 $\dfrac{11 \cdot 60}{2 \cdot 67}$ 或 $\dfrac{330}{67}$，它同时又要大于 4。试错的结果表明，4 将满足问题的条件，即 $\left(67 + \dfrac{4}{60}\right)^2$ 必定小于 4500，故有一个余数，而借助之即可找到 y。

现在 $11 - \dfrac{2 \cdot 67 \cdot 4}{60} - \left(\dfrac{4}{60}\right)^2$ 是余数，而它等于

$$\frac{11 \cdot 60^2 - 2 \cdot 67 \cdot 4 \cdot 60 - 16}{60^2} = \frac{7424}{60^2}。$$

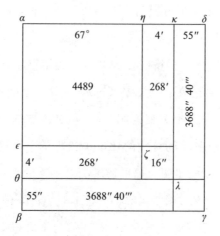

于是我们必须假设 $2\left(67+\dfrac{4}{60}\right)\dfrac{y}{60^2}$ 近似等于 $\dfrac{7424}{60^2}$，或 $8048y$ 近似等于 $7424\cdot60$。因此 y 近似等于 55。然后我们从上面得到的余数 $\dfrac{7424}{60^2}$ 中减去

$$2\left(67+\frac{4}{60}\right)\frac{55}{60^2}+\left(\frac{55}{60^2}\right)^2，\text{或}\frac{442640}{60^3}+\frac{3025}{60^4}。$$

由 $\dfrac{7424}{60^2}$ 减去 $\dfrac{442640}{60^3}$ 得到 $\dfrac{2800}{60^3}$，即 $\dfrac{46}{60^2}+\dfrac{40}{60^3}$；但塞昂没有进一步减去余数 $\dfrac{3025}{60^4}$，他只说 $\dfrac{55}{60^2}$ 的平方约等于 $\dfrac{46}{60^2}+\dfrac{40}{60^3}$。事实上，如果我们从 $\dfrac{2800}{60^3}$ 减去 $\dfrac{3025}{60^4}$ 将得到精确的余数，它是 $\dfrac{164975}{60^4}$。

为了说明这种采用 60 进制分数的方法对计算平方根的有效性，只需指出，托勒密给出 $\dfrac{103}{60}+\dfrac{55}{60^2}+\dfrac{40}{60^3}$ 为 $\sqrt{3}$ 的近似值，等同于普通十进制中的 1.7320509，即精度达到小数点以后 6 位。

我们现在需要转而叙述，阿基米德是如何得到他在《圆的度量》中提到的 $\sqrt{3}$ 的两个近似值的。在处理这个问题时，我将沿用胡尔奇所采用的历史方法解读，而不是很多作者在不同时期提出的多半是凭空猜想的理论。

§6. 对无理数即不可通约数的早期研究

从普罗克勒斯对欧几里得 I 的评论[①]中我们看到，毕达哥拉斯发现了**无理数理论**（*ἡ τῶν ἀλόγων πραγματεία*）。柏拉图也说过（《泰阿泰德篇》147D），"关于平方根，来自昔兰尼的特奥多鲁斯写过一本书，他在其中就 3 或 5[平方]尺的正方形向我们证明，它们的边长，与 1 平方尺正方形的边长是不可通约的，并进而类似地，一个接一个地挑选出[其他不可通约的平方根]的每一个，直到 17 平方尺，由于某种原因，他并未超过 17。"如康托所述，未提及 $\sqrt{2}$ 是因为已知它是不可通约的。我们可以因此得出结论，2 的平方根被毕达哥拉斯用几何方法构建为正方形的对角线，并证明它与正方形的边长是不可通约的。康托和胡尔奇在柏拉图关于'几何数'或'配偶数'的一段著名文字（《共和国》VIII. 公元前 546 年）中，找到了毕达哥拉斯研究 $\sqrt{2}$ 的方法。于是，柏拉图对比的是边长为 5 单位的正方形的对角线（*ἄρρητος διάμετρος*），或即无理数对角线就是 $\sqrt{50}$ 本身，以及最接近的有理数是 $\sqrt{50-1}$（*ῥητὴ διάμετρος*）。因此对毕达哥拉斯找出第一个及最容易理解的 $\sqrt{2}$ 的近似值的方法，我们有了一个解释；替代 2，他一定取了一个等于 2 的假分数，使其分母是一个平方数，而其分子尽量接近一个平方数。于是毕达哥拉斯选择 $\frac{50}{25}$，然后 $\sqrt{2}$ 的第一阶近似值是 $\frac{7}{5}$，此外，很明显 $\sqrt{2} > \frac{7}{5}$。再者，毕达哥拉斯不可能不知道在欧几里得 II. 4 中证明了命题 $(a+b)^2 = a^2 + 2ab + b^2$，其中 a, b 是两段任意直线，因为这个命题只取决于卷 I 中的一些命题，它在毕达哥拉斯 I. 47 之前，并且是 I. 47 的基础，故必定在实质上为其作者所知。用一个稍有不同的几何证明将给出 $(a-b)^2 = a^2 - 2ab + b^2$，毕达哥拉斯同样也必定知道它。因此，第一个近似（用 $\sqrt{50-1}$ 替代 $\sqrt{50}$）的发现者不可能没想到，采用带正号的公式，会给出好得多的近似值，即 $7 + \frac{1}{14}$，它只比 $\sqrt{50}$ 大 $\left(\frac{1}{14}\right)^2$。于是，认为毕达哥拉斯发现了以下事实是合乎情理的，

$$7\frac{1}{14} > \sqrt{50} > 7 。$$

由此得到的结果 $\sqrt{2} > \frac{1}{5}\sqrt{50-1}$，被萨摩斯的阿里斯塔克应用于他的著作

---

① 　p. 65（ed. Friedlein）。

《论太阳与月球的大小与距离》中[①]。

从特奥多鲁斯对 $\sqrt{3}$, $\sqrt{5}$, $\sqrt{6}$,$\cdots$,$\sqrt{17}$ 等数值的研究看来,他对 $\sqrt{3}$ 所用的几何表示,相当肯定就是阿基米德后来所用的,由等边三角形的一个顶点向对边作垂直线。这样就可以方便地与柏拉图提到的"1 平方尺"的边相比较。正是 3 平方尺($\tau\rho\acute{\iota}\pi o\upsilon\varsigma\ \delta\acute{\upsilon}\nu\alpha\mu\iota\varsigma$)的边被证明是不可通约的这一事实,提示了特奥多鲁斯在证明中规定尺而不只是简单的长度单位的特别原因;而解释也许是,特奥多鲁斯把他的三角形的边像希腊尺一样分为一半、四分之一、八分之一、十六分之一。因此可以假设,正像毕达哥拉斯用 $\dfrac{50}{25}$ 替代 2 来计算 $\sqrt{2}$,特奥多鲁斯从全等式 $3=\dfrac{48}{16}$ 开始。然后显然有

$$\sqrt{3}<\sqrt{\frac{48+1}{16}},\ 即\ \frac{7}{4}。$$

为了进一步研究 $\sqrt{48}$,特奥多鲁斯会把它写成 $\sqrt{49-1}$,就像毕达哥拉斯把 $\sqrt{50}$ 写成 $\sqrt{49+1}$,其结果将是

---

① 这一命题的部分证明如同阿基米德的《圆的度量》命题 3 第一部分的预演,由胡尔奇重现的要点如下。

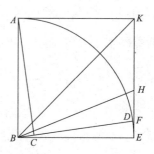

$ABEK$ 是一个正方形,KB 是对角线,$\angle HBE=\dfrac{1}{2}\angle KBE$,$\angle FBE=3°$,AC 垂直于 BF ,从而三角形 ACB 和三角形 BEF 是相似的。

阿里斯塔克试图证明:
$$AB:BC>18:1。$$

若用 R 记直角,则角 KBE ,角 HBE ,角 FBE 分别为 $\dfrac{30}{60}R$,$\dfrac{15}{60}R$,$\dfrac{2}{60}R$ 。

因此 $\qquad\qquad HE:FE>\angle HBE:\angle HBE$ 。

[阿里斯塔克和阿基米德都认为这是已知的引理。]

因此 $\qquad\qquad HE:FE>15:2$ 。 $\qquad\qquad(\alpha)$

兹由构形得到, $\qquad\qquad BK^{2}=2BE^{2}$ 。

又因为[欧几里得 VI.3] $\qquad BK:BE=KH:HE$;

从而 $\qquad\qquad KH=\sqrt{2}\,HE$,

且因为 $\qquad\qquad \sqrt{2}>\sqrt{\dfrac{50-1}{25}}$,

$\qquad\qquad KH:HE>7:5$,

于是 $\qquad\qquad KE:EH>12:5$ 。 $\qquad\qquad(\beta)$

由(α)与(β)式,由依次比例,

$\qquad\qquad KE:FE>18:1$ 。

因此,因为 $\qquad\qquad BF>BE(或\ KE)$,

$\qquad\qquad BF:FE>18:1$,

从而根据相似三角形的性质, $\qquad AB:BC>18:1$ 。

$$\sqrt{48}\left(=\sqrt{49-1}\right)<7-\frac{1}{14}。$$

对不可约数的平方根,我们不知道任何更深入的研究,直到阿基米德的工作。

§7. 阿基米德给出的$\sqrt{3}$的近似值

注意到萨摩斯的阿里斯塔克仍然满足于采用毕达哥拉斯发现的$\sqrt{2}$的很粗糙的一阶近似值,令人十分震惊的是,阿里斯塔克同时代的年轻人突然在《圆的度量》中给出

$$\frac{1351}{780}>\sqrt{3}>\frac{265}{153},$$

但未做任何说明。

为了说明阿基米德获得这些近似值的可能步骤,胡尔奇应用了希腊几何学家求解问题的分析方法,即假定问题已解决然后考察其必然后果。为了比较两个分数$\frac{265}{153}$与$\frac{1351}{780}$,我们首先把两个分母做因式分解,得到

$$780=2\cdot2\cdot3\cdot5\cdot13,$$
$$153=3\cdot3\cdot17。$$

又注意到$2\cdot2\cdot13=52,3\cdot17=51$,我们可以给出以下数字之间的关系

$$780=3\cdot5\cdot52,$$
$$153=3\cdot51。$$

为了方便比较,我们把$\frac{265}{153}$的分子与分母各乘以5;原来的两个分数成为

$$\frac{1351}{15\cdot52}与\frac{1325}{15\cdot51},$$

于是我们可以把阿基米德的假设写成以下形式

$$\frac{1351}{52}>15\sqrt{3}>\frac{1325}{51},$$

而且可以看出它等价于

$$26-\frac{1}{52}>15\sqrt{3}>26-\frac{1}{51}。$$

现在,$26-\frac{1}{52}=\sqrt{26^2-1+\left(\frac{1}{52}\right)^2}$,且右侧表达式是$\sqrt{26^2-1}$的近似值。

于是我们有

$$26 - \frac{1}{52} > \sqrt{26^2 - 1} \, .$$

把 $26 - \frac{1}{52}$ 与 $15\sqrt{3}$ 相比较,而且因为我们需要的是 $\sqrt{3}$ 本身的近似值,把它们除以 15 得到

$$\frac{1}{15}\left(26 - \frac{1}{52}\right) > \frac{1}{15}\sqrt{26^2 - 1} \, .$$

但 $\frac{1}{15}\sqrt{26^2 - 1} = \sqrt{\frac{676 - 1}{225}} = \sqrt{\frac{675}{225}} = \sqrt{3}$,从而有

$$\frac{1}{15}\left(26 - \frac{1}{52}\right) > \sqrt{3} \, .$$

于是可以给出 $\sqrt{3}$ 的下限为

$$\sqrt{3} > \frac{1}{15}\left(26 - \frac{1}{51}\right) ,$$

然后一眼就可以看出,它可能就是通过用 $(52-1)$ 替代 52 得到的。

事实上,以下命题为真,若 $a^2 \pm b$ 是一个整数但不是一个平方数,而 a^2 是一个最接近的平方数(视情况可以比第一个数稍大或者稍小),那么

$$a \pm \frac{b}{2a} > \sqrt{a^2 \pm b} > a \pm \frac{b}{2a \pm 1} \, .$$

胡尔奇按照希腊风格构成一系列命题,证明了这对不等式。几乎毋庸置疑,阿基米德发现及证明了实质上相同的结果,但也许不是以相同的形式。以下这些情况确认了这个假设为真的可能性。

(1)海伦给出的某些近似表明,他知道并经常应用公式

$$\sqrt{a^2 \pm b} \sim a \pm \frac{b}{2a} ,$$

(其中符号 $\sim$ 表示"约等于")。

这样他给出

$$\sqrt{50} \sim 7 + \frac{1}{14} ,$$

$$\sqrt{63} \sim 8 - \frac{1}{16} ,$$

$$\sqrt{75} \sim 8 + \frac{11}{16} \, .$$

（2）阿拉伯人阿尔卡尔基（Alkarkhī，11 世纪）曾用过起源于希腊的公式 $\sqrt{a^2+b} \sim a+\dfrac{b}{2a}$（Cantor，p. 719 sq.）。

于是，

$$a \pm \frac{b}{2a} > \sqrt{a^2 \pm b} > a \pm \frac{b}{2a \pm 1}$$

是我们为了得到阿基米德给出的 $\sqrt{3}$ 的两个近似值所需要的公式，而它们之间的直接相互关联，就不大可能是巧合了[①]。

我们现在得以综合如下。根据 $\sqrt{3}$ 作为由等边三角形角顶到对边的垂直线的几何表示，我们得到 $\sqrt{2^2-1}=\sqrt{3}$ 与一阶近似，

$$2-\frac{1}{4} > \sqrt{3}。$$

应用我们的公式，可以立即把它转化为

$$\sqrt{3} > 2-\frac{1}{4-1} \text{ 或 } 2-\frac{1}{3}。$$

然后，阿基米德会取 $\left(2-\dfrac{1}{3}\right)$ 或 $\dfrac{5}{3}$ 的平方得到 $\dfrac{25}{9}$，他会把它与 3 或 $\dfrac{27}{9}$ 相比较；即他会取 $\sqrt{3}=\sqrt{\dfrac{25+2}{9}}$，并会得到

$$\frac{1}{3}\left(5+\frac{1}{5}\right) > \sqrt{3}，\text{即} \frac{26}{15} > \sqrt{3}。$$

为了得到更接近的近似值，他会以同样方式继续把 $\left(\dfrac{26}{15}\right)^2$ 或 $\dfrac{676}{225}$ 与 3 或 $\dfrac{675}{225}$ 作比较，从而显然会有

$$\sqrt{3}=\sqrt{\frac{26^2-1}{225}}，$$

且因此

$$\frac{1}{15}\left(26-\frac{1}{52}\right) > \sqrt{3}，$$

---

① 大多数关于近似值来源的猜想性理论都有巨大的漏洞，一般来说，它们给出一系列近似值，但从那些近似值不能直接得到我们关心的两个值，而是被其他并未在阿基米德中出现的值分隔了开来。胡尔奇的解释完全没有这些问题，因而更受欢迎。但坦白地说，胡尔奇所有的实际公式出现于亨拉斯（Hunrath）对这个难题的解中[《用小数规则计算无理数平方根》（*Die Berechnung irrationaler Quadratwurzeln vor der Herrschaft der Decimalbrüche*），Kiel，1884，p. 21；又见《关于希腊人和印度人对平方根的计算》（*Über das Ausziehen der Quadratwurzei bei Griechen und Indern*），Hadersleben，1883），同样的公式间接地用于塔内里建议的解《关于阿基米德的圆的度量》（*Sur la mesure du cercle d'Archimède*），载于 *Mémoir de la sociétépysiques et naturelles de Rordeaux*，2e série，IV. (1882)，pp. 313-337]。

即
$$\frac{1351}{780} > \sqrt{3}\,。$$

应用本公式会给出以下结果

$$\sqrt{3} > \frac{1}{15}\left(26 - \frac{1}{52-1}\right),$$

即
$$\sqrt{3} > \frac{1326-1}{15 \cdot 51} \text{ 或 } \frac{265}{153}。$$

因此完整的结果是
$$\frac{1351}{780} > \sqrt{3} > \frac{265}{153}。$$

因此,阿基米德可能从第一个近似值 $\frac{7}{4}$ 转入 $\frac{5}{3}$,从 $\frac{5}{3}$ 转入 $\frac{26}{15}$,然后从 $\frac{26}{15}$ 直接转入 $\frac{1351}{780}$,这是最接近的近似值,由此又导出稍差的近似值 $\frac{265}{153}$。他没有转入比 $\frac{1351}{780}$ 更佳的近似值的原因,可能是因为这个分数的平方会成为一个太大的数字,不能在他计算的剩余部分方便地应用。一个类似的理由可以说明他为什么从 $\frac{5}{3}$ 开始而不是从 $\frac{7}{4}$ 开始。如果他开始于后者,他将首先用同样的方法得到 $\sqrt{3} = \sqrt{\frac{49-1}{16}}$,从而 $\frac{7-\frac{1}{14}}{4} > \sqrt{3}$,或 $\frac{97}{56} > \sqrt{3}$。$\frac{97}{56}$ 的平方将给出 $\sqrt{3} = \frac{\sqrt{97^2-1}}{56}$,而相应的近似值会给出 $\frac{18817}{56 \cdot 194}$,这些数字太大,因而对他的目的不甚方便。

§8. 很大数字平方根的近似值

阿基米德在《圆的度量》中给出以下近似值:

(1)
$$3013\frac{3}{4} > \sqrt{9082321}$$

(2)
$$1838\frac{9}{11} > \sqrt{3380929}$$

(3)
$$1009\frac{1}{6} > \sqrt{1018405}$$

$$(4) \qquad 2017\frac{1}{4} > \sqrt{4069284\frac{1}{36}}$$

$$(5) \qquad 591\frac{1}{8} < \sqrt{349450}$$

$$(6) \qquad 1172\frac{1}{8} < \sqrt{1373943\frac{33}{64}}$$

$$(7) \qquad 2339\frac{1}{4} < \sqrt{5472132\frac{1}{16}}$$

毋庸置疑,在得到这些数字的平方根的整数部分时,阿基米德应用了欧几里得的定理$(a+b)^2 = a^2 + 2ab + b^2$,该定理已在上述塞昂的例子中予以了说明,该例子找到了用 60 进制分数表达的$\sqrt{4500}$的近似值。该方法与现在所用的方法相去并不很远。但对第一个例子,$\sqrt{9082321}$,通过把给定数字从末尾开始分为两个一组,我们立即可以看出平方根的数字位数,在希腊数字中缺乏 0 的符号,这使得平方根的数字位数不那么容易确定,因为用希腊语书写,数字 $\overset{Tη}{\text{M}},\beta\tau\kappa\alpha'$ 只包含 6 个代表数字的符号而不是 7 个。但甚至用希腊记数法,也不难看出平方根中的幂位、个位、十位、百位等,个位会对应于 $\kappa\alpha'$,十位对应于 $\beta\tau$,百位对应于 $\overset{η}{\text{M}}$,千位对应于 $\overset{Tη}{\text{M}}$ 等。于是很清楚,9082321 的平方根一定有形式

$$1000x + 100y + 10z + w,$$

这里 x,y,z,w 只可能取数值 $0,1,2,\cdots,9$ 中的一个。假定 x 已找到,则余数为 $N-(1000x)^2$,其中 N 是给定数字,一定包含 $2\cdot1000x\cdot100y$ 与 $(100y)^2$,还有 $2(1000x+100y)\cdot10z$ 与 $(10z)^2$,此后余数一定包含类似构成的另外两个数字。

特殊情况(1),显然 $x=3$。减去 $(3000)^2$ 余下 82321,其中必须包含 $2\cdot3000\cdot100y$。但即使若 y 只是 1,乘积仍会是 600000,大于 82321。因此,在平方根中没有百位数字。为了找到 z,我们知道 82321 必须包含

$$2\cdot3000\cdot10z + (10z)^2,$$

而 z 可以通过 82321 除 60000 得到。因此 $z=1$。又为了找到 w,我们知道余数为

$$82321 - 2\cdot3000\cdot10 - 10^2,$$

即 22221,必须包含 $2\cdot3010w + w^2$,把 22221 除以 $2\cdot3010$,我们得到 $w=3$。于是 3013 是平方根的整数部分,而余数是 $22221-(2\cdot3010\cdot3+3^2)$,即 4152。

命题的条件现在要求对平方根所取的近似值必须不小于真实值,因此加在 3013 的分数部分只要不是太大就可以了。现在容易看出,加上的分数要大于 $\frac{1}{2}$,

因为 $2 \cdot 3013 \cdot \frac{1}{2} + \left(\frac{1}{2}\right)^2$ 小于余数 4152。假定所需的数字(它更接近 3014 而

不是 3013)是 $3014 - \frac{p}{q}$，且 $\frac{p}{q}$ 只要不太小就可以了。

现在 $\qquad (3014)^2 = (3013)^2 + 2 \cdot 3013 + 1 = (3013)^2 + 6027$

$\qquad\qquad\qquad = 9082321 - 4152 + 6027,$

从而 $\qquad\qquad\qquad\qquad 9082321 = (3014)^2 - 1875$。

应用阿基米德的公式 $\sqrt{a^2 \pm b} < a \pm \frac{b}{2a}$，我们得到

$$3014 - \frac{1875}{2 \cdot 3014} > \sqrt{9082321}。$$

因此，所需的 $\frac{p}{q}$ 值不能大于 $\frac{1875}{6028}$。仍需解释为什么阿基米德取 $\frac{p}{q}$ 值为 $\frac{1}{4}$ 即

$\frac{1507}{6028}$。首先，他显然想要一个分子为 1，分母为 2 的分数的幂，因为需要把两个这

样的分数相加时运算会容易些。(例外情形，分数 $\frac{9}{11}$ 与 $\frac{1}{6}$，在将要提到的特殊情况

下会另行说明。)再者，在这种特殊情况下必须注意到，在以下步骤中需把 2911 加

到 $3014 - \frac{p}{q}$ 上，并把其和除以 780，即 $2 \cdot 2 \cdot 3 \cdot 5 \cdot 13$。消去一个因子(例如这里

最好是 13)显然可以导致简化。现在，若把 $2911 + 3014$ 即 5925 除以 13，我们得

到商为 455，而余数为 10，所以 $10 - \frac{p}{q}$ 还要被 13 除。因此需要如此选择 $\frac{p}{q}$，使得

$10q - p$ 可以被 13 除尽，且 $\frac{p}{q}$ 近似于但不大于 $\frac{1875}{6028}$。因此 $p = 1, q = 4$ 是自然且

容易的解。

$(2) \sqrt{3380929}$

应用求平方根的通常步骤给出其整数部分为 1838，余数为 2685。如上所

述，容易看出精确平方根较靠近 1839 而不是 1838，也就是

$$\sqrt{3380929} = \sqrt{1838^2 + 2685} = \sqrt{1839^2 - 2 \cdot 1838 - 1 + 2685}$$

$$= \sqrt{1839^2 - 992}。$$

于是阿基米德公式给出

$$1839 - \frac{992}{2 \cdot 1839} > \sqrt{3380929}。$$

阿基米德不可能不知道，$\frac{1}{4}$ 是 $\frac{992}{3678}$ 即 $\frac{1984}{7356}$ 的一个很好的近似值，因为 $\frac{1}{4}=\frac{1839}{7356}$，且

$\frac{1}{4}$ 将满足所取分数必须小于真实值的必要条件。于是很清楚，当阿基米德取 $\frac{2}{11}$ 为

近似分数时，他已经计划好在下一步中消去一个因子而简化。如果这个分数被记

为 $\frac{p}{q}$，那么 $1839-\frac{p}{q}$ 与 1823 之和，即 $3662-\frac{p}{q}$，必须可以被 240，即被 6·40 除尽。

3662 除以 40 给出的余数为 22，于是必须选择 p,q 使得 $22-\frac{p}{q}$［的分子］方便地被

40 除尽，且 $\frac{p}{q}$ 小于并近似等于 $\frac{992}{3678}$。容易看出 $p=2$ 与 $q=11$ 满足这些条件。

(3) $\sqrt{1018405}$

应用求平方根的通常步骤给出 $1018405=1009^2+324$ 与近似值

$$1009\,\frac{324}{2018}>\sqrt{1018405}\,。$$

这里替代 $\frac{324}{2018}$ 的分数必须大于但近似地等于它，而 $\frac{1}{6}$ 满足这个条件，且以后的运算不要求其中有任何变化。

(4) $\sqrt{4069284\,\frac{1}{36}}$

应用求平方根的通常步骤给出 $4069284\,\frac{1}{36}=2017^2+995\,\frac{1}{36}$，于是

$$2017+\frac{36\cdot995+1}{36\cdot2\cdot2017}>\sqrt{4069284\,\frac{1}{36}}\,，$$

且 $2017\,\frac{1}{4}$ 是明显可取的稍大于不等式左边的近似值。

(5) $\sqrt{349450}$

对这个及下面两个平方根，要求得到的近似值小于而不是大于真实值。于是，阿基米德必须应用公式

$$a\pm\frac{b}{2a}>\sqrt{a^2\pm b}>a\pm\frac{b}{2a\pm1}$$

的右侧部分。在 $\sqrt{349450}$ 这种情形，平方根的整数部分是 591，余数是 169。这给出结果

$$591 + \frac{169}{2 \cdot 591} > \sqrt{349450} > 591 + \frac{169}{2 \cdot 591 + 1},$$

但因为 $169 = 13^2$，而 $2 \cdot 591 + 1 = 7 \cdot 13^2$，无须进一步计算就可以知道

$$\sqrt{349450} > 591 + \frac{1}{7}。$$

那么为什么阿基米德没有取这个近似值而取了一个不那么接近的 $591\frac{1}{8}$ 呢？其后的运算与本证明第一部分的其他近似值提示，为了计算方便起见，他喜欢用 $\frac{1}{2^n}$ 形式的近似分数。但他不可能不知道，取这种形式的分数 $\frac{1}{8}$ 来替代 $\frac{1}{7}$，可能明显地影响最终结果而使它离真实值比要求的更远。事实上，如胡尔奇所说的，取 $591\frac{1}{7}$ 并不影响结果及用该数字继续运算。因此我们必须假定，阿基米德曾取 $591\frac{1}{7}$ 并在此基础上做了一些工作，且当取较为方便但精度较差的近似值 $591\frac{1}{8}$ 时，他并未遇到任何值得注意的问题。

(6) $\sqrt{1373943\frac{33}{64}}$

在这种情况下，平方根的整数部分为 1172，而余数为 $359\frac{33}{64}$。于是，用 R 记平方根，则

$$R > 1172 + \frac{359\frac{33}{64}}{2 \cdot 1172 + 1},$$

更有

$$R > 1172 + \frac{359}{2 \cdot 1172 + 1}。$$

但 $2 \cdot 1172 + 1 = 2345$。上式的分数部分相应地成为 $\frac{359}{2345}$，而 $\frac{1}{7}\left(=\frac{335}{2345}\right)$ 满足必要条件，即它必须近似地等于，但不大于给定分数。

(7) $\sqrt{5472132\frac{1}{16}}$

这里平方根的整数部分为 2339，余数为 $1211\frac{1}{16}$。于是，用 R 记平方根，则

$$R > 2339 + \frac{1211\frac{1}{16}}{2 \cdot 2339 + 1},$$

且更有

$$R > 2339\frac{1}{4}。$$

关于阿基米德把以下不等式

$$3 + \frac{667\frac{1}{2}}{4673\frac{1}{2}} > \pi > 3 + \frac{284\frac{1}{4}}{2017\frac{1}{4}}$$

最终简化为更简单的结果

$$3\frac{1}{7} > \pi > 3\frac{10}{71},$$

可以补充几句。事实上 $\frac{1}{7} = \frac{667\frac{1}{2}}{4672\frac{1}{2}}$，因此在第一个分数中只需做一个小改动，即

把分母减少 1，就可以得到简单的形式 $3\frac{1}{7}$。

就 π 的下限而言，我们看到 $\frac{284\frac{1}{4}}{2017\frac{1}{4}} = \frac{1137}{8069}$；胡尔奇聪明地建议把后一个分

数的分母增加 1。这就产生了 $\frac{1137}{8070}$ 或 $\frac{379}{2690}$，而且如果我们把 2690 除以 379，商数

在 7 与 8 之间，那么

$$\frac{1}{7} > \frac{379}{2690} > \frac{1}{8}。$$

现在，我们有一个已知的命题(证明见于 Pappus VII. p. 689)，若 $\frac{a}{b} > \frac{c}{d}$，则

$$\frac{a}{b} > \frac{a+c}{b+d}。$$

类似地可以证明

$$\frac{a+c}{b+d} > \frac{c}{d}。$$

由此可知，在上述情况下

$$\frac{379}{2690} > \frac{379+1}{2690+8} > \frac{1}{8},$$

这恰好就是

$$\frac{10}{71} > \frac{1}{8},$$

与 $\frac{1}{8}$ 相比，$\frac{10}{71}$ 与 $\frac{379}{2690}$ 要接近得多。

关于求 $\sqrt{3}$ 近似值的方法的其他假设的注

要了解到 1882 年为止的所有说明阿基米德给出 $\sqrt{3}$ 近似值的不同理论，读者可参考西格蒙德·京特（Siegmund Günter）博士的详尽叙述《古人的无理数平方及其计算方法》（*Die Quadratischen Irrationalitäten der Alten und deren Entwickelungsmethoden*）（莱比锡，1882）。作为伊万·冯·米勒（Iwan von Müller）的《经典古代科学手册》（*Handbuch der klassischen Altertums-wissenschaft*）（慕尼黑，1894）卷 5 第一部分的附录，同一作者也在《古代数学与科学历史概要》（*Abriss der Geschichte der Mathematik und der Naturwissenschaften*）中给出了进一步的文献。

京特把不同的假设分为三组。

第一组：或多或少变相地使用连分数的方法，包括德拉尼（De Lagny）、摩尔韦德（Moll-weide）、毫贝尔（Hauber）、布岑盖格尔（Buzengeiger）、宙滕、塔内里（第一个解）与海勒曼（Heilermann）的解。

第二组：以分数级数形式如 $a + \frac{1}{q_1} + \frac{1}{q_1 q_2} + \frac{1}{q_1 q_2 q_3} + \cdots$ 给出近似值；在这一组里有拉迪克（Radicke）、佩斯尔（Pessl）、罗代（Rodet）{参考绳法经[*Śulbasūtras*]}、塔内里（第二个解）。

第三组：界定不可通约无理数于较大极限与较小极限之间，然后移动两个极限使之越来越接近。这一类包括奥帕曼（Oppermann）、阿列克谢耶夫（Alexejef）、舍恩博恩（Schönborn）和洪赖斯（Hunrath），虽然京特也曾说前二位作者用的是连分数方法。

在京特如此分类的各种方法中，只有以下这些必须提及，因为它们的历史背景或多或少地具有可信性，代表了除阿基米德外存留至今的其他希腊数学家的原则的应用和推广。大多数这些准历史解与*边缘数*（πλευρικοί）及*对角数*（διαμετρικοί ἀριθμοί）[①]相联系，来自斯米尔那的塞昂在一本书中对它们做了说明，那本书的目的，是为学习柏拉图著作的读者提供需要的数学原理。

---

① Side-number 译为边缘数，diagonal-number 译为对角数，都不是现代常用的概念，其定义如下文所述。——译者注

　　边缘数 及 *对角数* 的构成如下。我们开始于两个单位,以及(a)由它们之和,(b)由两倍的第一个单位与第二个单位之和,构成两个新的数字;于是

$$1 \cdot 1 + 1 = 2, \quad 2 \cdot 1 + 1 = 3。$$

以上数字中,第一个是边缘数,第二个是对角数,或者(我们也许会说)

$$a_2 = 2, \quad d_2 = 3。$$

与我们由 $a_1 = 1, d_1 = 1$ 构建这些数字的方法相同,相继的数字对可根据公式

$$a_{n+1} = a_n + d_n, \quad d_{n+1} = 2a_n + d_n,$$

由 a_2, d_2 构建,依此类推,我们有

$$a_3 = 1 \cdot 2 + 3 = 5, \quad d_3 = 2 \cdot 2 + 3 = 7,$$
$$a_4 = 1 \cdot 5 + 7 = 12, \quad d_4 = 2 \cdot 5 + 7 = 17,$$

等等。

　　塞昂就这些数字陈述的一般命题,可用方程

$$d_n^2 = 2a_n^2 \pm 1$$

表达。其证明(无疑因为它是众所周知的而被略去)是简单的。因为我们有

$$
\begin{aligned}
d_n^2 - 2a_n^2 &= (2a_{n-1} + d_{n-1})^2 - 2(a_{n-1} + d_{n-1})^2 \\
&= 2a_{n-1}^2 - d_{n-1}^2 \\
&= -(d_{n-1}^2 - 2a_{n-1}^2) \\
&= +(d_{n-2}^2 - 2a_{n-2}^2),
\end{aligned}
$$

等等,而 $d_1^2 - 2a_1^2 = -1$;命题得证。

　　康托指出,任何熟悉本命题实质的人不可能不注意到,当这些数字相继形成后,d_n^2/a_n^2 的值将越来越接近于 2,从而相继的分数 d_n/a_n 将给出越来越接近 $\sqrt{2}$ 的值,或者换句话说,

$$\frac{1}{1}, \frac{3}{2}, \frac{7}{5}, \frac{17}{12}, \frac{41}{29}, \cdots$$

是 $\sqrt{2}$ 的相继近似值。可以看出,这些近似值中的第三个,$\dfrac{7}{5}$,看来正是被柏拉图提到的毕达哥拉斯的近似值,而以上的塞昂方案,等同于找到不定方程

$$2x^2 - y^2 = \pm 1$$

的所有整数解,并且是在一本作为对柏拉图的研究的入门书中给出的,因此如同塔内里所指出的,很可能在柏拉图在世期间,所述方程的系统研究便已在学术界开始。与此相关,普罗克勒斯对欧几里得 I.47 的评论值得一读。正是在那里说明了,在等腰直角三角形中,"不可能找到对应于边长的数;因为没有一个正方形[数]是另一个正方形的两倍,除非是在近似两倍的意义上,例如 7^2 是 5^2 的两倍减一"。提到塞昂推导的目的是找出任意个数目的正方形,其数值与另一个系列中相应数的平方的两倍之差为一个单位,这两个正方形系列的边分别被称为对角数与边缘数,人们几乎很难不这样认为,当柏拉图在和 5 的无理对角数(ἄρρητος

$\delta\iota\acute{\alpha}\mu\epsilon\tau\varrho o\varsigma\ \tau\tilde{\eta}\varsigma\ \pi\epsilon\mu\pi\acute{\alpha}\delta o\varsigma$)相比较的意义上提到有理对角数($\dot{\varrho}\eta\tau\grave{\eta}\ \delta\iota\acute{\alpha}\mu\epsilon\tau\varrho o\varsigma$)时,在他的心目中已经有了这个系统(参看前面第 55 页)。

于是有一个猜测是,遵循类似于得到 $\sqrt{2}$ 的相继近似值的方法,即通过不定方程 $2x^2-y^2=\pm 1$ 的相继有理数解,阿基米德给自己提出了找到与 $\sqrt{3}$ 有类似关系的两个不定方程

$$x^2-3y^2=1,$$
$$x^2-3y^2=-2。$$

的全部有理数解的任务。宙滕看来是把古代的 $\sqrt{3}$ 近似值与这些方程的解相联系的第一人,这种方法也曾被塔内里作为他的第一种方法的基础。但实质上,早在 1723 年,同样的方法曾被德拉尼用过,作为比较,下面根据十分精准的塔内里的方式叙述他的假设。

宙滕的解。

回顾以下事实:即使在欧几里得时代,不定方程 $x^2+y^2=z^2$ 可以借助代换

$$x=mn,\quad y=\frac{m^2-n^2}{2},\quad z=\frac{m^2+n^2}{2}$$

求解这一点也是众所周知的,宙滕的结论是,根据欧几里得 II. 5 导出恒等式

$$3(mn)^2+\left(\frac{m^2-3n^2}{2}\right)^2=\left(\frac{m^2+3n^2}{2}\right)^2$$

应该毫无困难,由此,通过乘以因子 4,容易得到

$$3(2mn)^2+(m^2-3n^2)^2=(m^2+3n^2)^2。$$

因此如果已知 $m^2-3n^2=1$ 的一个解,就可以通过取

$$x=m^2+3n^2,\quad y=2mn,$$

立即得到第二个解。

很显然,方程

$$m^2-3n^2=1$$

为值 $m=2,n=1$ 所满足;从而方程

$$x^2-3y^2=1$$

的下一个解是　　$x_1=m^2+3n^2=2^2+3\cdot 1=7,\quad y_1=2mn=2\cdot 2\cdot 1=4;$

类似地,我们可以进一步得到任意多个解为

$$x_2=7^2+3\cdot 4^2=97,\quad y_2=2\cdot 7\cdot 4=56,$$
$$x_3=97^2+3\cdot 56^2=18817,\quad y_3=2\cdot 97\cdot 56=10864,$$

等等。

下一步,着眼于另一个方程

$$x^2-3y^2=-2,$$

宙滕应用了恒等式

$$(m+3n)^2-3(m+n)^2=-2(m^2-3n^2)。$$

这样,如果已知方程 $m^2-3n^2=1$ 的一个解,我们可以进而采用代换

$$x=m+3n, \quad y=m+n。$$

假定 $m=2, n=1$ 如前;于是我们有

$$x_1=5, \quad y_1=3。$$

取 $x_2=x_1+3y_1=14, y_2=x_1+y_1=8$,我们得到

$$\frac{x_2}{y_2}=\frac{14}{8}=\frac{7}{4}$$

(以及可见 $m=7, n=4$ 是 $m^2-3n^2=1$ 的一个解)。

再由 x_2, y_2 开始,我们有

$$x_3=38, \quad y_3=22,$$

以及

$$\frac{x_3}{y_3}=\frac{19}{11}$$

($m=19, n=11$ 是 $m^2-3n^2=-2$ 的一个解);

$$x_4=104, \quad y_4=60,$$

从而

$$\frac{x_4}{y_4}=\frac{26}{15}$$

(且 $m=26, n=15$ 满足 $m^2-3n^2=1$),

$$x_5=284, \quad y_5=164,$$

或

$$\frac{x_5}{y_5}=\frac{71}{41}。$$

类似地, $\dfrac{x_6}{y_6}=\dfrac{97}{56}, \dfrac{x_7}{y_7}=\dfrac{265}{153}$,等等。

这种方法给出 $\sqrt{3}$ 的所有相继近似值,注意到这是借助以下两个方程完成的,

$$x^2-3y^2=1,$$
$$x^2-3y^2=-2。$$

塔内里的第一种方法。

塔内里自问,丢番图怎么会想到解这两个不定方程呢? 他取第一个方程的一般形式

$$x^2-ay^2=1,$$

然后假设方程的一个已知解是 (p, q),他假定

$$p_1=mx-p, \quad q_1=x+q。$$

于是

$$p_1^2-aq_1^2 \equiv m^2x^2-2mpx+p^2-ax^2-2aqx-aq^2=1,$$

从而,因为 $p^2-aq^2=1$,按照假设

$$x=2 \cdot \frac{mp+aq}{m^2-a},$$

于是

$$p_1=\frac{(m^2+a)p+2amq}{m^2-a}, \quad q_1=\frac{2mp+(m^2+a)q}{m^2-a},$$

且 $p_1^2 - aq_1^2 = 1$。

这样找到的 p_1, q_1 值是有理数但不一定是整数；如果想要整数解，我们只需要作

$$p_1 = (u^2 + av^2)p + 2auvq, \quad q_1 = 2puv + (u^2 + av^2)q,$$

这里 (u, v) 是 $x^2 - ay^2 = 1$ 的另一个整数解。

一般来说，如果 (p, q) 是方程

$$x^2 - ay^2 = r$$

的一个已知解，假定 $p_1 = \alpha p + \beta q, q_1 = \gamma p + \delta q$，且"为了确定 $\alpha, \beta, \gamma, \delta$，只需知道最简单的三组解，以及求解有两个未知数的一阶方程组"就可以了。于是

(1) 方程

$$x^2 - 3y^2 = 1$$

的前三个解是

$$(p=1, q=0), (p=2, q=1), (p=7, q=4),$$

从而
$$\left.\begin{array}{r} 2 = \alpha \\ 1 = \gamma \end{array}\right\} \quad 及 \quad \left.\begin{array}{r} 7 = 2\alpha + \beta \\ 4 = 2\gamma + \delta \end{array}\right\},$$

于是
$$\alpha = 2, \beta = 3, \gamma = 1, \delta = 2,$$

由此可知，第四个解为

$$p = 2 \cdot 7 + 3 \cdot 4 = 26,$$
$$q = 1 \cdot 7 + 2 \cdot 4 = 15;$$

(2) 方程

$$x^2 - 3y^2 = -2$$

的前三个解是 $(1, 1), (5, 3), (19, 11)$，我们有

$$\left.\begin{array}{r} 5 = \alpha + \beta \\ 3 = \gamma + \delta \end{array}\right\} \quad 与 \quad \left.\begin{array}{r} 19 = 5\alpha + 3\beta \\ 11 = 5\gamma + 3\delta \end{array}\right\},$$

从而 $\alpha = 2, \beta = 3, \gamma = 1, \delta = 2$，且下一个解是

$$p = 2 \cdot 19 + 3 \cdot 11 = 71,$$
$$q = 1 \cdot 19 + 2 \cdot 11 = 41,$$

等等。

因此，通过应用两个不定方程与上述操作，可以得到 $\sqrt{3}$ 的相继近似值。

我们将看到，塔内里对方程的处理方法优于宙滕，它可应用于形式为 $x^2 - ay^2 = r$ 的*任何*方程的解。

德拉尼方法。

其论据如下。若 $\sqrt{3}$ 可以被精确地表示为一个假分数，则该分数的值在 1 与 2 之间，其分子的平方是其分母平方的三倍。但因为这是不可能的，必须寻找这样的两个数字，其较大者的平方与较小者的平方的三倍之差尽量小，然而这个差值可正可负。于是德拉尼写出以下相

继关系式,

$$2^2 = 3 \cdot 1^2 + 1, \quad 5^2 = 3 \cdot 3^2 - 2, \quad 7^2 = 3 \cdot 4^2 + 1, \quad 19^2 = 3 \cdot 11^2 - 2,$$
$$26^2 = 3 \cdot 15^2 + 1, \quad 71^2 = 3 \cdot 41^2 - 2,$$

等等。由这些关系式可以导出一个大于 $\sqrt{3}$ 的分数序列,即 $\dfrac{2}{1}, \dfrac{7}{4}, \dfrac{26}{15}$,等等,以及另一个小于 $\sqrt{3}$ 的分数序列,即 $\dfrac{5}{3}, \dfrac{19}{11}, \dfrac{71}{41}$,等等。在每种情况下的构成规则是这样的,如果 $\dfrac{p}{q}$ 是序列中的一个分数,而 $\dfrac{p'}{q'}$ 是下一个,那么

$$\frac{p'}{q'} = \frac{2p + 3q}{p + 2q}。$$

这导致结果

$$\frac{2}{1} > \frac{7}{4} > \frac{26}{15} > \frac{97}{56} > \frac{362}{209} > \frac{1351}{780} \cdots > \sqrt{3},$$

以及

$$\frac{5}{3} < \frac{19}{11} < \frac{71}{41} < \frac{265}{153} < \frac{989}{571} < \frac{3691}{2131} \cdots < \sqrt{3};$$

每个序列中相继近似值的构成规则,与塔内里用丢番图方法处理两个不定方程得到的结果完全一致。

海勒曼方法。

需要提及这种方法的原因是,它也依赖于塞昂的*边缘数*与*对角数*系统的推广。

塞昂的构成规则是

$$S_n = S_{n-1} + D_{n-1}, \quad D_n = 2S_{n-1} + D_{n-1};$$

而海勒曼正是把第二个关系中的 2 用任意数 a 代替,发展出以下程式

$$S_1 = S_0 + D_0, \quad D_1 = aS_0 + D_0,$$
$$S_2 = S_1 + D_1, \quad D_2 = aS_1 + D_1,$$
$$S_3 = S_2 + D_2, \quad D_3 = aS_2 + D_2,$$
$$\vdots \qquad\qquad \vdots$$
$$S_n = S_{n-1} + D_{n-1}, \quad D_n = aS_{n-1} + D_{n-1}。$$

由此可以得到

$$aS_n^2 = aS_{n-1}^2 + 2aS_{n-1}D_{n-1} + aD_{n-1}^2,$$
$$D_n^2 = a^2 S_{n-1}^2 + 2aS_{n-1}D_{n-1} + D_{n-1}^2。$$

二式相减
$$D_n^2 - aS_n^2 = (1-a)(D_{n-1}^2 - aS_{n-1}^2)$$
$$= (1-a)^2(D_{n-2}^2 - aS_{n-2}^2),\text{类似地}$$
$$= \cdots$$
$$= (1-a)^n(D_0^2 - aS_0^2)$$

这对应于佩里恩(Pellian)方程的最一般形式

$$x^2 - ay^2 = \text{常数}。$$

如果现在取 $D_0 = S_0 = 1$，我们有

$$\frac{D_n^2}{S_n^2} = a + \frac{(1-a)^{n+1}}{S_n^2},$$

由此看来，右侧的分数当 n 增加时趋于 0，而 $\dfrac{D_n}{S_n}$ 是 $\sqrt{a}$ 的近似值。

很显然，当 $a = 3, D_0 = 2, S_0 = 1$ 时，我们有

$$\frac{D_0}{S_0} = \frac{2}{1}, \quad \frac{D_1}{S_1} = \frac{5}{3}, \quad \frac{D_2}{S_2} = \frac{14}{8} = \frac{7}{4}, \quad \frac{D_3}{S_3} = \frac{19}{11}, \quad \frac{D_4}{S_4} = \frac{52}{30} = \frac{26}{15},$$

$$\frac{D_5}{S_5} = \frac{71}{41}, \quad \frac{D_6}{S_6} = \frac{194}{112} = \frac{97}{56}, \quad \frac{D_7}{S_7} = \frac{265}{153},$$

等等。

但是如海勒曼所示，本方法用于求 $b\sqrt{a}$ 比求 $\sqrt{a}$ 更为快捷，这里选择 b 使得 $b^2 a$（取代 a）在某种程度上接近于一个单位。例如，假定 $a = \dfrac{27}{25}$，则 $\sqrt{a} = \dfrac{3}{5}\sqrt{3}$，于是我们有（取 $D_0 = S_0 = 1$）

$$S_1 = 2, D_1 = \frac{52}{25}, \text{以及} \sqrt{3} \sim \frac{3}{5} \cdot \frac{26}{25}, \text{或} \frac{26}{15},$$

$$S_2 = \frac{102}{25}, D_2 = \frac{54+52}{25} = \frac{106}{25}, \text{以及} \sqrt{3} \sim \frac{3}{5} \cdot \frac{106}{102}, \text{或} \frac{265}{153},$$

$$S_3 = \frac{208}{25}, D_3 = \frac{102 \cdot 27}{25 \cdot 25} + \frac{106}{25} = \frac{5404}{25 \cdot 25},$$

以及

$$\sqrt{3} \sim \frac{3}{5} \cdot \frac{5404}{25 \cdot 208}, \text{或} \frac{1351}{780}。$$

这是直接从序列中求出两个阿基米德近似值而无须涉及任何外部数值的极少数成功的实例之一。看来没有其他方法可以把这两个数值用这种直接的方式联系起来，除了洪赖斯和胡尔奇，他们借助了公式

$$a \pm \frac{b}{2a} > \sqrt{a^2 \pm b} > a \pm \frac{b}{2a \pm 1}。$$

我们现在转向第二类解，其中发展了形式为一个分数序列之和的近似解，属于这一类的有以下这些。

塔内里的第二种方法。

这可以借助它的以下应用来展示，(a) 应用于一个大数如 $\sqrt{349450}$ 或 $\sqrt{571^2 + 23409}$ 的平方根，出现在阿基米德中的第一种类型，(b) 应用于 $\sqrt{3}$ 的案例。

(1)应用公式

$$\sqrt{a^2 + b} \sim a + \frac{b}{2a}$$

试验对 $\sqrt{571^2 + 23409}$ 采用表达式

$$571 + \frac{23409}{1142}$$

的效果。结果发现,这正确地给出了平方根的整数部分,我们现在假定平方根是

$$571 + 20 + \frac{1}{m}。$$

取平方并认为 $\frac{1}{m^2}$ 可忽略不计,我们有

$$571^2 + 400 + 22840 + \frac{1142}{m} + \frac{40}{m} = 571^2 + 23409,$$

从而

$$\frac{1182}{m} = 169,$$

以及

$$\frac{1}{m} = \frac{169}{1182} > \frac{1}{7},$$

故

$$\sqrt{349450} > 591\frac{1}{7}。$$

(2)注意到

$$\sqrt{a^2 + b} \sim a + \frac{b}{2a+1},$$

我们有

$$\sqrt{3} = \sqrt{1^2 + 2} \sim 1 + \frac{2}{2 \cdot 1 + 1}$$

$$\sim 1 + \frac{2}{3},即\frac{5}{3}。$$

然后假设 $\sqrt{3} = \left(\frac{5}{3} + \frac{1}{m}\right)$,取平方并忽略 $\frac{1}{m^2}$,我们得到

$$\frac{25}{9} + \frac{10}{3m} = 3,$$

从而 $m = 15$,且我们得到第二个近似值为

$$\frac{5}{3} + \frac{1}{15},或\frac{26}{15}。$$

我们现在有

$$26^2 - 3 \cdot 15^2 = 1,$$

并可以借助塔内里的第一种方法找到其他近似值。

或者我们可以取

$$\left(1 + \frac{2}{3} + \frac{1}{15} + \frac{1}{n}\right)^2 = 3,$$

并忽略 $\frac{1}{n^2}$,则我们得到

$$\frac{26^2}{15^2} + \frac{52}{15n} = 3,$$

这里 $n = -15 \cdot 52 = -780$,以及

$$\sqrt{3} \sim \left(1 + \frac{2}{3} + \frac{1}{15} - \frac{1}{780} = \frac{1351}{780}\right)。$$

但应当注意到,这一方法只是把 $\frac{1351}{780}$ 与 $\frac{26}{15}$ 相联系,但没有与中间值 $\frac{265}{153}$ 相联系,为了得到这种联系,塔内里间接地应用了洪赖斯与胡尔奇公式的一种特殊情况。

罗代的方法 显然是为了说明《绳法经》中的近似式[①]

$$\sqrt{2} \sim 1 + \frac{1}{3} + \frac{1}{3 \cdot 4} - \frac{1}{3 \cdot 4 \cdot 34}$$

而提出,但是,给出近似值 $\frac{4}{3}$,该公式所示的两个相继近似值可用刚才说过的平方方法[②]得到,无须罗代所做的烦琐说明,而且它用于 $\sqrt{3}$ 时得到的结果与更简单方法的结果相同。

最后,关于第三类解,可以提到,

(1)奥帕曼应用了公式

$$\frac{a+b}{2} > \sqrt{ab} > \frac{2ab}{a+b},$$

依次给出

$$\frac{2}{1} > \sqrt{3} > \frac{3}{2},$$

$$\frac{7}{4} > \sqrt{3} > \frac{12}{7},$$

$$\frac{97}{56} > \sqrt{3} > \frac{168}{97},$$

但只生成一个阿基米德的近似,即最后两个比值的组合,

$$\frac{97+168}{56+97} = \frac{265}{153}°$$

(2)舍恩博恩证明了[③]

$$a \pm \frac{b}{2a} > \sqrt{a^2 \pm b} > a \pm \frac{b}{2a \pm \sqrt{b}},$$

从而在某种程度上接近于洪赖斯与胡尔奇成功地应用过的公式。

---

① 见康托,数学史讲座,Cantor, *Vorlesugen über Gesch. d. Math.* p. 600 sq.
② 康托在他的书 1880 年第一版中已经指出了这一点。
③ *Zeitschrift für Math. u. Physik* (*Hist. litt. Abtheilung*) XXVIII. (1883), p. 169 sq.

第五章　关于所谓逼近线($NEY\Sigma EI\Sigma$)问题

希腊词$\nu\varepsilon\tilde{\upsilon}\sigma\iota\varsigma$,在拉丁语中通常被译为 *inclinatio*(趋向),不过该译名不甚令人满意,但其意义可从帕普斯的一些一般性评论推知,他参考了现已佚失的阿波罗尼奥斯的题为$\nu\varepsilon\acute{\upsilon}\sigma\varepsilon\iota\varsigma$的两卷书。帕普斯说,"如果某直线延长后到达某点,就称该直线逼近(verge,$\nu\varepsilon\acute{\upsilon}\varepsilon\iota\nu$)某一点"[①]。该问题一般形式的特殊情况,他给出了以下几个例子。

"在一定位置给出两条线,在其间作一条给定长度的直线并逼近一个给定点。"

"若在一定位置给出(a)一个半圆及与其底边垂直的一条直线,或者(b)两个底边在一条直线上的半圆,在两边(线)之间作一条给定长度,并逼近一个半圆的一个隅角($\gamma\omega\nu\acute{\iota}\alpha\nu$)的直线。"

这样,需要作一条直线通过一个给定点,在两条直线或两条曲线之间的截距等于一个给定长度。[②][③]

§1.阿基米德提到过的几种逼近线($\nu\varepsilon\acute{\upsilon}\sigma\varepsilon\iota\varsigma$)

阿基米德在以下几处提及逼近线($\nu\varepsilon\acute{\upsilon}\sigma\varepsilon\iota\varsigma$)。

专著《论螺线》中命题 5,6,7 的证明,分别应用了一般定理的三种特殊情况,若 *A* 是一个圆周上的任意点,*BC* 是任意直径,则可以通过 *A* 作一条直线,与圆

---

① Pappus(ed. Hultsch)VII. p. 670.

② 在宙滕的书的德语译本《古希腊圆锥曲线理论》(*Die Lehre von den Kegelschnitten im Altertum*)中,$\nu\varepsilon\tilde{\upsilon}\sigma\iota\varsigma$被译为插入物(*Einschiebung*),在英语中可称之为"insertion",但这未能表达所需的直线必须通过一个给定点的条件,正如 *inclinatio*(以及希腊语本身在这一方面)未能表达另一个需求,即在线上的截距必须有给定的长度。

③ 以上这几段文字和上一个注,对$\nu\varepsilon\acute{\upsilon}\sigma\varepsilon\iota\varsigma$这个希腊词的内证做了说明,此后还有更详细的介绍。希思不能找到一个合适的英译名,他直接采用了希腊原词。这里姑且译为"逼近线",但仍加注希腊原词。——译者注

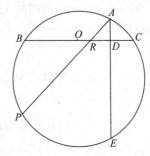

周再次相交于 P,及与 BC 的延长线相交于 R,使截段 PR 等于任意给定长度。对以下每种特殊情况都只陈述事实,未作任何解释或证明。

(1)命题 5 是假设在 A 的切线与 BC 平行的案例。

(2)命题 6 是图中 A 点与 P 点交换的案例。

(3)命题 7 是 A 点与 P 点的相对位置如图所示的案例。

另外,(4)命题 8 与 9 都假设(与前相同,无证明且未给出隐含问题的任何解),若 AE,BC 是在 D 点交成直角的圆的两根弦,使得 $BD > DC$,则可以通过 A 作另一条线 ARP,与 BC 相交于 R,并又与圆周相交于 P,使得 $PR = DE$。

最后,命题 5,6,7 中的假设,应当与《引理汇集》中的命题 8 相比较,后者很可能出自阿基米德,无关乎整本书是怎么写成的。这一命题证明了,若在第一幅图中作 APR 使得 PR 等于半径 OP,则弧 AB 是弧 PC 的三倍。换句话说,若一个圆周的弧 AB 在中心 O 取任意角,则总可以找到等于给定弧的三分之一的弧,即给定角度可以三等分,只要能通过 A 作另一条线 APR,使得圆周与 BO 延长线之间的截距 PR 等于圆的半径。这样,三等分角便转化为一个逼近线($\nu\varepsilon\tilde{\upsilon}\sigma\iota\varsigma$)问题,完全类似于专著《论螺线》的命题 6 与 7 中认为是可能的那些问题。

一般说来,阿基米德如此提到的逼近线($\nu\varepsilon\tilde{\upsilon}\sigma\varepsilon\iota\varsigma$)不可能只是借助直线与圆的解,这一点很容易说明。假设用 x 表示第一幅图中的未知长度 OR,其中 O 是 BC 的中点,k 是 PR 需与之相等的给定长度;又设 $OD = a$,$AD = b$,$BC = 2c$。则无论 BC 是直径或(更一般地)圆的任意弦,都有

$$AR \cdot RP = BR \cdot RC,$$

因此
$$k \sqrt{b^2 + (x-a)^2} = x^2 - c^2。$$

把所得方程有理化得到 x 的四阶方程;或者,记 AR 的长度为 y,则我们得到用以确定 x 与 y 的两个方程为

$$\begin{cases} y^2 = (x-a)^2 + b^2, \\ ky = x^2 - c^2。 \end{cases} \quad (\alpha)$$

换句话说,如果我们有一个直角坐标系,满足问题条件的 x 与 y 可以被确定为某条等轴双曲线与某条抛物线的交点的坐标。

在 D 恰好与 BC 中点 O 重合的特殊情况下,也就是 A 是成直角等分 BC 的直径的一个端点,$a=0$ 时,方程组退化为一个方程,

$$y^2-ky=b^2+c^2,$$

这是一个二次方程,可以用适配面积的传统几何方法解出;因为,若用 u 替代 $y-k$,以使 $u=AP$,则以上方程成为

$$u(k+u)=b^2+c^2,$$

且我们简单地有"适配一个矩形于长度为 k 的直线并超出一个正方形,且等于给定面积(b^2+c^2)"。

命题 8 与 9 中提到的其他逼近线($\nu\varepsilon\tilde{\upsilon}\sigma\iota\varsigma$)可以用更一般的形式解出,但方法完全一样,其中 PR 需等于给定长度 k,可在某个极大值范围内任意取值,且不一定要等于 DE;对第二幅图,对应于(α)的两个方程为

$$\begin{cases} y^2=(a-x)^2+b^2, \\ ky=c^2-x^2。 \end{cases} \tag{β}$$

这里,对 AE 是成直角等分 BC 的直径的这种特殊情况,问题又可以用通常的适配面积方法解出;值得注意的是,根据辛普利西乌斯[①]取自欧德摩斯的《几何学历史》的引文,这种特殊情况看来曾在希波克拉底所著《月球求积》一书的残片中出现,而希波克拉底的活跃年代可能早在公元前 450 年。

相应地,我们发现,对应于他对一般几何问题的分类,帕普斯把逼近线($\nu\varepsilon\tilde{\upsilon}\sigma\iota\varsigma$)区分为几种不同的类型。他说,希腊人区分三类不同的问题,有些是平面的,另一些是立体的,还有一些是线性的。他这样说[②],"那些可以用直线与圆解出的问题,可以被恰当地称为平面的($\dot\varepsilon\pi\dot\iota\pi\varepsilon\delta\alpha$);因为,借助之可以解出这样的问题的诸直线原先在一个平面上。但那些要用圆锥的一条或多条截线找到($\varepsilon\check{\upsilon}\rho\varepsilon\sigma\iota\nu$)解的,称为立体的($\sigma\tau\varepsilon\rho\varepsilon\dot\alpha$);因为在构形中需要用到立体图形的曲面,即圆锥曲面。还剩下第三类称为线性的($\gamma\rho\alpha\mu\mu\iota\kappa\acute{o}\nu$)问题,除上面提及的以外,为了作图而假定的其他线[曲线],它们的起源较为复杂且不自然,因为它们是由更不

---

① 辛普利西乌斯《对阿基米德物理学的评论》(*Comment. in Aristot. Phys.*),迪尔斯(Diels)编辑,pp. 61-68。全部引文载于布雷特施耐德(Bretschnneder)《几何学和欧几里得之前的几何学家》(*Die Geometrie und die Geometer vor Euklides*),pp. 109-121。关于假设的构形,特别见迪尔斯版本的 p. 64 与 p. xxiv;及布雷特施耐德 pp. 114-115 和宙滕《古希腊圆锥曲线理论》,pp. 269-270。

② Pappus IV. pp. 270-272。

规则的曲面及错综复杂的运动产生的"。在线性类曲线的例子中,帕普斯提到了螺线,以及被称为割圆曲线、蚌线及蔓叶线的曲线。他又说:"任何几何学家,只要借助圆锥曲线或线性曲线找到了一个平面问题的解,或借助一种不熟悉的类型找到了一般解,他们似乎就陷入了一个重大的失误中。以下情况便是实例:(a)阿波罗尼奥斯的《圆锥曲线论》卷 V 中与抛物线有关的问题[①],以及(b)阿基米德在其关于螺线的著作中认为逼近线($\nu\varepsilon\tilde{\upsilon}\sigma\iota\varsigma$)具有与圆有关的立体特征;因为人们完全可以不借助任何立体的东西来找到后者[阿基米德]给出的定理[的证明],也就是证明在第一圈旋转中得到的圆周,等于与初始线成直角并与螺线的切线相交的直线段。"

　　这一段话中提到的"立体逼近($\nu\varepsilon\tilde{\upsilon}\sigma\iota\varsigma$)",是在专著《论螺线》命题 8 与 9 中假设为有可能的,并且被帕普斯在另一场合再次提到,那里他展示了如何借助圆锥曲线解题[②]。后面会给出这个解,考虑到阿基米德真正所说的是什么,帕普斯因非规范性而否定阿基米德的做法便显得有点勉强。阿基米德所说的不是解本身,而只是其可能性;而这种可能性无须圆锥曲线的任何应用便可察觉。因为在这种特殊情况下,对上面的第二幅图而言,可能性条件只要求,当 APR 环绕 A 从 ADE 的位置向圆的中心方向旋转时,DE 不是截距 PR 可能达到的极大长度;而 DE 不是 PR 可能具有的极大长度这一点几乎是不证自明的。事实上,如果 P 不是沿着圆,而是沿着通过 E 且平行于 BC 的一条直线移动,且若 ARP 由 ADE 的位置向中心方向移动,PR 的长度将持续增加,更不消说,只要 P 位于被通过 E 的 BC 的平行线截下的圆的弧段上,PR 必定比 DE 长;另一方面,当 ARP 进一步向 B 的方向移动时,它必定在 P 到达 B 前某处被截下等于 DE 长度的 PR,而在 B 点,PR 完全消失。于是,因为阿基米德的方法只依赖于求解逼近线($\nu\varepsilon\tilde{\upsilon}\sigma\iota\varsigma$)在理论上的可能性,且这种可能性可以从颇为初等的考量推断,没有必要为了这个显而易见的目的去应用圆锥曲线,因此,说他应用圆锥曲线解出了平面问题并不恰当。

　　同时,我们可以颇有把握地认为,阿基米德对所提及逼近线($\nu\varepsilon\tilde{\upsilon}\sigma\iota\varsigma$)问题有一个解。但对他如何得到这个解却无迹可寻,不知道是借助了圆锥曲线,还是其他方法。但毫无疑问,他能够如帕普斯那样应用圆锥曲线来实现解。圆锥曲线的发明者梅奈奇姆斯,给出了引入圆锥曲线解"立体问题"的一个先例,他需要确

---

① 参见阿波罗尼奥斯,引言第一部分第三章§4。
② Pappus IV. pp. 298 sq.

定两段不等长直线之间的两个比例中项,为此目的他应用了抛物线与等轴双曲线的交点。在尤托西乌斯给出的他认为是阿基米德本人著作的残片中,三次方程的解,作为《论球与圆柱》卷 II 命题 4 的基础,也是借助抛物线与等轴双曲线的交点实现的。[①]

不能借助直线与圆,但可以借助圆锥曲线求出解,这一点具有重要的理论意义。首先,这样一种求解的可能性使问题可以被归为“立体的问题”,因此帕普斯看重用圆锥曲线求解。其次,这种方法还有其他巨大的优势,特别考虑到一个问题的解应当伴随着对解的存在条件(διορισμός)[②]需求,该条件给出了实数解可能性的准则。解存在的条件(διορισμός)也常常涉及(例如经常在阿波罗尼奥斯著作中出现)确定解的个数,以及其可能性的限度。这样,只要问题的解取决于两条圆锥曲线的交点,圆锥曲线理论便提供了研究解存在的条件(διορισμοί)的一种有效手段。

§2. 机械结构:尼科梅德斯的蚌线

虽然借助圆锥曲线求解“立体问题”有如此优越性,但是它并非可供阿基米德使用的唯一方法。另一种方法应当是希腊几何学家常用的机械作图法,并被帕普斯认为是代替在平面上不易画出的圆锥曲线的合理方法。[③] 于是,在尤托西乌斯给出的阿波罗尼奥斯对两个比例中项问题的解中,假定把一杆尺子环绕一点移动,直到尺子与两条相互垂直的给定直线的交叉点之间的距离,等同于该点到另一个定点之间的距离;同样的方法也被冠以海伦的名字。另一个版本的阿波罗尼奥斯的解由约安尼斯·菲洛波努(Ioannes Philoponus)给出,其中假设给定一个直径为 OC 的圆与通过 O 的两条相互垂直的直线 OD,OE,作一条直线通过 C,又与圆周相交于 F 及与两条直线分别相交于 D,E,并使截距 CD,FE 相等。这个解无疑是借助圆周与一条等轴双曲线的交点找到的,该双曲线以 OD,OE 为渐近线并通过 C;这一推测与帕普斯关于阿波罗尼奥斯借助圆锥曲线得到了

---

① 见《论球与圆柱》卷 II 命题 4(末尾部分)。

② 与 νεύσεις 相似,διορισμός 亦未译成英语。后者的本义是约会、约定,在欧几里得的《几何原本》中被译为“定义”。这里的意义如正文后面的文字所述,主要涉及解的可能性及其极限、个数等。这里姑且译为“解存在的条件”,其精准内涵,出现时会有所说明。——译者注

③ Pappus III. p.54。

问题的解的说法是一致的。① 等效的机械结构由尤托西乌斯给出，与菲洛·拜赞底努(Philo Byzantinus)的类同，后者环绕 C 转动尺子，直到 CD，FE 的长度相等。②

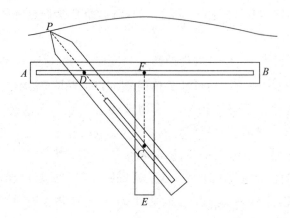

显然，用一种相似的方法可以求出逼近线($\nu\varepsilon\tilde{v}\sigma\iota\varsigma$)。我们只要假定有一把上面标有两个记号的尺子(或直边缘的任何物件)，记号之间的距离等于给定长度，即问题所要求的两条曲线对通过一个定点的直线所作的截距；然后移动尺子但始终通过定点，且一个记号始终在一条曲线上，那么只要另一个记号落在第二条曲线上就可以了。可能是一些这样的运作使尼科梅德斯(Nicomedes)发现了(根据帕普斯)他的曲线——蚌线，蚌线被他应用于倍立方体及三等分角(也根据帕普斯)。据说尼科梅德斯就厄拉多塞对加倍问题采用机械解法这一点颇有微词，因此他必定生活在厄拉多塞之后，进而可推知他生活在公元前 200 年以后，另一方面，他的写作肯定早于公元前 70 年，因为格米努斯(Geminus)那时大概已经知道这种曲线，因此塔内里认为他生活在阿基米德和阿波罗尼奥斯之间。③ 虽然没有证据表明，在尼科梅德斯之前有人用这种机械方法求出逼近线($\nu\varepsilon\acute{v}\varepsilon\iota\nu$)，在阿基米德与蚌线的发现之间不大可能间隔很长时间。事实上，尼科梅德斯的蚌线不但可以用于求解阿基米德提到过的所有逼近线($\nu\varepsilon\acute{v}\varepsilon\iota\nu$)，而且能用于解决问题中曲线之一是直线的所有情形。帕普斯和尤托西乌斯都把绘制蚌线机器的发明归功于尼科梅德斯。假定 AB 是一把带有与其长边平行的槽的尺子，FE 是与之成直角的第二把尺子，其上有一个小桩位于 C。这个小桩位于第三把尺子的平行于长边的槽中，这把尺子又有一个固定的小桩 D，D 相对于 C 作移动的槽在一

---

① Pappus III. p. 56。

② 全部细节见阿波罗尼奥斯，引言第二部分第三章 §4。

③ *Bulletin des Sciences Mathématiques*，2e série VII. p. 284。

条直线上；小桩 D 可在 AB 的槽中移动。若移动 PD，使小桩 D 历经 AB 在 F 两侧中槽的长度，则尺子的端点 P 描绘的曲线称为蚌线。尼科梅德斯称直线 AB 为尺($\kappa\alpha\nu\acute{\omega}\nu$)，定点 C 为极($\pi\acute{\alpha}\lambda o\varsigma$)及长度 PD 为距离($\delta\iota\acute{\alpha}\sigma\tau\eta\mu\alpha$)；这条曲线现在用极坐标方程 $r=a+b\,\sec\theta$ 描述，其基本性质是，若由 C 向曲线作任意半径向量 CP，则半径向量被曲线与直线 AB 所截得的长度是常数。于是，两条给定线之一是直线的任何逼近线($\nu\epsilon\tilde{\upsilon}\sigma\iota\varsigma$)，都可以借助其他线与某一条蚌线的交点解出，该蚌线的极是所要求的直线必须逼近($\nu\epsilon\acute{\upsilon}\epsilon\iota\nu$)的定点。帕普斯告诉我们，实践中蚌线并不总是真的画出，而只是"一些"，为了更方便起见，环绕定点移动尺子，直到通过试验找到截距等于给定的长度。[①]

§3. 帕普斯应用圆锥曲线求解逼近线 $\nu\epsilon\tilde{\upsilon}\sigma\iota\varsigma$，专著《论螺线》命题 8 与 9

他从两条引理开始。

第一条引理　若由给定点 A 作任意直线与直线 BC 相交于给定点 R，且若作 RQ 垂直于 BC 并相对于 AR 取给定比例，则 Q 的轨迹是一条双曲线。

作 AD 垂直于 BC，并在 AD 的延长线上取 A' 使得

$$QR : RA = A'D : DA = (给定比值)。$$

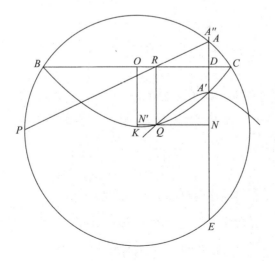

①　Pappus Ⅳ. p. 246。

沿着 DA 度量 DA'' 等于 DA'。

于是,若 QN 垂直于 AN,则

$$(AR^2 - AD^2) : (QR^2 - A'D^2) = 常数,$$

或即

$$QN^2 : (A'N \cdot A''N) = 常数。$$

第二条引理　若 BC 的长度给定,且 RQ 是由任意点 R 所作与 BC 成直角的直线,使得

$$BR \cdot RC = k \cdot RQ,$$

这里 k 是长度给定的直线,则 Q 的轨迹是一条抛物线。

设 O 为 BC 的中点,作 OK 与 BC 成直角,且其长度使得

$$OC^2 = k \cdot KO。$$

又作 QN' 垂直于 OK。

于是

$$QN'^2 = OR^2 = OC^2 - BR \cdot RC$$
$$= k \cdot (KO - RQ),根据假设,$$
$$= k \cdot KN'。$$

在阿基米德提到的特殊情况下(稍有推广,即 PR 所等于的给定长度 k 不一定等于 DE),我们有

(1)若给定的比例 $RQ : AR$ 为 1,即 $RQ = AR$,从而 A'' 与 A 重合,且根据第一条引理,

$$QN^2 = AN \cdot A'N = 常数,$$

于是 Q 位于一条*等轴双曲线*上。

(2)$BR \cdot RC = AR \cdot RP = k \cdot AR = k \cdot RQ$,且根据第二条引理,$Q$ 位于某一条*抛物线*上。

若现在取 O 为原点,OC 为 x 轴,OK 为 y 轴,且若取 $OD = a$,$AD = b$,$BC = 2c$,则确定 Q 的位置的双曲线与抛物线分别用以下方程描述,

$$(a - x)^2 = y^2 - b^2,$$
$$c^2 - x^2 = ky,$$

它们完全对应于以上用纯粹代数方法得到的方程(β)。

帕普斯完全没有提到解存在的条件($\delta\iota o\varrho\iota\sigma\mu\acute{o}\varsigma$),而这对一般问题的完全解是必需的,解存在的条件($\delta\iota o\varrho\iota\sigma\mu\acute{o}\varsigma$)确定了使解成为可能的 k 的最大值。这个最大

值当然对应于等轴双曲线与抛物线相切的情况。宙滕说明了[1]，k 的相应值可以借助另外两条双曲线或一条双曲线与一条抛物线的交点确定，而且毫无疑问，阿波罗尼奥斯凭借其对圆锥曲线的知识，连同他公开声明的要给出对解存在的条件（*διορισμός*）有用的及必需的性质，一定能够借助圆锥曲线来找出这一个解存在的条件（*διορισμός*）。但没有证据表明，阿基米德借助圆锥曲线研究过这个问题，也许他确实什么也没有做，正如上面所说，很显然，这对他当时的目的并非必需的。

本章可以用对以下内容的描述恰到好处地结束，(a)帕普斯给出的逼近线（*νεύσεις*）的重要应用，以及(b)可以只借助直线与圆解出的*平面*问题的一些特殊情况，(根据帕普斯)希腊几何学家证明了这些问题具有这样的特征。

§4. 两个比例中项问题

'立体'逼近线（*νεῦσις*）的两个重要应用之一，是蚌线的发明者尼科梅德斯发现的，他引入蚌线来解出一条逼近线（*νεῦσις*），该逼近线来自它对以下两个问题的约化：*立方体加倍*[2]或(其实是同样的东西)*求出两段给定不等长直线段之间的两个比例中项*。

设给定的不等长直线段 CL，LA 成直角。完成平行四边形 $ABCL$，并等分 AB 于 D 点，等分 BC 于 E。连接 LD 并延长它与 CB 的延长线相交于 H。由 E 作 EF 与 BC 成直角，并在 EF 上取点 F，使得 CF 等于 AD。连接 HF 并通过 C 作 CG 平行于 HF。延长 BC 至 K，使 F，G，K 共线，直线 FGK 与 CG，CK 分别相交于 G，K，并使截距 GK 等于 AD 或 FC。[这就是问题简化而成的逼近线（*νεῦσις*），它可以借助以 F 为极的蚌线解出。]

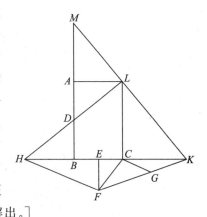

连接 KL 并延长之，与 BA 的延长线相交于 M 点。

于是，CK，AM 便是要求的 CL，LA 之间的比例中项，或者说

---

① 宙滕《古希腊圆锥曲线理论》，pp. 273-275。

② Pappus IV. p. 242 sq. and III. p. 58 sq. ；尤托西乌斯论阿基米德，《论球与圆柱》卷 II 命题 1（Vol. III. p. 114 sq. ）。

$$CL : CK = CK : AM = AM : AL。$$

根据欧几里得 II.6，我们有

$$BK \cdot KC + CE^2 = EK^2。$$

若在两边都加上 EF^2，

$$BK \cdot KC + CF^2 = FK^2。$$

现在，由于平行性，

$$MA : AB = ML : LK$$
$$= BC : CK；$$

且因为 $AB = 2AD$，以及 $BC = \dfrac{1}{2} HC$，

$$MA : AD = HC : CK$$
$$= FG : GK，由于平行性，$$

从而，根据合比定理，

$$MD : AD = FK : GK。$$

但 $GK = AD$；因此 $MD = FK$，以及 $MD^2 = FK^2$。

再者， $\quad MD^2 = BM \cdot MA + AD^2，$

以及 $\quad FK^2 = BK \cdot KC + CF^2，由以上，$

然而 $\quad MD^2 = FK^2，以及 AD^2 = CF^2；$

因此 $\quad BM \cdot MA = BK \cdot KC。$

从而 $\quad CK : MA = BM : BK$
$$\left.\begin{array}{l} = MA : AL \\ = LC : CK \end{array}\right\}，由于平行性，$$

也就是， $\quad LC : CK = CK : MA = MA : AL。$

§5. 角的三等分

可以转化为'立体'逼近线（$\nu\varepsilon\tilde{\upsilon}\sigma\iota\varsigma$）的第二个重要应用，是*任意角*的三等分。简化为逼近线（$\nu\varepsilon\tilde{\upsilon}\sigma\iota\varsigma$）的一种方法曾在上面提到，遵循《引理汇编》命题 8。但帕普斯未曾提到这种方法，他描述了（IV. p. 272 sq.）实现这种简化的另一种方法，用以下话语引入，"早期几何学家，当他们求解上述[三等分]角问题时，把一个实

质上是'立体'的问题用'平面'方法处理,未能找到解;因为他们还不习惯于应用圆锥曲线,而这正是他们失败的原因。但后来,他们应用了以下逼近线($νεῦσις$),借助圆锥曲线作角的三等分。"

对这条逼近线($νεῦσις$)的说明如下:给定一个矩形 $ABCD$,要求通过 A 作直线 AQR 与 CD 相交于 Q 及与 BC 的延长线相交于 R,使截距 QR 等于给定长度,假定为 k。

假定问题已解出,QR 等于 k。作 DP 平行于 QR,以及作 RP 平行于 CD,二者相交于 P,于是在平行四边形 DR 中,$DP = QR = k$。

因此,P 位于中心为 D,半径为 k 的一个圆上。

又根据欧几里得 I.43,跨在整个平行四边形对角线两端的平行四边形的补形[①]相等,

$$BC \cdot CD = BR \cdot QD$$
$$= PR \cdot RB;$$

又因为 $BC \cdot CD$ 给定,P 位于以 $BR \cdot BA$ 为渐近线并通过 D 的等轴双曲线上。

因此,为了实现这个构形,我们只需画出这条等轴双曲线,以及以 D 为中心,以 k 为半径的圆。这两条曲线的交点给出了 P,而 R 是通过作 PR 平行于 DC 确定的。这样就找到了 AQR。

[虽然帕普斯所作 $ABCD$ 是一个矩形,但当 $ABCD$ 是任意平行四边形时,该构形也适用。]

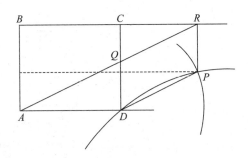

————————

① 在一个平行四边形的对角线上任取一点,作两个对角线相同并与原平行四边形相似的小平行四边形,则原平行四边形中剩余的两个平行四边形称为补形,它们的面积相等。

设 Q 是这样的一点,我们有

$$BC \cdot CQ = CR \cdot QD,$$

于是由相似三角形的性质,

$$CQ : CD = CR : BR,$$

即可导出正文中的等式。——译者注

现在假定 ABC 是需要三等分的任意锐角。作 AC 垂直于 BC，完成平行四边形 $ADBC$ 并延长 DA。

假定问题已解决，角 CBE 是角 ABC 的三分之一。作 BE 与 AC 相交于 E 并延长 DA 至 F。等分 EF 于 H 并连接 AH。

于是，因为角 ABE 等于角 EBC 的两倍，并由于平行性，角 EBC 与角 EFA 相等，则

$$\angle ABE = 2\angle AFH = \angle AHB。$$

因此
$$AB = AH = HF，$$

以及
$$EF = 2HF = 2AB。$$

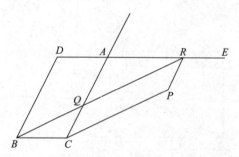

从而为了三等分角 ABC，我们只需求解以下逼近线（$\nu\epsilon\tilde{v}\sigma\iota\varsigma$）：给定矩形 $ADBC$，其对角线是 AB，通过 B 作直线 BEF，与 AC 相交于 E，并与 DA 延长线交于 F，使 EF 等于 AB 的两倍；这条逼近线（$\nu\epsilon\tilde{v}\sigma\iota\varsigma$）可以用刚才说明的方式求解。

由此可见，倍立方体与任意锐角三等分的这些方法依赖于同一条逼近线（$\nu\epsilon\tilde{v}\sigma\iota\varsigma$）的应用，于是它可以用其最一般的形式叙述如下。给出一个角度的两条直线与不在这两条直线上的一个定点，要求通过该定点作一条直线，其被两条直线所截的部分等于给定长度。若 AE，AC 是定直线，B 是定点，完成平行四边形 $ACBD$，并假定与 CA 相交于 Q 及与 DE 相交于 R 的 BQR 满足问题的条件，即使得 QR 等于给定长度。若完成平行四边形 $CQRP$，我们可以把 P 看作使问题获解的一个待定辅助点；它可以是以下曲线的交点之一：(a)一个中心在 C 及半径等于给定长

度 k 的圆，与（b）通过 C 并以 DE 与 DB 为渐近线的双曲线。

剩下的只是考虑问题的一些特殊情况，即不必使用圆锥曲线，而只需用直线和圆去求解的'平面'问题。

§6. 论若干平面逼近线(*νεύσεις*)

我们从帕普斯那里知道，阿波罗尼奥斯在他的两卷逼近线(*νεύσεις*)中，着眼于那些可以用'平面'方法求解的问题类型。事实上，这种逼近线(*νεῦσις*)问题的以下特殊情况简化为一个'平面'问题：B 点在两条给定直线所形成角的等分线上，或者（换句话说）平行四边形 $ACBD$ 是一个菱形或正方形。相应地，我们找到了帕普斯详细说明的一个'平面'案例[①]，它被广泛应用于多重目的，因而特别挑选出来加以证明：给定一个菱形，延长其一边，在外角中作长度给定的直线段逼近对角；他后来还在他对阿波罗尼奥斯工作著作的引理中，给出了一条定理，涉及关于菱形的问题，以及（在一个预备引理之后）与正方形相关的逼近线(*νεῦσις*)问题的一个解。

于是就产生了一个疑问，一般说来是'立体'的问题，原来需要用到圆锥曲线（或是其机械等价物）求解，希腊几何学家是如何发现以上这些及其他特殊情况而成为'平面'的问题呢？宙滕认为，他们的这一发现可能是借助圆锥曲线研究一般解的结果[②]。我对之并不赞同，原因如下。

（1）为了证明两条圆锥曲线的交点也在某个圆或直线上，极少可供佐证的实例可以使我们认为，希腊人对圆锥曲线性质的应用，与我们组合与变换两个二阶笛卡儿方程的方式相同。确实，我们可以合理地推断，阿波罗尼奥斯用这样的一种方法找到了他对倍立方体问题的解，在此梅奈奇姆斯应用了抛物线与等轴双曲线，而他应用了相同的双曲线以及通过双曲线与抛物线的若干公共点的一个

[①] Pappus VII. p. 670。

[②] "这项任务本身自然与一个重要的例子相联系，人们早就想找到这样的一种情形，其求解一般说来需要用圆锥曲线，但其实可以借助圆与直线解出。因为现在对一般解的研究，都选用圆锥曲线作为最佳工具来发现这些情形，因此十分可能，人们真的会追索这条途径。"引自以上的 Zeuthen，p. 280。

圆[1]；在他的圆锥曲线论中仅包含了提供做类似简化机会的一个命题[2]，但阿波罗尼奥斯没有利用这个机会，并因此受到帕普斯的批评。在前文谈及的命题中，从给定点向抛物线所作法线的底部，可以由该抛物线与某一条等轴双曲线的交点来确定。帕普斯反对把这种方法作为借助圆锥曲线找到一个'平面'问题的解的例子。[3] 反对的依据在于双曲线的应用，其中同样的点可以通过抛物线与某个圆相交得到。对阿波罗尼奥斯而言，后一事实的证明毫不费力，帕普斯肯定知道这一点；因此，如果他在这种情况下反对双曲线的应用，那么，我们至少可以说，即使阿波罗尼奥斯引入双曲线，并利用其性质证明问题在这一特殊情况下是'平面'的，帕普斯也同样会反对。

（2）借助圆锥曲线的一般问题的解引入了辅助点 P 与直线 CP。因此，我们自然应当期待，在对菱形与正方形的逼近线（νεῦσις）问题的特殊解中可以找到有关的一些迹象，但它们在帕普斯给出的对应说明及插图中并未出现。

宙滕认为，对与正方形有关的逼近线（νεῦσις）问题是'平面'问题的证明，采用的很可能是与以下相同的研究方法：仅仅借助直线与圆形，即仅仅借助圆锥曲线对一般解作系统性研究，就能够解决更一般情况下的菱形问题。与认为对正方形的平面结构的发现是偶然的观点相比，在他看来这种猜测更有可能，因为（他说），如果同样的问题只用初等几何知识来处理，发现它是'平面'的绝对不是一件简单的事情。这里我又未被宙滕的论据说服，因为在我看来，对于引导希腊人发现这种特殊的逼近线（νεῦσις）是'平面'问题的途径，存在着更简单的解释。他们首先知道三等分一个直角是一个平面问题，因此直角的一半可以借助直线与圆三等分。由此可知，对应的正方形的逼近线（νεῦσις）问题，在所要求截距的给定长度是正方形对角线两倍的特殊情况下是一个'平面'问题。这一事实会引出一个问题，如果 k 有任何其他值，这个问题是否还是平面的；一旦这个问题被彻底研究，对这个问题是'平面'的证明，以及对它的解，不大可能长期未被聪明的希腊几何学家发现。我觉得很显然，当考察帕普斯给出并在下面重述解时，这就会发生。再说一遍，当关于正方形的逼近线（νεῦσις）问题的解被证明是'平面的'之时，还有什么比进一步探究正方形与平行四边形之间的中间情况——菱形，也许是'平面'问题，更加自然的吗？

---

① 阿波罗尼奥斯，引言第二部分第三章§4。

② 阿波罗尼奥斯，引言第二部分第三章§4，V.58，62。

③ Pappus VII. p. 670。参看上面 p. ciii。

就涉及菱形与正方形的平面逼近线(νεῦσις)问题的真实解而言,即固定点 B 位于两条给定直线夹角的一个半角中的一般情况,宙滕说,只在一个案例中,有希腊人借助尺子与圆解出了逼近线(νεῦσις)问题的肯定陈述,那就是 $ACBD$ 为正方形的案例。这看来是一种误解,因为不仅帕普斯提到菱形的案例是希腊人解出的平面逼近线(νεύσεις)之一,而且从他后来给出的一个命题,如何真正解出也很清楚。帕普斯说,这个命题在阿波罗尼奥斯逼近线(νεύσεις)卷 I 问题 8"涉及"(παραθεωρούμενον,意思大概是"当前研究的主题"),可以用以下形式详细说明。① 给出菱形 AD,其对角线 BC 延长至 E,若 EF 是 BE,EC 之间的比例中项,且若中心为 E,半径为 EF 的圆截 CD 于 K,则若把 AC 延长至 H,BKH 便是一条直线。其证明如下。

设圆交 AC 于 L,并连接 HE,KE,LE。设 LK 与 BC 相交于 M。

根据菱形的性质,角 LCM 与角 KCM 相等,因此 CL,CK 与圆的直径 FG 构成的角彼此相等,由此可知 $CL=CK$。

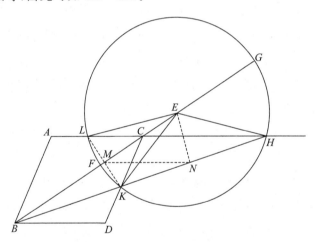

另外,$EK=EL$,且 CE 是三角形 ECK,ECL 的公共边。因此所述的两个三角形全等,且

$$\angle CKE = \angle CLE = \angle CHE。$$

现在,根据假设,

$$EB:EF = EF:EC,$$

或者 $\qquad EB:EK = EK:EC \qquad$ (因为 $EF=EK$),

① Pappus VII. p. 778。

且三角形 BEK 与 KEC 共角 CEK；因此三角形 BEK 与三角形 KEC 相似，且

$$\angle CBK = \angle CKE$$

$$= \angle CHE，由以上。$$

再者，$$\angle HCE = \angle ACB = \angle BCK。$$

这样，三角形 CBK 和 CHE 中有两个角分别相等；因此

$$\angle CEH = \angle CKB。$$

但由以上，$\angle CKE = \angle CHE$，故 K,C,E,H 四点共圆。

从而 $$\angle CEH + \angle CKH = （两个直角）$$

相应地，因为 $$\angle CEH = \angle CKB，$$

$$\angle CKH + \angle CKB = （两个直角），$$

且 BKH 是一条直线。

现在，命题的形式说明，在所提到的问题 8 中，阿波罗尼奥斯只给出了涉及画一个圆分别截 CD,AC 的延长线于点 K,H 的构形，而帕普斯对 BKH 是直线的证明，其目的是证明 HK 逼近 B，或（换句话说）验证阿波罗尼奥斯给出的构形*解出了某个逼近线（νεῦσις）问题*，其中要求作 BKH 使得 KH 等于一个给定长度。

这种构形的分析类似于如下所述。

假定作 BKH 使 KH 等于给定长度 k。等分 KH 于 N，作 NE 与 KH 成直角，与 BC 的延长线相交于 E。

作 KM 垂直于 BC，并延长它与 CA 相交于 L。然后，根据菱形的性质，三角形 KCM,LCM 全等。

因此 $KM = ML$；且相应地，若连接 MN，则 MN,LH 相互平行。

现在，因为 M,N 为垂足，可以通过 $EMKN$ 作一个圆。

因此 $$\angle CEK = \angle MNK，由于在同一弓形中，$$

$$= \angle CHK，由于平行性。$$

从而可以通过 $CEHK$ 作一个圆。由此有

$$\angle BCD = \angle CEK + \angle CKE$$

$$= \angle CHK + \angle CHE$$

$$= \angle EHK = \angle EKH。$$

因此，三角形 EKH,DBC 相似。

最后，$$\angle CKN = \angle CBK + \angle BCK；$$

以及，上式的左右两侧分别减去角 EKN,BCK，我们有

$$\angle EKC = \angle EBK。$$

从而,三角形 EBK, EKC 相似,且

$$BE : EK = EK : EC$$

或

$$BE \cdot EC = EK^2。$$

但由于相似三角形的性质,　　$EK : KH = DC : CB$,

且比值 $DC : CB$ 是给定的,而 KH 也是给定的($=k$)。

因此 EK 是给定的,为了找到 E,我们只需要按照希腊人的说法,"适配 BC 一个矩形并超出一个面积等于给定值 EK^2 的正方形。"

于是,阿波罗尼奥斯给出的构形显然如下[①]。

若 k 是给定长度,作直线 p 使得

$$p : k = AB : BC,$$

适配 BC 于一个矩形并超出一个面积等于 p^2 的正方形。设 $BE \cdot EC$ 是这个矩形,且以 E 为中心及以 k 为半径的圆截 AC 的延长线于 H,截 CD 于 K。

正如帕普斯所证明的,HK 等于 k 并逼近 B,问题获解。

这样,借助帕普斯给出的定理,阿波罗尼奥斯关于菱形的'平面'逼近线($\nu\epsilon\tilde{\upsilon}\sigma\iota\varsigma$)问题的构形得以重建,我们也得以理解,虽然该定理是研究阿波罗尼奥斯的"问题8",但帕普斯的目的在于用一个引导性的引理即正方形这个特殊情况[他认为出自赫拉克利特(Heraclitus)]增加一个解法。看来很清楚,阿波罗尼奥斯并未从菱形中分出正方形案例单独处理,因为对菱形的解同样适用于对正方形的解。

---

① 该构形是我通过仔细察看帕普斯的命题得到的,并无外来帮助,但这不是一个新发现。萨穆埃尔·霍斯利(Samuel Horsley)在他的《来自帕加的阿波罗尼奥斯的爱好》(*Apolllonii Pergaci Inclinationum libri duo*)卷 2(牛津,1770)中给出了同样的构形;但他解释说,他因抄本插图中的一个错误而误入歧途,未能由帕普斯的命题导出构形,直到他看到了雨果·多梅里格(Hugo d'Omerique)对同一问题的解法才重返正途。这个解法见于 1698 年出版的加的斯的一本书中,《几何分析或新的与真正的解法以及几何问题与算术疑难》(*Analysis geometrica sive nova et vera methodus resolvendi tam problemata geometrica quam arithmeticas quaestiones*)。多梅里格的构形,实质上与阿波罗尼奥斯的相同,但看来是应用他自己独特的分析方法完成的,因为他在这里并未引用帕普斯,但在其他情况下他引用了[例如给出正方形情况的构形时,提到帕普斯将其归功于某位赫拉克利特(Heraclitus)]。其构形与以上给出构形的不同之处在于:圆只被用来确定 K 点,此后连接 BK 并延长,与 AC 相交于 H。有关同一问题的其他解,还有两个值得一提。(a)包含在马里诺·盖塔而迪(Marino Ghetaldi)死后出版的书《论数学的解与组成》(*De Resolutione et Copositione Mathematica Libri Quinque*)卷 5 中的解,书中还有力图用"古人使用的方法"求解的许多其他问题,该解法虽然也是几何类型的,但与上面给出的解法截然不同,其中把问题转化为较简单的平面逼近线($\nu\epsilon\tilde{\upsilon}\sigma\iota\varsigma$)问题,与希波克拉底在他的《月球求积》中所认为的有相同特征。(b)克里斯蒂安·惠更斯(Christian Huygens)《论找到的圆的度量及某些图示构形问题》(*De circuli magnitudine inventa; accedunt problematum quorundam illustrium constructiones*,Lugduni Batavorum,1654)给出一个相当复杂的解法,它可以被看作是赫拉克利特的解法在正方形情形下的推广。

这个猜测也被以下事实所确认：在安排逼近线（$\nu\varepsilon\tilde{\upsilon}\sigma\iota\varsigma$）问题中讨论要点时，帕普斯只提及菱形而未提及正方形。因为熟悉赫拉克利特关于正方形的逼近线（$\nu\varepsilon\tilde{\upsilon}\sigma\iota\varsigma$）问题的解，知道它与阿波罗尼奥斯的解不同，不能应用于菱形案例，帕普斯把它作为值得注意的对正方形的替代方法加入其中。[①] 这无疑解释了附于赫拉克利特问题的引理的标题，对之胡尔奇觉得难以理解，故把它置于括号中，说这是一位误解了插图与定理的作者的阐述。这段话说，"对于替代菱形（直译为具有与菱形相同的性质）的正方形[问题]有用的引理"，即对逼近线（$\nu\varepsilon\tilde{\upsilon}\sigma\iota\varsigma$）问题在正方形这种特殊情况下的赫拉克利特解有用的一条引理[②]。下面是该引理。

$ABCD$ 是一个正方形，假定作 BHE 与 CD 相交于 H 及与 AD 的延长线相交于 E，又作 EF 垂直于 BE 并与 BC 的延长线相交于 F，要证明的是

$$CF^2 = BC^2 + HE^2 \text{。}$$

假定作 EG 平行于 DC 并与 CF 相交于 G，因为 BEF 是直角，故角 HBC，FEG 相等。

因此三角形 BCH，EGF 全等，于是

$$EF = BH \text{。}$$

现在　　　　$BF^2 = BE^2 + EF^2$，

或　　　　$BC \cdot BF + BF \cdot FC =$

　　　　　$BH \cdot BE + BE \cdot EH + EF^2 \text{。}$

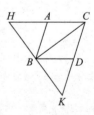

---

① 这种观点得到以下事实的有力支持。在帕普斯关于阿波罗尼奥斯逼近线（$\nu\varepsilon\tilde{\upsilon}\sigma\iota\varsigma$）内容的总结（p. 670）中，在两卷中的第一卷给出了众多特殊问题，最后是关于菱形的逼近线（$\nu\varepsilon\tilde{\upsilon}\sigma\iota\varsigma$）的"两个案例"。如我们已经看到的，一个案例（上面给出）是阿波罗尼奥斯"问题8"的论题，同样很明白，另一案例在"问题9"中处理。在第二个案例中很清楚，这里通过 B 所作的直线，并不交叉于菱形在 C 的外角，而是穿越角 C 本身，即与 CA，CD 的延长线相交。前一个案例，无论长度 k 是多少，问题都可解；但第二个案例，显然若给定长度 k 小于某个最小值，问题就无解。因此这个问题需要一个解存在的条件（$\delta\iota\rho\rho\iota\sigma\mu\acute{o}\varsigma$）来确定最小长度 k。相应地，我们发现帕普斯在提出正方形案例后，给出了一条"对问题9的解存在的条件（$\delta\iota\rho\rho\iota\sigma\mu\acute{o}\varsigma$）有用的引理"，该引理证明了，若 $CH = CK$ 且 B 是 HK 的中点，则 HK 是通过 B，垂直于 CB 且与 CA 及 CD 相交的最短直线段。帕普斯又说，于是关于菱形的解存在的条件（$\delta\iota\rho\rho\iota\sigma\mu\acute{o}\varsigma$）显而易见，如果 HK 是通过 B 且垂直于 CB 的直线，并分别与 CA 及 CD 的延长线相交于 H 和 K，则为使问题可能有解，给定长度 k 必须不小于 HK。

② 胡尔奇把这段话，$\lambda\tilde{\eta}\mu\mu\alpha$ $\chi\rho\acute{\eta}\sigma\iota\mu\rho\nu$ $\varepsilon\iota\varsigma$ $\tau\grave{o}$ $\grave{\varepsilon}\pi\grave{\iota}$ $\tau\varepsilon\tau\rho\alpha\gamma\acute{\omega}\nu\omega\nu$ $\pi\rho\iota\rho\acute{\upsilon}\nu\tau\omega\nu$ $\tau\grave{\alpha}$ $\alpha\grave{\upsilon}\tau\grave{\alpha}$ $\tau\tilde{\omega}$ $\acute{\rho}\acute{o}\mu\beta\omega$（p. 780），翻译成"对正方形之和等于一个菱形的问题的有用引理"，并在他的附录（p. 1260）中有一个附注，解释如何理解他的看法。他说'正方形'是给定的正方形和在给定截段长度上的正方形，而菱形是他表示的一种构形，但并未在帕普斯的图中示出。于是他不得不把 $\tau\tilde{\omega}$ $\acute{\rho}\acute{o}\mu\beta\omega$ 翻译成"一个菱形"，这是他翻译的一个硬伤，且"其正方形相等"实在难以看作是 $\pi\rho\iota\rho\acute{\upsilon}\nu\tau\omega\nu$ $\tau\grave{\alpha}$ $\alpha\grave{\upsilon}\tau\acute{\alpha}$ 的可能译文。

但角 HCF, HEF 是直角,C, H, E, F 四点共圆,因此

$$BC \cdot BF = BH \cdot BE.$$

减去这些相等的量,我们有

$$BF \cdot FC = BE \cdot EH + EF^2$$
$$= BE \cdot EH + BH^2$$
$$= BH \cdot HE + EH^2 + BH^2$$
$$= EB \cdot BH + EH^2$$
$$= FB \cdot BC + EH^2.$$

去除公共部分 $BC \cdot BF$,得

$$CF^2 = BC^2 + EH^2.$$

赫拉克利特的分析与构形如下。

假定作 BHE 使得 HE 有给定长度 k。由于

$$CF^2 = BC^2 + EH^2 = BC^2 + k^2,$$

且 BC 与 k 都是给定的,因此 CF 是给定的,BF 也是给定的。

于是以 BF 为直径的半圆给定,且它与给定直线 ADE 的交点 E 也给定,从而 BE 给定。

为了实现这个构形,我们先找到一个正方形等于给定正方形与在 k 上的正方形之和。然后延长 BC 至 F,使得 CF 等于这样找到的正方形的边。如果现在以 BF 为直径作一个半圆,它将通过 D(因为 $CF > CD$,所以 $BC \cdot CF > CD^2$),并因此将与 AD 的延长线相交于某一点 E。

连接 BE 与 CD 相交于 H。

于是 $HE = k$,问题获解。

第六章　三次方程

我们已经多次说明,希腊几何学家用几何方法解出了根为正数的所有二次方程;但他们在其他方面并无贡献,因为他们对负数一无所知。二次方程被看作是与面积相关联的简单方程,由于他们掌握了把直线围成的面积变换成等面积的平行四边形、矩形及正方形的方法,方程的几何表达形式得以简化,于是方程的求解依赖于毕达哥拉斯发现的适配面积原则。这样,任何平面问题,只要它可以简化为具有正数根二次方程的几何等价形式,就立即可解。这类方程的一种特殊形式是纯二次型,这对希腊人意味着找到等于直线围成面积的一个正方形。这一面积可以被变换为一个矩形,其方程的一般形式为 $x^2=ab$,于是只需找到 a 与 b 之间的比例中项即可获解。对面积为两个或多个正方形之和,或为两个正方形之差的特例,可采用依赖于载于欧几里得 I. 47 的毕达哥拉斯定理的替代方法(若需要可相继应用任意多次)。两种方法之间的关系可以通过比较以下两个结果得到:欧几里得 VI. 13——其中找到了 a 与 b 之间的比例中项,以及欧几里得 II. 14——其中解出了问题但未应用借助欧几里得 I. 47 中找到的比例中项,事实上,那里应用的公式是

$$x^2=ab=\left(\frac{a+b}{2}\right)^2-\left(\frac{a-b}{2}\right)^2。$$

当待解方程是 $x^2=pa^2$ 时,这里 a 是任意整数,两种方法难分伯仲。因为可以看出,正方形的'相乘'依赖于找到一个比例中项。这类方程中最简单的是 $x^2=2a^2$,而找到等于给定正方形面积两倍的正方形的边的几何构形特别重要,因为这是毕达哥拉斯发明的不可通约数或'无理数'($\dot{\alpha}\lambda\acute{o}\gamma\omega\nu\ \pi\rho\alpha\gamma\mu\alpha\tau\epsilon\acute{\iota}\alpha$)理论的开端。有充分理由可以相信,正是这种成功的正方形面积加倍,提出了能否找到倍立方体构形的问题,而迈诺斯[①]为他的儿子建墓碑,以及圣贤挑战狄奥克莱斯(Diocles)把立方体祭台体积加倍的故事,无疑都是试图在纯数学问题中加入故事元素。

---

① 迈诺斯,希腊神话中克里特岛的王,死后为阴间法官。——译者注

很有可能,正是在正方形面积加倍与找出比例中项之间的关联,提示了倍立方体问题可以简化为找出两段不等长直线之间的两个比例中项。这一简化被归功于来自希俄斯的希波克拉底,他同时展示了把立方体缩放任意倍的可能性。于是,若 x,y 是 a,b 之间的两个比例中项,即我们有

$$a : x = x : y = y : b,$$

则我们立即可以导出

$$a : b = a^3 : x^3,$$

这里得到了立方 (x^3) 与 a^3 的比值是 $b : a$,而任意分数 $\dfrac{p}{q}$ 都可以被变换为两段直线之间的比值,其中之一(必定)等于给定立方体的边长 a。于是,找到两个比例中项便给出了任意纯三次方程的解,或者说求出了立方根,正像比例中项等价于求出平方根那样。因为假定给定的方程为 $x^3=bcd$,则我们只需找到 c 与 d 之间的比例中项 a,方程便成为 $x^3=a^2 \cdot b=a^3 \cdot \dfrac{b}{a}$,它正好等于一个立方体与两段直线之比值的乘积,这两段直线是通过两个比例中项得到的。

事实上,我们并未发现大几何学家们习惯于常规地把问题简化为立方体的乘积,他们处理的是两个比例中项的等价问题;且三次方程 $x^3=a^2b$ 通常也并非以这种形式描述,而是以比例形式。因此,在《论球与圆柱》卷 II 命题 1 和命题 5 中,阿基米德应用了两个比例中项,要求找到 x,使得

$$a^2 : x^2 = x : b;$$

他没有提到找到立方体的边等于某个平行六面体的边,如像找到正方形等于某个矩形的类比可能提示的。因此,到现在为止,我们未能找到任何通过加减立体而把立方体变换为平行六面体或逆向操作的一般系统,如果希腊人借助一种类似于处理二次方程的*适配面积法*的方法,系统地研究过三次方程的一般形式,我们应当见到这样的运作。

于是出现了一个问题,希腊几何学家是否一般地处理过这样的三次方程

$$x^3 \pm ax^2 \pm Bx \pm \Gamma = 0,$$

据猜测,它只是被看作立体几何中的一个独立问题,对于它们,这会不会只是在立体图形 x,a,B 和 Γ 之间的一个简单方程,其中 x 与 a 都表示线性量,B 表示面积(矩形),Γ 表示体积(平行六面体)?把问题从高一阶简化,以便用解二次方程的方法来解上述形式的三次方程,是一种常用且公认的方法吗?我们在阿基米德著作中找到了仅有的佐证这种猜测的直接依据,他把用平面分割球,使所得

二球缺的体积为给定比值这个问题(《论球与圆柱》卷 II 命题 4),简化为一个三次方程的解,他给出的形式等价于

$$4a^2 : x^2 = (3a-x) : \frac{m}{m+n}a \qquad (1)$$

其中 a 是球的半径,$m:n$ 是给定比值(两段直线之间的比值,$m>n$),x 是球缺的高。阿基米德解释说,这是一个更一般问题的特殊情况,把一段直线 a 分为两部分$(x,a-x)$,使得其中一部分$(a-x)$与另一给定直线段 c 的比值,等于给定面积(为方便起见,假设变换为一个正方形,其面积为 b^2)与其中另一部分的平方 x^2 的比值,也就是

$$(a-x) : c = b^2 : x^2 。 \qquad (2)$$

他进一步说明了,对所述方程(2),一般需要就解存在的条件($\delta\iota o \varrho\iota\sigma\mu\acute{o}\varsigma$),即使得实数解有可能的极限等加以研究,但这一特殊情况(其条件在特殊的命题中得到)并不要求解存在的条件($\delta\iota o \varrho\iota\sigma\mu\acute{o}\varsigma$),即方程(1)总会给出一个实数解。他又说,"这两个问题的分析与综合都将在文末给出"。也就是他许诺对方程(2)作单独的完全研究,该方程等价于三次方程

$$x^2(a-x) = b^2 c , \qquad (3)$$

并被应用于特殊情况(1)。

　　无论解在何处给出,都在很短时间内消失了,甚至在迪奥尼索多鲁斯(Dionysodorus)和狄奥克莱斯所处的时代之前,似乎就已经不见了(据康托所说,后者的生活时期不迟于公元前 100 年);但尤托西乌斯描述了他如何找到一份似乎包含阿基米德原始解法的古老残篇,并给出了完整展示。在对尤托西乌斯附注的文献(我把它复制在与之相关的命题《论球与圆柱》卷 II 命题 4 之后)中可见,解(对其真实性看来无须存疑)借助抛物线与等轴双曲线的交点获得,它们的方程可以写成

$$x^2 = \frac{b^2}{a}y ,$$

$$(a-x)y = ac 。$$

对解存在条件($\delta\iota o \varrho\iota\sigma\mu\acute{o}\varsigma$)的分析,采取了研究 $x^2(a-x)$ 的最大可能值的形式。业已证明,实数解的最大值对应于 $x=\dfrac{2}{3}a$。这可以通过证明以下事实确认:若 $b^2 c = \dfrac{4}{27}a^2$,则曲线与 $x=\dfrac{2}{3}a$ 相切。另一方面,若 $b^2 c < \dfrac{4}{27}a^2$,则已证明有

两个实数解。特殊情况(1)显然满足存在实数解的条件,因为(1)中相应于 b^2c 的表达式是(2)中的 $\dfrac{m}{m+n}4a^3$,从而只需要

$$\frac{m}{m+n}4a^3 \not> \frac{4}{27}(3a)^3, \text{ 或 } 4a^3,$$

而这明显是成立的。

因此很显然,阿基米德不仅借助两条圆锥曲线的交点解出了三次方程(3),他也全面地讨论了在 0 与 a 之间有 $0,1$ 或 2 个根的条件。值得注意的还有,其解存在的条件($\delta\iota o\varrho\iota\sigma\mu\acute o\varsigma$),在特性上类似于阿波罗尼奥斯研究过的,从一个给定点向一条圆锥曲线可作法线的数目。[①] 最后,阿基米德的方法,可以看作是梅奈奇姆斯用来解纯三次方程方法的某种推广。该方程可以写成以下形式,

$$a^3 : x^3 = a : b,$$

它又可以写成阿基米德的形式

$$a^2 : x^2 = x : b,$$

而梅奈奇姆斯所用的圆锥曲线分别是

$$x^2 = ay, xy = ab,$$

它们当然满足以下方程:

$$a : x = x : y = y : b$$

所提出的两个比例中项的要求。

上述并非独一无二的案例,由此我们可以认为,阿基米德解问题时必须先把它简化为一个三次方程,然后求解。在专著《论拟圆锥与旋转椭球》导言的末尾,他说这样得到的结果,可以用来揭示许多定理与问题,作为后者的例子,他提到了,"平行于给定平面的一个平面,在给定的旋转椭球或拟圆锥切下的截段,将等于一个给定的圆锥或圆柱,或一个给定的球。"虽然阿基米德没有给出解法,但以下思考也许可以使我们知道他的方法。

(1)'直角拟圆锥'(旋转抛物体)的情形是一个平面问题,因此不在这里提及。

(2)对于旋转椭球的情形,整个旋转椭球的体积容易求得,用这样的方法亦可知所求截段与剩下截段的体积之比;由于《论球与圆柱》卷 II 命题 2 的结果对应于《论拟圆锥与旋转椭球》命题 29 至命题 32,在此之后,这个问题的解法完全

---

① 参看阿波罗尼奥斯,V.51,52。

相似于上述对球的解法。或者阿基米德可能对这一案例采取一种更为直接的方法,对此我们陈述如下。作一平面通过旋转椭球的轴并垂直于给定平面(从而也垂直于所求截段的底面)。该平面将截该截段的椭圆底面于它的一根轴,我们称之为 $2y$。设 x 是该截段的轴的长度(或通过该截段底面中心的旋转椭球的直径在该截段中被截取的长度)。于是该截段底面的面积随着 y^2 而变化(因为平行于给定平面的所有旋转椭球的截面生成的截线必定相似),从而与所需截段有同样底面与顶点的圆锥体积,将随着 y^2x 而变化。而该截段的体积与圆锥的体积之比是 $(3a-x):(2a-x)$,其中 $2a$ 是通过该截段顶点的旋转椭球直径的长度(《论拟圆锥与旋转椭球》命题 29 至命题 32)。因此

$$y^2x \cdot \frac{3a-x}{2a-x} = C,$$

其中 C 是已知体积。进而,因为 x,y 是旋转椭球被通过轴且垂直于切割平面的平面所生成椭圆截线上一点的坐标,其参考轴为椭圆的直径及直径端点的切线,比值 $y^2:x(2a-x)$ 是给定的,因此上述方程可以写成形式

$$x^2(3a-x) = b^2c,$$

而这又与尤托西乌斯给出的残篇中解出的方程相同。在这种情况下,一个 $\delta\iota o\rho\iota\sigma\mu\delta\varsigma$ 在形式上是必需的,虽然它只要求这些常数使得截段的体积小于整个旋转椭球的体积。

(3)对'钝角'拟圆锥(旋转双曲体),必须使用刚才对旋转椭球描述过的方法,且若标记法相同,对应的方程可借助《论拟圆锥与旋转椭球》命题 25,26 找到为

$$y^2x \cdot \frac{3a+x}{2a+x} = C,$$

又因为比值 $y^2:x(2a+x)$ 是常数,则

$$x^2(3a+x) = b^2c,$$

若该方程像上面类似的那样用比例形式写出,它可写为

$$b^2:x^2 = (3a+x):c.$$

阿基米德无疑解出了这个方程,以及类似的带负号的方程,即他解出了两个方程

$$x^3 \pm ax^2 \mp b^2c = 0,$$

得到了它们的所有正实根。换句话说,就实根而言,他完全解出了缺少 x 项的三次方程,虽然确定同一方程的正根与负根对他而言是两个独立的问题。很明显,

所有三次方程都可以容易地简化为阿基米德解出的那种类型。

我们还有三次方程的另一个解,这个方程是阿基米德把球分割为体积比给定的二球缺问题约化而得到的。这个解法来自迪奥尼索多鲁斯,也见于尤托西乌斯的附注。[1] 如在上引残篇中,狄俄尼索多罗并未把方程一般化,他只关注以下特殊情况,

$$4a^2 : x^2 = (3a-x) : \frac{m}{m+n}a,$$

从而避免了对$\delta\iota\omicron\rho\iota\sigma\mu\acute{o}\varsigma$的需求。他使用的曲线是抛物线

$$\frac{m}{m+n}a(3a-x) = y^2$$

与等轴双曲线

$$\frac{m}{m+n}2a^2 = xy。$$

转向阿波罗尼奥斯,他在其《圆锥曲线论》[2]卷 IV 的前言中强调了研究圆锥曲线之间或它与圆的相交点的可能数目的用途,因为"它们在任何情况下都提供了更现成的观察某些事情的方法,例如可能有几个解,或者解的数量十分多,以及无解的可能性"。他在卷 V 中显示了他对这种方法的精通,其中他确定了通过任意给定点向一条圆锥曲线所作法线的数量,通过该点的两条法线相互重合的条件,或者(换句话说)该点位于圆锥曲线渐屈线上的条件,等等。为了这些目的,他应用了某条等轴双曲线与所涉及圆锥曲线的交点,在各种情形中,我们找到了(V. 51, 58, 62)可以被简化为三次方程的一些情况,其中的圆锥曲线是一条抛物线且其轴平行于双曲线的一条渐近线。但阿波罗尼奥斯并未引入三次方程。他着眼于他手头问题的直接几何解法,并未把它约化为其他形式。这无论如何是十分自然的,因为求解时必须在包含所讨论圆锥曲线的真实图形中作等轴双曲线;于是,例如在导致三次方程问题的情形,可以说阿波罗尼奥斯得以把两个步骤压缩成一步,于是,三次方程的导入只会是多余的。对阿基米德来说,情况有所不同,在他的原始图形中没有圆锥曲线;而他求解的三次方程比与问题实际相关的方程更为一般,这就不得不单独处理许多新图形。此外,阿波罗尼奥斯同时在其他命题中处理了不能简化为三次方程的案例,若写成代数形式,将会导致双二次方程,而如果这样表达,对希腊人将会毫无意义。因此在这种较简单

---

[1] 《论球与圆柱》卷 II 命题 4(末尾部分)。
[2] 阿波罗尼奥斯,引言第二部分第一章。

的情况下没有理由引入一个附属问题。

如前已指出,作为系统及单独研究主题的三次方程,看来在阿基米德死后一个世纪里未受关注。所以蔓叶线的发现者狄奥克莱斯说,把球分为比例给定的两个球缺的问题,被阿基米德简化为"他在关于球与圆柱的工作中并未解决的另一个问题";然后他转而直接求解原始问题,完全没有引入三次方程。这一情况并不说明狄奥克莱斯缺乏任何几何能力;与此相反,他对原始问题的解是将圆锥曲线应用于较为复杂问题上的精湛例子,并且他采取的是一条不同的路线,依赖于*椭圆*与等轴双曲线的交点,而在我们熟悉的三次方程的解中,应用的是抛物线与等轴双曲线。我把狄奥克莱斯的解法复制在合适的位置,作为尤托西乌斯对阿基米德命题附注的一部分;但我觉得,在这里用解析几何的通常标记方法是合适的安排。阿基米德证明了[《论球与圆柱》卷 II 命题 2],若 k 是一个平面从半径为 a 的球切下的球缺的高,h 是与该球缺有同样底面的圆锥的高,且圆锥与该球缺的体积相等,则

$$(3a-k):(2a-k)=h:k。$$

另外,若 h' 是与余下的球缺有类似关联的圆锥的高,则

$$(a+k):k=h':(2a-k)。$$

由这些方程我们导出

$$(h-k):k=a:(2a-k),$$

以及

$$(h'-2a+k):(2a-k)=a:k。$$

把每个比例式第三项中的 a 用另一长度 b 替代,并增加一个条件:球缺(及相应的圆锥)的高之间的比值为 $m:n$,可以把最后两个方程稍微一般化,狄奥克莱斯打算解这三个方程

$$\left.\begin{aligned}(h-k):k&=b:(2a-k),\\(h'-2a+k):(2a-k)&=b:k,\\h:h'&=m:n。\end{aligned}\right\} \qquad \text{(A)}$$

和

假定 $m>n$,从而 $k>a$。于是问题成为把长度为 $2a$ 的直线段分为两部分,k 与 $(2a-k)$,其中 k 是较长的一段,同时满足给定的三个方程。

作一直角坐标系,其坐标原点在给定直线的中点,y 轴与给定直线垂直,当沿着包含所需分点那一半的给定直线度量时 x 为正。于是狄奥克莱斯所作圆锥曲线为

（1）椭圆，用以下方程表示

$$(y+a-x)^2=\frac{n}{m}\{(a+b)^2-x^2\},$$

以及（2）等轴双曲线

$$(x+a)(y+b)=2ab。$$

这些圆锥曲线之间的一个交点给出 0 与 a 之间 x 的一个值，并得到所需的解。用代数方法处理这些方程，并借助第二个方程消去 y，得到

$$y=\frac{a-x}{a+x}\cdot b,$$

我们由第一个方程得到

$$(a-x)^2\left(1+\frac{b}{a+x}\right)^2=\frac{n}{m}\{(a+b)^2-x^2\},$$

也就是

$$(a+x)^2(a+b-x)=\frac{m}{n}(a-x)^2(a+b+x)。\qquad\text{(B)}$$

换句话说，狄奥克莱斯的方法等价于求解一个完全三次方程，它包含 x 的所有三个幂次与一个常数，虽然他并未提到这样一个方程。

为了验证结果的正确性，我们只需记住，x 是从给定直线中点到分点的距离，

$$k=a+x,\quad 2a-k=a-x。$$

于是，由给定方程（A）的前两个，我们分别得到

$$h=a+x+\frac{a+x}{a-x}\cdot b,$$

$$h'=a-x+\frac{a-x}{a+x}\cdot b,$$

从而，借助第三个方程，我们导出

$$(a+x)^2(a+b-x)=\frac{m}{n}(a-x)^2(a+b+x),$$

这与上面通过消去法得到的（B）是同一个方程。

在希腊人研究三次方程的证据叙述完全之前，我故意延迟提及宙滕的一个有意义假设①，如果承认这个假设是对的，那将有可能解释帕普斯对问题与轨迹的正

---

① *Die Lehre von den Kegelschnitten*，p. 226 sqq.

统分类中的一些困难。我曾引用过一段文字,其中帕普斯把问题区分为*平面的*($\acute{\epsilon}\pi\acute{\iota}\pi\epsilon\delta\alpha$)、*立体的*($\sigma\tau\epsilon\rho\epsilon\acute{\alpha}$)及*线性的*($\gamma\rho\alpha\mu\mu\iota\kappa\acute{\alpha}$)[①]。与问题的这个分类相平行的,是三类轨迹的分类[②]。第一类是*平面轨迹*($\tau\acute{o}\pi o\iota\ \acute{\epsilon}\pi\acute{\iota}\pi\epsilon\delta o\iota$),它只包括直线与圆;第二类是*立体轨迹*($\tau\acute{o}\pi o\iota\ \sigma\tau\epsilon\rho\epsilon o\acute{\iota}$),它们是圆锥曲线[③];第三类是*线性轨迹*($\tau\acute{o}\pi o\iota\ \gamma\rho\alpha\mu\mu\iota\kappa o\acute{\iota}$)。帕普斯同时明确指出,这些问题原来被分别称为平面的、立体的或线性的有其特别的理由,因为求解它们所需的轨迹具有相应的名称。但无论对问题还是对轨迹,这种分类都有一些逻辑上的缺陷。

(1)帕普斯说,借助圆锥曲线(即'立体轨迹')或'线性曲线',以及一般地,借助一种"不同的类型($\acute{\epsilon}\xi\ \acute{\alpha}\nu o\iota\kappa\epsilon\acute{\iota}o\upsilon\ \gamma\acute{\epsilon}\nu o\upsilon\varsigma$)"来求解平面问题,是几何学家所犯的一个严重错误。如果我们严格应用这一原则,对借助'线性'曲线求解'立体'问题,同样可以予以否定。然而,虽然帕普斯把蚌线与蔓叶线作为'线性'曲线,但他并未否定它们在解两个比例中项问题(这是一个'立体'问题)中的应用。

(2)把'立体轨迹'这个术语应用于三种圆锥曲线,一定是参考了曲线作为立体图形(即圆锥)的截线的定义,且无疑与'立体轨迹'对照,称为'平面轨迹'。这符合帕普斯所说的,称之为'平面'问题是合适的,因为它得以解出所借助的那些曲线"起源于平面"。如果只考虑'平面'与'立体'轨迹之间的相互关系,这可能是令人满意的区分,但当涉及第三种或'线性'类时,马上就出现了逻辑上的缺陷。因为一方面,帕普斯说明了'割圆曲线'(一种'线性'曲线)可以通过在三维构形生成("借助曲面轨迹");另一方面,其他'线性'轨迹,蚌线与蔓叶线,有其在平面上的起源。如果帕普斯对术语'平面'与'立体'起源的说明,当应用于问题与轨迹时在字面上是正确的,看来必须认为,'线性'问题与轨迹的第三个名称,直到术语'平面'与'立体'轨迹已经被公认并使用了很长时间,以致其起源已被遗忘之后,才刚刚发明。

为了克服这些困难,宙滕提出,术语'平面'与'立体'首先被应用于*问题*,后来才被应用于解题的几何轨迹。根据这一演绎,可以借助直线与圆解出的问题就可以称为'平面'的,这一术语只是用来作为参考,并不涉及直线或圆的任何特殊性质。它说明了以下事实:问题依赖于不高于二次的方程。求解二次方程采

---

① 见本书 76 页。

② Pappus Ⅶ. pp. 652,662.

③ 普罗克勒斯(p. 394,ed. Friedlein)确实对"立体曲线"给出了更普遍的定义,"那些出自立体形状的某条截线,如圆柱螺线与圆锥曲线";但对圆柱螺线的提及似乎出自某种混淆。

取的是适配面积的几何方式,因而术语'平面'被自然地应用于这一类问题,当希腊人遇到一类新问题时,作为对比,就采用了'立体'这个术语。当简化为面积适配的问题的操作被试用于依赖于三次方程解的问题时,这就可能发生。然后,宙滕假设,希腊人试图给这种方程一种形式,类似于简化的'平面'问题,即构成立体之间的一个简单方程,对应于三次方程

$$x^3 + ax^2 + Bx + \Gamma = 0,$$

接着,按照它是以什么方式简化的而应用术语'立体'或'平面',即是等价于三次方程还是等价于二次方程。

宙滕进一步说明,'线性问题'这个术语是后来发明的,用来描述以下情况,它们等价于比三次方程高一次的代数方程,不能被简化为长度、面积与体积之间的简单关系,或者根本不能被简化为一个方程,只能应用复合比值来表示。在这种情况下,术语'线性'的应用也许是因为必须直接依赖一类新的曲线,但无须任何方程形式的中间步骤。或者也有可能,这个术语直到'平面'与'立体'问题的来源已被遗忘以后才开始应用。

虽然有这些假设,但仍有必要说明帕普斯怎么会对术语'立体问题'给出了更广泛的意义,按照他的说法,这个术语同样包括了这样一些问题,它们虽然可以用同样的圆锥曲线方法解出,如应用于求解三次方程的等价形式,却并不能简化为三次方程,而是简化为双二次方程。这可以用以下猜测解释,在阿波罗尼奥斯的时代,因为注意力集中于借助圆锥曲线的解法,并发现了该方法更广泛的应用,所以三次方程淡出了人们的视野,借助圆锥曲线解方程本身被视为确定问题类型的准则,于是'立体问题'这个名称在帕普斯给它的意义下经过自然的误解开始得到应用。按照宙滕的看法,一个类似的猜测可以说明一种看起来很奇怪的现象,即阿波罗尼奥斯并未使用术语'立体问题',尽管本来有可能出现在《圆锥曲线论》IV 的前言。阿波罗尼奥斯可能避免使用这个术语,因为那时该术语具有的是宙滕赋予的较为局限的意义,因而不能用于阿波罗尼奥斯想到的所有问题。

必须承认,宙滕的假设在某些方面很有吸引力,但我并不觉得对之有利的正面证据足够有力而能压倒帕普斯与之相悖的权威说法。为了理清头绪,我们必须记住,圆锥曲线的发现者梅奈奇姆斯是活跃在公元前 365 年左右的尤托西乌斯的学生;因此,我们也许可以认为圆锥曲线发现于公元前 350 年左右。现在,'较为年长'的阿里斯塔克于公元前 320 年左右(根据康托)写了一本关于立体轨

迹（στερεοὶ τόποι）的书。根据宙滕的理论，因为借助圆锥曲线而得到了'立体问题'的解，使得被称为'立体轨迹'的圆锥曲线一定在公元前 320 年以前就被研究过并得到认可，而新发现的曲线对这一类问题的明确应用，必定发生在它们被发现与阿里斯塔克的工作之间的一段短时间里。因此，重要的是要搞清在公元前 320 年之前，什么样的特殊问题使三次方程备受关注。我们肯定没有理由假定，阿基米德对三次方程的使用（《论球与圆柱》卷 II 命题 4）是这些问题之一。因为把一个球分割为体积之比为给定值的两个球缺这个问题，不可能被那些几何学家研究过，他们未能成功地找到球及球缺的体积。我们知道阿基米德是发现这些的第一人。另一方面，倍立方体或求解纯三次方程是很古老的问题。也可以肯定，希腊几何学家早就在思考角的三等分问题。帕普斯说，"古代几何学家"考虑过这个问题并首先试图借助平面性的考虑（διὰ τῶν ἐπιπέδων）求解，但没有成功，因为这在本质上是一个立体问题（πρόβλημα τῇ φύσει στεπεὸν ὑπάρκον）。但我们知道，来自埃利斯的希庇亚斯在公元前 420 年左右发明了一条超越曲线，它可以用于角的三等分与圆的求积两个目的[①]。这条曲线被称为割圆曲线[②]，由于梅奈奇姆斯的一位兄弟狄诺斯特拉杜斯（Dinostratus）是应用该曲线于圆求积问题的第一人[③]，我们无疑可得出结论，其原始目的是角的三等分。因此，注意到希腊几何学家在圆锥曲线发明之前就以最大努力求解这个问题，很可能他们已经成功地把它简化为三次方程的几何形式。他们不会借助第 83 页给出的逼近线（νεῦσις）图形加上几条线而用不同的方式实施这种简化。其证明当然会等价于在以下两个方程中消去 x，

$$
\left.
\begin{array}{l}
xy = ab, \\
(x-a)^2 + (y-b)^2 = 4(a^2+b^2),
\end{array}
\right\} \tag{α}
$$

其中 $x = DF, y = FP = EC, a = DA, b = DB$。

第二个方程给出

$$(x+a)(x-3a) = (y+b)(3b-y),$$

---

① Proclus(ed. Friedlein), p. 272.

② 该曲线的特性可以描述如下：假定有两根直角坐标轴 Oy, Ox，长度给定为 a 的直线 OP 从沿着 Oy 的一个位置匀速地旋转到沿着 Ox 的另一个位置，而另一条总是平行于 Ox，并在其初始位置通过 P 的直线也匀速地运动，并与运动的半径 OP 同时到达 Ox，则该直线与 OP 的交点描述了割圆曲线，它因此可以用以下方程表示，

$$y/a = 2\theta/\pi.$$

③ Pappus IV. pp. 250-252。

而由第一个方程容易看出

$$(x+a):(y+b)=a:y,$$

以及

$$(x-3a)y=a(b-3y);$$

因此我们有

$$a^2(b-3y)=y^2(3b-y)。\tag{β}$$

[或者

$$y^3-3by^2-3a^2y+a^2b=0)。]$$

如果角的三等分已经被简化为这个三次方程的等价几何问题,那么对希腊人而言,称其为*立体*问题便是很自然的。从这一角度可以看出,它在性质上类似于倍立方体这个较简单的问题,或纯三次方程的几何等价形式,因而自然要看,体积变换是否能使混合三次方程简化为纯三次方程。我们很快就会看到,这是不可能的,因而对立体的研究路线会被证明是不成功的而被放弃。

倍立方体与三等分角这两个问题,一个导致纯三次方程,另一个导致混合三次方程,我们可以肯定,这些是直到发现圆锥曲线,希腊人曾研究过的导致三次方程的两个仅有的问题。发现了这些的梅奈奇姆斯展示了它们可以被成功地应用于找到两个比例中项,并因此用于求解纯三次方程,于是下一个问题便是,在阿里斯塔克《立体轨迹》以前,是否已证明三等分角可以借助同样的圆锥曲线,或者直接用上面描述过的νεῦσις形式,无须简化为一个三次方程,还是以附属三次方程(β)的形式实现。但(a)在圆锥曲线还是一个新事物的时代,三次方程的求解会略显困难。方程(β)的求解将涉及作以下方程表示的圆锥曲线,

$$xy=a^2,$$
$$bx=3a^2+3by-y^2,$$

其构形绝对比阿基米德在其三次方程中所用的更为困难,阿基米德只需要构建以下圆锥曲线,

$$x^2=\frac{b^2}{a}y,$$

$$(a-x)y=ac;$$

因此我们很难想象,用辅助三次方程借助圆锥曲线求解角三等分问题,完成于公元前 320 年之前。(b)角三等分可以借助圆锥曲线在以下意义上实现:所提及的νεῦσις,通过作曲线(α),即等轴双曲线与圆得以获解。这在阿里斯塔克的时代以前就容易做到;但如果把名词'立体轨迹'赋予圆锥曲线这一名称,是因为它们以这种方式直接求解问题而无须用到三次方程,或简单地因为该问题以前曾被简化为三次方程而被证明是'立体'的,那么看来目的相同的割圆曲线,在*那时*并无任何理由不被看作'立体轨迹',在这种情况下,很难想象*阿里斯塔克*会在他的著

作中,把'立体轨迹'只赋予圆锥曲线这一名称。(c)与宙滕对名词'立体轨迹'起源的观点一致的仅有剩余替代方案,看来便是假定这样称呼圆锥曲线,只是因为它们提供了解出一个'立体问题'——倍立方体问题的方法,而不是对应于混合三次方程性质的更一般的问题,在这种情况下,应用一般名称'立体轨迹'的正当理由便只能基于以下假设:当它被引入之时希腊人仍希望能把一般三次方程简化为纯三次方程形式。但我认为,这个术语的传统解释比可能设想的更加合乎情理。由于对圆锥曲线的描述必须依赖于立体图形,与平面图形的普通构形迥然不同,圆锥曲线成为第一组引起广泛兴趣的曲线①;因此,应用术语'立体轨迹'于圆锥曲线只是基于它们的立体起源,可能是描述这一类新曲线最早的自然方式,且该术语很可能被沿用下来,即使人们已经不再关心其立体起源,就像各种圆锥曲线继续被分别称为"直角、钝角与锐角"的圆锥截线一样。

　　因此,如我已经提到,虽然在'立体轨迹'发现之前,上面提到的两个问题都可能被自然地称为'立体问题',但我不认为有足够的证据表明,'立体问题'在当时或后来,都不是在以下意义上可以被简化为三次方程问题的专业术语:与一般三次方程等价的几何学因其自身的理由被研究而与其应用无关,事实上,在希腊几何学中从来没有达成把问题简化为三次方程等同于它已经被解出这样的共识。如果'立体问题'是这样的三次方程的专业术语,我很难想象阿基米德在得到他的三次方程时,竟然未曾提及这一点。他的话语反而更多地提示,他把该问题作为待解决的要点积极处理。再则,如果一般三次方程无论何时,都被看作是借助圆锥曲线解出的有独立兴趣的问题,那么这一事实不大可能不为尼科泰勒斯(Nicoteles)所知,在阿波罗尼奥斯的《圆锥曲线论》IV 的前言中提到,尼科泰勒斯与科农就后者对两条圆锥曲线之间最大交点数目的研究有过争论。据阿波罗尼奥斯说,尼科泰勒斯坚持认为,科农的发现对 $\delta\iota o\rho\iota\sigma\mu o\iota$ 毫无用处,但若三次方程在当时是众所周知的一类问题(圆锥曲线的交点问题对其讨论必定极其重要),那么,尼科泰勒斯的这一陈述,即使只是为了争论而已,也显得难以令人置信。

　　因此我认为,除非到了以下地步,已有的正面证据不足以使我们接受宙滕的结论。

　　1.帕普斯对术语'平面问题'($\dot{\epsilon}\pi\dot{\iota}\pi\epsilon\delta o\nu\ \pi\rho\dot{o}\beta\lambda\eta\mu\alpha$)被古人应用时意义的说明不大可能是正确的。帕普斯所说的是,能借助直线与圆求解的问题,可以被恰当

---

　　① 阿尔基塔斯对两个比例中项的解法确实应用了圆柱面上的双曲率曲线,但严格说来,该曲线不仅没有可能就其本身进行研究,甚至不被看作是轨迹线。因此这一孤立曲线的立体起源不大可能用来否定术语'立体轨迹'应用于圆锥曲线的合理性。

地称为平面的（λέγοιτ' ἂν εἰκότως ἐπίπεδα），因为这样的问题求解时用到的线位于平面上。"短语"可以被恰当地称为"提示"，就平面问题而言，帕普斯并未给出其古代定义，而只是对它们为什么被称为'平面'给出了他自己的解读。如宙滕所说，该术语的重要性毫无疑问并不在于直线与圆起源于平面（这一点对于其他一些曲线同样成立），而在于涉及的问题可以采用面积变换的普通平面方法、面积之间的简单方程运算，特别是适配面积来求解。换句话说，平面问题是那些如果用代数方式表达，其支配方程的阶次不高于二的问题。

2. 当对已证明是超出平面方法范围的问题，特别是对倍立方体与三等分角作进一步研究时，它们被简化为*体积*之间，而不是面积之间的简单方程。很可能，仿效平面图形与立体图形之间自然区别的类比（这一类比也体现在欧几里得明确划定的'平面'与'立体'的数字之间的区别中），希腊人应用术语'立体问题'于那些可以简化为体积之间方程的问题，区别于那些可以简化为面积之间简单方程的'平面问题'。

3. 他们在这个意义下成功地解出的第一个'立体问题'是倍立方体问题，对应于代数中的纯三次方程。他们发现这可以借助对立体图形（圆锥）作平面截面生成的曲线来实现。这样，起源于立体的曲线被发现解出了一个特殊的立体问题，这确实是一个很好的结果。因此，作为与立体问题如此紧密关联的最简单曲线，圆锥曲线被命名为'立体轨迹'是合适的，无论是因为其应用，或者（更可能）是因为其起源。

4. 进一步的研究表明，一般三次方程不可能借助求积法简化为较简单的形式——纯三次方程，必须把圆锥曲线方法直接试用于，(a)导出的三次方程，或者是(b)导致它的原始问题。在实践中，例如三等分角时，人们发现，三次方程往往比原始问题更难求解。因此无须把原始问题约化为三次方程，以避免不必要的复杂性，而与三次方程等价的独立几何问题，从未被作为'立体问题'的范例站稳脚跟。

5. 随之而来的是，应用圆锥曲线的解被作为判别一定类型问题的准则，且因圆锥曲线保持其'立体轨迹'的老名称，对应的术语'立体问题'在帕普斯所解释的更广泛的意义上得到应用，既包括取决于双二次方程的问题，也包括可简化为三次方程的问题。

6. '线性问题'与'线性轨迹'是基于描述相应问题的其他术语的类似性而发明的，其求解不能借助直线、圆或圆锥曲线来完成，而需要如帕普斯所说的，用可以求解这类问题的一条曲线来完成。

第七章　阿基米德对积分学的预示

　　我们曾经多次提到,尽管在欧几里得 XII.2 中例示的穷举法(method of exhaustion)使希腊几何学家不得不面对"无穷大"与"无穷小",但他们却从未打算应用这些概念。是的,据说常与苏格拉底辩论的博学者安蒂丰(Antiphon)曾经说过[①],如果把任意正多边形,例如一个正方形,内接于圆中,那么通过在四个弓形中作等腰三角形构建一个内接正八边形,然后再在八个弓形中作等腰三角形,以此类推,"直到整个圆面积以这种方式被穷举,亦即一个多边形将会以其微小的诸边内接圆周,最终与整个圆周重合"。但与此相对立,辛普利西乌斯认为,虽然面积可以无止境地细分,但内接多边形绝不可能与圆周重合,并且认为应当归纳一个几何原理,来确定有一个可无穷细分的量[②]。他还引用欧德摩斯大意相同的论述。事实上,接受安蒂丰想法的时机当时尚未成熟,并且,也许是因为对出现"无穷"这个概念的术语发生争执的后果,希腊几何学家逐渐减少使用"无穷大""无穷小"这些表达方式,代之以"大于或小于任何指定量"这种说法。于是,正如汉克尔(Hankel)所述[③],他们从来不说圆是具有无穷多条无穷小边的多边形;他们始终游离于无穷之外,从未逾越雷池一步而得到清晰的概念。他们从未提到无穷接近的近似与无穷项级数和的极限值。但他们实际上必定触及这样的概念,例如在圆的面积之比等于其直径的平方之比这一命题中,导致他们相信这个命题是正确的,必定首先通过以下想法:圆可以被看作内接正多边形的一个极限,这些多边形的边数无穷增加而边长相应减小。他们并未满足于这样的推理。他们努力追求一种无懈可击的证明,而这种证明从本质上来说只能是间接的。与之相应,我们在穷举法的证明中总是发现这样的论述:除了命题坚持的假设以外,任何其他假设都是不可能的。再者,这一借助双重反证法的严格验证,在穷

---

① Bretschneider, p. 101。

② Bretschneider, p. 102。

③ Hankel, *Zur Geschichte der Mathematik im Alterthum und Mettelalter*, p. 123。

举法的每一次单独应用中都不断重复；就证明的这一部分而言，并未打算确立可以在任何具体情况下简单引用的任何一般命题。

希腊穷举法的上述一般特征，同样出现在阿基米德找到的方法的扩展中。为了说明这一点，在转向实施他真正的"积分"之前，提及他对以下性质的几何证明是合适的，该性质是：抛物线弓形的面积是底线及顶点相同的三角形面积的三分之四。这样阿基米德通过在每个剩余的弓形中作与圆有相同底线及顶点的三角形，穷竭了抛物线弓形。若 A 是如此内接在原始弓形中的三角形面积，这一过程将给出面积的一个级数：

$$A,\quad \frac{1}{4}A,\quad \left(\frac{1}{4}\right)^2 A,\cdots,$$

而弓形的面积其实是以下无穷级数之和：

$$A\left\{1+\frac{1}{4}+\left(\frac{1}{4}\right)^2+\left(\frac{1}{4}\right)^3+\cdots\right\}。$$

但阿基米德并未如此表达。他首先证明了，如果 $A_1,A_2,\cdots,A_n$ 是这样一个级数的任意多项，满足 $A_1=A,A_1=4A_2,A_2=4A_3,\cdots,$ 则

$$A_1+A_2+A_3+\cdots+A_n+\frac{1}{3}A_n=\frac{4}{3}A_1,$$

或[①]
$$A\left\{1+\frac{1}{4}+\left(\frac{1}{4}\right)^2+\cdots+\left(\frac{1}{4}\right)^{n-1}+\frac{1}{3}\left(\frac{1}{4}\right)^{n-1}\right\}=\frac{4}{3}A。$$

得到了这一结果以后，我们现在会假定 n 无穷增加，并可以立即推断 $\left(\frac{1}{4}\right)^{n-1}$ 将成为无穷小，左端项之和的极限是抛物线弓形的面积，因此它必定等于 $\frac{4}{3}A$。阿基米德并未声称他以这种方式推断出这个结果。他只是陈述，弓形的面积等于 $\frac{4}{3}A$，然后通过证明它既不能大于又不能小于 $\frac{4}{3}A$ 的正统方式，确认了这一点。

我现在转向阿基米德对穷举法的扩展，这是本章的直接主题。我们将注意到，所有这些的主要特点，与他所研究的面积或内含体积的曲线或曲面相关联，阿基米德既取内接图形，又取外切图形，然后循惯例，把两个图形压缩为相互重合的一个，并与被量度的曲线［面］图形重合；但是又必须理解，他并未用这种方式描述他的方法，或者在任何时刻说过，给定的曲线与曲面是内接或外切图形的

---

① 这里假设 $A_1=A$。——译者注

极限。下面我将按书中出现的顺序举出一些实例。

　　1.*球或球缺表面（球冠）*

　　第一步是证明（《论球与圆柱》卷 I 命题 21,22）若在圆或弓形中内接一个多边形，其所有各边 $AB,BC,CD,\cdots$ 全部相等，如在相应图形中所示，则

　　（a）对圆

$$(BB'+CC'+\cdots)：AA'=A'B：BA,$$

　　（b）对弓形

$$(BB'+CC'+\cdots+KK'+LM)：AM'=A'B：BA_{\circ}$$

　　下一步要证明，若多边形绕直径 AA' 旋转，由旋转一周的多边形的相等各边描述的曲面[I. 24,35]

　　（a）等于以 $\sqrt{AB(BB'+CC'+\cdots+YY')}$ 为半径的一个圆，

　　或（b）等于以 $\sqrt{AB(BB'+CC'+\cdots+LM)}$ 为半径的一个圆。

　　因此，借助以上比例式，可知由多边形相等各边旋转一周形成的曲面等于

　　（a）以 $\sqrt{AA'\cdot A'B}$ 为半径的一个圆，

　　或（b）以 $\sqrt{AM'\cdot A'B}$ 为半径的一个圆。

因此，它们分别小于[I. 25,37]

　　（a）以 AA' 为半径的一个圆，

　　（b）以 AL 为半径的一个圆。

　　阿基米德进而作多边形外切于圆或弓形（假定在这种情况下小于半圆），使外切多边形各边平行于上述内接多边形的各边（参见第 147—148 页和第 157—158 页上的图）；并且他用类似的步骤[I. 30,40]证明了，若多边形像前面一样绕直径旋转，相等的边在一整圈旋转中形成的曲面，大于同样的圆相应形成的曲面。

　　最终，对内接与外切图形分别证明了这些结果以后，阿基米德得出结论并证明了[I. 33,42,43]球或球冠曲面分别等于上述第一个或第二个圆。

　　为了看到相继步骤的效果，让我们借助三角学来表达一些结果。如果在第 144—145 页和 154 页的图中，我们分别假定 $4n$ 是圆的内接多边形的边数，$2n$ 是弓形的内接多边形的相等边的数目，在后一种情况，角 AOL 被记为 α，上面给出的两个比例式分别等价于公式①

---

　　①　这些公式取自 Loria,*Il period areo della geometria greca*,p.108,但略有变动。

$$\sin\frac{\pi}{2n}+\sin\frac{2\pi}{2n}+\cdots+\sin(2n-1)\frac{\pi}{2n}\cot\frac{\pi}{4n},$$

以及

$$\frac{2\left\{\sin\dfrac{\alpha}{n}+\sin\dfrac{2\alpha}{n}+\cdots+\sin(n-1)\dfrac{\alpha}{n}\right\}+\sin\alpha}{1-\cos a}=\cot\frac{\alpha}{2n}。$$

于是,这两个比例式事实上一般都给出以下级数的和,

$$\sin\theta+\sin 2\theta+\cdots+\sin(n-1)\theta,$$

无论是在 $n\theta$ 等于任何小于 π 的角 α 的一般情况,还是在 n 是偶数,$\theta=\alpha/n$ 的特殊情况。

再者,与*内接*多边形相等各边旋转所描述曲面相等的圆的面积分别是(若 a 是球的大圆的半径)

$$4\pi a^2\sin\frac{\pi}{4n}\left[\sin\frac{\pi}{2n}+\sin\frac{2\pi}{2n}+\cdots+\sin(2n-1)\frac{\pi}{2n}\right]\text{或}\ 4\pi a^2\cos\frac{\pi}{4n},$$

以及

$$\pi a^2\cdot 2\sin\frac{\alpha}{2n}\left\{2\left[\sin\frac{\alpha}{n}+\sin\frac{2\alpha}{n}+\cdots+\sin(n-1)\frac{\alpha}{n}\right]+\sin\alpha\right\}$$

或

$$\pi a^2\cdot 2\cos\frac{\alpha}{2n}(1-\cos\alpha)。$$

与由*外切*多边形各相等边生成曲面相等的各个圆的面积,可以由刚才给出的圆的面积,分别除以 $\cos^2\pi/4n$ 与 $\cos^2\alpha/2n$ 得到。

于是,阿基米德得到的结果,与上述三角级数当 n 趋于无穷大时的极限值一样,那时 $\cos^2\pi/4n$ 与 $\cos^2\alpha/2n$ 自然都等于1。

但圆面积的第一组表达式(当 n 趋于无限大时)恰好是我们用

$$4\pi a^2\cdot\frac{1}{2}\int_0^\pi\sin\theta\,d\theta\ \text{或}\ 4\pi a^2$$

以及

$$\pi a^2\cdot\int_0^\alpha 2\sin\theta\,d\theta\ \text{或}\ 2\pi a^2(1-\cos\alpha)$$

所表示的。

于是,阿基米德的步骤在每一种情况下都等价于一个真实的积分。

2.球或球扇形的体积

因为这种方法直接依赖于上述案例,所以在此无须单独详述。其研究过程与研究球或球缺表面积过程一致。应用同样的内接或外切图形,当然会把球扇形与下述立体图形相比较。该图形由球缺的内接或外切图形,以及有相同底面、顶点在球心的圆锥组成。然后证明了,(a)对球的内接或外切图形,其体积等于

如下圆锥的体积,该圆锥的底面等于上述图形的表面,其高等于自球心至旋转多边形的任一条相等边的垂线,(b)球扇形的内接或外切图形的体积,等于如下圆锥的体积,该圆锥的底面等于包含在球扇形中的球缺的内接或外切图形的面积,其高等于自球心至多边形任一条相等边的垂线。

于是,当内接及外切图形被(说成)压缩为同一个情况下取极限,与在曲面的情况下取极限实质上是同一回事,导致的体积,就是在每种情况下的上述面积乘以 $\frac{1}{3}a$。

3. *椭圆的面积*

严格说来,这种情况又不是这里的一个要点,因为它并未显示阿基米德扩展穷举法的任何特点。事实上,这种方法的应用方式与欧几里得 XII. 2 中的几乎相同,只是略作修改而已。其中并未同时应用内接与外切图形,只是用增加到任意想要程度边数的内接多边形穷竭椭圆与辅助圆(《论拟圆锥与旋转椭球》命题 4)。

4. *旋转抛物体截段的体积*

作为引理,阿基米德首先陈述了恰好在另一专著(《论螺线》命题 11)中证明过的一个命题。也就是,如果有一个 n 项的算术级数 $h, 2h, 3h, \cdots$,则

$$\begin{cases} h+2h+3h+\cdots+nh > \dfrac{1}{2}n^2h, \\ h+2h+3h+\cdots+(n-1)h < \dfrac{1}{2}n^2h。 \end{cases} \qquad (\alpha)$$

然后,他将旋转抛物体截段内接与外切由小圆柱构成的图形(如《论拟圆锥与旋转椭球》命题 21,22 中的图所示),这些圆柱的轴沿着截段的轴,并把截段分割成任意多个相等的部分。若 c 是截段的轴 AD 的长度,又若在外切图形中有 n 个圆柱,且它们的轴都等于 h,所以 $c=nh$,于是根据引理,阿基米德证明了

$$\frac{圆柱\ CE}{内接图形} = \frac{n^2h}{h+2h+3h+\cdots+(n-1)h} > 2,$$

以及

$$\frac{圆柱\ CE}{外切图形} = \frac{n^2h}{h+2h+3h+\cdots+nh} < 2。$$

其间也证明了[命题 19,20],即通过充分增加 n,可以使内接及外切图形之差小于任何指定的体积。与此相应,可用通常的严格方法得出结论并证明,

$$圆柱\ CE = 2(截段),$$

因此

$$截段\ ABC = \frac{3}{2}(圆锥\ ABC)。$$

于是本证明等同于以下论断:若 h 无穷小而 n 无穷增加,但 nh 保持等于 c,则

$$h\{h+2h+3h+\cdots+(n-1)h\}\text{的极限}=\frac{1}{2}c^2;$$

也就是用我们的记法,

$$\int_0^c x\,dx=\frac{1}{2}c^2。$$

于是,若我们用以下形式表示旋转抛物体截段的体积,

$$\kappa\int_0^c y^2\,dx,$$

其中 κ 是常数,该方法在实质上与我们的相同,它并未在阿基米德的结果中出现,因为它并未给出旋转抛物体截段的真实体积,而只是它与外切圆柱的比值。

5.*旋转双曲体截段的体积*

这种情况下的第一步是证明[《论拟圆锥与旋转椭球》命题 2],若有一个 n 项级数,

$$ah+h^2,a\cdot h+(2h)^2,a\cdot 3h+(3h)^2,\cdots,a\cdot nh+(nh)^2,$$

且若　　　$(ah+h^2)+\{a\cdot h+(2h)^2\}+\cdots+\{a\cdot nh+(nh)^2\}=S_n,$

则　　　　$\left. \begin{aligned} n\{a\cdot nh+(nh)^2\}/S_n<(a+nh)\Big/\Big(\frac{a}{2}+\frac{nh}{3}\Big) \\[2mm] n\{a\cdot nh+(nh)^2\}/S_{n-1}>(a+nh)\Big/\Big(\frac{a}{2}+\frac{nh}{3}\Big) \end{aligned} \right\}。$ 　(β)

以及

然后[命题 25,26],阿基米德做出由与前相同的圆柱构成的内接及外切图形(第 224 页的图),并证明了,若 AD 被分割为 n 个长度为 h 的相等部分,使得 nh $=AD$,且若 $AA'=a$,则

$$\frac{\text{圆柱 } EB'}{\text{内接图形}}=\frac{n[a\cdot nh+(nh)^2]}{S_{n-1}}$$

$$>(a+nh)\Big/\Big(\frac{a}{2}+\frac{nh}{3}\Big),$$

以及　　　　$$\frac{\text{圆柱 } EB'}{\text{外切图形}}=\frac{n[a\cdot nh+(nh)^2]}{S_n}$$

$$<(a+nh)\Big/\Big(\frac{a}{2}+\frac{nh}{3}\Big)。$$

用与前相同的方式得到的结论是:

$$\frac{\text{圆柱 } EB'}{\text{截段 } ABB'}=(a+nh)\Big/\Big(\frac{a}{2}+\frac{nh}{3}\Big)。$$

这相当于说，若 $nh=b$，且若 h 无限减小而 n 无限增加，则

$$\frac{n(ab+b^2)}{S_n}\text{的极限}=(a+b)\Big/\Big(\frac{a}{2}+\frac{b}{3}\Big),$$

或即

$$\frac{b}{n}S_n\text{ 的极限}=b^2\Big(\frac{a}{2}+\frac{b}{3}\Big)。$$

现在　　$S_n=a(h+2h+\cdots+nh)+\{h^2+(2h)^2+\cdots+(nh)^2\}$，

故　　　$hS_n=ah(h+2h+\cdots+nh)+h\{h^2+(2h)^2+\cdots+(nh)^2\}。$

最后一个表达式的极限应当写成

$$\int_0^b(ax+bx^2)dx,$$

它等于

$$b^2\Big(\frac{a}{2}+\frac{b}{3}\Big);$$

阿基米德给出了这个积分的等价物。

6.*旋转椭球截段的体积*

阿基米德并未给出积分

$$\int_0^b(ax-x^2)dx$$

的等价物，估计是因为，如果用他的方法，还会需要与以上确立(β)时所用引理相应的另一条引理。

假定在截段小于半椭球的情形下（第 228 页的图），$AA'=a$，$CD=\dfrac{1}{2}c$，$AD=b$；并设 AD 被分成长度为 h 的 n 个相等部分。

于是命题 29，30 提到过的 L 形是矩形 $cb+b^2$ 与相继矩形

$$cb+h^2,c\cdot2h+(2h)^2,\cdots,c\cdot(n-1)h+\{(n-1)h\}^2$$

之间的差，在此情形下，我们的结论是（若 S_n 是代表后面那些矩形的 n 项级数之和）

$$\frac{\text{圆柱 }EB'}{\text{内接图形}}=\frac{n(cb+b^2)}{n(cb+b^2)-S_n}$$

$$>(c+b)\Big/\Big(\frac{c}{2}+\frac{2b}{3}\Big),$$

以及　　　　$$\frac{\text{圆柱 }EB'}{\text{外切图形}}=\frac{n(cb+b^2)}{n(cb+b^2)-S_{n-1}}$$

$$< (c+b) \Big/ \left(\frac{c}{2} + \frac{2b}{3} \right),$$

以及极限情形
$$\frac{圆柱\ EB'}{截段\ ABB'} = (c+b) \Big/ \left(\frac{c}{2} + \frac{2b}{3} \right)。$$

相应地,我们取以下表达式

$$\frac{n(cb+b^2) - S_n}{n(cb+b^2)},\ 或\ 1 - \frac{S_n}{n(cb+b^2)},$$

的极限,且进行的积分与上面旋转双曲体的情形相同,只是以 c 替代了 a。

作为一个单独的案例[命题 27,28],阿基米德讨论了半椭球的体积。它与刚才给出案例的不同点在于,c 消失了及 $b = \frac{1}{2}a$,因此必须找到

$$\frac{h^2 + (2h)^2 + (3h)^2 + \cdots + (nh)^2}{n(nh)^2}$$

的极限;而这可以借助第 201—203 页给出的推论[《论螺线》命题 10]完成。该推论证明了

$$h^2 + (2h)^2 + (3h)^2 + \cdots + (nh)^2 > \frac{1}{3}n(nh)^2,$$

以及
$$h^2 + \{(2h)^2 + (3h)^2 + \cdots + \{(n-1)h\}^2 < \frac{1}{3}n(nh)^2。$$

这一过程的极限对应于积分

$$\int_0^b x^2\ dx = \frac{1}{3}b^3。$$

7.螺线的面积

(1)借助刚才提到的命题,即

$$h^2 + (2h)^2 + (3h)^2 + \cdots + (nh)^2 > \frac{1}{3}n(nh)^2,$$

$$h^2 + (2h)^2 + (3h)^2 + \cdots + \{(n-1)h\}^2 < \frac{1}{3}n(nh)^2,$$

阿基米德求出了螺线的第一个整圈与初始直线所包围部分的面积。他证明了[命题 21,22,23],由相似的圆扇形组成的图形,可以与螺线的任意弧段外切,使得外切图形超出螺线形面积的部分,小于任意指定面积,而且同样类型的图形可以内接,使得螺线形面积超出内接图形面积的部分,小于任意指定面积。最后,他作这种类型的外切及内接图形[命题 24];于是例如在外切图形中,如果共有 n 个

类似的扇形, 它们的半径将是构成一个算术级数的 n 条线, $h, 2h, 3h, \cdots, nh$, 且 nh 将等于 a, 这里 a 是初始直线被螺线在第一圈末截下的长度。因为然后, 相似扇形面积的相互比值如同它们的半径的平方比, 以上公式中的第一个证明了

$$外切图形 > \frac{1}{3}\pi a^2 \text{。}$$

应用第二个公式, 对内接图形的一个类似步骤导致以下结果

$$内接图形 < \frac{1}{3}\pi a^2 \text{。}$$

用通常方式得到的结论是

$$螺线形面积 = \frac{1}{3}\pi a^2 \text{；}$$

其证明等价于取

$$\frac{\pi}{n}\left[h^2 + (2h)^2 + (3h)^2 + \cdots + \{(n-1)h\}^2\right]$$

或

$$\frac{\pi h}{a}\left[h^2 + (2h)^2 + (3h)^2 + \cdots + \{(n-1)h\}^2\right]$$

的极限, 我们应当把这最后一个极限表达为

$$\frac{\pi}{a}\int_0^b x\,dx = \frac{1}{3}\pi a^2$$

显然, 这一证明方法同样给出了螺线与不大于 a 的任意长度 b 的半径向量为界部分的面积; 因为我们只需用 $\pi b/a$ 替代 π, 并记住在这种情况下 $nh = b$。于是我们得到面积

$$\frac{\pi}{a}\int_0^b x^2\,dx, \text{ 或 } \frac{1}{3}\pi b^3/a \text{。}$$

(2) 为了找到在螺线任意一圈的一段弧 (不大于一整圈) 与两个到其端点的径向向量 (例如 b 与 c, 这里 $c > b$) 包围的面积, 阿基米德运用以下命题: 若有一个由以下各项构成的算术级数

$$b, b+h, b+2h, \cdots, b+(n-1)h,$$

且若 $\quad S_n = b^2 + (b+h)^2 + (b+2h)^2 + \cdots + \{b+(n-1)h\}^2,$

则 $\quad \dfrac{(n-1)\{b+(n-1)h\}^2}{S_n - b^2} < \dfrac{\{b+(n-1)h\}^2}{\{b+(n-1)h\}b + \frac{1}{3}\{(n-1)h\}^2},$

以及 $\quad \dfrac{(n-1)\{b+(n-1)h\}^2}{S_{n-1}} > \dfrac{\{b+(n-1)h\}^2}{\{b+(n-1)h\}b + \frac{1}{3}\{(n-1)h\}^2} \text{。}$

[《论螺线》命题 11 与附注。]

然后在命题 26 中,他如前一样作了由圆的相似扇形构成的外切及内接图形。在每个图形中有 $n-1$ 个扇形,因而共有 n 条直径,其中也包括 b 与 c 二者在内,从而我们可以把它们取作上面给出的算术级数的各项,其中 $\{b+(n-1)h\}=c$。于是可借助以上的不等式证明

$$\frac{\text{扇形 } OB'C}{\text{外切图形}} < \frac{\{b+(n-1)h\}^2}{\{b+(n-1)h\}b+\frac{1}{3}\{(n-1)h\}^2} < \frac{\text{扇形 } OB'C}{\text{内接图形}};$$

于是按通常方式可以得出结论

$$\frac{\text{扇形 } OB'C}{\text{螺线 } OBC} = \frac{\{b+(n-1)h\}^2}{\{b+(n-1)h\}b+\frac{1}{3}\{(n-1)h\}^2}$$

$$= \frac{c^2}{cb+\frac{1}{3}(c-b)^2}。$$

回忆起 $n-1=(c-b)/h$,我们看到其结果等同于证明在极限情况下,当 n 成为无穷大,h 成为无穷小,而 $b+(n-1)/h=c$ 时,

$$h\left[b^2+(b+h)^2+(b+2h)^2+\cdots+\{b+(n-1)h\}^2\right]\text{的极限}$$

$$= (c-b)\left\{cb+\frac{1}{3}(c-b)^2\right\}$$

$$= \frac{1}{3}(c^3-b^3);$$

用我们的记法,这也就是

$$\int_b^c x^2\,dx = \frac{1}{3}(c^3-b^3)。$$

(3)阿基米德用完全相同的方法,另行找到了从初始直线开始作任意一整周这种特殊情况下形成的面积[命题 25]。这等价于用 $(n-1)a$ 替代 b 与用 na 替代 c,其中 a 是至螺线第一整周末的半径向量。

$$\int_0^c x^2\,dx - \int_b^c x^2\,dx = \int_0^b x^2\,dx。$$

8.抛物线弓形的面积

在阿基米德对抛物线弓形求积问题给出的两个解中,力学解与真正的积分等价。在《抛物线弓形求积》命题 14,15 中证明了,内接及外切于弓形的图形,由

其平行边是抛物线直径的梯形组成,内接图形小于,而外切图形大于某个三角形(第 306 页图中的 EqQ)的三分之一。然后,在命题 16 中,我们有通常的过程,等价于在梯形数目趋于无穷大及其宽度趋于无穷小时取极限,且已经证明了

$$弓形的面积 = \frac{1}{3}\Delta EqQ。$$

该结果等价于 Qq 为 x 轴,通过 Q 的直径为 y 轴的以下抛物线的方程,

$$py = x(2a - x),$$

如第 301 页所示,它可由命题 4 得到为

$$\int_0^{2a} y \, dx,$$

其中 y 是由方程给出的就 x 而言的值;且当然

$$\frac{1}{p}\int_0^{2a}(2a - x^2)dx = \frac{4a^3}{3p}。$$

于是可见本方法与积分的等价性。在命题 16 中证明了(见第 307 页中的图),若 qE 被分成 n 个相等的部分,且作出命题的构形,Qq 在 $O_1, O_2, \cdots$ 被分成相等的部分。于是容易看出外切图形是以下诸三角形

$$QqF, QR_1F_1, QR_2F_2, \cdots$$

面积之和,即以下诸三角形

$$QqF, QO_1R_1, QO_2D_1, \cdots$$

面积之和。假定现在把三角形 QqF 的面积记为 Δ,则有

$$外切图形 = \Delta\left\{1 + \frac{(n-1)^2}{n^2} + \frac{(n-2)^2}{n^2} + \cdots + \frac{1}{n^2}\right\}$$

$$= \frac{1}{n^2\Delta^2} \cdot \Delta(\Delta^2 + 2^2\Delta^2 + \cdots + n^2\Delta^2)。$$

类似地,我们有

$$内接图形 = \frac{1}{n^2\Delta^2} \cdot \Delta\{\Delta^2 + 2^2\Delta^2 + \cdots + (n-1)^2\Delta^2\}。$$

取极限,若记 A 为三角形 EQq 的面积,使得 $A = n\Delta$,则我们有

$$扇形面积 = \frac{1}{A^2}\int_0^A \Delta^2 \, d\Delta$$

$$= \frac{1}{3}A。$$

若以这种方式看待这个结论,本积分与阿基米德对螺线的求积相同。

阿基米德在亚历山大求学时，有一天他在尼罗河边，看到农民提水浇地相当费力，经过思考之后他发明了一种利用螺旋作用把水提上来的工具，人们把它叫作"阿基米德螺旋"。埃及至今还有人在使用这种工具。

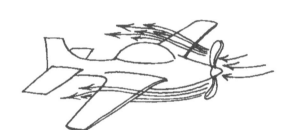

螺旋桨和螺丝钉都是阿基米德螺旋的具体应用。

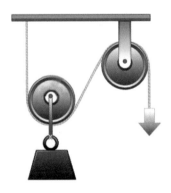

定滑轮　　　　　动滑轮　　　　　　滑轮组

• 定滑轮用于改变力的方向。
• 动滑轮用于省力，代价是移动距离的增加。
• 滑轮组既改变力的方向，又省力，但增加了移动距离。

相传叙拉古国王希伦要求阿基米德演示如何用很小的力移动很重的物体，阿基米德借助曲柄滑轮装置，以一己之力移动了一艘大船。

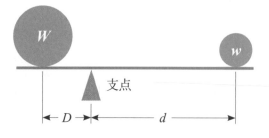

支点

杠杆原理十分简单，$DW = dw$，即阻力臂 × 阻力 = 动力臂 × 动力。根据这个公式，阿基米德声称，"给我一个支点，我就能撬动地球"。

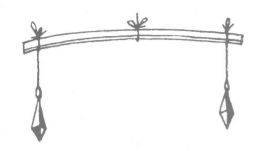

阿基米德在《论平面图形的平衡或平面图形的重心》卷 I 中，研究了各种情况下的重心。

相传叙拉古国王希伦让工匠替他做了一项纯金的王冠。但是在做好后，国王疑心工匠做的王冠并非纯金，国王要求阿基米德在不破坏王冠的前提下，检验王冠是否为纯金。

⬆ 最初阿基米德对这个问题无计可施。有一天，他在洗澡，当他坐进澡盆时，看到水往外溢，突然想到可以用测定固体在水中排水量的办法，来确定王冠的体积，从而判断王冠是否为纯金。他激动不已，来不及穿上衣服就光着身子在大街上狂奔，边跑边喊："尤里卡（Eureka）！尤里卡（Eureka）！"意思是"找到了！找到了！"

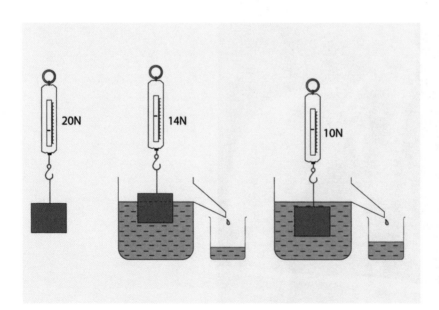

◀ 阿基米德浮力原理（浮力定律）：浸在流体中的物体（全部或部分）受到竖直向上的浮力，其大小等于物体所排开流体的重力。阿基米德浮力原理是流体力学的一个基本原理。

◀ 圆周率 π 的数值以前都是根据经验得到，阿基米德首次用割圆法进行了计算。这个算法使用了将近两千年，直到 18 世纪才被更精确的分析法代替。因而 π 亦被称作阿基米德常数。

▶ 阿基米德算出球的表面积是大圆面积的 4 倍；求出抛物线弓形的面积为同底等高三角形的 4/3；给出三次方程的解及其应用。不过，阿基米德自认为最重要的成就，是发现一个高与直径相等的圆柱及其内接球的体积之比和表面积之比，均为 3 : 2。

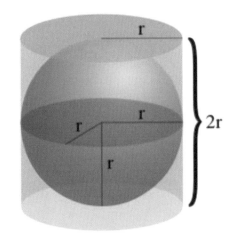

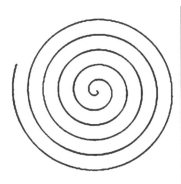
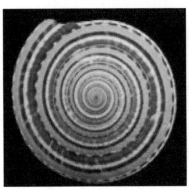

⬆ 一个点在射线上匀速向外运动，同时射线以匀角速度转动，点的轨迹就称为阿基米德螺线或等速螺线。阿基米德螺线在生活中随处可见。

為了計算全世界乃至全宇宙沙粒的數量，阿基米德創建了新的數字表示方法，這種計數法，足以計數任何空間中的沙粒數。

阿基米德盒子是一個類似七巧板的拼圖，由 14 塊碎片組成，通過翻轉碎片可以拼成小狗、人像、大象等形狀。近代研究表明，對碎片進行不同的擺放，可拼成 536 個不同正方形，若碎片可以翻轉，則可多至 17152 種，也許這才是阿基米德發明這個拼圖的目的。

阿基米德的一些机械发明，在抵御罗马人围攻叙拉古时十分有用。

◀ 传说，有一天罗马军队偷袭叙拉古城。就在这万分危急的时刻，阿基米德让所有人都把家里的镜子拿到海边。当所有的镜子把强烈的光线集中在战舰的帆上时，船燃烧了起来。罗马人只好落荒而逃。

▶ 阿基米德利用杠杆原理制造了一种机器，可以将巨爪伸出墙外，把敌人的战舰吊到半空中，然后重重摔下，罗马人非常惊恐地称它为"阿基米德之爪"。

◀ 利用杠杆原理，阿基米德制造出一批投石机，向城墙外的敌人实施密集的打击。

古希腊时期的部分著名数学家

▶ 泰勒斯（Thales，约前624—约前547），古希腊哲学家、几何学家、天文学家，米利都学派的创始人，"希腊七贤"之一，西方思想史上第一个有记载留下名字的思想家，被后人称为"科学和哲学之祖"。

◀ 毕达哥拉斯（Pythagoras，约前580—约前497），古希腊哲学家、数学家和音乐理论家。他认为数学可以解释世界上的一切事物，以毕达哥拉斯定理闻名于世。

▶ 欧几里得（Euclid，约前330—前275），古希腊数学家，被称为"几何学之父"。所著《几何原本》被认为是一部不朽之作。

◀ 阿波罗尼奥斯（Apollonius，约前262—约前190），古希腊数学家、天文学家，著有《圆锥曲线论》等。

阿基米德经典著作集

· *The Works of Archimedes* ·

> 在一些学科领域中，阿基米德是开山鼻祖，例如水力学，这是一门由他开创的新学科，又如他对机械的研究（就数学演示而言，实属先驱）。在这些场合，当奠定学科基础时，他必须采取以更类似于初等教科书的形式来阐述，但紧随其后，他便立即投入专题研究。

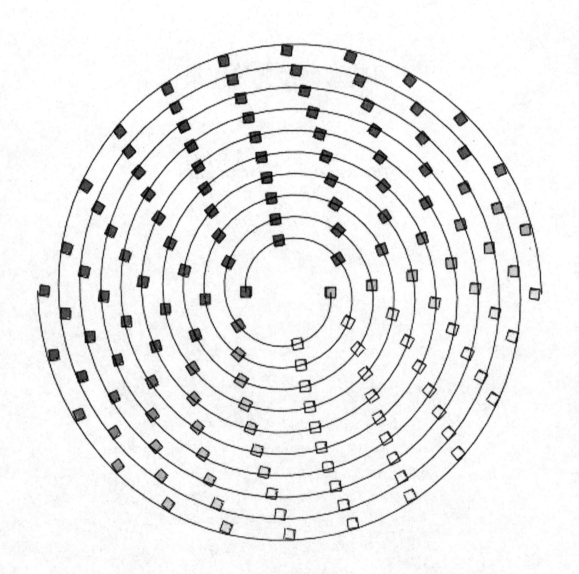

阿基米德双螺线

论球与圆柱　卷 I

阿基米德向多西休斯致敬。

我以前曾递送给您迄今为止我完成的研究,包括一些证明,它们说明了,以一条直线与直角圆锥截线[抛物线]为界的弓形[的面积],是与该弓形同底等高三角形面积的 4/3。从那以后我注意到一些迄今未证明($\dot{\alpha}\nu\varepsilon\lambda\dot{\varepsilon}\gamma\varkappa\tau\omega\nu$)的定理,并找到了它们的证明。它们是以下这些:首先,任意球的表面积是其大圆($\tau o\tilde{v}\mu\varepsilon\gamma\acute{\iota}\sigma\tau o v\varkappa\acute{v}\varkappa\lambda o v$)面积的 4 倍;其次,任意球缺的表面积等于一个圆的面积,该圆的半径($\dot{\eta}\,\dot{\varepsilon}\varkappa\,\tau o\tilde{v}\,\varkappa\acute{\varepsilon}\nu\tau\varrho o v$)等于由球缺顶点($\varkappa o\varrho v\varphi\acute{\eta}$)到球缺底面圆周的直线;进而,任何一个圆柱,若其底面等于一个球的大圆,其高等于该球的直径,则它本身体积[即其内含]是球体的一倍半,其表面积[包括底面在内]也是球表面积的一倍半。这些性质都是所提及图形向来自然固有的($\alpha\dot{v}\tau\tilde{\eta}\,\tau\tilde{\eta}\,\varphi\acute{v}\sigma\varepsilon\iota\,\pi\varrho o v\pi\tilde{\eta}\varrho\chi\varepsilon\nu\,\pi\varepsilon\varrho\grave{\iota}\,\tau\grave{\alpha}\,\varepsilon\acute{\iota}\varrho\eta\mu\acute{\varepsilon}\nu\alpha\,\sigma\chi\acute{\eta}\mu\alpha\tau\alpha$),但它们对我的时代以前的那些几何学家来说是未知的。发现了这些图形确实有所述性质,我毫不犹豫地把它们与我以前的研究,以及欧多克斯关于立体的定理放在一起,这些定理,即任意角锥的体积是同底等高棱柱体积的 1/3,以及任意圆锥的体积是同底等高圆柱体积的 1/3,是最无争议的。虽然图形的这些性质是向来自然固有的,但它们对生活在欧多克斯之前的那么多能干的几何学家来说,实际上是未知的,从未被任何人观察到。然而现在,对于有能力审视我的这些发现的人,它们是公开的。这些发现真应该在科农还在世时就发表,因为我相信他最能够把握这些资料,给出合适的判断;但是我觉得把这些与其他精通数学的人沟通也会很有好处,所以我把附有证明的资料递送给您,它们是公开的,欢迎数学家们予以审视。再见。

我首先提出用于证明我的命题的公理①与假设。

---

① 虽然所用的词是 $\dot{\alpha}\xi\iota\acute{\omega}\mu\alpha\tau\alpha$,"公理",其实其性质更像定义;事实上,欧多克斯在他的附注中对之就是如此表达的($\ddot{o}\varrho o\iota$)。

定义

1. 在平面中存在着一些有端点的弯折线（$\kappa\alpha\mu\pi\acute{\upsilon}\lambda\alpha\iota\ \gamma\rho\alpha\mu\mu\alpha\grave{\iota}\ \pi\epsilon\pi\epsilon\rho\alpha\sigma\mu\acute{\epsilon}\nu\alpha\iota$）①，这些线或是全部位于连接两个端点的直线的同一侧，或是其中没有任何部分位于另一侧。

2. 我使用术语**凹向同一侧**于这样的线：若在其上任取两点，则连接两点的所有直线段或者落在该线的同一侧，或者有些落在该线的同一侧，而另一些落在该线本身之上，但没有哪一段落在另一侧。

3. 类似地也存在一些有界曲面，它们本身并不在一个平面上，但其界线在一个平面上，它们或者全部在包含其界线的平面的同一侧，或者没有哪一部分落在另一侧。

4. 我使用术语**凹向同一侧**于下述曲面：在曲面上任取两点并以直线段连接，若直线段上的点或者落在曲面的同一侧，或者部分落在曲面的同一侧，部分落在曲面上，但没有哪一部分落在另一侧。

5. 我使用术语**球扇形**记以下图形：它是当顶点在球的中心的圆锥截该球，得到的以圆锥及包含在圆锥内的球表面为界的图形。

6. 我使用术语**立体菱形**记以下图形：它由两个圆锥构成，两个圆锥有相同底面，顶点分别在底面平面两侧，轴在同一直线上。

假设

1. *在有相同端点的各条线中，直线最短* ②。

---

① 阿基米德所使用的术语弯折线，不仅包括有连续曲率的曲线，也包括由任意多段直线或曲线构成的线。

② 这一众所周知的阿基米德假设，事实上极少被作为直线的定义，虽然普罗克勒斯说[p. 110 ed. Friedlein]："阿基米德定义了（$\dot{\omega}\rho\acute{\iota}\sigma\alpha\tau o$）直线为具有相同端点[线]中的最小者。因为如欧几里得的定义所述，$\dot{\epsilon}\xi\ \acute{\iota}\sigma o\upsilon\ \kappa\epsilon\hat{\iota}\tau\alpha\iota\ \tau o\hat{\iota}\varsigma\ \dot{\epsilon}\varphi'\ \dot{\epsilon}\alpha\upsilon\tau\hat{\eta}\varsigma\ \sigma\eta\mu\epsilon\acute{\iota}o\iota\varsigma$，其后果是有相同端点线中的最小者。"普罗克勒斯在此之前[p. 109]说明了欧几里得的定义，正如我们将看到的，它与我们教科书中给出的普通说法有所不同；直线并非"平坦地"位于其端点之间，而是"那些$\dot{\epsilon}\xi\ \acute{\iota}\sigma o\upsilon\ \tau o\hat{\iota}\varsigma\ \dot{\epsilon}\varphi'\ \dot{\epsilon}\alpha\upsilon\tau\hat{\eta}\varsigma\ \sigma\eta\mu\epsilon\acute{\iota}o\iota\varsigma\ \kappa\epsilon\hat{\iota}\tau\alpha\iota$"。普罗克勒斯所说的是，"他[欧几里得]借助之说明了，[在所有线中]只有直线占据了等于二端点之间的距离（$\kappa\alpha\tau\acute{\epsilon}\chi\epsilon\iota\nu\ \delta\iota\acute{\alpha}\sigma\tau\eta\mu\alpha$）。因为只要把其中的一点去除，便也去除了以这些点为端点的直线的长度（$\mu\acute{\epsilon}\gamma\epsilon\vartheta o\varsigma$）；而这正是$\tau\grave{o}\ \dot{\epsilon}\xi\ \acute{\iota}\sigma o\upsilon\ \kappa\epsilon\acute{\iota}\sigma\vartheta\alpha\iota\ \tau o\hat{\iota}\varsigma\ \dot{\epsilon}\varphi'\ \dot{\epsilon}\alpha\upsilon\tau\hat{\eta}\varsigma\ \sigma\eta\mu\epsilon\acute{\iota}o\iota\varsigma$的意思。但若你取圆周或任何其他线上的两点，在它们之间沿着线截下的距离会大于把两点分开的区间；而且这是除开直线以外每一条线的情形"。所以看来，欧几里得的定义应当在很相似于阿基米德假设的意义上理解，因而我们也许可以翻译如下，"直线是这样的线，它带着其上的点相等地延伸"，或者，更接近普罗克勒斯的说明，"直线是这样的线，它代表了其诸点[分开它们的距离]的相等延伸"。

2. 平面中有相同端点的其他线中,[任意两条]这样的线互不相等,若二者凹向同一侧,且其中之一或者完全地被包含在另一条线及与之有相同端点的一条直线之间,或者部分地被包含,部分地与之公共;且被包含的[线]是[二者中]较短者。

3. 类似地,有相同界线的曲面中,平面[的面积]最小。

4. 界线相同且位于同一平面的其他曲面中,[任意两个]这样的曲面互不相等,若二者都凹向同一侧,且一个平面或者完全地被包含在另一个与这些界线所在的平面之间,或者部分地被包含,部分地与之公共;且被包含的[曲面]是[二者中面积]较小者。

5. 此外,在不等的线、不等的曲面与不等的立体之中,较大者超出较小者的值,自我相加后可以超出任何可以[与之以及]相互比较的任意指定值。[①]

在这些前提下,若一个多边形内接于一个圆,显然内接多边形的周边小于圆周;因为多边形的每一边都小于被它截下的圆弧。

命题 1

若一个多边形外切于一个圆,则外切多边形的周边大于圆周。

设任意两条相交于点 A 的邻边分别与圆相切于点 P,Q。

于是[*假设 2*],

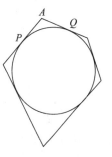

$$PA + AQ > 弧\ PQ$$

类似的不等式对多边形的每个角都成立;相加后即得到所需结果。

命题 2

给定两个不等的值,总可以找到两条不等长的直线段,使得较长直线段与较短直线段长度之比,小于较大值与较小值之比。

设 AB,D 表示两个不等的值,AB 较大。

假定沿 BA 度量 BC 等于 D,并设 GH 是任意直线段。

然后若 CA 自我相加足够多次,其总和将超过 D。设 AF 是这个总和,并在 GH 的延长线上取 E,使得 GH 与 HE 之比

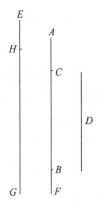

---

① 关于这个假设,参见本书引言第三章 §2.

等于 AF 与 AC 之比。

于是 $\qquad\qquad EH：HG＝AC：AF。$

但因为 $\qquad\qquad AF＞D（或 CB），$

$$AC：AF＜AC：CB。$$

因此，应用合比例

$$EG：GH＜AB：D$$

所以 EG,GH 是满足给定条件的两条线段。

命题 3

给定两个不等的值及一个圆，总可以作圆的一个内接多边形及一个外切多边形，使得外切多边形与内接多边形边长之比，小于较大值与较小值之比。

设 A,B 分别是给定值，A 较大。

找到[命题 2]两条直线 F,KL，其中 F 较长，使得

$$F：KL＜A：B \qquad\qquad (1)$$

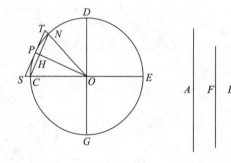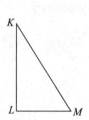

作 LM 垂直于 LK，且其长度使得 $KM=F$。

设 CE,DG 为给定圆中成直角的两条直径。然后等分角 DOC，又再次等分，依此类推，我们最终将得到一个角（如 NOC），它小于角 LKM 的两倍。

连接 NC，它（根据构形）将是内接于圆的正多边形的边。设 OP 是等分 $\angle NOC$ 的圆的半径（因此也成直角等分 NC 于 H），设在 P 的切线与 OC,ON 的延长线分别相交于 S,T。

现在，因为 $\qquad\qquad \angle CON＜2\angle LKM，$

故 $\qquad\qquad \angle HOC＜\angle LKM，$

以及在 H,L 的角都是直角；

因此 $\qquad\qquad MK：LK ＞OC：OH$

$$>OP：OH。$$

所以

$$ST：CN<MK：LK$$

$$<F：LK；$$

因此,由(1)式更有,

$$ST：CN<A：B。$$

于是证明了这两个多边形满足给定条件。

命题 4

再者,给定两个不等的值与一个扇形,总可以作扇形的一个外切多边形以及作另一个内接多边形,使得外切多边形与内接多边形边长之比,小于较大值与较小值之比。

本命题中提到的"内接多边形"有两条边是扇形边界的半径,其余各边(其数量按照构形是 2 的幂)对向扇形的相等弧段;"外切多边形"由平行于内接多边形边的切线与扇形边界半径的延长线构成。

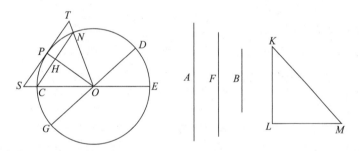

在这种情况下,我们作与上一命题相同的构形,只是我们等分的是扇形的角 COD 而不是两条直径之间的直角,然后再作等分,依此类推。其证明完全与上面的类似。

命题 5

给定一个圆与两个不等的值,作一个多边形外切于圆及另一个多边形内接于圆,并使得外切多边形与内接多边形边长之比,小于较大值与较小值之比。

设 A 是给定的圆,B,C 分别是给定的值,B 较大。

取两条不等的线段 D,E,其中 D 较长,使得 $D：E<B：C$[命题 2],且设 F 为 D,E 之间的比例中项,于是 D 也大于 F。

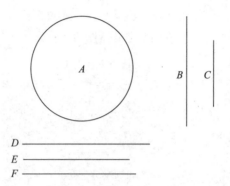

(以命题 3 的方式)作一个多边形外切于圆,又作另一个多边形内接于圆,使得前者与后者的边长之比小于 $D : F$。

于是前一个多边形边长与后一个多边形边长的平方比小于 $D^2 : F^2$。

但因为两个多边形是相似的,所述的边长平方比等于它们的面积之比;因此外切多边形面积与内接多边形面积之比小于比值 $D^2 : F^2$,或 $D : E$,且据此小于比值 $B : C$。

命题 6

"类似地,我们可以证明,给定两个不等的值及一个扇形,总可以作一个外切多边形与一个相似的内接多边形,使得外切多边形与内接多边形之比,小于较大值与较小值之比。

同样很清楚,若给定一个圆或一个扇形,以及一定的面积,总可以通过在圆或扇形中内接一个正多边形,并在剩余的弓形中持续地这样内接,使得圆或扇形中留下弓形的[总和]小于给定的面积。因为这是在《几何原本》[欧几里得 XII. 2]中已经证明的。

但还有一点需要证明,给定一个圆或一个扇形与一个面积,可以对圆或扇形外切一个多边形,使得圆周与外切图形之间留下的面积小于给定面积。"

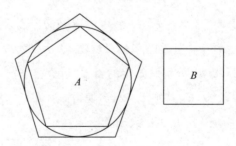

对圆的证明(如阿基米德所说,这也可以被等同地应用于扇形)如下。

设 A 是给定的圆及 B 是给定的面积。

现在有两个不等的值 $A+B$ 与 A,设多边形(C)外切于圆,以及多边形(I)内接于圆[如在命题 5 中],于是

$$C:I<(A+B):A \tag{1}$$

外切多边形(C)应该就是待求的那个多边形。

因为圆(A)大于内接多边形(I)。

因此,由(1)式更有,

$$C:A<(A+B):A,$$

从而 $\qquad\qquad C<A+B,$

或 $\qquad\qquad C-A<B。$

命题 7

若在一个等腰圆锥[即直角圆锥]中内接一个有等边底面的角锥,则角锥除底面以外的表面均为三角形,其底边是角锥底面周边的一边,其高等于由顶点向底面的一边所作的垂线。

因为角锥底面各边均相等,由顶点向底面各边所作的垂线也均相等;命题的证明是显然的。

命题 8

若一个角锥外切于一个等腰圆锥,则角锥除底面以外的表面均为三角形,三角形的底边等于角锥底面周边的一边,三角形的高等于圆锥的边[即母线]。

角锥底面是圆锥底面的外切多边形,圆锥或角锥顶点与多边形任意边接触点的连线垂直于该边。所有这些垂线,也就是圆锥的母线,均相等;命题随之得证。

命题 9

若在一个等腰圆锥圆形底面上作一根弦,并由弦的两端向圆锥的顶点连直线,这样形成的三角形,将小于圆锥表面被上述到顶点的两条连线截下的部分面积。

设 ABC 是圆锥的圆底面,O 是圆锥的顶点。

在圆中作弦 AB，并连接 OA，OB。等分弧 ACB 于 C，并连接 AC，BC，OC。

于是 $$\triangle OAC + \triangle OBC > \triangle OAB.$$

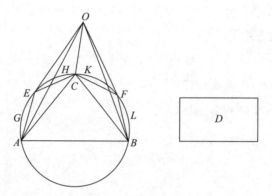

设前两个三角形之和超出第三个的面积等于 D。

于是 D 或者小于弓形 AEC 与弓形 CFB 之和，或者不小于。

I. 设 D 不小于上述二弓形之和。

我们现在有两个曲面：

（1）由圆锥曲面的 $OAEC$ 部分连同弓形 AEC 组成，与

（2）三角形 OAC；

而且，因为两个曲面有相同的端线（三角形 OAC 的周边），前一曲面大于后者，故后者被包含在其中[*假设* 3 或 4]。

所以 $$\text{曲面 } OAEC + \text{弓形 } AEC > \triangle OAC.$$

类似地 $$\text{曲面 } OCFB + \text{弓形 } CFB > \triangle OBC.$$

因此，因为 D 不小于弓形之和，我们还有

$$\text{曲面 } OAECFB + D > \triangle OAC + \triangle OBC$$

$$> \triangle OAB + D，根据假设。$$

去除公共部分 D，便得到了所需的结果。

II. 设 D 小于弓形 AEC 与弓形 CFB 之和。

如果我们现在等分弧 AC，CB，然后再等分其半，依此类推，我们将最终留下许多弓形，其总和小于 D。 [命题 6]

设 AGE，EHC，CKF，FLB 是那些弓形，并连接 OE，OF。

然后与前面一样，

$$\text{曲面 } OAGE + \text{弓形 } AGE > \triangle OAE$$

以及 $$\text{曲面 } OEHC + \text{弓形 } EHC > \triangle OEC.$$

因此 　　　　　曲面 $OAGHC$ ＋(弓形 AGE,EHC)

$$> \triangle OAE + \triangle OEC，更有$$

$$> \triangle OAC$$

对于以 OC,OB 与弧 CFB 为边界的圆锥曲面部分有类似的结果。

所以通过相加,

曲面 $OAGHCKFLB$ ＋(弓形 AGE,EHC,CKF,FLB)

$$> \triangle OAC + \triangle OBC$$

$$> \triangle OAB + D，根据假设。$$

但弓形之和小于 D,这样便得到了所需的结果。

命题 10

若在一个等腰圆锥的圆底面平面上作圆的两条切线,它们相交于一点,把切点与交点分别与圆锥的顶点连接,这些连接线与切线形成的两个三角形之和,大于被包含的圆锥曲面部分。

设 ABC 是圆锥的圆底面,O 是圆锥的顶点,AD,BD 是相交于 D 的圆的两条切线。连接 OA,OB,OD。

作 ECF 与圆相切于弧 ACB 的中点 C,它因此平行于 AB。连接 OE,OF。

于是 　　　　　　　　　$ED+DF>EF$,

然后在两侧都加上 $AE+FB$,

$$AD+DB>AE+EF+FB。$$

现在,作为圆锥的母线,OA,OC,OB 相等,它们分别垂直于以点 A,C,B 为切点的切线。

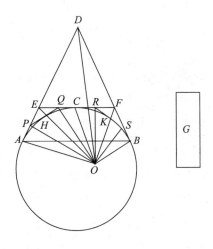

由此可知

$$\triangle OAD + \triangle ODB > \triangle OAE + \triangle OEF + \triangle OFB。$$

设面积 G 是上述不等式左侧面积和超出右侧面积和的部分。

那么 G 或者小于，或者不小于圆与切线之间剩余部分 $EAHC$，$FCKB$ 之和，我们将称这个和为 L。

I. 设 G 不小于 L。

我们现在有两个曲面：

(1) 顶点为 O，基底为 $AEFB$ 的角锥表面，但不包括 OAB 面，

(2) 圆锥表面的 $OACB$ 部分连同弓形 ACB。

这两个曲面有相同的端线，即三角形的周边 OAB，且因为前者包含了后者，前者较大[假设 4]。

也就是说，除开 OAB 面的角锥表面大于曲面 $OACB$ 与弓形 ACB 之和。

在每个和中去除该弓形，我们有

$$\triangle OAE + \triangle OEF + \triangle OFB + L > 曲面 OAHCKB，$$

且 G 不小于 L。

由此可知，按照假设等于 $\triangle OAD + \triangle ODB$ 的

$$\triangle OAE + \triangle OEF + \triangle OFB + G，$$

大于同一曲面。

II. 设 G 小于 L。

如果我们等分弧 AC，CB，并在其中点作切线，然后再等分及再作切线，依此类推，我们将最终得到一个多边形，它的各边与弧之间的剩余部分小于 G。

设剩余部分在弓形与多边形 $APQRSB$ 之间，并设其和为 M。连接 OP，OQ，等等。

然后与前面一样

$$\triangle OAE + \triangle OEF + \triangle OFB > \triangle OAP + \triangle OPQ + \cdots + \triangle OSB。$$

又与前面相同，

不包括 OAB 面的角锥 $APQRSB$ 表面 > 圆锥表面的 $OAKB$ 部分连同弓形 OAB。

在每个和中去除弓形，

$$\triangle OAP + \triangle OPQ + \cdots + M > 圆锥表面的 OACB 部分$$

从而更有，按照假设等于 $\triangle OAD + \triangle ODB$ 的

$$\triangle OAE + \triangle OEF + \triangle OFB + G，$$

大于圆锥表面的 $OACB$ 部分。

命题 11

若平行于直圆柱轴的一个平面切割该圆柱，则圆柱表面被平面截下部分的面积，大于平面截它得到的平行四边形的面积。

命题 12

若在任意直圆柱的两根母线的端点，分别在圆柱两底面所在的平面中作圆柱底面的切线，又若这两对切线分别相交，则每根母线与两条对应的切线各形成一个平行四边形。这两个平行四边形的面积之和，大于两根母线之间包含的圆柱表面。

以上这两个命题的证明可分别采用与命题 9、命题 10 完全相同的方法，故无须在此重复。

"从这样被证明的性质很清楚，(1) 若一个角锥内接于一个等腰圆锥，则角锥除底面以外的表面小于圆锥除底面以外的表面，与 (2) 若一个角锥外切于一个等腰圆锥，则角锥除底面以外的表面大于圆锥除底面以外的表面。

从这样被证明的性质也很清楚，(1) 若一个棱柱内接于一个直圆柱，则棱柱的平行四边形表面（除开底面）小于圆柱除底面以外的表面，以及 (2) 若一个棱柱外切于一个直圆柱，则棱柱的平行四边形表面（除开底面）大于圆柱除底面以外的表面。"

命题 13

任意直圆柱除底面以外的表面积等于一个圆，其直径是圆柱的边〔即母线〕与其底面直径之间的比例中项。

设圆柱的底面是面积为 A 的圆，取 CD 等于该圆的直径，又取 EF 等于该圆柱的高。

设 H 是 CD，EF 之间的比例中项，半径等于 H 的圆面积为 B。

于是 B 应当等于圆柱的表面（除开底面），称为 S。

因为若非如此，B 必定或大于或小于 S。

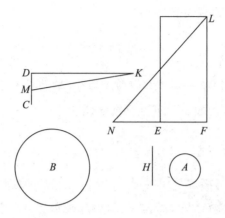

I. 假定 $B < S$。

于是总可以作 B 的一个外切正多边形,并作一个内接正多边形,使得前者与后者面积之比小于比值 $S : B$。

假定这已完成,作 A 的一个外切多边形与以上 B 的外切多边形相似;然后在 A 的外切多边形上立一个与圆柱等高的棱柱。此棱柱因此外切于圆柱。

令垂直于 CD 的 KD 与垂直于 EF 的 FL 都等于 A 的外切多边形的周长。等分 CD 于 M,并连接 MK。

则　　　　　　　　　　$\triangle KDM = A$ 的外切多边形。

另外,　　　　　　　　$\square EL = $ 棱柱表面(除开底面)。

延长 FE 至 N 使 $FE = EN$,并连接 NL。

现在,A,B 的外切多边形是相似的,其面积与 A,B 半径的平方成正比。

于是　　$\triangle KDM : B$ 的外切多边形 $= MD^2 : H^2$

$$= MD^2 : CD \cdot EF$$

$$= MD : NF$$

$$= \triangle KDM : \triangle LFN \text{ (因为 } DK = FL \text{)}。$$

因此　　B 的外切多边形 $= \triangle LFN$

$$= \square EL$$

$$= \text{(以 } A \text{ 为底面积的棱柱的表面),由上文。}$$

但是　　　　B 的外切多边形 : B 的内接多边形 $< S : B$。

因此　　　　A 的外切多边形 : B 的内接多边形 $< S : B$,

也可以写成　　A 的外切多边形 : $S < B$ 的内接多边形 : B;

但这是不可能的,因为棱柱表面大于 S,而 B 的内接多边形面积小于 B。

因此　　　　　　　　　　　　$B \not< S$。

II. 假定 $B>S$。

作 B 的一个外切正多边形与另一个内接正多边形,使得

$$B \text{ 的外切多边形}:B \text{ 的内接多边形}<B:S。$$

作 A 的一个内接多边形,它与 B 的内接多边形相似,并在 A 的内接多边形上立一个棱柱,其高与圆柱的高相同。

又如前一样作 DK,FL,每个都等于 A 的内接多边形的周长。

于是在这种情况下,

$$\triangle KDM>A \text{ 的内接多边形}$$

(因为由中心到多边形一边的垂线小于 A 的半径)。

另外,　　　　　　　$\triangle LFN=\square EL=\text{棱柱表面(除开底面)}。$

现在,

A 中的多边形:B 中的多边形$=MD^2:H^2$

$$=\triangle KDM:\triangle LFN,\text{如同以前},$$

以及　　　　　　　　　$\triangle KDM>A \text{ 的内接多边形}。$

因此　　　　　$\triangle LFN \text{ 或(棱柱表面)}>B \text{ 的内接多边形}。$

但这是不可能的,因为

B 的外切多边形:B 的内接多边形$<B:S$,更有

$$<B \text{ 的内接多边形}:S,$$

因此　　　　　　　　　$B \text{ 的内接多边形}>S,\text{更有}$

$$>\text{棱柱表面}。$$

所以 B 既不大于又不小于 S,因此

$$B=S。$$

命题 14

任意等腰圆锥除底面以外的表面等于一个圆的面积,其半径是圆锥的边〔即母线〕与其底面半径之间的比例中项。

设圆锥的底面是圆,面积为 A,作线段 C 等于该圆的半径,线段 D 等于圆锥的边长,又设 E 是 C 与 D 之间的比例中项。

作半径等于 E 的圆,面积为 B。

于是 B 将等于圆锥的表面(除开底面),称为 S。

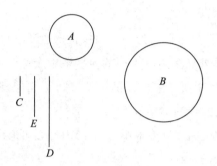

I. 假定 $B < S$。

作 B 的一个外切正多边形，并作 B 的一个内接正多边形与之相似，使得前者与后者面积之比小于比值 $S：B$。

作 A 的一个外切正多边形与以上的相似，并在其上立一个角锥，其顶点与圆锥的顶点相同。

于是　　　　　　　A 的外切多边形：B 的外切多边形

$$= C^2：E^2$$

$$= C：D$$

$$= A \text{ 的外切多边形：除开底面的角锥表面}。$$

因此

$$\text{角锥表面} = B \text{ 的外切多边形}。$$

现在　　　B 的外切多边形：B 的内接多边形 $< S：B$。

因此　　　　　角锥表面：B 的内接多边形 $< S：B$，

而这是不可能的，因为角锥表面积大于 S，而 B 的内接多边形面积小于 B。

所以　　　　　　　　　　　$B \not< S$。

II. 假定 $B > S$。

作 B 的外切及内接正多边形，使得前者与后者面积之比小于比值 $B：S$。

作一个与 B 的内接多边形相似的 A 的内接多边形，并在 A 的内接多边形上立一个角锥，其顶点与圆锥的相同。

在这种情况下，

$$A \text{ 的内接多边形：} B \text{ 的内接多边形}$$

$$= C^2：E^2$$

$$= C：D$$

$$> A \text{ 的内接多边形：除开底面的角锥表面}。$$

这是显然的,因为 C 与 D 之比大于由中心 A 至多边形一边的垂线与顶点至同一边的垂线长度之比。[1]

因此　　　　　　　　角锥表面＝B 的内接多边形。

但　　　　　B 的外切多边形：B 的内接多边形＜B：S,

因此更有　　　　　　B 的外切多边形：角锥表面＜B：S;

而这是不可能的。

因此 B 既不能大于也不能小于 S,

$$B=S。$$

命题 15

任意等腰圆锥表面与其底面之比,等于圆锥的边与其底面半径之比。

按照命题 14,圆锥表面等于一个圆,其半径是圆锥的边与底面半径之间的比例中项。

从而,因为圆的面积之比等于其半径平方之比,命题得证。

命题 16

若一个等腰圆锥被平行于其底面的一个平面切割,圆锥在平行平面之间的部分的表面等于一个圆,其半径是以下二者之间的比例中项:(1)圆锥的边被平行平面截下的部分,与(2)等于两个平行平面上圆的半径之和的线。

设 OAB 是通过圆锥的轴的三角形,DE 是它与被截下圆台的平面的交线,OFC 是圆锥的轴。

于是圆锥 OAB 的表面等于一个圆的面积,该圆半径等于 $\sqrt{OA \cdot AC}$ 。　　　　　　　　　　　　　　　　　[命题 14]

类似地,圆锥 ODE 的表面等于一个圆的面积,该圆半径为 $\sqrt{OD \cdot DF}$ 。

圆台的表面等于两个圆面积之差。

现在　$OA \cdot AC - OD \cdot DF = DA \cdot AC + OD \cdot AC - OD \cdot DF$ 。

但是因为　　　　　　　$OA：AC=OD：DF$,

故　　　　　　　　　　$OD \cdot AC=OA \cdot DF$ 。

从而　　　$OA \cdot AC - OD \cdot DF = DA \cdot AC + DA \cdot DF$

$$= DA \cdot (AC+DF)。$$

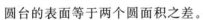

---

[1]　当然,这在几何上等价于:若 α 与 β 两个角度均小于直角,且 $\alpha > \beta$,则 $\sin\alpha > \sin\beta$。

又因为圆的面积之比等于其半径的平方之比,可知半径分别为 $\sqrt{OA \cdot AC}$, $\sqrt{OD \cdot DF}$ 的两个圆的面积之差,等于半径为 $\sqrt{DA \cdot (AC + DF)}$ 的一个圆。

因此,圆台的表面等于这个圆的面积。

引理

"1.等高圆锥的体积之比等于其底面之比;同底圆锥的体积之比等于其高之比。[①]

2.若圆柱被平行于其底面的平面切割,则所得二圆柱体积之比等于其轴之比。[②]

3.与对应圆柱同底[且等高]圆锥的体积之比,等于对应圆柱体积之比。

4.此外,相等圆锥的底面反比于高;底面反比于高的圆锥相等。[③]

5.还有,底面直径之比与轴之比相同的圆锥,其体积之比是底面直径的立方之比。[④]

所有这些命题都已被以前的几何学家所证明。"

命题 17

若有两个等腰圆锥,其一的表面等于另一的底面,且由[第一个圆锥]底面的中心到该圆锥的边的垂线等于[第二个]的高,则二圆锥[的体积]相等。

设 OAB,DEF 分别是通过两个圆锥的轴的三角形,C,G 是对应底面的中心,GH 是由 G 至 FD 的垂线;又假定圆锥 OAB 的底面等于圆锥 DEF 的表面,且 $OC = GH$。

于是,因为 OAB 的底面等于 DEF 的表面,

圆锥 OAB 的底面：圆锥 DEF 的底面

$= DEF$ 的表面：DEF 的底面

$= DF : FG$ [命题 15]

$= DG : GH$,由相似三角形的性质,

$= DG : OC$。

[①] 欧几里得 XII.11:"等高圆锥或等高圆柱之比等于其底面之比。"

    欧几里得 XII.14:"等底的圆锥或圆柱之比等于其高之比。"

[②] 欧几里得 XII.13:"如果一个圆柱被平行于其相对底面的平面所截,那么截得的圆柱与圆柱之比等于其轴之比。"

[③] 欧几里得 XII.15:"相等的圆锥或圆柱的底面与其高成反比。又,底面与高成反比的圆锥或圆柱相等。"

[④] 欧几里得 XII.12:"相似圆锥或相似圆柱之比等于其底面直径的立方之比。"

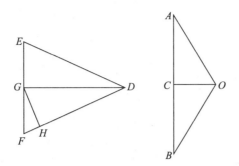

因此,相等二圆锥的底面反比于其高。[引理4]

命题 18

由两个等腰圆锥组成的任意立体菱形[在体积上]等于一个圆锥,其底面等于构成菱形的圆锥之一的表面,其高等于由第二个圆锥的顶点,向第一个的边所作的垂线。

设菱形为 $OADB$,由两个圆锥组成,它们的顶点分别在 O,D,底面公共(以 AB 为直径的圆)。

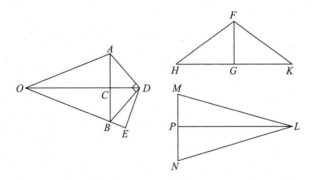

设 FHK 是另一个圆锥,其底面等于圆锥 OAB 的表面,其高 FG 等于由 D 至 OB 的垂线 DE。

那么圆锥 FHK 将[在体积上]等于立体菱形 $OADB$。

构建第三个圆锥 LMN,其底面(以 MN 为直径的圆)等于 OAB 的底面,其高 LP 等于 OD。

那么因为 $$LP=OD,$$

故 $$LP:CD=OD:CD。$$

但[引理1] $OD:CD=$ 菱形 $OADB$:圆锥 DAB,

以及 $$LP:CD=$$ 圆锥 LMN:圆锥 DAB。

由此可知 菱形 $OADB=$ 圆锥 LMN。 (1)

又因为 $AB=MN$,以及

$$OAB \text{ 的表面}=FHK \text{ 的底面},$$

$$FHK \text{ 的底面}:LMN \text{ 的底面}=OAB \text{ 的表面}:OAB \text{ 的底面}$$

$$=OB:BC \qquad\qquad [\text{命题 }15]$$

$$=OD:DE,\text{由相似三角形的性质},$$

$$=LP:FG,\text{根据假设}。$$

于是,在圆锥 FHK,LMN 中,底面反比于高,因此圆锥 FHK 与 LMN 相等,从而由(1)式,圆锥 FHK 等于给定的立体菱形。

命题 19

若一个等腰圆锥被一个平行于其底面的平面切割,然后在生成的圆截面上立一个圆锥,其顶点是[第一个圆锥]的底面的中心,又若从整个圆锥中去除由这两个圆锥形成的菱形,则剩余部分(的体积)将等于一个圆锥,其底面等于第一个圆锥的表面在平行平面之间的部分,其高等于由第一个圆锥底面的中心向该圆锥的边(母线)所作的垂线。

设圆锥 OAB 被平行于其底面的一个平面截得以 DE 为直径的圆。设 C 是圆锥底面的中心,以 C 为顶点并以直径是 DE 的圆为底面作一个圆锥,与圆锥 ODE 一起构成菱形 $ODCE$。

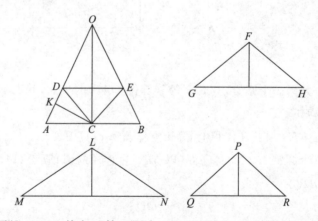

作一个圆锥 FGH,其底面等于圆台 $DABE$ 的表面,其高等于由 C 至 AO 的垂线(CK)。

那么圆锥 FGH 将等于圆锥 OAB 与菱形 $ODCE$ 之间的差。

作(1)圆锥 LMN,其底面等于圆锥 OAB 的表面,其高等于 CK,

（2）圆锥 PQR，其底面等于圆锥 ODE 的表面，其高等于 CK。

兹因为圆锥 OAB 的表面等于圆锥 ODE 的表面连同圆台 $DABE$ 的表面，根据构形我们有，

$$LMN \text{ 的底面} = FGH \text{ 的底面} + PQR \text{ 的底面}$$

且因为三个圆锥的高相等，

$$\text{圆锥 } LMN = \text{圆锥 } FGH + \text{圆锥 } PQR。$$

但圆锥 LMN 等于圆锥 OAB［命题 17］，且圆锥 PQR 等于菱形 $ODCE$［命题 18］。

因此圆锥 $OAB =$ 圆锥 $FGH +$ 菱形 $ODCE$，命题得证。

命题 20

若构成立体菱形的等腰圆锥之一被一个平行于其底面的平面切割，并在生成的圆截面上立一个圆锥，其顶点与第二个圆锥相同，又若从整个菱形中去除这样形成的菱形，则剩余部分将等于一个圆锥，其底面等于圆锥的表面在平行平面之间的部分，其高等于由第二个①圆锥的顶点，向第一个圆锥的边（母线）所作的垂线。

设菱形为 $OACB$，又设圆锥 OAB 被平行于其底面的一个平面截得以 DE 为直径的圆。以这个圆为底面及 C 为顶点作一个圆锥，与圆锥 ODE 一起构成菱形 $ODCE$。

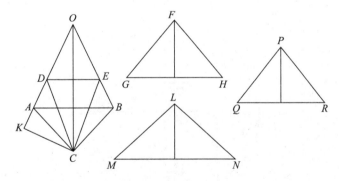

作一个圆锥 FGH，其底面等于圆台 $DABE$ 的表面，其高等于由 C 至 AO 的垂线（CK）。

于是圆锥 FGH 等于菱形 $OACB$ 与菱形 $ODCE$ 之间的差。

---

① 在海贝格的译文"先验圆锥（prioris coni）"及 p. 93 相应的附注中，有一个小错误。垂线并非始于被平面截下圆锥的顶点，而是另一个圆锥的顶点。

取(1)圆锥 LMN，其底面等于圆锥 OAB 的表面，其高等于 CK，(2)圆锥 PQR，其底面等于 ODE 的表面，其高等于 CK。

那么因为 OAB 的表面等于 ODE 的表面连同圆台 $DABE$ 的表面，根据构形我们有，

$$LMN \text{ 的底面} = PQR \text{ 的底面} + FGH \text{ 的底面}$$

且三个圆锥的高相等，因此

$$\text{圆锥 } LMN = \text{圆锥 } PQR + \text{圆锥 } FGH。$$

但圆锥 LMN 等于菱形 $OACB$［命题 17］，且圆锥 PQR 等于菱形 $ODCE$［命题 18］。因此圆锥 FGH 等于菱形 $OACB$ 与 $ODCE$ 之差。

命题 21

边数为偶数的正多边形 $ABC\cdots A'\cdots C'B'A$ 内接于直径为 AA' 的圆，若连接间隔一个角点的两个角点如 B 与 B'，并作平行于 BB' 并连接成对角点的线如 $CC',DD',\cdots$，则

$$(BB' + CC' + \cdots) : AA' = A'B : BA。$$

设 $BB',CC',DD',\cdots$ 分别与 AA' 相交于 $F,G,H,\cdots$；又设连线 CB',DC'，$\cdots$ 分别与 AA' 相交于点 $K,L,\cdots$。

那么很显然，$CB',DC',\cdots$ 彼此平行并与 AB 平行。

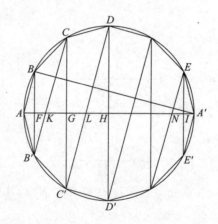

从而，由相似三角形的性质，

$$BF : FA = B'F : FK$$
$$= CG : GK$$
$$= C'G : GL$$

…

$$=E'I：IA'；$$

再把以上各个比例式的前项与后项分别相加,我们有

$$(BB'+CC'+\cdots)：AA'=BF：FA$$
$$=A'B：BA。$$

命题 22

若一个多边形内接于一个弓形 LAL',不包括底边的诸边均相等,且总数是偶数,这些边是 $LK\cdots A\cdots K'L'$,A 是弓形的中点,且若作平行于底线 LL' 并连接成对角点的线 BB',CC',$\cdots$,则

$$(BB'+CC'+\cdots+LM)：AA'=A'B：BA,$$

其中 M 是 LL' 的中点,AA' 是通过 M 的直径。

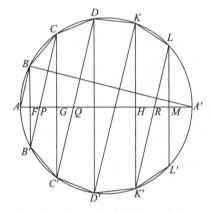

如在前一命题中,连接 CB',DC',$\cdots$,LK',并假定它们与 AM 相交于 P,Q,$\cdots$,R,而 BB',CC',$\cdots$,KK' 与 AM 相交于 F,G,$\cdots$,H,由相似三角形的性质我们有

$$BF：FA=B'F：FP$$
$$=CG：PG$$
$$=C'G：GQ$$
$$\cdots$$
$$=LM：RM；$$

再把以上各比例式的前项与后项分别相加,我们有

$$(BB'+CC'+\cdots LM)：AM=BF：FA$$
$$=A'B：BA。$$

命题 23

作球的大圆 $ABC\cdots$，并在其中内接一个正多边形，其边数为 4 的倍数。设 AA'，MM' 是互成直角的直径，并连接多边形的相对角点。

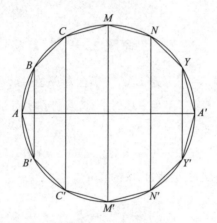

那么若多边形与大圆一起环绕直径 AA' 旋转，除开 A，A' 以外的多边形各个角点，将在球的表面生成一个个与直径 AA' 成直角的圆。多边形的各边也将生成圆锥的部分表面，例如 BC 将生成这样一个圆锥的部分表面，该圆锥的底面是以 CC' 为直径的一个圆，其顶点是 CB 与 $C'B'$ 的延长线相交并与直径 AA' 相交的点。

把半球 MAM'，与被包含在半球内的多边形旋转所生成图形的一半相比较，我们看到半球表面与内接图形表面具有在同一平面上的相同边界（即以 MM' 为直径的圆），前一个表面完全被包含在后一个之中，它们都凹向同一侧。

因此，半球的表面大于内接图形[*假设* 4]；这对图形的另一半也成立。

所以，球的表面大于内接于其大圆的多边形绕大圆的直径旋转形成的表面。

命题 24

一个边数为 4 的倍数的正多边形 $AB\cdots A'\cdots B'A$ 内接于球的一个大圆，若连接对向两边的 BB'，并作所有其他平行于 BB' 的成对角点的连线，则把该多边形环绕直径旋转得到球的一个内接图形，其表面积等于一个圆，该圆的半径平方等于矩形

$$BA(BB'+CC'+\cdots)\text{。}$$

该图形的表面由多个不同圆锥表面的一部分组成。

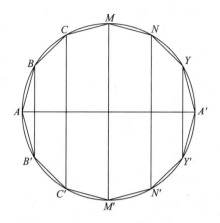

现在,圆锥 ABB' 的表面等于半径为 $\sqrt{BA \cdot \frac{1}{2}BB'}$ 的圆[命题 14]。圆台

$BB'C'C$ 的表面等于半径为 $\sqrt{BC \cdot \frac{1}{2}(BB'+CC')}$ 的圆[命题 16]。

因为 $BA=BC=\cdots$,可见整个表面等于一个圆,其半径等于

$$\sqrt{BA(BB'+CC'+\cdots+MM'+\cdots+YY')}\,。$$

命题 25

上一命题中球的内接图形的表面,由多个圆锥表面的一部分组成,它小于球的大圆的 4 倍。

设 $AB\cdots A'\cdots B'A$ 是内接于一个大圆的正多边形,它的边的数目是 4 的倍数。

与前面一样,假定在对向两边间作 BB',以及作 CC',$\cdots$,YY' 平行于 BB'。

设 R 是一个圆,其半径的平方等于

$$AB(BB'+CC'+\cdots+YY'),$$

使得球的内接图形的表面等于 R[命题 24]。

现在 $\quad(BB'+CC'+\cdots+YY'):AA'=A'B:AB$[命题 21],

因而 $\quad\quad\quad AB(BB'+CC'+\cdots+YY')=AA'\cdot A'B$。

从而 $\quad\quad\quad (R\text{ 的半径})^2=AA'\cdot A'B$

$$<AA'^2。$$

因此,球的内接图形的表面或圆 R,小于圆 $AMA'M'$ 的 4 倍。

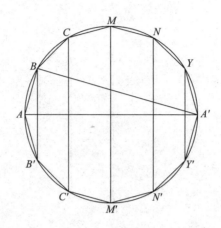

命题 26

与前一样,内接于球的图形[在体积上]等于一个圆锥,该圆锥的底面等于内接于球的图形的表面,其高等于由球心至多边形一边的垂线。

与前面一样,假定 $AB \cdots A' \cdots B'A$ 是内接于一个大圆的正多边形,并连接 $BB', CC', \cdots$。

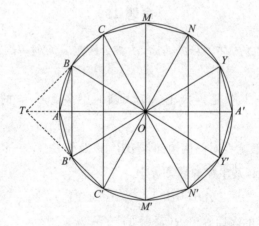

构建一系列顶点为 O 的圆锥,其底面是在 $BB', CC', \cdots$ 的圆,从而直径在垂直于 AA' 的平面上。

于是 $OBAB'$ 是一个立体菱形,其体积等于这样一个圆锥,该圆锥的底面等于圆锥 ABB' 的表面,高等于由 O 至 AB 的垂线[命题18]。设垂线的长度为 p。

又若 CB 与 $C'B'$ 的延长线相交于 T,则三角形 BOC 绕 AA' 旋转生成的立体图形的那一部分等于菱形 $OCTC'$ 与 $OBTB'$ 之差,即一个圆锥,其底面等于圆台

$BB'C'C$ 的表面，其高等于 p［命题 20］。

如此继续并相加，我们可以证明，因为高相等，圆锥体积之比等于其底面面积之比，旋转体的体积等于一个圆锥，其高为 p，其底面等于圆锥 BAB'，圆台 $BB'C'C$ 等的面积之和，即一个高为 p，底面积等于立体表面积的圆锥。

命题 27

如前一样内接于一个球的图形小于以下圆锥的 4 倍，该圆锥的底面等于球的大圆，其高等于球的半径。

由命题 26，该立体图形的体积等于这样一个圆锥，其底面等于立体的表面，其高为 p，即由 O 至多边形任意边的垂线。设 R 是这样一个圆锥。

又作圆锥 S，其底面等于球的大圆，其高等于球的半径。

现在，因为内接立体的表面小于大圆的 4 倍［命题 25］，圆锥 R 的底面小于圆锥 S 底面的 4 倍。另外，R 的高（p）小于 S 的高。所以 R 的体积小于 S 的体积的 4 倍；命题得证。

命题 28

设边数为 4 的倍数的一个正多边形 $AB\cdots A'\cdots B'A$ 外切于给定球的一个大圆，然后对该多边形作一个外接圆，它因此与给定球的大圆有相同的中心。设 AA' 等分多边形并截给定球于 a，a'。

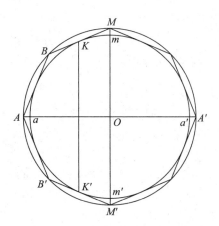

若大圆连同外切多边形一起绕 AA' 旋转，大圆将生成一个球的表面，而除开 A，A' 的多边形诸点将沿着较大球的表面移动，多边形的边与内球的大圆的切点，将在那个球的垂直于 AA' 的多个平面上生成圆，而多边形的边，将生成圆锥

表面的一部分。于是外切图形将大于球面。

设任意边如 BM，与内圆相切于 K，并设 K' 是圆与 $B'M'$ 的切点。

于是 KK' 绕 AA' 旋转生成的圆是以下两个曲面在同一平面上的边界：

(1) 弓形 KaK' 旋转形成的曲面，以及

(2) 多边形的 $KB\cdots A\cdots B'K'$ 部分旋转形成的曲面。

现在，第二个曲面完全包含了第一个，且它们都凹向同一方向；因此[*假设 4*] 第二个曲面大于第一个。

对以 KK' 为直径的圆的相反侧的曲面（即弓形 $Ka'K'$ 旋转形成的曲面），相同的论断成立。

从而通过相加，我们看到外切于给定球的图形的表面大于球表面。

命题 29

若一个图形 $AB\cdots A'\cdots B'A$ 外切于一个球的方式如上一命题所示，则其表面等于一个圆，该圆半径的平方等于 $AB(BB'+CC'+\cdots)$。

因为外切于一个球的图形内接于一个更大的球，命题 24 的证明适用于本命题。

命题 30

如前一样外切于一个球的图形的表面大于球的大圆的 4 倍。

设 $AB\cdots A'\cdots B'A$ 是边数为 $4n$ 的一个正多边形，它通过环绕 AA' 旋转生成外切于球的立体，该球有大圆 $ama'm'$。假定 aa',AA' 在同一条直线上。

设 R 是等于外切立体表面的圆。

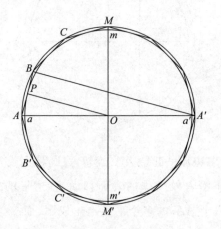

现在　　　　　　　$(BB'+CC'+\cdots):AA'=A'B:BA$，　　［如在命题 21 中］

使得　　　　　　　$AB(BB'+CC'+\cdots)=AA'\cdot A'B$。

从而　　　　　　R 的半径 $=\sqrt{AA'\cdot A'B}$　　　　　　［命题 29］

　　　　　　　　　　$>A'B$。

但 $A'B=2OP$，其中 P 是 AB 与圆 $ama'm'$ 相切的点。

因此　　　　　　　R 的半径＞圆 $ama'm'$ 的直径；

因而 R，进而外切立体的表面，大于给定球的大圆的 4 倍。

命题 31

如前一样，外切于球的旋转立体等于这样一个圆锥，其底面等于立体的表面，其高等于球的半径。

该立体与前面的一样，是一个内接于更大球的立体；又因为旋转多边形任意边上的垂线等于内球的半径，从而本命题与命题 26 等同。

推论　*外切于较小球的立体大于以下圆锥的 4 倍，该圆锥的底面是球的大圆，其高等于球的半径。*

因为立体的表面大于内球大圆的 4 倍［命题 30］，故底面等于立体面积，高等于球半径的圆锥，大于高相等但以大圆为底面的圆锥的 4 倍。　　　　［引理 1］

从而由本命题，该立体大于后一个圆锥的 4 倍。

命题 32

若内接于一个球的大圆的 $4n$ 边正多边形为 $ab\cdots a'\cdots b'a$，另一个相似的正多边形 $AB\cdots A'\cdots B'A$ 外切于大圆，且若多边形连同分别以 aa'，AA' 为直径的大圆旋转，则生成立体图形的表面分别与二球内接及外切，且

(1) 外切与内接图形表面积之比是正多边形边的平方比，以及

(2) 图形本身［即体积］之比是正多边形边的立方比。

(1) 设 AA'，aa' 在同一条直线上，并设 $MmOm'M'$ 是与之成直角的一条直径。

连接 BB'，CC'，$\cdots$ 与 bb'，cc'，$\cdots$，它们相互平行且平行于 MM'。

假定 R，S 是使得

　　　　　　　　$R=$ 外切立体的表面，

　　　　　　　　$S=$ 内接立体的表面

的圆，则　　　　　$(R\ \text{的半径})^2=AB(BB'+CC'+\cdots)$，　　　　［命题 29］

$$(S \text{ 的半径})^2 = ab(bb' + cc' + \cdots)\text{。}$$ [命题 24]

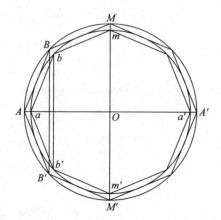

且因为多边形相似,这两个方程中右边项的矩形也相似,因此其面积比值为

$$AB^2 : ab^2\text{。}$$

从而　　　外切立体的表面:内接立体的表面 $= AB^2 : ab^2$。

(2) 作圆锥 V,其底面是圆 R,高等于 Oa,又作圆锥 W,其底面是圆 S,高等于由 O 至 ab 的垂线,我们将称之为 p。

于是 V, W 分别等于外切及内接图形的体积。 [命题 31,26]

现在,因为两个多边形相似,

$$AB : ab = Oa : p$$
$$= \text{圆锥 } V \text{ 的高} : \text{圆锥 } W \text{ 的高};$$

且如以上所述,圆锥的底面(圆 R, S)的比值是 AB^2 比 ab^2。

因此　　　　　　　　$V : W = AB^2 : ab^2\text{。}$

命题 33

任意球的表面等于其大圆的 4 倍。

设 C 是等于 4 倍大圆的一个圆。

那么若 C 不等于球的表面,它必定或者小于或者大于。

I. 假定 C 小于球的表面。

总可以找到两条 β, γ,其中 β 较长,使得

$$\beta : \gamma < \text{球的表面} : C$$ [命题 2]

取这样的线,并设 δ 是它们之间的比例中项。

假定两个相似的正 $4n$ 边形分别外切及内接于一个大圆,其边的比值小于 $\beta : \delta$。

[命题 3]

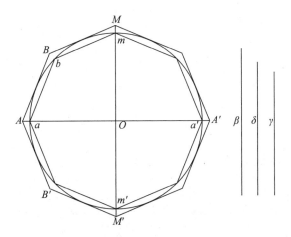

设该多边形连同圆绕其共同直径旋转,生成的旋转体与前面的一样。

那么　　　　　外切立体的表面:内接立体的表面

$$=(\text{外切立体的边})^2:(\text{内接立体的边})^2 \qquad [\text{命题 }32]$$

$$<\beta^2:\delta^2,\text{或}\ \beta:\gamma,\text{更有}$$

$$<\text{球的表面}:C。$$

但这是不可能的,因为外切立体的表面大于球的表面[命题 28],而内接立体的表面小于球的表面[命题 25]。

因此 C 不小于球的表面。

II. 假定 C 大于球的表面。

取两条线 β,γ,其中 β 较长,使得

$$\beta:\gamma<C:\text{球的表面}$$

与前相同,对大圆外切及内接相似的正多边形,使它们的边之比小于 β 与 γ 之比,并假定以通常的方式生成旋转立体。

于是,在这种情况,

外切立体的表面:内接立体的表面

$$<C:\text{球的表面}。$$

但这是不可能的,因为外切立体的表面大于 C[命题 30],而内接立体的表面小于球的表面[命题 23]。

于是 C 不大于球的表面。

因为 C 既不能大于又不能小于球的表面积,因此,C 等于球的表面。

命题 34

任意球[的体积]等于以下圆锥的 4 倍,该圆锥的底面等于球的大圆,高等于球的半径。

设球有大圆 $ama'm'$。

若球不等于该圆锥的 4 倍,它必定或者小于或者大于。

I. 设球大于圆锥的 4 倍,检验是否可能。

假定 V 是一个圆锥,其底面等于大圆的 4 倍,其高等于球的半径。

于是根据假设,球大于 V;总可以找到两条线 β,γ(其中 β 较长),使得

$$\beta:\gamma<\text{球的体积}:V。$$

在 β 与 γ 之间插入两个比例中项 δ,ε。

与前一样,设两个相似的正 $4n$ 边形分别外切及内接于一个大圆,其边的比值小于 $\beta:\delta$。

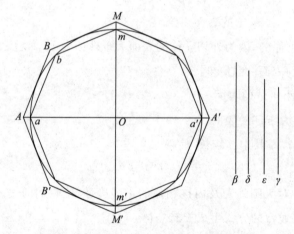

设圆的直径 aa' 与两个多边形的直径在同一条直线上,并设后者连同圆一起绕 aa' 旋转,生成两个旋转体的表面。因此,这些立体的体积与其边长的立方成正比。

[命题 32]

于是　　　　　外切立体的体积:内接立体的体积

$<\beta^3:\delta^3$,根据假设,且更有

$<\beta:\gamma$（因为 $\beta:\gamma>\beta^3:\delta^3$）[①]，且更有

$<$ 球的体积 $:V$。

但这是不可能的，因为外切立体的体积大于球的体积［命题 28］，而内接立体的体积小于 V［命题 27］。

从而，球不可能大于 V，或即上面所述圆锥的 4 倍。

II. 设球小于 V，检验是否可能。

在这种情况下，我们取 β,γ（β 较大），使得

$$\beta:\gamma<V:\text{球的体积}。$$

其余构形与证明同前，我们最终有

外切立体的体积：内接立体的体积

$<V:$ 球的体积。

但这是不可能的，因为外切立体的体积大于 V［命题 31 推论］，而内接立体的体积小于球的体积。

所以球的体积不小于 V。

于是，因为球既不小于也不大于 V，它只能等于 V，或即上述圆锥的 4 倍。

推论　由所证明的可知，*底面等于球的大圆、高等于球的直径的圆锥，是球*［体积］*的* $\dfrac{3}{2}$，*且其表面连同底面一起，是球表面的* $\dfrac{3}{2}$。

与同底等高的圆锥相比，圆柱是它的 3 倍［欧几里得 XII. 10］，即与相同底面及高为球半径的圆锥相比，圆柱是它的 6 倍。

---

① 阿基米德假设 $\beta:\gamma>\beta^3:\delta^3$。尤托西乌斯在他的评论中证明了这个性质，如下所述：

取 x 使得　　　　　　　　　　　　$\beta:\delta=\delta:x$，

于是　　　　　　　　　　　　　　$\beta-\delta:\beta=\delta-x:\delta$，

又因为 $\beta>\delta$，故 $\beta-\delta>\delta-x$。

但根据假设　　　　　　　　　　$\beta-\delta=\delta-\varepsilon$，

因此　　　　　　　　　　　　　　$\delta-\varepsilon>\delta-x$，

或　　　　　　　　　　　　　　　　$x>\varepsilon$。

又假定　　　　　　　　　　　　　$\delta:x=x:y$，

同理可得　　　　　　　　　　　　$\delta-x>x-y$，

进而　　　　　　　　　　　　　　$\delta-\varepsilon>x-y$。

因此　　　　　　　　　　　　　　$\varepsilon-\gamma>x-y$；

又因为 $x>\varepsilon$，故 $y>\gamma$。

现在，根据假设，β,δ,x,y 构成连比例，

因此　　　　　　　　　　　　　　$\beta^3:\delta^3=\beta:y$

　　　　　　　　　　　　　　　　　$<\beta:\gamma$。

但球是后一个圆锥的 4 倍[命题 34]。因此圆柱是球的 $\frac{3}{2}$。

此外,圆柱的表面(除开底面)等于一个圆,该圆半径是圆柱的高与其底面直径之间的比例中项[命题 13]。

在这种情况下,高等于底面的直径,因此该圆的半径是球的直径,或这是等于球的大圆的 4 倍的一个圆。

因此,圆柱的表面连同底面等于大圆的 6 倍。

而球表面是大圆的 4 倍[命题 33];因而

$$圆柱表面连同底面 = \frac{3}{2}球的表面。$$

命题 35

若在圆弓形 LAL′(其中 A 是弧的中点)中内接一个多边形 LK…A…K′L′,LL′ 是其一边,此外有 2n 条相等的边,若多边形连同弓形一起绕直径 AM 旋转,生成一个立体图形内接于一个球缺,则内接立体的表面等于一个圆,其半径的平方等于矩形

$$AB\left(BB' + CC' + \cdots + KK' + \frac{LL'}{2}\right).$$

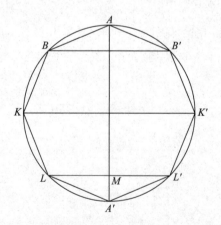

内接图形的表面由多个圆锥的部分表面组成。

前面已讲过,圆锥 BAB' 的表面就等于一个圆,其半径为

$$\sqrt{AB \cdot \frac{1}{2}BB'}\,;$$

[命题 14]

圆台 $BCC'B'$ 的表面等于一个圆,其半径为

$$\sqrt{AB \cdot \frac{BB' + CC'}{2}};$$

［命题 16］

等等。

循此例继续并相加，我们发现，因为圆面积之间的相互关系如同半径的平方，内接图形的表面等于一个圆，其半径为

$$\sqrt{AB\left(BB' + CC' + \cdots + KK' + \frac{LL'}{2}\right)}。$$

命题 36

如前一样内接于球缺的图形的表面小于球缺的表面。

这是清楚的，因为球缺的圆底面是两个曲面的共同边界，球缺包括了其他立体，二者都凹向同一侧［*假设* 4］。

命题 37

由 LK…A…K'L' 绕 AM 旋转生成的内接于球缺的立体图形的表面小于半径等于 AL 的圆。

设直径 AM 与圆相交于 A'，LAL' 是该圆中的弓形。连接 $A'B$。

如在命题 35 中，内接立体的表面等于一个圆，其半径的平方是

$$AB(BB' + CC' + \cdots + KK' + LM)。$$

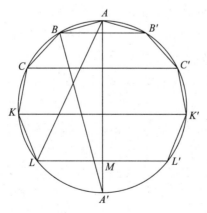

这个圆的面积 $= A'B \cdot AA'$ ［命题 22］

$$< A'A \cdot AA'$$

$$< AL^2。$$

所以，内接立体的表面小于半径为 AL 的圆。

命题 38

如前所示,内接于一个小于半球球缺的立体图形,连同一个底面为球缺底面,顶点为球心的圆锥,均等于以下圆锥,其底面等于内接立体的表面,其高等于由球心至多边形任意边的垂线。

设 O 是球心,p 是由 O 至 AB 垂线的长度。

假定诸圆锥的顶点是 O,底面是以 BB',CC',… 为直径的圆。

于是菱形 $OBAB'$ 等于一个圆锥,其底面等于圆锥 BAB' 的表面,其高是 p。

[命题 18]

再者,若 CB 与 $C'B'$ 相交于 T,以作为多边形的三角形 BOC 绕 AO 旋转生成的立体,是菱形 $OCTC'$ 与菱形 $OBTB'$ 之差,并因此其体积等于一个圆锥,该圆锥的底面等于圆台 $BCC'B'$ 的表面,其高为 p。

[命题 20]

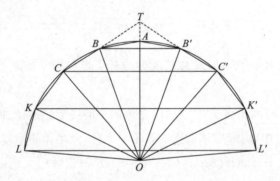

类似地,对作为多边形的三角形 COD 旋转生成的立体部分;等等。

从而,通过叠加,内接于球缺的诸立体图形,连同圆锥 OLL' 一起,在体积上等于一个圆锥,该圆锥的底面为内接立体的表面,高为 p。

推论 底面是半径等于 AL 的圆,高等于球半径的圆锥,大于内接立体与圆锥 OLL' 之和。

因为根据本命题,内接立体与圆锥 OLL' 之和等于一个圆锥,其底面等于立体的表面,高为 p。

后一个圆锥小于高等于 OA 及以半径为 AL 的圆为底面的圆锥,因为高 p 小于 OA,而立体的表面小于半径为 AL 的圆。

[命题 37]

命题 39

设 lal' 是大圆中小于半圆的一个弓形。设 O 为球心,连接 Ol,Ol'。假定多

边形 LK, $\cdots BA$, AB', $\cdots K'L'$[1] 外切于扇形 $Olal'$, 除开两条半径以外, 它还有 $2n$ 条彼此相等的边; 又设 OA 为等分弓形 lal' 的大圆半径。

于是, 多边形的外接圆与给定的大圆有相同的中心 O。

兹假定多边形与两个圆一起绕 OA 旋转。两个圆各生成一个球, 除开 A 以外的角点将在外球上生成直径为 BB' 等的圆, 诸边与内球缺的接触点[2]将在内球上生成圆, 诸边本身将生成圆锥或圆台的表面, 通过多边形的相等各边旋转生成的外切于内球的整个图形, 其底面将是以 LL' 为直径的圆。

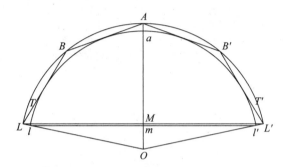

这样外切于球扇形[除开其底面]的立体图形的表面, 大于底面是直径为 ll' 的圆的球冠。

在内球冠 l, l' 处作切线 lT, $l'T'$。它们连同多边形诸边旋转后将生成一个立体, 其表面大于球冠[假设 4]。

但 lT 旋转生成的曲面小于 LT 旋转生成的曲面, 因为角 TlL 是一个直角, 从而 $LT > lT$。

所以更有, $LK \cdots A \cdots K'L'$[3]生成的曲面大于球冠。

推论 这样作出的球扇形外切图形的表面等于一个圆, 其半径的平方等于矩形

$$AB\left(BB' + CC' + \cdots + KK' + \frac{1}{2}LL'\right)。$$

因为外切图形内接于外球, 故命题 35 的证明在此适用。

---

① 图中显示的是 OL, LB, BA, AB', BL', $L'O$, 作者的意思是像 LB, BA, AB', BL' 那样彼此相等的边共有 $2n$ 条。因而, 命题 39 图中的多边形应画成与命题 38 图中的多边形相类似, 有更多条边。——译者注

② 其实是切点。——译者注

③ 如上面译者注所述, 参照命题 38 的图。——译者注

命题 40

如前所示外切于球扇形图形的曲面,大于半径等于 al 的圆。

设直径 AaO 与大圆相交,并又与外接于旋转多边形的圆相交于 A,A'。连接 $A'B$ 并作 ON 至 AB 与内圆的接触点 N。

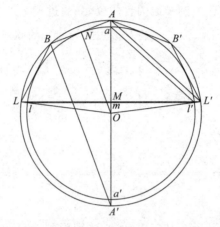

现在,由命题 39 的推论,外切于扇形 $OlAl'Olal'$[①]的立体图形的表面等于一个圆,其半径的平方等于矩形

$$AB\left(BB'+CC'+\cdots+KK'+\frac{1}{2}LL'\right)。$$

但这个矩形等于 $A'B \cdot AM$[如在命题 22 中]。

其次,因为 AL',al' 平行,三角形 AML' 与三角形 aml' 相似。且 $AL'>al'$;因此 $AM>am$。

此外, $A'B=2ON=aa'$。

因此 $A'B \cdot AM >am \cdot aa'$

$$>al'^2。$$

从而,外切于扇形的立体图形的表面大于一个圆,其半径等于 al' 或 al。

推论 1 外切于球扇形的图形连同一个圆锥(其顶点为 O,其底面为以 LL' 为直径的圆)的体积,等于一个圆锥的体积,该圆锥的底面等于外切图形表面,其高为 ON。

因为该图形内接于与内球同心的外球,故命题 38 的证明适用。

推论 2 外切图形连同圆锥 OLL' 的体积,等于一个圆锥,该圆锥的底面为半

---

① 原文误作 $OlAl'$。——译者注

径等于 al 的圆,高等于内球的半径(Oa)。

因为该图形连同圆锥 OLL' 的体积等于一个圆锥,该圆锥的底面等于该图形的表面,高等于 ON。

并且该图形的表面大于半径等于 al 的圆[命题 40],而高 Oa,ON 相等。

命题 41

设 lal' 是球的大圆中小于半圆的一个弓形。

假定内接于扇形 $Olal'$ 的多边形有 $2n$ 条边 lk,$\cdots ba$,ab',$\cdots$,$k'l'$,它们均相等。设一个相似的多边形外切于扇形,其各边平行于第一个多边形的各边;又作一个圆外接于外多边形。

现在设多边形与圆一起绕 OaA(等分圆弓形 lal' 的半径)旋转。则(1)这样生成的外与内旋转体的表面之比为 AB^2 比 ab^2,以及(2)它们与对应的圆锥(有相同底面与顶点)之和的体积之比为 AB^3 比 ab^3。

(1)因为二者的表面分别等于一个圆,圆半径的平方分别等于

$$AB\left(BB'+CC'+\cdots+KK'+\frac{LL'}{2}\right), \qquad \text{[引理 39 推论]}$$

以及

$$ab\left(bb'+cc'+\cdots+kk'+\frac{ll'}{2}\right)。 \qquad \text{[命题 35]}$$

但这些矩形之比是 AB^2 与 ab^2 之比,因此表面也是如此。

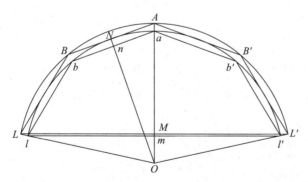

(2)作 OnN 垂直于 ab 与 AB;并假定外旋转体和内旋转体表面分别等于圆 S 和 s。

现在,外切立体与圆锥 OLL' 之和的体积等于一个圆锥,其底面为 S 及高为 ON[引理 40 推论 1]。而内接立体与圆锥 Oll' 之和的体积等于一个圆锥,其底面为 s 及高为 On[引理 38]。

但 $$S : s = AB^2 : ab^2,$$

以及 $$ON : On = AB : ab。$$

因此,外切立体连同圆锥 OLL' 一起的体积与内接立体连同圆锥 Oll' 一起的体积之比为 AB^3 比 ab^3 [引理 5]。

命题 42

若 lal' 是小于半球的球缺,Oa 是垂直于其底面的半径,则球缺表面等于半径为 al 的一个圆。

设 R 是半径等于 al 的一个圆的面积。于是,我们将称为 S 的球缺表面,若不等于 R 就必定或者大于或者小于 R。

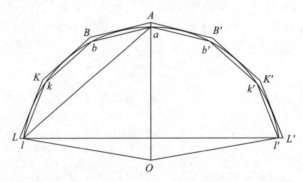

I. 假定 $S > R$,检验是否可能。

设 lal' 是大圆中小于半圆的一个弓形。连接 Ol, Ol',并设如同在前一命题中,有 $2n$ 条相等边的两个相似多边形分别外切及内接于扇形,但

$$外切多边形 : 内接多边形 < S : R。 \qquad [命题 6]$$

兹设多边形连同弓形绕 OaA 旋转,生成球缺的外切及内接立体。那么

外立体表面 : 内立体表面

$$= AB^2 : ab^2 \qquad [命题 41]$$

= 外切多边形 : 内接多边形

$< S : R$,根据假设。

但外立体的表面大于 S [命题 39]。

因此内立体的表面大于 R;而由命题 37,这是不可能的。

II. 假定 $S < R$,检验是否可能。

在这种情况下,作外切及内接多边形并使其比值小于 $R : S$,我们得到结果

外立体表面 : 内立体表面

$$<R : S。$$

但外立体的表面大于 R[命题 40]。因此,内立体的表面大于 S;而这是不可能的[命题 36]。

所以,因为 S 既不大于又不小于 R,

$$S = R。$$

命题 43

即使对于大于半球的球缺,它的表面仍等于半径为 al 的一个圆。

设 $lal'a'$ 是球的大圆,aa' 是垂直于 ll' 的直径;又设 $la'l'$ 是一个小于半圆的弓形。

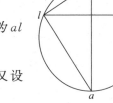

于是,由命题 42,球冠 $la'l'$ 等于一个圆,其半径等于 $a'l$。此外,整个球的表面等于半径为 aa' 的一个圆[命题 33]。但 $aa'^2 - a'l^2 = al^2$,且圆面积与其半径的平方成正比。因此,作为球与 $la'l'$ 表面之差的球冠 lal',等于半径为 al 的圆。

命题 44

任意球扇形的体积等于一个圆锥,该圆锥的底面等于包含在扇形中的球缺表面,其高等于球的半径。

设 R 是一个圆锥,其底面等于球扇形 lal' 的表面,其高等于球的半径;且设 S 是扇形 $Olal'$ 的体积。

于是,若 S 不等于 R,它必定或者大于或者小于 R。

I. 假定 $S > R$,检验是否可能。

找到两条直线段 β, γ,其中 β 较长,使得

$$\beta : \gamma < S : R,$$

并设 δ, ε 是 β, γ 之间的两个比例中项。

设 lal' 是球的大圆的弓形。连接 Ol, Ol',并如前所述,设有 $2n$ 条相等边的两个相似多边形分别外切及内接于扇形,但其边之比小于 $\beta : \delta$。[命题 4]然后设两个多边形连同弓形绕 OaA 旋转,生成两个旋转立体。分别记这两个立体的体积为 V, v,我们有

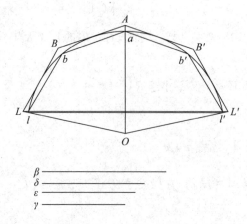

$$(V+圆锥\ OLL')：(v+圆锥\ Oll')=AB^3：ab^3 \qquad [命题\ 41]$$

$$<\beta^3：\delta^3,更有^①,$$

$$<\beta：\gamma$$

$$<S：R,根据假设。$$

现在 $\qquad\qquad V+圆锥\ OLL'>S,$

因此也有 $\qquad\qquad v+圆锥\ oll'>R。$

但由命题 38 的推论,并结合命题 42 与 43,这是不可能的。从而

$$S\not>R。$$

Ⅱ. 假定 $S<R$,检验是否可能。

在这种情况下,我们取 β,γ 使得

$$\beta：\gamma<R：S$$

并与前面所述的一样作其余构形。

于是我们得到以下关系

$$(V+圆锥\ OLL')：(v+圆锥\ Oll')<R：S。$$

现在 $\qquad\qquad v+圆锥\ oll'<S,$

因此 $\qquad\qquad V+圆锥\ OLL'<R;$

由命题 40 的推论 2,并结合命题 42 与 43,这是不可能的。

那么因为 S 既不大于又不小于 R,所以

$$S=R。$$

---

① 参见命题 34 的附注,见第 151 页。

论球与圆柱　卷 II

"阿基米德向多西休斯致敬。"

前不久,您要求我写出一个问题的证明,该问题的表述我曾寄给科农。实际上,它们大都依赖于我曾递送给您的关于以下这些定理的证明:(1)任意球的表面积四倍于球的大圆,(2)球的任意球缺的表面(球冠)等于一个圆,其半径等于由球缺的顶点向其底面的周边所引的直线段,(3)底面是任意球的大圆,高等于该球直径的圆柱,其体积是球的一倍半,而其表面积[包括两个底面在内]是球的表面积的一倍半,以及(4)任意立体扇形等于一个圆锥,该圆锥的底面等于包含在扇形中球缺的表面,它的高等于球的半径。就这些定理与依赖于这些定理的问题,我写成了这本书并传送给您;通过不同类型的研究发现另一些,即与螺线同拟圆锥相关的那些,我将尽快传送给您。

第一个问题如下:给定一个球,找到等于球的表面积的一个平面区域。

这个问题的解显然来自上述定理。因为球的大圆的四倍既是一个平面区域,又等于球的表面。第二组问题如下。

命题 1(作图题)

给定一个圆锥或圆柱,求等于该圆锥或圆柱的一个球。

若 V 是给定的圆锥或圆柱,我们可以作一个圆柱等于 $\frac{3}{2}V$。设这个圆柱的底面是以 AB 为直径的圆,其高等于 OD。

现在,若我们可以作另一个圆柱等于这个圆柱使其体积(OD),但其高等于其底面的直径,则本题获解。因为这后一个圆柱体积等于 $\frac{3}{2}V$,而直径等于该圆柱的高(或底面的直径)的球即为待求的球。[《论球与圆柱》卷 I 命题 34 推论]。

假定本题已解出,并设圆柱(CG)等于圆柱(OD),其底面直径 EF 等于其高 CG。

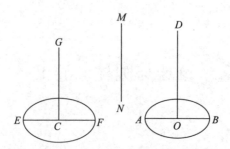

于是，因为相等圆柱的高与底面成反比，

$$AB^2 : EF^2 = CG : OD$$

$$= EF : OD。 \tag{1}$$

假定 MN 是这样的线，它使得

$$EF^2 = AB \cdot MN。 \tag{2}$$

从而 $$AB : EF = EF : MN，$$

结合（1）与（2）式，我们有

$$AB : MN = EF : OD$$

或 $$AB : EF = MN : OD。$$

因此 $$AB : EF = EF : MN = MN : OD，$$

于是 EF, MN 是 AB, OD 之间的两个比例中项。

因此，问题的综合如下。取 AB 与 OD 之间的两个比例中项 EF, MN，并作一个圆柱，其底面是以 EF 为直径的圆，其高 CG 等于 EF。

于是，因为

$$AB : EF = EF : MN = MN : OD，$$

$$EF^2 = AB \cdot MN，$$

因此 $$AB^2 : EF^2 = AB : MN$$

$$= EF : OD$$

$$= CG : OD；$$

从而，两个圆柱 $(OD), (CG)$ 的底面积反比于它们的高。

因此，二圆柱相等，从而有

$$圆柱 CG = \frac{3}{2} V。$$

故以 EF 为直径的球是待求的球，其体积等于 V。

命题 2

若 BAB' 是一个球缺，BB' 是其底面的直径，O 是球心，又若 AA' 是等分 BB' 于 M 的球的直径，则球缺的体积等于底面与球缺相同，高为 h 的圆锥的体积，这里

$$h : AM = (OA' + A'M) : A'M。$$

沿着 MA 度量 MH 等于 h，及沿着 MA' 度量 MH' 等于 h'，这里

$$h' : A'M = (OA + AM) : AM。$$

假定构建三个圆锥分别以 O, H, H' 为顶点，球缺的底面（BB'）是它们的公共底面。连接 $AB, A'B$。

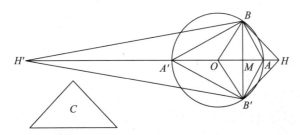

设 C 为一个圆锥，其底面等于球缺 BAB' 的表面，即等于半径为 AB 的一个圆［《论球与圆柱》卷 Ⅰ 命题 42］，其高等于 OA。则圆锥 C 等于立体扇形 $OBAB'$［《论球与圆柱》卷 Ⅰ 命题 44］。

兹因为　　　　　$HM : MA = (OA' + A'M) : A'M$，

由分比例，　　　　$HA : AM = OA : A'M$，

也可以写成，　　　$HA : AO = AM : MA'$，

使得

$$HO : OA = AA' : A'M$$

$$= AB^2 : BM^2$$

$$= 圆锥 C 的底面：以 BB' 为直径的圆。$$

但 OA 等于圆锥 C 的高；故因为底面与高成反比的两圆锥相等，可知圆锥 C（或立体扇形 $OBAB'$）等于底面是以 BB' 为直径的圆，高等于 OH 的一个圆锥。

而后一个圆锥等于另外两个圆锥之和，它们有相同的底面及分别有高 OM，MH，即构成立体菱形 $OBHB'$。

从而扇形 $OBAB'$ 等于菱形 $OBHB'$，

去除公共部分，即圆锥 OBB'，则

$$球缺\ BAB' = 圆锥\ HBB'。$$

用相同的方法，我们可以类似地证明

$$球缺\ BA'B' = 圆锥\ H'BB'。$$

后一性质的另一个证明。

假定 D 是一个圆锥，其底面等于整个球的表面，其高等于 OA。

于是 D 等于该球的体积。　　　　　　　　　[《论球与圆柱》卷 I 命题 33,34]

兹因为　　　　　　$(OA' + A'M) : A'M = HM : MA$，

与前面一样，由分比例及更比例，

$$OA : AH = A'M : MA。$$

又因为　　　　　　$H'M : MA' = (OA + AM) : AM$，

$$H'A' : OA = A'M : MA$$

$$= OA : AH，由上文。$$

由合比例　　　　　　$H'O : OA = OH : HA$。　　　　　　　　　(1)

也可以写成　　　　　　$H'O : OH = OA : AH$，　　　　　　　　(2)

又由合比例　　　　　　$HH' : HO = OH : HA$

$$= H'O : OA，由(1)式，$$

因而　　　　　　$HH' \cdot OA = H'O \cdot OH$。　　　　　　　　(3)

然后，因为　　　　　　$H'O : OH = OA : AH$，由(2)式，

$$= A'M : MA，$$

$$(H'O + OH)^2 : H'O \cdot OH = (A'M + MA)^2 : A'M \cdot MA，$$

因而借助(3)式，

$$HH'^2 : HH' \cdot OA = AA'^2 : A'M \cdot MA，$$

或者　　　　　　$HH' : OA = AA'^2 : BM^2$。

现在，体积等于球的圆锥 D 的底面是一个半径等于 AA' 的圆，其高等于 OA。

从而这个圆锥 D 等于另一个圆锥，后者的底面是以 BB' 为直径的圆，高等于 HH'；

因此　　　　　　圆锥 $D = $ 菱形 $HBH'B'$，

或者　　　　　　菱形 $HBH'B' = $ 球。

但　　　　　　球缺 $BAB' = $ 圆锥 HBB'；

因此，　　　　　　剩下的球缺 $BA'B' = $ 圆锥 $H'BB'$。

推论　球缺 BAB' 与一个同底等高的圆锥的体积之比是 $(OA' + A'M) : A'M$。

命题 3(作图题)

用一个平面切割一个给定的球,使所得二球冠之比为一个给定值。

假定问题已解出。设 AA' 是球的大圆的直径,并假定垂直于 AA' 的一个平面截大圆平面于直线 BB',截 AA' 于 M,并且它把球分割而使得球冠 BAB' 与 $BA'B'$ 之比等于给定值。

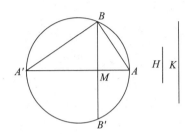

现在,这些表面分别等于半径为 AB,$A'B$ 的圆[《论球与圆柱》卷 I 命题 42,43]。

从而比值 $AB^2:A'B^2$ 等于给定的比值,即 AM 与 MA' 之比为给定值。

因此以上过程可综合如下。

若 $H:K$ 是给定的比值,分 AA' 于 M 使得

$$AM:MA'=H:K,$$

于是 $AM:MA'=AB^2:A'B^2$

$$=半径为 AB 的圆:半径为 A'B 的圆$$

$$=球冠 BAB':球冠 BA'B'。$$

于是,二球冠之比等于 $H:K$。

命题 4(作图题)

用一个平面切割一个给定的球,使所得二球缺的体积之比是一个给定值。

假定问题已解出。设待求平面成直角截大圆 ABA' 于直线 BB',设 AA' 是大圆的一条直径,它与 BB' 成直角并等分之于 M,并设 O 是球的中心。

在 OA 的延长线上取 H 点,以及在 OA' 的延长线上取 H',使得

$$(OA'+A'M):A'M=HM:MA,\tag{1}$$

以及

$$(OA+AM):AM=H'M:MA'。\tag{2}$$

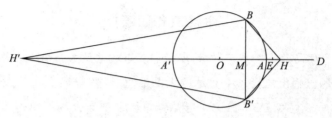

连接 BH，$B'H$，BH'，$B'H'$。

于是，圆锥 HBB'，$H'BB'$ 分别等于球缺 BAB'，$BA'B$[命题 2]。从而圆锥之比及因此它们的高之比是给定的，即

$$HM：H'M＝给定比值。 \qquad (3)$$

我们现在有(1)，(2)，(3)式，其中有三个待定点 M，H，H'；必须先借助它们找到另一个方程，其中只有这些点中的一个(M)出现，即我们必须消去 H，H'。

兹由(3)式，显然 $HH'：H'M$ 也是一个给定比值；而阿基米德的消去法是，先找到 $A'H'：H'M$ 与 $HH'：H'A'$，它们都同样不依赖于 H，H'，然后再由这两个比值复合而得到已知的比值 $HH'：H'M$。

(a)对 $A'H'：H'M$ 找到这样的一个值。

由上面的(2)式易得

$$A'H'：H'M＝OA：(OA+AM)。 \qquad (4)$$

(b)对 $HH'：H'A'$ 找到这样的一个值。

由(1)式我们导出

$$A'M：MA ＝(OA'+A'M)：HM$$
$$＝OA'：AH； \qquad (5)$$

而由(2)式，$\qquad A'M：MA ＝H'M：(OA+AM)$
$$＝A'H'：OA。 \qquad (6)$$

于是 $\qquad\qquad HA：AO＝OA'：A'H'$，

因而 $\qquad\qquad OH：OA'＝OH'：A'H'$，

或 $\qquad\qquad OH：OH'＝OA'：A'H'$。

由此可知

$$HH'：OH'＝OH'：A'H'，$$

或 $\qquad\qquad HH'·H'A'＝OH'^2。$

因此 $\qquad\qquad HH'：H'A'＝OH'^2：H'A'^2$

$$＝AA'^2：A'M^2，借助(6)式。$$

(c) 为了更简单地表示比值 $A'H':H'M$ 及 $HH':H'M$，我们作以下构形。延长 OA 至 D 使得 $OA=AD$ [D 将位于 H 之外，因为 $A'M>MA$，以及因此由 (5) 式，$OA>AH$]。

于是
$$A'H':H'M=OA:(OA+AM)$$
$$=AD:DM。 \tag{7}$$

现在，分 AD 于 E，使得
$$HH':H'M=AD:DE。 \tag{8}$$

这样，应用 (8)，(7) 式与上面找到的 $HH':H'A$ 值，我们有
$$AD:DE=HH':H'M$$
$$=(HH':H'A')\cdot(A'H':H'M)$$
$$=(AA'^2:A'M^2)\cdot(AD:DM)。$$

但是
$$AD:DE=(DM:DE)\cdot(AD:DM)。$$

因此
$$DM:DE=AA'^2:A'M^2。 \tag{9}$$

而 D 是给定的，因为 $AD=OA$。另外，$AD:DE$（等于 $HH':H'M$）是一个给定的比值。因此，DE 是给定的。

从而问题简化为把 $A'D$ 在 M 分为两部分，使得

$$MD：一个给定长度＝一个给定面积：A'M^2。$$

阿基米德又说："如果问题是以这种一般形式提出的，则它要求满足解存在的条件 [即必须研究可能性的极限]，但若添加的只是在本案例中的维系条件，则不要求满足解存在的条件。"

在当前情况下，问题是：

给定一条直线 $A'A$，延长至 D，使得 $A'A=2AD$，并在 AD 上给定一个 E 点，截 AA' 于 M 点，使得

$$AA'^2:A'M^2=MD:DE。$$

"这两个问题的分析与综合将在文末给出。"①

主要问题综合如下。设 $R:S$ 是给定比值，R 小于 S。AA' 是一个大圆的直径，O 是中心，延长 OA 至 D，使得 $OA=AD$，并将 AD 分割于 E，使得

$$AE:ED=R:S。$$

然后截 AA' 于 M，使得

——————————

① 见本命题后的附注。

$$MD : DE = AA'^2 : A'M^2 \text{。}$$

通过 M 立一个平面垂直于 AA'；这个平面然后把球分为两个球缺，它们的体积之比为 R 比 S。

在 $A'A$ 的延长线上取 H 点，在 AA' 的延长线上取 H'，使得

$$(OA' + A'M) : A'M = HM : MA \text{，} \tag{1}$$

$$(OA + AM) : AM = H'M : MA' \text{。} \tag{2}$$

然后我们需要证明

$$HM : MH' = R : S \text{，或 } AE : ED \text{。}$$

(α) 我们首先找到 $HH' : H'A'$ 的值如下。

如我们在前面的分析(b)中所证明的，

$$HH' \cdot H'A' = OH'^2$$

或

$$HH' : H'A' = OH'^2 : H'A'^2$$

$$= AA'^2 : A'M^2$$

$$= MD : DE \text{，由构形。}$$

(β) 接下来我们有

$$HA' : H'M = OA : (OA + AM)$$

$$= AD : DM$$

因此

$$HH' : H'M = (HH' : H'A') \cdot (H'A' : H'M)$$

$$= (MD : DE) \cdot (AD : DM)$$

$$= AD : DE \text{，}$$

从而

$$HM : MH' = AE : ED$$

$$= R : S \text{。} \qquad \text{证毕。}$$

附注：对由命题 4 的原始问题简化而得到的子问题的解，阿基米德曾许诺给予讨论，尤托西乌斯在一个受到高度关注的重要附注中，对这个话题做了以下说明。

"他[阿基米德]许诺在文末给出这个问题的解，但我们没有在任何文本中找到这个解。进而我们发现迪奥尼索多鲁斯也未能找到所许诺的讨论，因为不能找到遗漏的引理，他以一种不同的方式处理了原始问题，对之我们将在后面讨论。狄奥克莱斯在他的著作 $\pi\epsilon\rho\grave{\iota}\ \pi\nu\rho\acute{\iota}\omega\nu$ 中也说，阿基米德作了承诺但未兑现，他并试图自行补遗。我也将给出他的尝试。但可以看出，他也像迪奥尼索多鲁斯那样，通过一种不同的方法给出了构形，而与被遗漏的讨论无关。另一方面，作

为持久和广泛研究的结果,我发现在某一本古书中讨论过一些定理,虽然并非毫无错误,而且在许多场合插图不甚完美,但却给出了我所探索的实质性内容,此外,它在某种程度上保留了受阿基米德影响的多里克方言,其中保留了在旧用法中熟知的名称,抛物线被称为直角圆锥截线,双曲线被称为钝角圆锥截线;这些使我想到,这些定理也许在事实上并非他许诺要在文末给出的。因为这个理由,我更细致地研究它们,当克服了上面提到的因为真实文字中的多种错误造成的巨大困难以后,我逐渐理解了它们,现在得以尽我所能,用更熟悉和更清楚的语言予以陈述。首先,我将对定理作一般处理,以使阿基米德所说可能性的极限变得清楚;而后将罗列对他在问题中所述条件的具体应用。"

于是,随后的研究可以被复制。一般问题成为:

给定两条直线段 AB,AC 及面积 D,分 AB 于 M,使得
$$AM : AC = D : MB^2。$$

分析

假定已找到 M,又假定 AC 与 AB 成直角。连接 CM 并延长之。通过 B 作 EBN 平行于 AC 并与 CM 相交于 N,又通过 C 作 CHE 平行于 AB,并与 EBN 相交于 E。完成平行四边形 $CENF$,并通过 M 作 PMH 平行于 AC,与 FN 相交于 P。

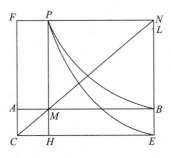

沿着 EN 度量 EL,使得
$$CE \cdot EL(或 AB \cdot EL) = D。$$

于是,由假设
$$AM : AC = CE \cdot EL : MB^2。$$

以及
$$AM : AC = CE : EN,由相似三角形的性质,$$
$$= CE \cdot EL : EL \cdot EN。$$

由此可知，$$PN^2 = MB^2 = EL \cdot EN \text{。}$$

从而，若一条抛物线由顶点 E，轴 EN 及等于 EL 的参数生成，它将经过 P；且它的位置是给定的，因为 EL 是给定的。

因此 P 位于给定的抛物线上。

然后，因为矩形 FH，AE 相等，

$$FP \cdot PH = AB \cdot BE \text{。}$$

所以，若等轴双曲线以 CE，CF 为渐近线并通过 B，它将通过 P，且该双曲线位置给定。

因此 P 位于给定的双曲线上。

于是可确定 P 为抛物线与双曲线的交点。又因为这样 P 是给定的，M 也是给定的。

解存在的条件 ($\delta\iota o\varrho\iota\sigma\mu\acute{o}\varsigma$)

兹因为 $$AM : AC = D : MB^2 \text{，}$$

故 $$AM \cdot MB^2 = AC \cdot D \text{。}$$

但 $AC \cdot D$ 是给定的，且后面会证明，当 $BM = 2AM$ 时 $AM \cdot MB^2$ 取最大值。

从而，解有可能的一个必要条件是，$AC \cdot D$ 必须不大于 $\frac{1}{3}AB \cdot \left(\frac{2}{3}AB\right)^2$ 或即 $\frac{4}{27}AB^3$[①]。

综合

若 O 是 AB 上使得 $BO = 2AO$ 的点，则我们已经看到，为了使解有可能，

$$AC \cdot D \ngtr AO \cdot OB^2 \text{。}$$

于是 $AC \cdot D$ 或者等于或者小于 $AO \cdot OB^2$。

(1) 若 $AC \cdot D = AO \cdot OB^2$，那么 O 点本身给出了问题的解。

(2) 设 $AC \cdot D$ 小于 $AO \cdot OB^2$。

作 AC 与 AB 成直角。连接 CO，并延长至 R。作 EBR 通过 B 平行于 AC，与 CO 相交于 R，并通过 C 作 CE 平行于 AB，与 EBR 相交于 E。完成平行四边

---

① 原文为 $\frac{4}{27}AB^2$。——译者注

形 $CERF$，并通过 O 作 QOK 平行于 AC，与 FR 相交于 Q，并与 CE 相交于 K。

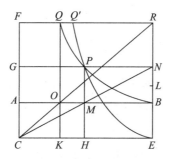

那么，因为

$$AC \cdot D < AO \cdot OB^2$$

沿着 RQ 度量 RQ'，使得

$$AC \cdot D = AO \cdot Q'R^2，$$

或

$$AO : OC = D : Q'R^2，$$

沿着 ER 度量 EL，使得

$$D = CE \cdot EL（或 AB \cdot EL）$$

现在，因为　$AO : OC = D : Q'R^2$，根据假设，

$$= CE \cdot EL : Q'R^2，$$

以及　　　　　$AO : OC = CE : ER$，由相似三角形的性质，

$$= CE \cdot EL : EL \cdot ER，$$

由此可知

$$Q'R^2 = EL \cdot ER。$$

作顶点为 E，轴为 ER 及参数等于 EL 的一条抛物线。这条抛物线将通过 Q'。

再者，　　　　　矩形 FK = 矩形 AE，

或　　　　　　　$FQ \cdot QK = AB \cdot BE；$

且若我们作一条渐近线为 CE，CF 并通过 B 的等轴双曲线，它也将通过 Q。

设抛物线与双曲线相交于 P，通过 P 作 PMH 平行于 AC，与 AB 相交于 M 且与 CE 相交于 H，又作 GPN 平行于 AB，与 CF 相交于 G 且与 ER 相交于 N。

那么 M 便是待求的分点。

因为　　　　　　　$PG \cdot PH = AB \cdot BE；$

矩形 GM = 矩形 ME，

故 CMN 是一条直线，

于是　　　　　　$AB \cdot BE = PG \cdot PH = AM \cdot EN。$　　　　　　　（1）

再者,由抛物线的性质,

$$PN^2 = EL \cdot EN$$

或 $$MB^2 = EL \cdot EN。 \qquad (2)$$

由(1)与(2)式

$$AM : EL = AB \cdot BE : MB^2,$$

或 $$AM \cdot AB : AB \cdot EL = AB \cdot AC : MB^2。$$

也可以写成

$$AM \cdot AB : AB \cdot AC = AB \cdot EL : MB^2,$$

或 $$AM : AC = D : MB^2。$$

解存在的条件($\delta\iota o\rho\iota\sigma\mu\acute{o}\varsigma$)的证明

留下需要证明的是,若 AB 被分割于 O,使得 $BO = 2AO$,则 $AO \cdot OB^2$ 是 $AM \cdot MB^2$ 的最大值,

或 $$AO \cdot OB^2 > AM \cdot MB^2,$$

这里 M 是 AB 上不同于 O 的任意点。

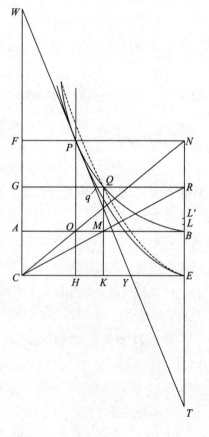

假定 $AO : AC = CE \cdot EL' : OB^2$,

故 $$AO \cdot OB^2 = CE \cdot EL' \cdot AC。$$

连接 CO 并延长至 N;通过 B 作 EBN 平行于 AC,并完成平行四边形 $CENF$。

通过 O 作 POH 平行于 AC,POH 与 FN 相交于 P,与 CE 相交于 H。

以顶点 E,轴 EN 与参数 EL' 作抛物线。如上所述,该抛物线将通过 P,并越过 P 在某一点与抛物线的直径 CF 相交。

然后作具有渐近线 CE,CF 并通过 B 的等轴双曲线。如在分析中所述,这条双曲线将通过 P。

延长 NE 至 T 使得 $TE = EN$。连接 TP 与 CE 相交于 Y,并延长 TP 与 CF 相交于 W。这样,TP 与抛物线相切于 P。

那么,因为 $$BO = 2AO,$$

$$TP = 2PW,$$

以及
$$TP = 2PY,$$

我们有
$$PW = PY.$$

于是,因为渐近线之间的 WY 被等分于 P,在这一点上它与双曲线相交,于是,

$$WY \text{ 是双曲线的一条切线。}$$

从而,在 P 点有公切线的抛物线与双曲线,彼此相切于 P。

今在 AB 上取任意点 M,并通过 M 作 QMK 平行于 AC,与双曲线相交于 Q 且与 CE 相交于 K 点。最后,作 $GqQR$ 通过 Q 平行于 AB,并与 CF 相交于 G,与抛物线相交于 q,以及与 EN 相交于 R。

然后,因为由双曲线的性质,矩形 GK,AE 相等,CMR 是一条直线。

由抛物线的性质,

$$qR^2 = EL' \cdot ER,$$

故
$$QR^2 < EL' \cdot ER.$$

假定
$$QR^2 = EL \cdot ER,$$

且我们有
$$AM : AC = CE : ER$$
$$= CE \cdot EL : EL \cdot ER$$
$$= CE \cdot EL : QR^2$$
$$= CE \cdot EL : MB^2,$$

或者
$$AM \cdot MB^2 = CE \cdot EL \cdot AC.$$

因此
$$AM \cdot MB^2 < CE \cdot EL' \cdot AC,$$

即
$$AM \cdot MB^2 < AO \cdot OB^2.$$

若 $AC \cdot D < AO \cdot OB^2$,则是因为抛物线与双曲线之间有两个交点而有两个解。

因为,如果我们以顶点 E,轴 EN 与参数 EL 作一条抛物线,它将通过 Q 点(见上一幅图);并因为抛物线与直径 CF 相交于 Q 之外,它必定与双曲线(以 CF 为渐近线)再次相交。

若我们记 $AB = a$,$BM = x$,$AC = c$,以及 $D = b^2$,可以看出比例式

$$AM : AC = D : MB^2$$

等价于方程

$$x^2(a - x) = b^2 c,$$

这是一个三次方程但不包含 x 的一次项。

兹假定 EN,EC 是坐标轴,EN 是 y 轴。

那么应用于上述解的抛物线是

$$x^2 = \frac{b^2}{a} \cdot y,$$

而等轴双曲线是

$$y(a-x) = ac。$$

于是,通过应用两条圆锥曲线,得到了三次方程的解,以及得到了零或一个或两个正数解的条件。

为了完整起见,也因为其本身引起的兴趣,这里附上迪奥尼索多鲁斯和狄奥克莱斯对命题 4 的原始作图题给出的解。

迪奥尼索多鲁斯的解

设 AA' 是给定球的直径。待求的是成直角截 AA'(假定于 M 点)的一个平面,它使得该球被分割成的两个球缺之比为一个给定值,例如 $CD:DE$。

延长 $A'A$ 至 F,使得 $AF = OA$,这里 O 是球的中心。

作 AH 垂直于 AA',其长度使得

$$FA:AH = CE:ED,$$

并延长 AH 至 K,使得

$$AK^2 = FA \cdot AH。 \tag{α}$$

以顶点 F、轴 FA 与等于 AH 的参数作一条抛物线。按照方程(α),它将通过 K。

作 $A'K'$ 平行于 AK 并与抛物线相交于 K';再以 $A'F$,$A'K$ 为渐近线作一条通过 H 的等轴双曲线。这条双曲线将与抛物线相交于 K 与 K' 之间的某一点,例如 P。

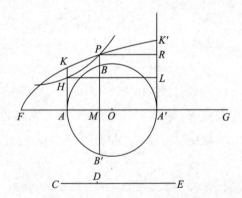

作 PM 垂直于 AA',与大圆相交于 B,B',且由 H,P 作 HL,PR,二者都平行于 AA' 并分别与 $A'K'$ 相交于 L,R。

于是,由双曲线的性质,

$$PR \cdot PM = AH \cdot HL,$$

即

$$PM \cdot MA' = HA \cdot AA',$$

或

$$PM:AH = AA':A'M,$$

以及 $\qquad\qquad PM^2 : AH^2 = AA'^2 : A'M^2$。

又由抛物线的性质，

$$PM^2 = FM \cdot AH，$$

即 $\qquad\qquad FM : PM = PM : AH，$

或 $\qquad\qquad FM : AH = PM^2 : AH^2$

$$= AA'^2 : A'M^2，由上文。$$

于是，因为圆面积之间的比值等于其半径平方的比值，对于底面是半径为 $A'M$ 的圆及高等于 FM 的圆锥，以及底面是半径为 AA' 的圆及高等于 AH 的圆锥而言，它们的底面与高成反比。

因为两个圆锥相等；即若我们用符号 $c(A'M)，FM$ 记第一个圆锥及以此类推，则

$$c(A'M)，FM = c(AA')，AH。$$

现在 $\qquad\qquad c(AA')，FA : c(AA')，AH = FA : AH$

$$= CE : ED，由构形。$$

因此

$$c(AA')，FA : c(A'M)，FM = CE : ED。 \qquad\qquad (\beta)$$

但 $\qquad\qquad (1) c(AA')，FA = 球。$ 　　　［《论球与圆柱》卷 I 命题 34］

(2) $c(A'M)，FM$ 可以被证明等于顶点为 A' 及高为 $A'M$ 的球缺。

因为若在 AA' 的延长线上取 G，使得

$$GM : MA' = FM : MA$$

$$= (OA + AM) : AM，$$

则圆锥 GBB' 等于球缺 $A'BB'$ ［命题 2］。

又 $\qquad\qquad FM : MG = AM : MA'$，根据假设，

$$= BM^2 : A'M^2。$$

因此

$$半径为 BM 的圆 : 半径为 A'M 的圆$$

$$= FM : MG，$$

于是 $\qquad\qquad c(A'M)，FM = c(BM)，MG$

$$= 球缺 A'BB'。$$

因此由上面的方程 (β)，我们有，

$$球 : 球缺 A'BB' = CE : ED，$$

从而 $\qquad\qquad 球缺 ABB' : 球缺 A'BB' = CD : DE。$

狄奥克莱斯的解

像阿基米德一样，狄奥克莱斯从命题 2 被证明的性质开始：若截平面成直角截球的直径

AA'于M,又若在OA,OA'的延长线上分别取H,H',使得

$$(OA'+A'M):A'M=HM:MA,$$

$$(OA+AM):AM=H'M:MA',$$

则圆锥HBB',$H'BB'$的体积分别等于球缺ABB',$A'BB'$。

然后可以推断

$$HA:AM=OA':A'M,$$

$$H'A':A'M=OA:AM,$$

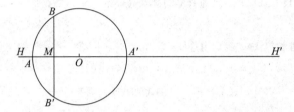

他转而用以下方式陈述问题,通过用任意给定的直线替代OA,OA',他把问题稍作推广为:

给定一条直线AA',它的两个端点A,A'与一个比值$C:D$,以及另一条直线AK(AK是上图中未出现的另一直线,不与AA相交),在M点分割AA'并在$A'A$,AA'的延长线上分别找到两点H,H',使得以下诸关系式可以同时成立,

$$C:D=HM:MH', \tag{α}$$

$$HA:AM=AK:A'M, \tag{β}$$

$$H'A':A'M=AK:AM。 \tag{γ}$$

分析

假定问题已解出,且M,H,H'点均已找到。

作AK与AA'成直角,并作$A'K'$平行且等于AK。连接KM,$K'M$并延长它们与$K'A'$,KA分别相交于E,F。连接KK',作EG通过E,平行于$A'A$,与KF相交于G,并通过M作QMN平行于AK,与EG相交于Q,以及与KK'相交于N。

现在 $\qquad HA:AM=A'K':A'M$,由(β)式,

$$=FA:AM,由相似三角形的性质,$$

所以 $\qquad HA=FA$。

类似地 $\qquad H'A'=A'E$。

然后,$(FA+AM):(A'K'+A'M)=AM:A'M$

$$=AK+AM:EA'+A'M,由相似三角形的性质。$$

因此

$$(FA+AM)\cdot EA'+A'M=(KA+AM)\cdot(K'A'+A'M)。$$

沿着AH取AR及沿着$A'H'$取$A'R'$,使得

$$AR = A'R' = AK。$$

于是，因为 $FA + AM = HM, EA' + A'M = MH'$，我们有

$$HM \cdot MH' = RM \cdot MR' \tag{δ}$$

（这样，若 R 落在 A 与 H 之间，则 R' 落在 H' 远离 A' 的一侧，反之亦然。）

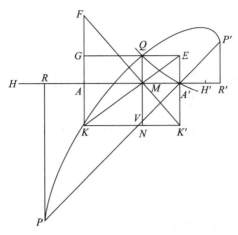

现在 $C : D = HM : MH'$，根据假设，

$$= HM \cdot MH' : MH'^2$$

$$= RM \cdot MR' : MH'^2，由(\delta)式。$$

沿着 MN 度量 MV，使得 $MV = A'M$。连接 $A'V$ 并向两侧延长。作 $RP, R'P'$ 垂直于 RR'，并分别与 $A'V$ 的延长线相交于 P, P'。那么角 $MA'V$ 是直角的一半，PP' 的位置给定，且因为 R, R' 给定，P, P' 也是给定的。

又由于平行性，

$$P'V : PV = R'M : MR，$$

因此 $(PV \cdot P'V) : PV^2 = RM \cdot MR' : RM^2$。

但 $PV^2 = 2RM^2$，

因此 $PV \cdot P'V = 2RM \cdot MR'$。

且已证明 $RM \cdot MR' : MH'^2 = C : D$，

从而 $PV \cdot P'V : MH'^2 = 2C : D$。

但 $MH' = A'M + A'E = VM + MQ = QV$，

因此 $QV^2 : PV \cdot P'V = D : 2C$，一个给定的比值。

于是，若我们取直线段 p，使得

$$D : 2C = p : PP'.①$$

且若我们以 PP' 为直径及 p 为对应的参数[$= DD'^2/PP'$，在几何圆锥曲线论中的通常记法]，并且使得相对于 PP' 的纵坐标对之倾斜一个角度（等于直角的一半），即平行于 QV 或 AK，那么椭圆将通过 Q。

从而 Q 点在位置给定的一个椭圆上。

再者，因为 EK 是平行四边形 GK' 的一条对角线，

$$GQ \cdot QN = AA' \cdot A'K'.$$

因此，若作以 KG, KK' 为渐近线并通过 A' 的等轴双曲线，它将通过 Q。

从而 Q 在一条给定的等轴双曲线上。

于是 Q 被确定为给定椭圆与给定双曲线的交点，因此是已知的。于是 M 是给定的，从而可以立即找到 H, H'。

综合

作 AA', AK 相互成直角，作 $A'K'$ 平行并等于 AK，并连接 KK'。

作 AR（沿着 $A'A$ 的延长线度量）与 $A'R'$（沿着 AA' 的延长线度量），二者都等于 AK，并通过 R, R' 作 RR' 的垂线。

然后通过 A' 作 PP' 与 AA' 成一个角度（$AA'P$），它等于直角的一半，并与刚作的垂线分别相交于 P, P'。

取长度 p 使得

$$D : 2C = p : PP',②$$

并以 PP' 为直径，p 为对应的参数作一个椭圆，使得相对于 PP' 的纵坐标倾斜一个角度，该角度等于 $AA'P$，即平行于 AK。

以 KA, KK' 为渐近线作一条通过 A' 的等轴双曲线。

设双曲线与椭圆相交于 Q，由 Q 作垂直于 AA' 的 $QMVN$，并与 AA' 在 M 相交，与 PP' 在 V 相交及与 KK' 在 N 相交。又作 GQE 平行于 AA'，并与 $AK, A'K'$ 分别相交于 G, E。

延长 $KA, K'M$ 相交于 F。

---

① 这里在希腊语文本中有一个错误，看来迄今为止未被学者们注意到。原文是 ἐὰν ἄρα ποιήσωμεν, ὡς τὴν Δ πρὸς τὴν διπλασίαν τῆς Γ, οὕτως τὴν ΤΥ πρὸς ἄλλην τινὰ ὡς τὴν Φ："若我们取一个长度 p，使得 $D : 2C = PP' : p$。"但这不可能是正确的，因为据之会有

$$QV^2 : PV \cdot P'V = PP' : p,$$

其实后二项应该颠倒，椭圆的正确性质应当是

$$QV^2 : PV \cdot P'V = p : PP',$$ [阿波罗尼奥斯 I.21]

这一错误看起来早自缘起尤托西乌斯，但我觉得更可能是狄奥克莱斯而不是尤托西乌斯有一个笔误，因为任何睿智的数学家更可能在转述他人的工作时有笔误，而不大可能未曾注意到他人的笔误。

② 这里的希腊语文本也重复了同样的错误，如上一个注所提到的。

那么由双曲线的性质，

$$GQ \cdot QN = AA' \cdot A'K',$$

又因为这些矩形相等，KME 是一条直线。

沿 AR 度量 AH 等于 AF，并沿 $A'R'$ 度量 $A'H'$ 等于 $A'E$。

又由椭圆的性质，

$$QV^2 : PV \cdot P'V = p : PP'$$
$$= D : 2C.$$

而由于平行性，

$$PV : P'V = RM : R'M,$$

或

$$PV \cdot P'V : P'V^2 = RM \cdot MR' : R'M^2,$$

而 $P'V^2 = 2R'M^2$，因为 $RA'P$ 是直角的一半。因此

$$PV \cdot P'V = 2RM \cdot MR',$$

从而

$$QV^2 : 2RM \cdot MR' = D : 2C.$$

但

$$QV = EA' + A'M = MH'.$$

因此

$$RM \cdot MR' : MH'^2 = C : D.$$

又由相似三角形的性质，

$$(FA + AM) : (K'A' + A'M) = AM : A'M$$
$$= (KA + AM) : (EA' + A'M).$$

因此

$$(FA + AM) \cdot (EA' + A'M) = (KA + AM) \cdot (K'A' + A'M)$$

或

$$HM \cdot MH' = RM \cdot MR'.$$

由此可知

$$HM \cdot MH' : MH'^2 = C : D,$$

或

$$HM : MH' = C : D。 \tag{α}$$

另外

$$HA : AM = FA : AM$$
$$= A'K' : A'M，由相似三角形的性质， \tag{β}$$

以及

$$H'A' : A'M = EA' : A'M$$
$$= AK : AM。 \tag{γ}$$

从而 M, H, H' 满足三个给定的关系式。

命题 5（作图题）

作一个球缺与另一个球缺相似，且与又一个球缺体积相等。

设 ABB' 是一个球缺,其顶点是 A 及底面是以 BB' 为直径的圆;又设 DEF 是另一个球缺,其顶点是 D 及底面是直径为 EF 的圆。设 AA',DD' 分别是通过 BB',EF 的大圆,并设 O,C 分别是对应的球心。

假定欲作一球缺,它与 DEF 相似且与 ABB' 体积相等。

分析

假定问题已解决,并设 def 是待求的球缺,其顶点是 d 及底面的直径是 ef。设 dd' 是球的直径,它与 ef 成直角并等分 ef,c 是球心。

设 M,G,g 分别是与 AA',DD',dd' 成直角且等分 BB',EF,ef 的点,分别延长 OA,CD,cd 至 H,K,k 使得

$$\left.\begin{array}{c}(OA'+A'M):A'M=HM:MA\\(CD'+D'G):D'G=KG:GD\\(cd'+d'g):d'g=kg:gd\end{array}\right\},$$

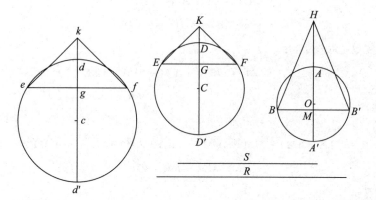

并假定以 H,K,k 为顶点及对应的球缺的底面为底面构成圆锥。那么诸圆锥将分别等于对应的球缺[命题2]。

因此,根据假设,

$$圆锥\ HBB'=圆锥\ kef。$$

从而

$$直径为\ BB'\ 的圆:直径为\ ef\ 的圆=kg:HM$$

使得 $$BB'^2:ef^2=kg:HM。\tag{1}$$

但因为球缺 DEF,def 相似,圆锥 KEF,kef 也相似。因此

$$KG:EF=kg:ef。$$

而比值 $KG:EF$ 是给定的,因此比值 $kg:ef$ 也是给定的。

假定取长度 R，使得

$$kg : ef = HM : R。 \tag{2}$$

于是 R 是给定的。

再者，因为由(1)与(2)式，$kg : HM = BB'^2 : ef^2 = ef : R$，假定取长度 S 使得

$$ef^2 = BB' \cdot S，$$

或

$$BB'^2 : ef^2 = BB' : S。$$

于是

$$BB' : ef = ef : S = S : R，$$

且 ef, S 是在连比例 BB', R 之间的两个比例中项。

综合

设 ABB', DEF 是大圆，直径 AA', DD' 与 BB', EF 分别成直角并等分它们于 M, G，而 O, C 是中心。

取 H, K 点与前面的相同，并构建圆锥 HBB', KEF，它们因此等于对应的球缺 ABB', DEF。

设 R 是一条直线，使得

$$KG : EF = HM : R$$

并在 BB', R 之间取两个比例中项 ef, S。

以 ef 为底线作顶点为 d 的弓形，与弓形 DEF 相似。完成圆，并设 dd' 为通过 d 的直径，而 c 为中心。在其上构建一个球，相应地 def 是一个大圆，并通过 ef 作一个平面与 dd' 成直角。

于是 def 就是待求的球缺。

球缺 DEF, def 相似，正如弓形 DEF, def 相似。

其理由如下：延长 cd 至 k，使得

$$(cd' + d'g) : d'g = kg : gd，$$

则圆锥 KEF, kef 是相似的。

因此

$$kg : ef = KG : EF = HM : R，$$

从而

$$kg : HM = ef : R。$$

但因为 BB', ef, S, R 成连比例，

$$BB'^2 : ef^2 = BB' : S$$

$$= ef : R$$

$$= kg : HM。$$

于是圆锥 HBB',kef 的底面反比于其高。因此两个圆锥相等,于是 def 就是待求的球缺,因为其体积等于圆锥 kef。 ［命题2］

命题6(作图题)

给定两个球缺,求与其中之一相似,并与另一个有相等表面积的第三个球缺。

设 ABB' 是一个球缺,待求球缺的表面积需与之相等,$ABA'B'$ 是一个大圆,其平面成直角截球缺 ABB' 的底面于 BB'。设 AA' 是直径,它成直角等分 BB' ［于 M］。

设 DEF 是待求的球缺需与之相似的球缺,$DED'F$ 是一个大圆,其平面成直角截球缺的底面于 EF 的大圆。设 DD' 是成直角等分 EF 于 G 的直径。

假定问题已解出,球缺 def 与 DEF 相似,且其表面积等于 ABB' 的表面积;完成对 def 与对 DEF 的图形,对应的点分别用小写与大写字母标记。

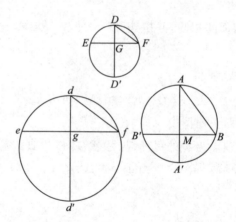

连接 AB,DF,df。

兹因为球缺 def 与球缺 ABB' 的表面积相等,以 df,AB 为直径的圆面积也相等; ［《论球与圆柱》卷 I 命题 42,43］

即 $$df=AB.$$

由 def,DEF 的相似性,我们有 $$d'd:dg=D'D:DG,$$

以及 $$dg:df=DG:DF;$$

从而 $$d'd:df=D'D:DF,$$

或者 $$d'd:AB=D'D:DF.$$

但 $AB,D'D,DF$ 都已给定;因此 $d'd$ 也是给定的。

相应的综合如下。

取 $d'd$ 使得

$$d'd : AB = D'D : DF。\qquad(1)$$

以 $d'd$ 为直径作一个圆,并以此为大圆构建一个球。

分 $d'd$ 于 g,使得

$$d'g : gd = D'G : GD,$$

并通过 g 作一个垂直于 $d'd$ 的平面,它截下球缺 def,并与大圆平面相交于 ef。于是球缺 def,DEF 相似,并且

$$dg : df = DG : DF。$$

但由上文,由合比例,

$$d'd : dg = D'D : DG。$$

因此,由依次比例,

$$d'd : df = D'D : DF,$$

从而,由(1)式,$df = AB$。

因此,球缺 def 的表面等于球缺 ABB' 的表面[《论球与圆柱》卷Ⅰ命题 42,43],且它与球缺 DEF 相似。

命题 7(作图题)

由一个给定的球用一个平面截下一个球缺,使得它与一个同底等高的圆锥成给定的比值。

设 AA' 是该球的大圆的直径。要求作一个平面与 AA' 成直角并截下一个球缺 ABB',使得它与圆锥 ABB' 有一个给定的比值。

分析

假定问题已解出,设切割平面截大圆平面于 BB' 及截直径 AA' 于 M。设 O 是球的中心。

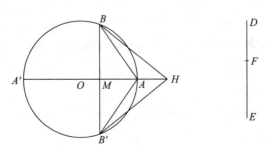

延长 OA 至 H，使得

$$(OA'+A'M) : A'M = HM : MA。 \qquad (1)$$

于是圆锥 HBB' 等于球缺 ABB'。 [命题 2]

因此，给定比值必定等于圆锥 HBB' 与圆锥 ABB' 之比，即比值 $HM : MA$。而比值 $(OA'+A'M) : A'M$ 是给定的；因此 $A'M$ 也是给定的。

解存在的条件($\delta\iota o\rho\iota\sigma\mu\acute{o}\varsigma$)

现在 $\qquad\qquad OA' : A'M > OA' : A'A,$

故 $\qquad (OA'+A'M)A'M > (OA'+A'A) : A'A$

$$> 3 : 2。$$

于是，解有可能存在的一个必要条件是给定比值必须大于 $3 : 2$。

综合是这样进行的。

设 AA' 是球的大圆的直径，O 是中心。

取线段 DE 并在其上取一点 F，使得 $DE : EF$ 等于一个给定的大于 $3 : 2$ 的比值。

兹因为 $\qquad\qquad (OA'+A'A) : A'A = 3 : 2,$

$$DE : EF > (OA'+A'A) : A'A,$$

故 $\qquad\qquad\qquad DF : FE > OA' : A'A。$

从而可以在 AA' 上找到一点 M，使得

$$DF : FE = OA' : A'M。 \qquad (2)$$

通过 M 作一个平面与 AA' 成直角，交大圆平面于 BB'，并从球中截下球缺 ABB'。

如前所述，在 OA 的延长线上取 H，使得

$$(OA'+A'M) : A'M = HM : MA。$$

因此，借助(2)式可知 $HM : MA = DE : EF$。

由此可知，圆锥 HBB' 或球缺 ABB' 与圆锥 ABB' 之比为给定比值 $DE : EF$。

命题 8

若一个球被不通过球心的平面截为两个球缺 $A'BB'$，ABB'，其中 $A'BB'$ 较大，则比值

球缺 $A'BB'$：球缺 $ABB' < (A'BB'$ 的表面$)^2$：$(ABB'$ 的表面$)^2$

但 $> (A'BB'$ 的表面$)^{\frac{3}{2}}$：$(ABB'$ 的表面$)^{\frac{3}{2}}$。①

设切割平面成直角截一个大圆 $A'BAB$ 于 BB'，并设 AA' 是成直角等分 BB' 于 M 点的直径。

设 O 是球心。

连接 $A'B,AB$。

照常在 OA 的延长线上取 H 点，在 OA' 的延长线上取 H'，使得

$$(OA' + A'M) : A'M = HM : MA, \tag{1}$$

$$(OA + AM) : AM = H'M : MA', \tag{2}$$

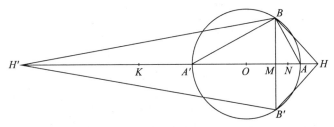

并设想与球缺同底面的两个圆锥，它们分别有顶点 H,H'。于是两个圆锥分别等于二球缺[命题 2]，且它们的体积正比等于它们的高 $HM,H'M$。

另外

$$A'BB' \text{ 的表面}：ABB' \text{ 的表面} = A'B^2 : AB^2$$

[《论球与圆柱》卷Ⅰ命题 42，43]

$$= A'M : AM。$$

因此，我们需要证明

(a) $H'M : MH < A'M^2 : MA^2$。

(b) $H'M : MH > A'M^{\frac{3}{2}} : MA^{\frac{3}{2}}$。

(a) 由上文的(2)式，

$$A'M : AM = H'M : (OA + AM)$$

$$= H'A' : OA'，因为 OA = OA'。$$

因为 $A'M > AM$，故 $H'A' > OA'$；因此，若我们在 $H'A'$ 上取 K 使得 $OA' = A'K$，K 将落在 H' 与 A' 之间。

———————————

① 阿基米德的表达方式是：较大球缺与较小球缺之比值"小于较大球缺与较小球缺面积比值的二次方(duplicate, $\delta\iota\pi\lambda\acute{\alpha}\sigma\iota o\nu$)，但大于[这个比值的]二分之三次方(sesqialterate, $\acute{\eta}\mu\iota\acute{o}\lambda\iota o\nu$)。"

且由(1)式，$\qquad A'M : AM = KM : MH$。

于是 $\qquad KM : MH = H'A' : A'K$，因为 $A'K = OA'$，

$$> H'M : MK。$$

因此 $\qquad H'M \cdot MH < KM^2$。

由此可知

$$H'M \cdot MH : MH^2 < KM^2 : MH^2,$$

或者 $\qquad H'M : MH < KM^2 : MH^2$

$$< H'A' : A'M，由(1)式。$$

(b)因为 $OA' = OA$，

$$A'M \cdot MA < A'O \cdot OA,$$

或者 $\qquad A'M : OA' < OA : AM$

$$< HA' : A'M，借助(2)式。$$

因此 $\qquad A'M^2 < H'A' \cdot OA'$

$$< H'A' \cdot A'K。$$

在 AA' 上取一点 N，使得

$$A'N^2 = H'A' \cdot A'K。$$

于是 $\qquad H'A' : A'K = A'N^2 : A'K^2。 \qquad\qquad (3)$

此外 $\qquad H'A' : A'N = A'N : A'K,$

以及由合比例

$$H'N : A'N = NK : A'K,$$

因而 $\qquad A'N^2 : A'K^2 = H'N^2 : NK^2。$

因此，由(3)式

$$H'A' : A'K = H'N^2 : NK^2。$$

现在 $\qquad H'M : MK > H'N : NK。$

因此 $\qquad H'M^2 : MK^2 > H'A' : A'K$

$$> H'A' : OA'$$

$$> A'M : MA，由(2)式，与前一样，$$

$$> (OA' + A'M) : MH，由(1)式，$$

$$> KM : MH。$$

从而 $\qquad H'M^2 : MH^2 = (H'M^2 : MK^2) \cdot (KM^2 : MH^2)$

$$> (KM : MH) \cdot (KM^2 : MH^2)。$$

由此可知

$$H'M : MH > KM^{\frac{3}{2}} : MH^{\frac{3}{2}}$$

$$> A'M^{\frac{3}{2}} : AM^{\frac{3}{2}}，由（1）式。$$

阿基米德的原文添加了这个命题的另一个证明，但我们在此予以忽略，因为与以上的相比，该证明既不更清楚，又不更简短。

命题 9

表面积相等的所有球缺中，半球的体积最大。

设 $ABA'B'$ 是球的一个大圆，其直径为 AA'，中心为 O。设该球被一个平面切割，该平面不通过 O，垂直于 AA'（在 M）并与大圆平面交于 BB'。球缺 ABB' 既可以小于半球如左图，也可以大于半球如右上图。

设 $DED'E'$ 是另一个球的一个大圆，其直径为 DD'，中心为 C。设该球被一个平面切割，该平面通过 C，垂直于 DD' 并交大圆平面于直径 EE'。

假定球缺 ABB' 的表面积与半球 DEE' 的相等。

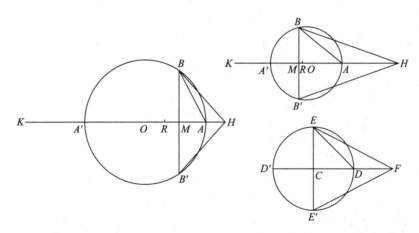

因为表面积相等，故 $AB=DE$。　　　　[《论球与圆柱》卷Ⅰ命题 42,43]

设在左图，　　　　　　　$AB^2 > 2AM^2$ 及 $2AO^2$，

以及在右上图，　　　　　$AB^2 < 2AM^2$ 及 $2AO^2$。

从而，若在 AA' 上取 R，使得

$$AR^2 = \frac{1}{2}AB^2，$$

则 R 将落入 O 与 M 之间。

又因为 $AB^2 = DE^2$，$AR=CD$。

延长 OA' 至 K，使得 $OA'=A'K$，并延长 AA' 至 H，使得

$$A'K : A'M = HA : AM,$$

或者，由合比例，　　$(A'K+A'M) : A'M = HM : MA$ 　　　　　(1)

这样，圆锥 HBB' 的体积等于球缺 ABB'。　　　　　　　　　　　[命题 2]

再者，延长 CD 至 F，使得 $CD=DF$，而圆锥 FEE' 将等于半球 DEE'。

　　　　　　　　　　　　　　　　　　　　　　　　　　　　　[命题 2]

现在　　　　　　　　　　$AR \cdot RA' > AM \cdot MA',$

以及　　　　$AR^2 = \dfrac{1}{2}AB^2 = \dfrac{1}{2}AM \cdot AA' = AM \cdot A'K。$

从而　　　　$AR \cdot RA' + RA^2 > AM \cdot MA' + AM \cdot A'K,$

或者　　　　　　　　$AA' \cdot AR > AM \cdot MK$

　　　　　　　　　　　　　　　　$> HM \cdot A'M，$由(1)式。

因此　　　　　　　　　$AA' : A'M > HM : AR,$

或者　　　　　　　$AB^2 : BM^2 > HM : AR,$

即　　　　　　　$AR^2 : BM^2 > HM : 2AR，$因为 $AB^2=2AR^2,$

　　　　　　　　　　　　　　　$> HM : CF。$

于是，因为 $AR=CD$，或 $CE,$

　　　　　直径为 EE' 的圆 : 直径为 BB' 的圆 $> HM : CF。$

由此可知

　　　　　　　　圆锥 $FEE' >$ 圆锥 $HBB',$

且因此，半球 DEE' 在体积上大于球缺 ABB'。

圆的度量

命题 1

任意圆的面积等于一个直角三角形，两条直角边中一条等于半径，另一条等于圆周长。

设 $ABCD$ 是给定的圆，K 是所述的三角形。

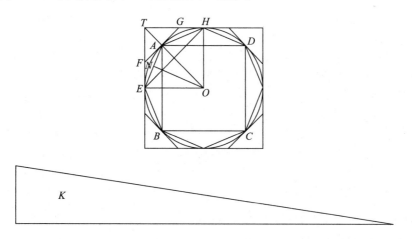

那么，圆若不等于 K，它必定或者大于 K，或者小于 K。

I. 设圆大于 K，检验是否可能。

内接一个正方形 $ABCD$，等分圆弧 AB，BC，CD，DA，然后等分（若需要）它们的一半，依此类推，直到内接多边形（其角点是诸分点）诸边对向的弓形之和小于圆面积超出 K 的部分。

于是，多边形面积大于 K。

设 AE 是它的任意边，ON 是由中心 O 向 AE 所作的垂线。

那么，ON 小于圆的半径，并因此小于 K 中的一条直角边。此外，多边形的周边小于圆周，即小于 K 中的另一条直角边。

因此，多边形面积小于 K；这与假设矛盾。

于是，圆面积不大于 K。

II. 设圆小于 K，检验是否可能。

外切一个正方形，并设与圆周相切于 E,H 的两条邻边相交于 T。等分相邻切点之间的弧，并在等分点作切线。设 A 是弧 EH 的中点，FAG 是在 A 点的切线。

那么角 TAG 是一个直角。

因此 $$TG > GA$$
$$> GH。$$

由此可知，三角形 FTG 大于 $TEAH$ 面积的一半。

类似地，若弧 AH 被等分，且在等分点作切线，它将从 GAH 截下多于一半的部分。

继续这一过程，我们将最终到达一个外切多边形，它与圆之间包含的面积小于圆面积超出 K 的部分。

于是多边形面积将小于 K。

现在，因为由 O 至多边形任意边的垂线等于圆的半径，而多边形的周边大于圆周，由此可知多边形面积大于三角形面积；而这是不可能的。

因此圆面积不小于 K。

因为圆面积既不大于 K 又不小于 K，它等于 K。

命题 2

圆面积与其直径平方之比是 11 比 14。

这个命题的文字不能令人满意，且阿基米德不可能把它置于命题 3 之前，因为本命题中的近似值依赖于命题 3 的结果。

命题 3

任意圆的圆周与直径之比小于 $3\frac{1}{7}$，但大于 $3\frac{10}{71}$。

鉴于出自阿基米德本命题算术内容之外的一些饶有兴趣的问题，转述中必须仔细区分中间步骤（多半是尤托西乌斯提供的）与原文中的真实步骤，中间步骤的目的是使对证明的理解较为方便。因此，所有并非真正出现在原文中的步骤被置于方括号中，以便清楚看出阿基米德在何种程度上省略了真实计算而只给出结果。我们将看到，他给出了 $\sqrt{3}$ 的两个分数近似值（与真实值相比，一个较大，一个较小），但没有关于如何得到它们的任何说明；类似地，对几个并非平方数的大数的近似平方根，也只是简单地陈述而已。对这些不同的近似值和希腊数学的一般机制，可在引言第四章中找到相关的讨论。

I. 设 AB 是任意圆的直径，O 是其中心，AC 是在 A 的切线；并设角 AOC 是直角的三分之一。

于是 $\qquad OA : AC[=\sqrt{3} : 1]>265 : 153$，$\qquad$ (1)

以及 $\qquad OC : CA[=2 : 1]=306 : 153$。$\qquad$ (2)

第一，作 OD 等分角 AOC 并与 AC 相交于 D。

现在 $\qquad CO : OA=CD : DA$，$\qquad$ [欧几里得 VI.3]

故 $\qquad [(CO+OA) : OA=CA : DA$，或]

$\qquad (CO+OA) : CA=OA : AD$。

因此[由(1)与(2)式]

$\qquad OA : AD>571 : 153$。$\qquad$ (3)

从而 $\qquad OD^2 : AD^2[=(OA^2+AD^2) : AD^2$

$\qquad >(571^2+153^2) : 153^2]$

$\qquad >349450 : 23409$，

故 $\qquad OD : DA>591\dfrac{1}{8} : 153$。$\qquad$ (4)

第二，作 OE 等分角 AOD，与 AD 相交于 E。

[于是 $\qquad DO : OA=DE : EA$，

故 $\qquad (DO+OA) : DA=OA : AE$。]

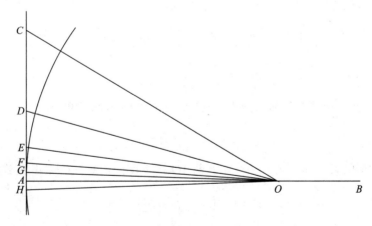

因此 $\qquad OA : AE[>\left(591\dfrac{1}{8}+571\right) : 153$，由(3)与(4)式]

$\qquad >1162\dfrac{1}{8} : 153$。$\qquad$ (5)

[由此可知

$$OE^2 : EA^2 > \left\{ \left(1162\frac{1}{8}\right)^2 + 153^2 \right\} : 153^2$$

$$> \left(1350534\frac{33}{64} + 23409\right) : 23409$$

$$> 1373943\frac{33}{64} : 23409。]$$

于是 $OE : EA > 1172\frac{1}{8} : 153。$ (6)

第三,作 OF 等分角 AOE,并与 AE 相交于 F。

于是我们得到结果[对应于上面的(3)到(5)式]

$$OA : AF \left[> \left(1162\frac{1}{8} + 1172\frac{1}{8}\right) : 153\right]$$

$$> 2334\frac{1}{4} : 153。$$ (7)

[因此 $OF^2 : FA^2 > \left\{ \left(2334\frac{1}{4}\right)^2 + 153^2 \right\} : 153^2$

$$> 5472132\frac{1}{16} : 23409。]$$

于是 $OF : FA > 2339\frac{1}{4} : 153$ (8)

第四,作 OG 等分角 AOF,与 AF 相交于 G。

然后我们有

$$OA : AG \left[> \left(2334\frac{1}{4} + 2339\frac{1}{4}\right) : 153,借助(7)与(8)式\right]$$

$$> 4673\frac{1}{2} : 153。$$

现在,角 AOC(直角的三分之一)已被等分四次,由此可知,

$$\angle AOG = \frac{1}{48}(直角)。$$

在 OA 的另一侧作角 AOH 等于角 AOG,并延长 GA 与 OH 相交于 H。

那么 $\angle GOH = \frac{1}{24}(直角)。$

于是,GH 是外切于给定圆的正 96 边形的一边。

又因为 $OA : AG > 4673\frac{1}{2} : 153,$

而 $AB = 2OA, \quad GH = 2AG,$

由此可知

$$AB : (96\ \text{边形的周边})[>4673\frac{1}{2} : 153 \cdot 96]$$

$$>4673\frac{1}{2} : 14688。$$

但

$$\frac{14688}{4673\frac{1}{2}} = 3 + \frac{667\frac{1}{2}}{4673\frac{1}{2}}$$

$$\left[< 3 + \frac{667\frac{1}{2}}{4672\frac{1}{2}} \right]$$

$$< 3\frac{1}{7}。$$

因此圆周(小于多边形的周边)更小于直径 AB 的 $3\frac{1}{7}$ 倍。

II. 其次,设 AB 是一个圆的直径,并设 AC 与圆相交于 C,作角 CAB 等于直角的三分之一。连接 BC。那么

$$AC : CB[=\sqrt{3} : 1] < 1351 : 780。$$

第一,设 AD 等分角 BAC,与 BC 相交于 d,并与圆周相交于 D。连接 BD。那么

$$\angle BAD = \angle dAC$$
$$= \angle dBD。$$

且在 D,C 的角均为直角。

由此可知,三角形 $ADB,[ACd],BDd$ 相似。

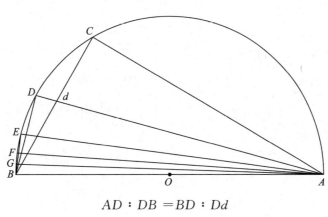

因此

$$AD : DB = BD : Dd$$
$$[= AC : Cd]$$

$$= AB : Bd \qquad \text{［欧几里得 VI.3］}$$

$$= (AB + AC) : (Bd + Cd)$$

$$= (AB + AC) : BC$$

或者 $\qquad (BA + AC) : BC = AD : DB_{\circ}$

［但 $\qquad AC : CB < 1351 : 780$，由以上分析，

而 $\qquad BA : BC = 2 : 1$

$$= 1560 : 780_{\circ}]$$

因此 $\qquad AD : DB < 2911 : 780_{\circ} \qquad (1)$

［从而 $\qquad AB^2 : BD^2 < (2911^2 + 780^2) : 780^2$

$$< 9082321 : 608400_{\circ}]$$

于是 $\qquad AB : BD < 3013\frac{3}{4} : 780_{\circ} \qquad (2)$

第二，设 AE 等分角 BAD，与圆周相交于 E。连接 BE。

然后我们与前面一样地证明

$$AE : EB \quad [= (BA + AD) : BD$$

$$< \left(3013\frac{3}{4} + 2911 \right) : 780，由(1)与(2)式]$$

$$< 5924\frac{3}{4} : 780$$

$$< 5924\frac{3}{4} \cdot \frac{4}{13} : 780 \cdot \frac{4}{13}$$

$$< 1823 : 240_{\circ} \qquad (3)$$

［从而 $\qquad AB^2 : BE^2 < (1823^2 + 240^2) : 240^2$

$$< 3380929 : 57600_{\circ}]$$

因此 $\qquad AB : BE < 1838\frac{9}{11} : 240_{\circ} \qquad (4)$

第三，设 AF 等分角 BAE，与圆相交于 F。

于是 $\qquad AF : FB [= (BA + AE) : BE$

$$< 3661\frac{9}{11} : 240，由(3)与(4)式]$$

$$< 3661\frac{9}{11} \cdot \frac{11}{40} : 240 \cdot \frac{11}{40}$$

$$< 1007 : 66_{\circ} \qquad (5)$$

［由此可知

$$AB^2 : BF^2 < (1007^2 + 66^2) : 66^2$$

$$<1018405：4356。]$$

因此 $\qquad AB：BE<1009\dfrac{1}{6}：66。$ $\qquad(6)$

第四,设 AG 等分角 BAF,与圆相交于 G。

那么 $\qquad AG：GB[=(BA+AF)：BF]$

$$<2016\dfrac{1}{6}：66,由(5)与(6)式。$$

[以及 $\qquad AB^2：BG^2<\left\{\left(2016\dfrac{1}{6}\right)^2+66^2\right\}：66^2$

$$<4069284\dfrac{1}{36}：4356。]$$

因此 $\qquad AB：BG<2017\dfrac{1}{4}：66,$

从而 $\qquad BG：AB>66：2017\dfrac{1}{4}。$ $\qquad(7)$

[现在,角 BAG 是角 BAC,或直角的三分之一的第四次等分的结果,它等于直角的 48 分之一。

于是,BG 在中心的对向角是 $\dfrac{1}{24}$(直角)。]

因此,BG 是 96 边内接正多边形的一边。

由(7)式可知

多边形的周边：$AB\left[>96\cdot66：2017\dfrac{1}{4}\right]$

$$>6336：2017\dfrac{1}{4},$$

又 $\qquad \dfrac{6336}{2017\dfrac{1}{4}}>3\dfrac{10}{71},$

故圆周比直径的 $3\dfrac{10}{71}$ 倍要大得多。

于是

$$3\dfrac{1}{7}>圆周与直径之比>3\dfrac{10}{71}。$$

论拟圆锥与旋转椭球

导言①

"阿基米德向多西休斯致敬。"

在本部分中,我将展示与贡献剩下的、未包括在我以前递送给您的资料中的一些定理的证明,以及一些近来的发现,虽然我以前常常试图研究相关的问题,但因种种困难而未能成功。这甚至是一些命题本身亦未与其他命题一起发表的原因。在此以后,我十分努力地进行了研究,终于得到了我以前未能成功的发现。

早先剩下的一些定理是关于直角拟圆锥[旋转抛物面]的;我现在加入的新发现,也与钝角拟圆锥[旋转双曲面]及旋转椭球有关,我把后者中的一些称为长的($\pi\alpha\varrho\alpha\mu\acute{\alpha}\varkappa\varepsilon\alpha$),另一些称为扁的($\grave{\varepsilon}\pi\iota\pi\lambda\alpha\tau\acute{\varepsilon}\alpha$)。

I. 关于*直角拟圆锥*,陈述如下。设直角圆锥截线[抛物线]绕其保持固定的直径[轴]旋转,并回到它的起始位置,则由直角圆锥截线生成的图形称为**直角拟圆锥**,保持固定的直径称为它的**轴**,它的顶点是轴与拟圆锥曲面的交点($\check{\alpha}\pi\tau\varepsilon\tau\alpha\iota$)。若一个平面与直角拟圆锥曲面相切,另一个平行于切平面的平面截下拟圆锥曲面的一个截段,截下的这个截段的**底面**定义为切割平面上拟圆锥的截线包含的部分,[该截段]的**顶点**是第一个平面与拟圆锥曲面的切点,而[该截段]的**轴**,是通过该截段的顶点所作的拟圆锥轴的平行线在该截段之内的线段。

提供考虑的问题是:

(1) 直角拟圆锥被与轴成直角的平面截下的截段,其大小是与该截段同底等轴(高)圆锥的一倍半。为什么?

(2) 直角拟圆锥被任意平面截下的两个截段的面积之比等于它们的轴之比。为什么?

II. 关于*钝角拟圆锥*,陈述以下前提。若我们有平面中的钝角圆锥截线[双曲

---

① 全部导言资料,包括定义,系逐字从希腊语文本翻译,以便忠实地呈现阿基米德的专业术语。这种做法对转换它们为现代术语和记号毫无影响。当我们进入专著的实际命题时,这些将仍然相应地使用。

线]、其直径[轴]与最接近钝角圆锥截线的直线[即双曲线的渐近线]，又若直径[轴]保持固定，包含上述曲线的平面绕轴旋转并回到其起始位置，则最接近钝角圆锥截线的直线[即渐近线]，显然将生成一个等腰圆锥，其顶点是最接近直线的汇聚点，其轴是保持固定的直径。由钝角圆锥截线生成的图形称为**钝角拟圆锥**[旋转双曲面]，保持固定的直径是它的**轴**，而其顶点是轴与拟圆锥曲面的交点。最接近钝角圆锥截线的直线生成的图形称为**拟圆锥的包络**（$\pi\varepsilon\rho\iota\acute{\varepsilon}\chi\omega\nu\ \tau\grave{o}\ \varkappa\omega\nuo\varepsilon\iota\delta\acute{\varepsilon}\varsigma$）[圆锥]，拟圆锥的顶点与拟圆锥包络圆锥的顶点之间的直线段称为**轴的邻线**（$\pi o\tau\varepsilon o\tilde{v}\sigma\alpha\ \tau\tilde{\omega}\ \mathring{\alpha}\xi o\nu\iota$）。又若一个平面与钝角拟圆锥相切，另一个与切平面平行的平面截下拟圆锥的一个截段，则该截段的**底面**定义为**切割平面上拟圆锥的截线**，[**该截段**]**的顶点**是平面与拟圆锥的切点，而[**该截段**]**的轴**，是通过该截段的顶点与拟圆锥的包络圆锥的顶点的直线在该截段之内的线段；而上述二顶点之间的直线段称为**轴的邻线**。

所有直角拟圆锥都相似；但钝角拟圆锥仅当拟圆锥的包络圆锥相似时才相似。

以下问题提供考虑，

（1）钝角拟圆锥被与轴成直角的平面截下的截段，与同底等轴（高）圆锥之比，等于该截段的轴加上轴的邻线的三倍，与该截段的轴加上轴的邻线的两倍之比值。为什么？

（2）钝角拟圆锥被不与轴成直角的平面截下的截段，与同底等轴（高）圆锥的截段（$\mathring{\alpha}\pi\acute{o}\tau\mu\alpha\mu\alpha\ \varkappa\acute{\omega}\nuo\upsilon$）[1]之比，等于该截段的轴加上轴的邻线的三倍，与该截段的轴加上轴的邻线的两倍之比值。为什么？

III. 关于旋转椭球图形，陈述以下前提。若我们有锐角圆锥截线[椭圆]绕保持固定的较长直径[长轴]旋转并回到其起始位置，则由锐角圆锥截线生成的图形称为**长旋转椭球**（$\pi\alpha\rho\alpha\mu\tilde{\alpha}\varkappa\varepsilon\varsigma\ \sigma\varphi\alpha\iota\rho o\varepsilon\iota\delta\acute{\varepsilon}\varsigma$）。但若锐角圆锥截线绕保持固定的较短直径[短轴]旋转并回到其起始位置，则由锐角圆锥截线生成的图形称为**扁旋转椭球**（$\mathring{\varepsilon}\pi\iota\pi\lambda\alpha\tau\grave{\upsilon}\ \sigma\varphi\alpha\iota\rho o\varepsilon\iota\delta\acute{\varepsilon}\varsigma$）。无论对何种旋转椭球，**轴**定义为保持固定的直径[轴]，**顶点**定义为轴与旋转椭球表面的交点，**中心**是轴的中点，而**直径**是通过中心所作与轴成直角的线。若两个平行平面与旋转椭球图形相切而无相截，且又作另一平面平行于切平面并切割旋转椭球，则所致二截段的**底面**定义为旋转椭球在切割平面上的截线截取的部分，它们的**顶点**是平行平面与旋转椭球的切

---

① 圆锥的截段将在后面定义（第 199 页）。

点，它们的**轴**是二截段顶点连线在截段中的部分。与旋转椭球相切的平面交曲面于一点，连接切点的直线通过旋转椭球的中心。轴与'诸直径'之比相同的旋转椭球称为**相似的**。又称旋转椭球与拟圆锥的截段为**相似的**，若它们系从相似的图形截下并有相似的底面，它们的轴或者与底面所在平面成直角，或者与底面的对应直径[轴]之间的夹角相等，且底面的对应直径[轴]相互间的比值相同。

以下关于旋转椭球的问题提供考虑，

（1）一个旋转椭球被通过中心并与轴成直角的平面截下的每个半椭球，都是与半椭球同底等轴（高）圆锥的两倍；而若切割平面与轴成直角但不通过中心，则（a）如此造成的椭球缺①，相对于与之同底等轴（高）圆锥之比值，是旋转椭球轴的一半加上椭球缺的轴，与椭球缺的轴之比值。为什么？以及（b）椭球缺相对于与之同底等轴（高）圆锥之比值，是旋转椭球轴的一半加上椭球缺的轴，与椭球缺的轴之比值。为什么？

（2）一个旋转椭球被通过中心但不与轴成直角的平面截下的两个截段，都是与该截段同底等轴（高）圆锥的两倍。为什么？

（3）但是，若切割旋转椭球的平面既不通过中心又不与轴成直角，则（a）如此所致的较大截段，与同底等轴（高）圆锥的比值，是连接二截段顶点线段的一半加上较小截段的轴，与较大截段的轴之比值，以及（b）较小截段与同底等轴（高）圆锥之比，是较小截段与较大截段顶点连线的一半加上较大截段的轴，与较大截段的轴之比。在这些案例中提到的图形，也是圆锥的一个截段②。

上述定理得证后，借助它们可以发现许多定理和问题。

例如以下定理，

（1）相似的旋转椭球，以及旋转椭球与拟圆锥的相似截段彼此之间，都等于它们轴长的三次方的比值，以及

（2）在相等的旋转椭球中，'直径'的平方与轴成反比；反之，若在二旋转椭球中，'直径'的平方与轴成反比，则二旋转椭球体积相等。

还有这样的问题，由给定旋转椭球或拟圆锥，用平行于给定平面的平面截下一个截段，使之等于给定的圆锥或圆柱，或者等于给定的球。

---

① 中文文献中习惯把垂直于椭球的轴的平面截下的旋转椭球的截段称为半椭球与椭球缺。译文中沿用这些名称，但本书中的切割平面不一定垂直于椭球的轴，那种情况下得到的被称为椭球截段或截段。——译者注

② 见第 199 页圆锥的截段（$\dot{\alpha}\pi\acute{o}\tau\mu\alpha\mu\alpha\ \varkappa\acute{\omega}\nu o\nu$）的定义。

确立了为证明这些所必需的定理及方向（ἐπιτάγματα）之后，我将进而为您详细讲解这些命题，再见。

定义

若一个圆锥被与其所有边［母线］相交的一个平面切割，则截线或者是圆，或者是锐角圆锥截线［椭圆］。若截线是一个圆，则从圆锥截下包括圆锥顶点的截段，显然也是一个圆锥。但若截线是一条锐角圆锥截线［椭圆］，则称从圆锥截下的包括圆锥顶点的部分，为**圆锥的一个截段**。该截段的**底面**定义为锐角圆锥截线包含的平面部分，其**顶点**与圆锥的顶点相同，其**轴**为连接圆锥的顶点与锐角圆锥截面中心的直线段。

又若一个圆柱被与其所有边［母线］相交的两个平行平面切割，两条截线为彼此相等且相似的圆或锐角圆锥截线［椭圆］。若截线为圆，那么很清楚，从圆柱截下的两个平行平面之间的立体是圆柱。但若截线是锐角圆锥截线［椭圆］，则称从圆柱截下的两个平行平面之间的立体**为圆柱平截头台**（τόμος），平截头台的底面是锐角圆锥截线［椭圆］，而轴是连接锐角圆锥截线中心的直线段，从而该轴与圆柱的轴在同一条直线上。

引理

若量 $A_1, A_2, \cdots, A_n$ 构成的升序算术级数的公差等于最小项 A_1，则

$$n \cdot A_n < 2(A_1 + A_2 + \cdots + A_n),$$

以及

$$> 2(A_1 + A_2 + \cdots + A_{n-1})。$$

顺便指出，对此的证明在专著《论螺线》命题 11 中给出。通过排列用线段代表的级数各项，然后对之加工使每一项都等于最大项，阿基米德给出了等价于以下的证明。

若

$$S_n = A_1 + A_2 + \cdots + A_{n-1} + A_n,$$

则我们也有

$$S_n = A_n + A_{n-1} + A_{n-2} + \cdots + A_1。$$

以及

$$A_1 + A_{n-1} = A_2 + A_{n-2} = \cdots = A_n。$$

因此

$$2S_n = (n+1)A_n,$$

因而

$$n \cdot A_n < 2S_n,$$

以及

$$> 2S_{n-1}。$$

于是，若级数是 $a, 2a, \cdots, na$，则

$$S_n = \frac{n(n+1)}{2}a,$$

以及 $\qquad\qquad\qquad\qquad n^2 a < 2S_n$

但 $\qquad\qquad\qquad\qquad\qquad\quad > 2S_{n-1}$。

命题 1

若 $A_1, B_1, C_1, \cdots, K_1$ 与 $A_2, B_2, C_2, \cdots, K_2$ 是各项为量的两个级数,使得

$$\left.\begin{array}{l} A_1 : B_1 = A_2 : B_2, \\ B_1 : C_1 = B_2 : C_2, \end{array}\right\} \qquad (\alpha)$$

$$\cdots$$

且若 $A_3, B_3, C_3, \cdots, K_3$ 与 $A_4, B_4, C_4, \cdots, K_4$ 是另外两个量的级数,使得

$$\left.\begin{array}{l} A_1 : A_3 = A_2 : A_4, \\ B_1 : B_3 = B_2 : B_4, \end{array}\right\} \qquad (\beta)$$

$$\cdots$$

则 $\qquad (A_1 + B_1 + C_1 + \cdots + K_1) : (A_3 + B_3 + C_3 + \cdots + K_3)$

$$= (A_2 + B_2 + C_2 + \cdots + K_2) : (A_4 + B_4 + C_4 + \cdots + K_4)。$$

其证明如下。

因为 $\qquad\qquad\qquad\qquad A_3 : A_1 = A_4 : A_2,$

以及 $\qquad\qquad\qquad\qquad\quad A_1 : B_1 = A_2 : B_2,$

且 $\qquad\qquad\qquad\qquad\qquad B_1 : B_3 = B_2 : B_4,$

由依次比例,我们有 $\qquad\quad$

$$\left.\begin{array}{l} A_3 : B_3 = A_4 : B_4, \\ B_3 : C_3 = B_4 : C_4。 \end{array}\right\} \qquad (\gamma)$$

类似地

$$\cdots$$

再者,由方程(α)可知,

$$A_1 : A_2 = B_1 : B_2 = C_1 : C_2 = \cdots。$$

因此

$$A_1 : A_2 = (A_1 + B_1 + C_1 + \cdots + K_1) : (A_2 + B_2 + C_2 + \cdots + K_2),$$

或 $\qquad (A_1 + B_1 + C_1 + \cdots + K_1) : A_1 = (A_2 + B_2 + C_2 + \cdots + K_2) : A_2;$

以及 $\qquad\qquad\qquad\qquad A_1 : A_3 = A_2 : A_4,$

而从方程(γ)由类似方式可知

$$A_3 : (A_3 + B_3 + C_3 + \cdots + K_3) = A_4 : (A_4 + B_4 + C_4 + \cdots + K_4)。$$

从最后三个等式,由依次比例,

$$(A_1 + B_1 + C_1 + \cdots + K_1) : (A_3 + B_3 + C_3 + \cdots + K_3)$$

$$= (A_2 + B_2 + C_2 + \cdots + K_2) : (A_4 + B_4 + C_4 + \cdots + K_4)。$$

推论

若去除与第三及第四个级数中对应于第一及第二个级数的任意项,结果相

同。例如，若缺少最末两项 K_3，K_4，

$$(A_1 + B_1 + C_1 + \cdots + K_1) : (A_3 + B_3 + C_3 + \cdots + I_3)$$
$$= (A_2 + B_2 + C_2 + \cdots + K_2) : (A_4 + B_4 + C_4 + \cdots + I_4)，$$

其中 I 是每个级数中 K 之前的项。

命题 2 的引理

[《论螺线》命题 10]

若 A_1，A_2，A_3，$\cdots$，A_n 是构成升序算术级数的 n 条直线段，其公差等于最小项 A_1，则

$$(n+1)A_n^2 + A_1(A_1 + A_2 + A_3 + \cdots + A_n) = 3(A_1^2 + A_2^2 + A_3^2 + \cdots + A_n^2)。$$

把线段 A_n，A_{n-1}，A_{n-2}，$\cdots$，A_1 从左至右排成一行。延长 A_{n-1}，A_{n-2}，$\cdots$，A_1，直到它们每个都等于 A_n，被加上的部分分别等于 A_1，A_2，$\cdots$，A_{n-1}。

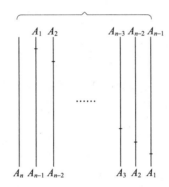

依次取每一条线，我们有

$$2A_n^2 = 2A_n^2，$$
$$(A_1 + A_{n-1})^2 = A_1^2 + A_{n-1}^2 + 2A_1 \cdot A_{n-1}，$$
$$(A_2 + A_{n-2})^2 = A_2^2 + A_{n-2}^2 + 2A_2 \cdot A_{n-2}，$$
$$\cdots$$
$$(A_{n-1} + A_1)^2 = A_{n-1}^2 + A_1^2 + 2A_{n-1} \cdot A_1。$$

又通过相加，

$$(n+1)A_n^2 = 2(A_1^2 + A_2^2 + \cdots + A_n^2) + 2A_1 \cdot A_{n-1} + 2A_2 \cdot A_{n-2} + \cdots + 2A_{n-1} \cdot A_1。$$

因此，为得到所需结果，我们必须证明

$$2(A_1 \cdot A_{n-1} + A_2 \cdot A_{n-2} + \cdots + A_{n-1} \cdot A_1) + A_1(A_1 + A_2 + A_3 + \cdots + A_n)$$
$$= A_1^2 + A_2^2 + \cdots + A_n^2。 \tag{α}$$

现在,　　　　$2A_2 \cdot A_{n-2} = A_1 \cdot 4A_{n-2}$,因为 $A_2 = 2A_1$,

$2A_3 \cdot A_{n-3} = A_1 \cdot 6A_{n-3}$,因为 $A_3 = 3A_1$,

$$\cdots$$

$$2A_{n-1} \cdot A_1 = A_1 \cdot 2(n-1)A_1 \text{。}$$

由此可知

$$2(A_1 \cdot A_{n-1} + A_2 \cdot A_{n-2} + \cdots + A_{n-1} \cdot A_1) + A_1(A_1 + A_2 + A_3 + \cdots + A_n)$$
$$= A_1[A_n + 3A_{n-1} + 5A_{n-2} + \cdots + (2n-1)A_1] \text{。}$$

且可证明,最后一个表达式等于

$$A_1^2 + A_2^2 + \cdots + A_n^2 \text{。}$$

这是因为　　　　　　　　　$A_n^2 = A_1(n \cdot A_n)$

$$= A_1\{A_n + (n-1)A_n\}^{①}$$
$$= A_1\{A_n + 2(A_{n-1} + A_{n-2} + \cdots + A_1)\} \text{,}$$

其中　　　　$(n-1)A_n = A_{n-1} + A_1 + A_{n-2} + A_2 + \cdots + A_1 + A_{n-1} \text{。}$

类似地　　　$A_{n-1}^2 = A_1\{A_{n-1} + 2(A_{n-2} + A_{n-3} + \cdots + A_1)\} \text{,}$

$$\cdots$$

$$A_2^2 = A_1(A_2 + 2A_1) \text{,}$$
$$A_1^2 = A_1 \cdot A_1 \text{;}$$

因而,通过相加,

$$A_1^2 + A_2^2 + \cdots + A_n^2 = A_1\{A_n + 3A_{n-1} + 5A_{n-2} + \cdots + (2n-1)A_1\} \text{。}$$

于是上面的等式(α)成立;且由此可知

$$(n+1)A_n^2 + A_1(A_1 + A_2 + A_3 + \cdots + A_n) = 3(A_1^2 + A_2^2 + A_3^2 + \cdots + A_n^2) \text{。}$$

推论 1　由此显然

$$n \cdot A_n^2 < 3(A_1^2 + A_2^2 + \cdots + A_n^2) \text{。} \tag{1}$$

此外,如前所述　　　$A_n^2 = A_1\{A_n + 2(A_{n-1} + A_{n-2} + \cdots + A_1)\} \text{,}$

使得　　　　　　$A_n^2 > A_1(A_n + A_{n-1} + \cdots + A_1) \text{,}$

且因此

$$A_n^2 + A_1(A_1 + A_2 + \cdots + A_n) < 2A_n^2 \text{。}$$

由本命题可知

$$n \cdot A_n^2 > 3(A_1^2 + A_2^2 + \cdots + A_{n-1}^2) \text{。} \tag{2}$$

推论 2　若用相似的图形替代所有这些线条的平方,所有这些结果均仍成立;因为相似的图形与其边长的平方成正比。

---

① 按现在的习惯,圆括号外用方括号,但为保留原著的原汁原味,本书用花括号。——译者注

在上述命题中,应用了符号 $A_1,A_2,A_3,\cdots,A_n$ 替代 $a,2a,3a,\cdots,na$ 以展示证明过程的几何特性;但若我们现在把后一组符号代入各种结果中,我们有(1)

$$(n+1)n^2a^2+a(a+2a+\cdots+na)=3\{a^2+(2a)^2+(3a)^2+\cdots+(na)^2\}\text{。}$$

因此

$$a^2+(2a)^2+(3a)^2+\cdots+(na)^2$$

$$=\frac{a^2}{3}\left\{(n+1)n^2+\frac{n(n+1)}{2}\right\}$$

$$=a^2\cdot\frac{n(n+1)(2n+1)}{6}\text{。}$$

此外(2)

$$n^3<3(1^2+2^2+3^2+n^2),$$

以及(3)

$$n^3>3\left(1^2+2^2+3^2+\cdots+\overline{n-1}\Big|^2\right)^{①}\text{。}$$

命题 2

若 $A_1,A_2,\cdots,A_n$ 是任意面积,使得[②]

$$A_1=ax+x^2,$$

$$A_2=a\cdot2x+(2x)^2,$$

$$A_3=a\cdot3x+(3x)^2,$$

$$\cdots$$

$$A_n=a\cdot nx+(nx)^2,$$

那么

$$n\cdot A_n:(A_1+A_2+\cdots+A_n)<(a+nx):\left(\frac{a}{2}+\frac{nx}{3}\right),$$

以及

$$n\cdot A_n:(A_1+A_2+\cdots+A_{n-1})>(a+nx):\left(\frac{a}{2}+\frac{nx}{3}\right)\text{。}$$

因为,由命题 1 之前的引理,

$$n\cdot anx<2(ax+a\cdot2x+\cdots+a\cdot nx),$$

与

$$>2(ax+a\cdot2x+\cdots+a\cdot\overline{n-1x})\text{。}$$

此外,由本命题之前的引理,

$$n\cdot(nx)^2<3\{x^2+(2x)^2+(3x)^2+\cdots+(nx)^2\}$$

及

$$>3\{x^2+(2x)^2+(3x)^2+\cdots+(\overline{n-1x})^2\}\text{。}$$

---

① 本书中常用 $\overline{n-1}$ 表示(n−1),这在现代文献中也偶有所见,不会引起歧义,故予以保留。——译者注

② 阿基米德这里的措辞与传统的适配面积法相关联:*εἴ κα…παρ' ἑκάσταν αὐτᾶν παραπέσῃ τι χωρίον ὑπερβάλλον εἴδει τετραγώνῳ*,"若对每一条直线适配一个空间[矩形]超出一个正方形"。于是 A_1 是高为 x 的矩形适配于直线 a,但这样的重叠使底线超出 ax 距离。

从而 $\dfrac{an^2x}{2}+\dfrac{n(nx)^2}{3}<[(ax+x^2)+\{a\cdot 2x+(2x)^2\}+\cdots+\{a\cdot nx+(nx)^2\}]$,

以及 $>[(ax+x^2)+\{a\cdot 2x+(2x)^2\}+\cdots+\{a\cdot \overline{n-1}x+(\overline{n-1}x)^2\}]$,

或 $A_1+A_2+\cdots+A_{n-1}<\dfrac{an^2x}{2}+\dfrac{n(nx)^2}{3}<A_1+A_2+\cdots+A_n$。

由此可知

$$n\cdot A_n:(A_1+A_2+\cdots+A_n)<n(a\cdot nx+(nx)^2):\left(\dfrac{an^2x}{2}+\dfrac{n(nx)^2}{3}\right),$$

或 $$n\cdot A_n:(A_1+A_2+\cdots+A_n)<(a+nx):\left(\dfrac{a}{2}+\dfrac{nx}{3}\right);$$

另外 $$n\cdot A_n:(A_1+A_2+\cdots+A_{n-1})>(a+nx):\left(\dfrac{a}{2}+\dfrac{nx}{3}\right)。$$

命题 3

(1)若 TP,TP' 是任意圆锥曲线的两条切线,它们相交于 T,又设 Qq,$Q'q'$ 分别是平行于 TP,TP' 的两根弦,它们相交于 $O^{①}$,则

$$QO\cdot Oq:Q'O\cdot Oq'=TP^2:TP'^2。$$

"而这是在《圆锥曲线原本》^{②}中证明过的。"

(2)若 QQ' 是抛物线的一根弦,它在 V 被直径 PV 等分,又若 PV 的长度是常数,则无论 QQ' 的方向如何,三角形 PQQ' 与弓形 PQQ' 的面积都是常数。

设 ABB' 是顶点为 A 的抛物线的一个弓形,BB' 在 H 点被轴垂直地等分,这里 $AH=PV$。

作 QD 垂直于 PVD。

———————————

① 参见下图。

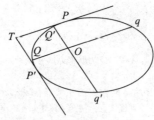

② 指阿里斯塔克和欧几里得关于圆锥曲线的专著。

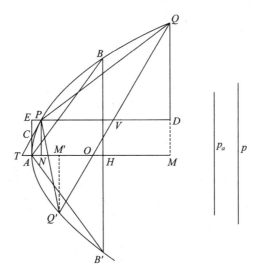

设 p_a 为主坐标的参数，并设 p 为另一条这样长度的直线段，使得

$$QV^2 : QD^2 = p : p_a;$$

于是 p 等于相对于直径 PV 的纵坐标（它们平行于 QV）的参数。

"因为这是已经在《圆锥曲线原本》[①]中证明过的。"

---

① 这里被阿基米德认为是已知的定理，可以用不同的方法来证明。

(1) 容易由阿波罗尼奥斯 I. 49 导出（参见阿波罗尼奥斯，引言第一部分第三章，I. 49）。设在图中 A，P 点处作切线，前者与 PV 相交于 E，后者与轴相交于 T，又设 AE，PT 相交于 C，由阿波罗尼奥斯的命题有

$$CP : PE = p : 2PT,$$

其中 p 是相对于 PV 的纵坐标的参数。

(2) 它也可以独立地证明如下。

设 QQ' 与轴相交于 O，并设 QM，$Q'M'$ 与 PN 为相对于轴的纵坐标。

于是　　　　　　　　　　$AM : AM' = QM^2 : Q'M'^2 = OM^2 : OM'^2$

从而　　　　　　　　　　$AM : MM' = OM^2 : OM^2 - OM'^2$

　　　　　　　　　　　　　　　$= OM^2 : (OM - OM') \cdot MM',$

所以　　　　　　　　　　$OM^2 = AM \cdot (OM - OM')$。

也就是，　　　　　　　$(AM - AO)^2 = AM \cdot (AM + AM' - 2AO),$

或者　　　　　　　　　　$AO^2 = AM \cdot AM'$。

但因为　　　　　　　$QM^2 = p_a \cdot AM$ 与 $Q'M'^2 = p_a \cdot AM',$

可知有　　　　　　　　$QM \cdot Q'M' = p_a \cdot AO$。　　　　　　　　($\alpha$)

现在　　　　　　　$QV^2 : QD^2 = QV^2 : \left(\dfrac{QM + Q'M'}{2}\right)^2$

　　　　　　　　　　　$= QV^2 : \left[\left(\dfrac{QM - Q'M'}{2}\right)^2 + QM \cdot Q'M'\right]$

　　　　　　　　　　　$= QV^2 : (PN^2 + QM \cdot Q'M')$

　　　　　　　　　　　$= p \cdot PV : (p_a \cdot (AN + AO))$，由 ($\alpha$) 式。

但　　　　　　　　　　$PV = TO = AN + AO,$

因此　　　　　　　　　$QV^2 : QD^2 = p : p_a$。

于是 $$QV^2 = p \cdot PV \text{。}$$

且 $$BH^2 = p_a \cdot AH\text{,而 } AH = PV\text{。因此}$$

$$QV^2 : BH^2 = p : p_a \text{。}$$

但 $$QV^2 : QD^2 = p : p_a\text{；}$$

从而 $$BH = QD\text{。}$$

于是 $$BH \cdot AH = QD \cdot PV\text{；}$$

且因此 $$\triangle ABB' = \triangle PQQ'\text{；}$$

也就是,只要 PV 的长度为常数,三角形 PQQ' 的面积也是常数。

从而弓形 PQQ' 的面积在相同条件下也是常数;因为弓形面积等于 $\frac{4}{3} \triangle PQQ'$。

[《抛物线弓形求积》命题 17 或 24。]

命题 4

任意椭圆的面积与辅助圆面积之比等于短轴与长轴之比。

设 AA' 是椭圆的长轴以及 BB' 是椭圆的短轴,并设 BB' 与辅助圆相交于 b, b'。

假定 O 是这样的圆,它使得

$$\text{圆 } AbA'b' : O = CA : CB \text{。}$$

则 O 等于椭圆的面积。

因为如若不然,则 O 必定或者大于或者小于椭圆。

I. 设 O 大于椭圆,检验是否可能。

在圆 O 中作一个内接正 $4n$ 边形,使其面积大于椭圆面积。[参见《论球与圆柱》卷 I 命题 6。]

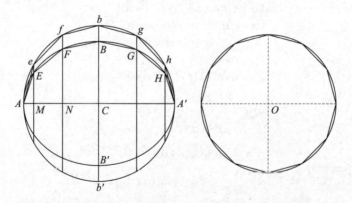

设这已完成,在椭圆的辅助圆中作一个内接多边形 $AefbghA'\cdots$ 类似于 O 中的内接多边形。设 AA' 的垂线 $eM, fN, \cdots$ 分别与椭圆相交于 $E, F, \cdots$。连接 $AE, EF, FB, \cdots$。

假定 P' 表示辅助圆内接多边形的面积,P 表示椭圆内接多边形的面积。

于是因为所有线条 $eM, fN, \cdots$ 在 $E, F, \cdots$ 被分割成相同的比例,

即 $$eM : EM = fN : FN = \cdots = bC : BC。$$

成对的三角形如 eAM, EAM,以及成对的梯形如 $eMNf, EMNF$,相互之间的比值都如同 bC 与 BC,或 CA 与 CB 之间的比值。

因此,通过相加,

$$P' : P = CA : CB。$$

现在 $\quad P' : O$ 中的内接多边形 $=$ 圆 $AbA'b' : O$

$$= CA : CB,根据假设。$$

因此 P 等于 O 中的内接多边形。但这是不可能的,因为后一个多边形按假设大于椭圆,更大于 P。

因此 O 不大于椭圆。

II. 设 O 小于椭圆,检验是否可能。

在这种情况下,我们在椭圆中作一个内接 $4n$ 边形 P,使得 $P > O$。延长轴 AA' 上角点的垂线至与辅助圆相交,并构成圆中对应的多边形(P')。在 O 中作一个内接多边形与 P' 相似。于是

$$P' : P = CA : CB$$

$$= 圆 AbA'b' : O,根据假设,$$

$$= P' : O 中的内接多边形。$$

因此,O 中的内接多边形等于多边形 P;但这是不可能的,因为 $P > O$。

从而,O 既不可能大于也不可能小于椭圆,而只能等于它;命题得证。

命题 5

若 AA', BB' 分别是一个椭圆的长轴与短轴,又若 d 是任意圆的直径,则

椭圆面积:圆面积 $= AA' \cdot BB' : d^2$。

因为

$$椭圆面积:辅助圆面积 = BB' : AA'[命题 4]$$

$$= AA' \cdot BB' : AA'^2。$$

以及 $\quad$ 辅助圆面积:直径为 d 的圆面积 $= AA'^2 : d^2$。

因此,由依次比例即可得到所要求的结果。

命题 6

椭圆的面积之比等于其轴构成的矩形的面积之比。

由命题 4,5 可立即得此结论。

推论　相似椭圆的面积之比等于对应轴的平方之比。

命题 7

给定以 C 为中心的椭圆,作直线 CO 垂直于其平面,则可以找到顶点为 O 的一个圆锥,使给定椭圆是它的一条截线[或换句话说,找到顶点为 O 且通过椭圆周边的一个圆锥的圆截线]。

设想位于垂直于纸面的平面上的一个以 BB' 为短轴的椭圆,作 CO 垂直于椭圆所在的平面,并设 O 是待求圆锥的顶点。延长 OB,OC,OB',并在同一平面上作 BED,分别与所作 OC,OB' 的延长线相交于 E,D,BED 的方向使得

$$BE \cdot ED : EO^2 = CA^2 : CO^2,$$

其中 CA 是椭圆的半长轴。

"而这是可能的,因为

$$BE \cdot ED : EO^2 > BE \cdot CB' : CO^2。"$$

[这个构形与命题都被认为是已知的。]

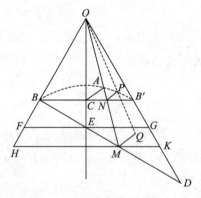

现在设想以 BD 为直径的一个圆,位于与纸面成直角的平面上,并作以该圆为底面,顶点为 O 的一个圆锥。

于是我们需要证明,给定椭圆是圆锥的一条截线,或者,若 P 是椭圆上的任意点,则 P 位于圆锥的表面。

作 PN 垂直于 BB'。连接 ON 并延长之与 BD 相交于 M,并在以 BD 为直径的圆所在的平面上作 MQ 垂直于 BD,并且与圆周相交于 Q。又通过 E,M 分

别作 FG，HK 平行于 BB'。

于是我们有

$$QM^2 : HM \cdot MK = BM \cdot MD : HM \cdot MK$$
$$= BE \cdot ED : FE \cdot EG$$
$$= (BE \cdot ED : EO^2) \cdot (EO^2 : FE \cdot EG)^{①}$$
$$= (CA^2 : CO^2) \cdot (CO^2 : BC \cdot CB')$$
$$= CA^2 : CB^2$$
$$= PN^2 : BN \cdot NB'。$$

因此 $$QM^2 : PN^2 = HM \cdot MK : BN \cdot NB'$$
$$= OM^2 : ON^2;$$

从而，因 PN，QM 平行，故 OPQ 是一条直线。

但 Q 在以 BD 为直径的圆周上；因此 OQ 是圆锥的母线，且从而 P 在圆锥上。

因此，圆锥通过椭圆上的所有点。

命题 8

给定一个椭圆，一个平面通过椭圆的一根轴 AA' 并垂直于椭圆所在平面，以及一条由中心 C 所作的线 CO，它位于通过 AA' 的给定平面上，但不与 AA' 垂直，则总可以找到一个顶点为 O 的圆锥，使给定的椭圆是它的一个截面 [或换句话说，找到顶点为 O 的圆锥通过椭圆周边]。

根据假设，OA 与 OA' 不相等。延长 OA' 至 D 使 $OA = OD$。连接 AD，作 FG 过 C 并与之平行。

假定给定椭圆位于垂直于纸面的平面上。设 BB' 是椭圆的另一根轴。

设想通过 AD 并垂直于纸面的一个平面，并在其上作（a）以 AD 为直径的圆，若 $CB^2 = FC \cdot CG$，或（b）以 AD 为一根轴的椭圆，若上述等式不成立，又若 d 为另一根轴，则

$$d^2 : AD^2 = CB^2 : FC \cdot CG。$$

---

① 这里的记法比较特殊，应这样理解，

$$(BE \cdot ED : EO^2) \cdot (EO^2 : FE \cdot EG) = \frac{BE \cdot ED}{EO^2} \cdot \frac{EO^2}{FE \cdot EG}$$

$$= \frac{BE \cdot ED}{FE \cdot EG} = BE \cdot ED : FE \cdot EG。 \quad \text{——译者注}$$

取顶点为 O 的一个圆锥,其表面恰好通过刚才作的圆或椭圆。这即使当曲线是一个椭圆时也可以做到,因为由 O 至 AD 中点的线垂直于椭圆的平面,本构形受到了命题 7 的影响。

设 P 是给定椭圆上的任意点,则我们只需证明 P 位于所述圆锥的表面即可。

作 PN 垂直于 AA'。连接 ON 并延长之与 AD 相交于 M,通过 M 作 HK 平行于 AA'。

最后,作 MQ 垂直于纸面(并因此既垂直于 HK 又垂直于 AD),与以 AD 为轴或直径的椭圆或圆(并因此圆锥的表面)相交于 Q。

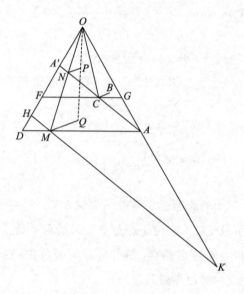

于是我们有

$$QM^2 : HM \cdot MK = (QM^2 : DM \cdot MA) \cdot (DM \cdot MA : HM \cdot MK)$$
$$= (d^2 : AD^2) \cdot (FC \cdot CG : A'C \cdot CA)$$
$$= (CB^2 : FC \cdot CG) \cdot (FC \cdot CG : A'C \cdot CA)$$
$$= CB^2 : CA^2$$
$$= PN^2 : A'N \cdot NA。$$

因此,也有

$$QM^2 : PN^2 = HM \cdot MK : A'N \cdot NA$$
$$= OM^2 : ON^2。$$

于是因为 PN 与 QM 平行,OPQ 是一条直线;又因为 Q 在圆锥曲面上,由此可知 P 也在圆锥曲面上。

类似地,椭圆上的所有点也都在圆锥上,故该椭圆是圆锥的一条截线。

命题 9

给定一个椭圆,通过它的一根轴并垂直于椭圆所在平面的一个平面,以及给定平面中的一条直线 CO,它由椭圆的中心 C 出发且不与轴垂直,则可以找到一个轴为 OC 的圆柱,使椭圆是它的一条截线[或换句话说,找到轴为 OC 的圆柱,其表面通过给定椭圆的周边]。

设 AA' 是椭圆的一根轴,椭圆的平面垂直于纸面,并使 OC 位于纸面平面中。

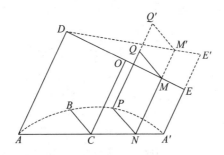

作 AD,$A'E$ 平行于 CO,并设 DE 是通过 O 且既垂直于 AD 又垂直于 $A'E$ 的直线。

我们现在有三种不同的情况,视椭圆的另一根轴 BB'(1)等于,(2)大于,或(3)小于 DE 而定。

(1) 假定 $BB'=DE$。

作通过 DE 并与 OC 成直角的一个平面,在该平面上作直径为 DE 的圆。通过该圆作轴为 OC 的圆柱。

该圆柱即为待求的圆柱,或说其表面将通过椭圆的每一点 P。

因为,若 P 是椭圆上的任意点,作 PN 垂直于 AA';通过 N 作 NM 平行于 CO 并与 DE 相交于 M,又通过 M,在以 DE 为直径的圆的平面上,作 MQ 垂直于 DE,与圆相交于 Q。

于是,因为 $$DE=BB',$$
$$PN^2:AN \cdot NA'=DO^2:AC \cdot CA'。$$

以及 $$DM \cdot ME:AN \cdot NA'=DO^2:AC^2,$$
因为 AD,NM,CO,$A'E$ 相互平行。因此
$$PN^2=DM \cdot ME$$

$$=QM^2，由圆的性质。$$

从而，因为 PN,QM 相等且平行，PQ 平行于 MN 且因此平行于 CO。故可知 PQ 是圆柱的母线，因此其表面通过 P。

(2) 若 $BB'>DE$，我们在 $A'E$ 上取 E' 使 $DE'=BB'$，并在垂直于纸面的平面上作一个以 DE' 为直径的圆；其余的构形与证明，与情形(1)中所给出的完全相似。

(3) 假定 $BB'<DE$。

在 CO 的延长线上取 K 点，使得

$$DO^2-CB^2=OK^2。$$

由 K 作 KR 垂直于纸面并等于 CB。

于是 $$OR^2=OK^2+CB^2=OD^2。$$

在包含 DE,OR 的平面上作一个以 DE 为直径的圆。通过该圆(它必定通过 R)作轴为 OC 的圆柱。

于是我们必须证明，若 P 是给定椭圆上的任意点，则 P 在所述的圆柱上。

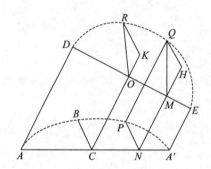

作 PN 垂直于 AA'，并通过 N 点作 NM 平行于 CO 并与 DE 相交于 M 点。在以 DE 为直径的圆所在的平面上作 MQ 垂直于 DE，并与圆相交于 Q 点。

最后，作 QH 垂直于 NM 的延长线。QH 将垂直于包含 AC,DE 的平面，即纸面平面。

现在 $$QH^2:QM^2=KR^2:OR^2，由相似三角形的性质。$$

又 $$QM^2:(AN\cdot NA')=(DM\cdot ME):(AN\cdot NA')$$
$$=OD^2:CA^2。$$

从而，由依次比例，因为

$$OR=OD，$$
$$QH^2:AN\cdot NA'=KR^2:CA^2$$
$$=CB^2:CA^2$$
$$=PN^2:(AN\cdot NA')。$$

于是 $QH=PN$。且 QH 与 PN 也相互平行，所以 PQ 平行于 MN，并因此平行于 CO，故 PQ 是母线，而圆柱通过 P 点。

命题 10

前辈几何学家证明了，任意两个圆锥的体积之比，等于二者的底面面积与高的乘积之比。[①] 相同的证明方法可以用来说明，任意两个圆锥截段的体积之比，等于二者的底面面积与高的乘积之比。

一个圆柱的任意'平截头台'的体积三倍于（与平截头台同底等高的）一个圆锥截段体积的命题，也可以与以下命题相类似地证明：圆柱的体积三倍于与圆柱同底等高圆锥的体积。[②]

命题 11

（1）若旋转抛物面被一个或通过或平行于其轴的平面切割，则所得截线是一条抛物线，等同于因其旋转而生成旋转抛物面的原始抛物线。截线的轴是以下二平面的交线：切割平面与垂直于切割平面并通过旋转抛物面轴的平面。

若旋转抛物面被一个垂直于其轴的平面切割，则所得截线是一个中心在轴上的圆。

（2）若旋转双曲面被一个或通过或平行于其轴，或通过其中心的平面切割，则所得截线是一条双曲线，它与因其旋转而产生旋转双曲面的原始双曲线（a）等同，若切割面通过轴；（b）相似，若切割面平行于轴；（c）不相似，若切割面通过中心。截面的轴是以下二平面的交线：切割平面与垂直于切割平面且通过旋转双曲面轴的平面。

旋转双曲面被垂直于其轴的平面切割得到的任意截线，是一个中心在轴上的圆。

（3）若旋转椭球面被一个或通过或平行于其轴的平面切割，则所得截线是一个椭圆，它与因其旋转而产生旋转椭球面的原始椭圆（a）等同，若切割面通过轴，（b）相似，若切割面平行于轴。截线的轴是以下二平面的交线：切割平面与垂直于切割平面并通过旋转椭球面轴的平面。

若旋转椭球面被一个垂直于其轴的平面切割，则所得截线是一个中心在轴

---

① 这可以通过综合欧几里得 XII. 11 与 14 得到。参见《论球与圆柱》卷 I 引理 1。

② 这一命题被欧多克斯证明，如在《论球与圆柱》卷 I，参见欧几里得 XII. 10。

上的圆。

（4）若任意上述图形被通过其轴的一个平面切割，且若由该图形曲面上不在截线上的任意点，向切割平面作垂线，则该垂线将落入截线内部。

"且所有这些命题的证明都是显而易见的。"[①]

命题 12

若一个旋转抛物面被一个既不平行于又不垂直于它的轴的平面切割，又若一个通过它的轴并垂直于切割平面的平面与切割平面相交于一条直线，该直线位于旋转抛物面内的部分是 RR'，则所得旋转抛物面的截线是一个椭圆，其长轴为 RR'，短轴等于通过 R，R'，且平行于旋转抛物面的轴的两条直线之间的垂直距离。

假定切割平面垂直于纸面，并设纸面是通过旋转抛物面的轴 ANF 且与切割平面在 RR' 成直角的平面。设 RH 平行于旋转抛物面的轴，$R'H$ 垂直于 RH。

设 Q 是切割平面所作截线上的任意点，由 Q 作 QM 垂直于 RR'。因此 QM 是纸面的垂线。

通过 M 作 $DMFE$ 垂直于轴 ANF，它与纸面及所作抛物线截线相交于 D，E。于是 QM 垂直于 DE，且若作平面通过 DE，QM，它将垂直于轴，并截旋转抛物面于一个圆。

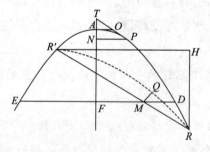

因为 Q 在这个圆周上，

$$QM^2 = DM \cdot ME。$$

又若 PT 是平行于 RR' 的纸面上抛物线截线的切线，且若在 A 的切线与 PT 相交于 O，则由抛物线的性质，

① 参见引言第三章 §4。

$$DM \cdot ME : RM \cdot MR' = AO^2 : OP^2 \qquad [命题 3(1)]$$
$$= AO^2 : OT^2，因为 AN = AT。$$

因此 $\qquad QM^2 : RM \cdot MR' = AO^2 : OT^2$
$$= R'H^2 : RR'^2，由相似三角形的性质。$$

从而 Q 在一个椭圆上，椭圆的长轴为 RR'，短轴等于 $R'H$。

命题 13，14

若一个旋转双曲面被与包络圆锥的所有母线相交的一个平面切割，或若一个'长'旋转椭球面被一个不与它的轴垂直的平面切割[①]，且若一个通过轴的平面与切割平面成直角相交于一条直线，该直线在旋转双曲面或旋转椭球面内的部分是 RR'，则切割平面生成的截线是一个椭圆，其长轴为 RR'。

假定切割平面与纸面成直角，又假定后者是通过旋转双曲面轴 ANF 并与切割平面在 RR' 成直角的平面，则旋转双曲面或旋转椭球面被纸面切割得到的截线，是以 ANF 为横向轴的双曲线，或以 ANF 为长轴的椭圆。

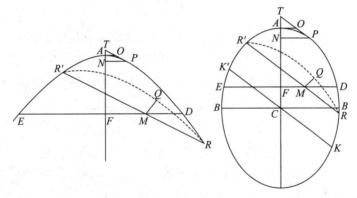

取切割平面所作截线上的任意点 Q 作 QM 垂直于 RR'，于是 QM 将垂直于纸面。

通过 M 作 DFE 垂直于轴 ANF，与双曲线或椭圆相交于 $D，E$；且通过 DE，QM 确定一个平面。该平面因此将垂直于轴，并截旋转双曲面或旋转椭球面于一个圆。

于是 $\qquad QM^2 = DM \cdot ME。$

———————————

① 阿基米德对旋转椭球的命题 14 开始于以下评论，当切割平面通过或平行于轴时，情况很清楚（$\delta\tilde{\eta}\lambda o\nu$）。参见命题 11(3)。

又若 PT 是平行于 RR' 的双曲线或椭圆的切线,且设在 A 的切线与 PT 相交于 O。

于是,由双曲线或椭圆的性质,

$$DM \cdot ME : RM \cdot MR' = OA^2 : OP^2,$$

或 $$QM^2 : RM \cdot MR' = OA^2 : OP^2。$$

现在(1)在双曲线中,$OA < OP$,因为 $AT < AN$[①],以及因此,$OT < OP$,而 $OA < OT$。

(2)在椭圆中,若 KK' 是平行于 RR' 的直径,BB' 是短轴,则

$$BC \cdot CB' : KC \cdot CK' = OA^2 : OP^2;$$

以及 $$BC \cdot CB' < KC \cdot CK',故 OA < OP。$$

从而在两种情况下,Q 的轨迹都是一个长轴为 RR' 的椭圆。

推论 1 若旋转椭球是'扁'的,截线将是一个椭圆,一切都与前相同,除了在这种情况下,RR' 是短轴。

推论 2 在所有拟圆锥曲面与旋转椭球面中,平行截线将是相似的,因为比值 $OA^2 : OP^2$ 对所有平行截线相同。

命题 15

(1)若由拟圆锥曲面上任意点作一条直线,该直线对旋转抛物面平行于轴,对旋转双曲面平行于通过包络圆锥顶点的任意线,则直线在与曲面凸面方向相同的部分将落在曲面之外,而在与曲面凸面方向相反的部分落在曲面之内。

因为,若作一个平面,对于旋转抛物面,它通过轴与给定点,而对于旋转双曲面,它通过给定点及通过包络圆锥顶点的给定直线,则该平面生成的截线将(a)对旋转抛物面是一条抛物线,它的轴与旋转抛物面相同,(b)对旋转双曲面是一条双曲线,它的一条直径是通过包络圆锥顶点的给定直线。[②][命题 11]

因此该性质由圆锥曲线的平面性质可知。

(2)若有一个平面与一个拟圆锥曲面相切但不相截,则该平面只在一点与曲面相切,且通过接触点与拟圆锥曲面的轴所作的平面,将与切平面成直角。

设该平面在两点相切,检验是否可能。通过每一点作轴的平行线,通过这两

---

① 关于这个假设,参见引言第二章 §3。
② 这里看起来有一些文字上的错误,它提到双曲线的"直径"(即轴)是"自圆锥的顶点在类圆锥内所作的直线"。但该直线在一般情况下不是截面的轴。

条平行线的平面因此或者通过或者平行于轴。从而这个平面对拟圆锥曲面所作的截线是圆锥曲线[命题11(1),(2)],这两个点将在该圆锥曲线内,它们的连线也将在该圆锥曲线内,从而在拟圆锥曲面内。但该直线将在切平面上,因为两个切点在其上。因此切平面的一部分将在拟圆锥曲面内;但这是不可能的,因为切平面并未切割拟圆锥。

因此,切平面只在一点相切。

接触点是拟圆锥顶点且轴垂直于切平面这一点,在接触点是拟圆锥顶点的特殊情况下是显然的。因为若通过轴的两个平面截出两条圆锥曲线,在二者顶点的切线将垂直于拟圆锥的轴。且所有这样的切线将位于切平面上,因此它们必定垂直于轴及通过轴的任何平面。

若接触点 P 不是顶点,作平面通过轴 AN 于 P 点。它将截拟圆锥曲面于一条轴为 AN 的圆锥曲线,截切平面于与圆锥曲线相切于 P 的直线 DPE。作 PNP' 垂直于轴,并作一个平面通过它且也垂直于轴。这个平面将生成一条圆截线,并与切平面相交于圆的一根切线,它从而与包含 PN,AN 的平面成直角;且由此可知,这最后一个平面垂直于切平面。

命题 16

(1)若有一个平面与一个旋转椭球面相切但不相截,则该平面只在一点与旋转椭球面相切,且通过接触点与旋转椭球面轴的平面,将与切平面成直角。

这可用与前一个命题相同的方法证明。

(2)若任意拟圆锥曲面或旋转椭球面被一个通过其轴的平面切割,且若通过由此造成的圆锥曲线的任意切线作一个平面与切割平面成直角,则所得平面与拟圆锥曲面或旋转椭球面的切点,等同于直线与圆锥曲线的切点。

因为它不能在任意其他点与曲面相交。若相交,由第二点至切割平面的垂线也将垂直于圆锥曲线的切线,并因此将落在曲面以外。但它必须落在其内。

[命题11(4)]

(3)若有两个平行平面与任意旋转椭球面相切,则接触点的连线将通过旋转椭球的中心。

若这两个平面与轴成直角,则命题是显然的。如若不然,通过轴及一个接触点的平面与该点的切平面成直角。它因此与平行的切平面成直角,并因此通过第二个接触点。从而,两个接触点都在通过轴的一个平面上,于是本命题简化为一个平面问题。

命题 17

若有两个平行平面与任意旋转椭球面相切,作另一个平面平行于切平面并通过中心,则通过这样所得到截线周边上的任意点,且平行于切平面的切弦①的直线,将落在旋转椭球以外。

这可以通过简化为一个平面问题而立即得到证明。

阿基米德又说,若平行于切平面的平面不通过中心,则以上述方式所作直线将在较小截段方向落在旋转椭球以外,而在另一方向落在其内。

命题 18

任意旋转椭球被通过其中心的一个平面切割为表面积与体积相等的两个部分。

为了证明这一点,阿基米德取另一相等且相似的旋转椭球,用通过中心的平面类似地分割,然后应用适配方法。

命题 19,20

给定旋转抛物体或旋转双曲体被一个平面截下的截段,或旋转椭球被一个平面截下的小于椭球一半的截段,则可以在该截段的内部内接一个立体图形,以及在其外部外接一个立体图形(这些立体图形都由高相等的圆柱或圆柱'平截头台'②组成),使外接图形的体积与内接图形的体积之差小于任何给定立体的体积。

设截段的底平面垂直于纸面平面,又设纸面平面通过拟圆锥或旋转椭球的轴,成直角切割截段的底面于 BC。于是在纸面上的这条截线是圆锥曲线 BAC。

[命题 11]

设 EAF 是圆锥曲线的切线,它平行于 BC,又设 A 是接触点。通过 EAF 作一个平面,它平行于通过 BC 并界定截段的平面。这样所作的平面将与拟圆锥曲面或旋转椭球面相切于 A。

[命题 16]

(1)若截段的底面与拟圆锥或旋转椭球的轴成直角,A 将是拟圆锥或旋转椭

---

① 切弦亦称切点弦,在这里是连结两个切点的弦。——译者注

② 平截头台(frusta)指棱锥(包括圆锥)和棱柱(包括圆柱)被两个平行平面截取的部分。本书所用的多半是圆柱的平截头台,若截平面垂直于轴线,得到的是一个缩短的圆柱。——译者注

球的顶点,且轴 AD 将与 BC 成直角并等分 BC。

（2）若截段的底面不与拟圆锥曲面或旋转椭球面的轴成直角,我们作 AD

  （a）在旋转抛物体中,平行于轴;

  （b）在旋转双曲体中,通过中心（或包络圆锥的顶点）;

  （c）在旋转椭球中,通过中心;

且在所有情况下,都有 AD 等分 BC 于 D。

于是 A 是截段的顶点, AD 是轴。

再者,截段的底面将分别是以 BC 为直径的圆,或以 BC 为长轴或短轴的椭圆,二者的中心皆在 D。我们可以通过这个圆或椭圆作轴为 AD 的一个圆柱或圆柱的一个平截头台。   [命题 9]

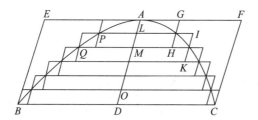

把这个圆柱或圆柱平截头台用平行于底面的平面连续不断地分割为相等的部分,我们最终将证明其体积小于任意体积的圆柱或圆柱平截头台。

设该圆柱或圆柱平截头台的轴为 OD,又设 AD 在 $L,M,\cdots$ 点被分割为等于 OD 的各部分。通过 $L,M,\cdots$ 点作平行于 BC 的直线,与圆锥曲线相交于 $P,Q,\cdots$ 并通过这些直线作平面平行于截段的底面。这些平面将截拟圆锥或旋转椭球于圆或相似的椭圆。在这些圆或椭圆的每一个上作两个圆柱或圆柱平截头台,它们的轴都等于 OD,二者之一在 A 的方向,另一在 D 的方向,如图所示。

那么,就与截段的关系而言,圆柱或平截头台在 A 的方向构成外接图形,在 D 的方向构成内接图形。

此外,外接图形中圆柱或平截头台 PG,等于内接图形中圆柱或平截头台 PH,外接图形中圆柱或平截头台 QI,等于内接图形中圆柱或平截头台 QK,等等。

因此,通过相加,

外接图形＝内接图形＋轴为 OD 的圆柱或平截头台。

但轴为 OD 的圆柱或平截头台小于给定的立体图形;从而命题得证。

"提供了这些预备命题之后,让我们参考插图证明以下诸定理。"

命题 21,22

旋转抛物体任意截段的体积是与之同底等高的圆锥或圆锥截段体积的一倍半。

设截段的底面垂直于纸面,并设纸面通过旋转抛物面的轴,成直角切割截段的底面于 BC,并生成抛物线 BAC。

设 EF 是抛物线的平行于 BC 的切线,并设 A 是切点。

那么,(1)若截段底面平面垂直于旋转抛物面的轴,则该轴是直线段 AD,它与 BC 成直角,并等分 BC 于 D。

(2) 若底面平面不垂直于旋转抛物面的轴,作 AD 平行于旋转抛物面的轴。AD 将等分 BC,但不与 BC 成直角。

通过 EF 作一个平面平行于截段底面。它将与旋转抛物面相切于 A,且 A 将是截段的顶点,AD 是其轴。

截段底面将是以 BC 为直径的一个圆,或以 BC 为长轴的一个椭圆。

相应地,可以找到通过圆或椭圆的一个圆柱或圆柱的平截头台,它以 AD 为轴[命题 9],以及类似地,以 A 为顶点的一个圆锥或圆锥的截段,它通过圆或椭圆,并以 AD 为轴。   [命题 8]

假定 X 是一个圆锥,等于 $\frac{3}{2}$(圆锥或圆锥的截段 ABC)。圆锥 X 因此等于圆柱或圆柱平截头台 EC 的一半。   [参见命题 10]

我们将证明旋转抛物面截段的体积等于 X。

如若不然,截段必定或者大于或者小于 X。

I. 设截段大于 X,检验是否可能。

我们可以如在上一个命题中那样,用高相等的圆柱或圆柱平截头台构成内接及外切图形,使得

外接图形－内接图形＜截段－X。

设形成外切图形的圆柱或圆柱平截头台中最大者的底面是环绕 BC 的圆或椭圆,其轴为 OD,又设其中最小者的底面是环绕 PP' 的圆或椭圆,其轴为 AL。

设形成内接图形的圆柱或圆柱平截头台中最大者的底面是环绕 RR' 的圆或椭圆,其轴为 OD,又设其中最小者的底面是环绕 PP' 的圆或椭圆,其轴为 LM。

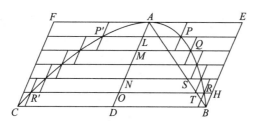

延伸所有圆柱或平截头台的平面底面与完整圆柱或平截头台 EC 的表面相交。

兹因为

$$外接图形－内接图形＜截段－X，$$

由此可知 $$内接图形＞X。 \qquad (\alpha)$$

相继把高等于 OD 的圆柱或平截头台，分别与完整圆柱或平截头台 EC 及内接图形中的构成部分比较，我们有

EC 中的第一个圆柱或平截头台：内接图形中的第一个

$$=BD^2：RO^2$$

$$=AD：AO$$

$$=BD：TO，这里 AB 与 OR 相交于 T。$$

以及 EC 中的第二个圆柱或平截头台：内接图形中的第二个

$$=HO：SN，以类似的方式，$$

等等。

从而[命题 1]， 圆柱或平截头台 EC：内接图形

$$=(BD+HO+\cdots)：(TO+SN+\cdots)，$$

其中 $BD，HO，\cdots$ 全部相等，$BD，TO，SN，\cdots$ 呈算术级数减小。

但[由命题 1 之前的引理]

$$BD+HO+\cdots>2(TO+SN+\cdots)。$$

因此 圆柱或平截头台 $EC>2$ 内接图形，

或 $$X>内接图形；$$

而由上文的 (α) 式，这是不可能的。

II. 设截段小于 X，检验是否可能。

在这种情形，与前面所述一样作内接及外接图形，使得

$$外接图形－内接图形＜X－截段，$$

因而可知 $$外接图形＜X。 \qquad (\beta)$$

把组成完整圆柱或平截头台 CE 的圆柱或平截头台与外切图形分别比较，

我们有

CE 中的第一个圆柱或平截头台：外接图形中的第一个圆柱或平截头台

$$=BD^2 : BD^2$$

$$=BD : BD。$$

以及 CE 中的第二个圆柱或平截头台：外接图形中的第二个圆柱或平截头台

$$=HO^2 : RO^2$$

$$=AD : AO,$$

$$=HO : TO,$$

等等。

从而[命题 1]

圆柱或平截头台 CE ：外接图形

$$=(BD+HO+\cdots) : (BD+TO+\cdots),$$

$$<2 : 1, \qquad\qquad [命题 1 之前的引理]$$

且由此可知

$$X<外接图形；$$

而由(β)式，这是不可能的。

这样，该截段既不能大于又不能小于 X，而只能等于它，即等于 $\frac{3}{2}$（圆锥或圆锥的截段 ABC）。

命题 23

若从旋转抛物体截下两个截段，其中一个被垂直于轴的平面截下，另一个被不垂直于轴的平面截下，且若二截段的轴相等，则它们的体积相等。

假定有两个平面垂直于纸面，且设纸面平面通过旋转抛物面的轴、成直角分别截这两个平面于 BB', QQ'，并截旋转抛物面本身于抛物线 $QPQ'B'$。

设 AN, PV 是二截段的相等的轴，A, P 是它们的对应顶点。

作 QL 平行于 AN 或 PV，且 $Q'L$ 垂直于 QL。

兹因为被 BB', QQ' 截下的两个抛物线截段有相等的轴，三角形 ABB'，PQQ'[面积]相等[命题 3]。另外，若 QD 垂直于 PV，则 $QD=BN$（如在同样的命题 3 中）。

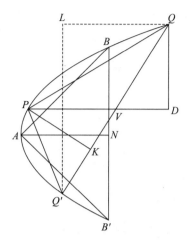

设想作两个圆锥，其底面与两个截段相同，且分别以 A，P 为顶点。于是圆锥 PQQ' 的高是 PK，这里 PK 垂直于 QQ'。

现在，这些圆锥之比是它们的底面之比与高之比的复合，即以下二者的复合：(1)环绕 BB' 的圆与环绕 QQ' 的椭圆的比值，与(2)AN 与 PK 的比值。

这也就是说，借助命题 5，12 我们有

$$圆锥\ ABB'：圆锥\ PQQ' = (BB'^2：QQ' \cdot Q'L) \cdot (AN：PK)，$$

以及 $\qquad\qquad BB' = 2BN = 2QD = Q'L，而\ QQ' = 2QV。$

因此，

$$圆锥\ ABB'：圆锥\ PQQ' = (QD：QV) \cdot (AN：PK)$$
$$= (PK：PV) \cdot (AN：PK)$$
$$= AN：PV。$$

因为 $AN = PV$，两个圆锥之比是 $1：1$；进而可知，各为对应圆锥一半的两个圆锥是相等的[命题 22]。

命题 24

若旋转抛物体被任意作出的两个平面截出两个截段，则二者之比等于其轴长的平方之比。

设旋转抛物面被一个通过轴的平面截出抛物线 $P'PApp'$，并设抛物线与旋转抛物面的轴为 ANN'。

沿着 ANN' 度量长度 AN，AN'，分别等于给定截段的轴，又通过 N，N' 各作平面垂直于轴，得到分别以 Pp，$P'p'$ 为直径的圆。以这些圆为底面，加上共同顶点 A，可以得到两个圆锥。

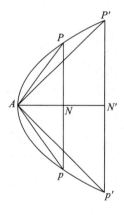

现在,旋转抛物面的底面是以 Pp,$P'p'$ 为直径的圆的截段,分别等于给定截段,因为它们对应的轴相等[命题23];且因为截段 APp,$AP'p'$ 分别等于圆锥 APp,$AP'p'$ 的一倍半,我们只需要证明两个圆锥之比为 AN^2 与 AN'^2 之比就可以了。

但是

$$圆锥 \ APp：圆锥 \ AP'p'=(PN^2：P'N'^2)\cdot(AN：AN')$$
$$=(AN：AN')\cdot(AN：AN')$$
$$=AN^2：AN'^2,$$

于是命题得证。

命题 25,26

在任意旋转双曲体中,若 A 是顶点(当然 CA 与 AD 在同一直线上),AD 是被一个平面截下的任意截段的轴,且若 CA 是通过 A 的旋转双曲体的半径,那么

截段：有相同底面及高等于其轴的圆锥$=(AD+3CA)：(AD+2CA)$。

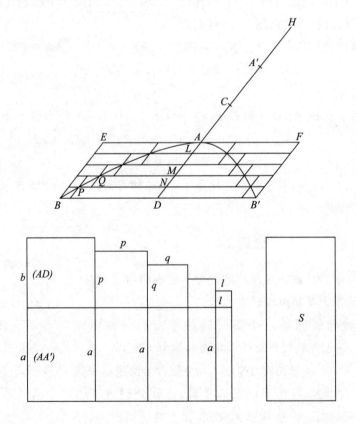

设截下截段的平面垂直于纸面,又设纸面通过旋转双曲体的轴,与切割平面在 BB' 交成直角,并生成双曲线弓形 BAB'。设 C 是旋转双曲体的中心(或包络圆锥的顶点)。

设 EF 是平行于 BB' 的双曲线弓形的切线。设 EF 的切点在 A,并连接 CA。则 CA 的延长线等分 BB' 于 D,CA 是旋转双曲体的半径,A 是截线顶点,AD 是轴。延长 AC 至 A' 与 H,使得 $AC=CA'=A'H$。

通过 EF 作一个平面平行于截段的底面。这个平面与旋转双曲体相切于 A。

于是(1),若截段的底面与旋转双曲体的轴成直角,A 将是旋转双曲体的顶点,AD 是其轴,而截段的底面是以 BB' 为直径的圆。

(2) 若截段的底面不垂直于旋转双曲体的轴,则底面是以 BB' 为长轴的椭圆。

[命题 13]

然后我们可以作圆柱 $EBB'F$ 的一个圆柱或平截头台,它通过以 BB' 为直径的圆或者以 BB' 为一根轴的椭圆,以 AD 为其轴;我们也可以作一个圆锥或圆锥的截段,通过圆或椭圆,并以 A 为其顶点。

我们需要证明

截段 ABB':圆锥或圆锥的截段 $ABB'=HD:A'D$。

设 V 是一个圆锥,它使得

$$V:\text{圆锥或圆锥的截段 } ABB'=HD:A'D, \qquad (\alpha)$$

我们需要证明 V 等于该截段。

现在

圆柱或平截头台 EB':圆锥或圆锥的截段 $ABB'=3:1$。

因此,借助 (α)

$$\text{圆柱或平截头台 } EB':V=A'D:\frac{HD}{3}。 \qquad (\beta)$$

若截段不等于 V,则它必定或者大于或者小于 V。

I. 设截段大于 V,检验是否可能。

对由圆柱或圆柱平截头台组成的截段作内接及外切图形,其轴沿着 AD,且全部彼此相等,使得

$$\text{外切图形} - \text{内接图形} < \text{截段} - V,$$

从而

$$\text{内接图形} > V。 \qquad (\gamma)$$

把形成圆柱或圆柱平截头台的所有平面延伸至与整个圆柱或平截头台 EB' 相交。

于是,若 ND 为最大圆柱或平截头台的轴,整个圆柱将被分割为多个圆柱或平截头台,每个都等于这个最大的圆柱或最大的平截头台。

设若干条直线段 a 等于 AA',其数量与 AD 被圆柱或平截头台的底面分割所得部分的数量相同。对每条直线 a 适配一个矩形,它被一个正方形重叠,设矩形中最大者等于 $AD \cdot A'D$,最小者等于 $AL \cdot A'L$;又设重叠正方形的边长 b,p,q,$\cdots$,l 构成一个递减算术级数。于是 b,p,q,$\cdots$,l 将分别等于 AD,AN,AM,$\cdots$,AL,且矩形 $(ab+b^2)$,$(ap+p^2)$,$\cdots$,$(al+l^2)$ 将分别等于 $AD \cdot A'D$,$AN \cdot A'N$,$\cdots$,$AL \cdot A'L$。

进而假定,我们有一系列空间 S,每个都等于最大矩形 $AD \cdot A'D$,且其总数等于递减矩形系列的总数。

现在从截段的底面开始,比较以下相继的圆柱或平截头台:(1)在整个圆柱或平截头台 EB' 中,以及(2)在内接图形中,我们有

EB' 中的第一个圆柱或平截头台:内接图形中的第一个圆柱或平截头台

$$=BD^2 : PN^2$$

$$=AD \cdot A'D : AN \cdot A'N,由双曲线的性质,$$

$$=S : (ap+p^2)。$$

再者,

EB' 中的第二个圆柱或平截头台:内接图形中的第二个圆柱或平截头台

$$=BD^2 : QM^2$$

$$=AD \cdot A'D : AM \cdot A'M$$

$$=S : (aq+q^2),$$

等等。

整个圆柱或平截头台 EB' 的最后一个圆柱或平截头台,在内接图形中没有对应的圆柱或平截头台。

结合这些命题,我们有 ［命题 1］

圆柱或平截头台 EB':内接图形

$$=(所有 S 空间之和):(ap+p^2)+(aq+q^2)+\cdots$$

$$>(a+b):\left(\frac{a}{2}+\frac{b}{3}\right)$$ ［命题 2］

$$>A'D:\frac{HD}{3},因为 a=AA',b=AD,$$

$$>EB':V,由上文的(β)式。$$

从而 内接图形$<V$。

但这是不可能的,因为由上文的(γ)式,内接图形$>V$。

Ⅱ. 其次设截段小于V,检验是否可能。

在这种情况,我们作外切与内接图形,使得

外切图形－内接图形$<V$－截段,

因而我们导出

$V>$外切图形。   (δ)

现在比较整个圆柱或平截头台中及外切图形中相继的圆柱或平截头台;我们有

EB'中的第一个圆柱或平截头台:外切图形中的第一个圆柱或平截头台

$=S:S$

$=S:(ab+b^2)$,

EB'中的第二个圆柱或平截头台:外切图形中的第二个圆柱或平截头台

$=S:(ap+p^2)$,

等等。

从而[命题1]

圆柱或平截头台EB':外切图形

$=$所有S空间之和:$(ab+b^2)+(ap+p^2)+\cdots$

$<(a+b):\left(\dfrac{a}{2}+\dfrac{b}{3}\right)$ [命题2]

$<A'D:\dfrac{HD}{3}$

$<EB':V$,由上文的(β)式。

故外切图形大于V;而由上文的(δ)式,这是不可能的。

因此,截段既不能大于也不能小于V,因此等于V。

因此,由(α)式,

截段ABB':圆锥或圆锥截段ABB'

$=(AD+3CA):(AD+2CA)$。

命题 27, 28, 29, 30

(1) 在中心为C的任意旋转椭球中,若与轴相交的一个平面截下不大于旋转椭球一半的截段,它以A为其顶点及以AD为其轴,且若$A'D$是旋转椭球剩余截段的轴,则

第一个截段：有相同底面及高等于其轴的圆锥或圆锥截段

$$=CA+A'D:A'D$$

$$[=(3CA-AD):(2CA-AD)]。$$

（2）*作为一种特殊情况，若平面通过中心，则截段是半个旋转椭球，半个旋转椭球是有相同顶点及高等于其轴的圆锥或圆锥截段［体积］的两倍。*

设截下截段的平面与纸面成直角，并设后者通过旋转椭球的轴的平面，它与切割平面相交于 BB'，并生成椭圆截线 $ABA'B'$。

设 $EF,E'F'$ 是平行于 BB' 的椭圆的两条切线，设切点为 A,A'，又通过两条切线作两个平面平行于截段的底面。这些平面将在 A,A' 与旋转椭球相切，这两点分别是旋转椭球被分成的两个截段的顶点。另外，AA' 将通过中心 C，并等分 BB' 于 D。

于是，（1）若截段的底面垂直于旋转椭球的轴，A,A' 将是旋转椭球被分成两个截段的顶点，AA' 将是旋转椭球的轴，截段的底面将是直径为 BB' 的圆；

（2）若截段的底面不垂直于旋转椭球的轴，截段的底面将是以 BB' 为一根轴的椭圆，而 $AD,A'D$ 将分别是两个截段的轴。

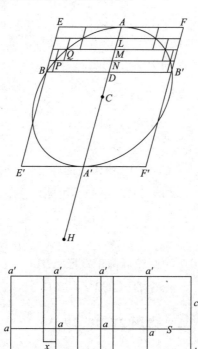

我们现在可以作一个圆柱或一个圆柱的平截头台 $EBB'F$，它通过在 BB' 上的圆或椭圆，而以 AD 为轴；我们也可以作一个圆锥或一个圆锥的截段，它通过在 BB' 上的圆或椭圆，并以 A 为顶点。

然后我们需要证明，若延长 CA' 至 H，使得 $CA'=A'H$，则

$$截段\ ABB'：圆锥或圆锥的截段\ ABB'=HD：A'D$$

设 V 是一个圆锥，使得

$$V：圆锥或圆锥的截段\ ABB'=HD：A'D；\qquad(\alpha)$$

于是我们需要证明截段 ABB' 等于 V。

但因为

$$圆柱或平截头台\ EB'：圆锥或圆锥的截段\ ABB'=3：1$$

由 (α) 式我们有

$$圆柱或平截头台\ EB'：V=A'D：\frac{HD}{3}。\qquad(\beta)$$

现在，若截段 ABB' 不等于 V，它必定或者大于或者小于 V。

I. 假定截段大于 V，检验是否可能。

用圆柱或圆柱平截头台组成的图形内接与外切截段，它们的轴沿着 AD，且全都相等，使得

$$外切图形-内接图形<截段-V，$$

因而由此可知

$$内接图形>V。\qquad(\gamma)$$

把作为圆柱或圆柱平截头台底面的所有平面延伸而与整个圆柱或平截头台 EB' 相交。于是，如果 ND 是内接图形中最大圆柱或最大圆柱平截头台的轴，整个圆柱或平截头台 EB' 将被分成许多个圆柱或圆柱平截头台，每个都与内接图形中的最大者相等。

作多条直线段 da'，每条都等于 $A'D$，且其数量等于 AD 被圆柱或平截头台的底面分成部分的数目，沿着 da' 度量 da 等于 AD，然后可得 $aa'=2CD$。

对每条直线段 $a'd$ 适配一个高为 ad 的矩形，并在每条线 ad 上作一个正方形如图所示。记 S 为每个完整矩形的面积。

在第一个矩形中去除宽度等于 AN 的 L 形（即每一端线的长度都等于 AN）；在第二个矩形中去除宽度等于 AM 的 L 形，依此类推，最后一个矩形中不去除 L 形。

于是

$$第一个 L 形 = A'D \cdot AD - ND \cdot (A'D - AN)①$$
$$= A'D \cdot AN + ND \cdot AN$$
$$= AN \cdot A'N。$$

类似地，

$$第二个 L 形 = AM \cdot A'M，$$

等等。

而最后一个 L 形（在倒数第二个矩形中）等于 $AL \cdot A'L$。

再者，从相继的矩形中去除 L 形以后，余下部分（我们将称之为 $R_1, R_2, \cdots, R_n$，其中 n 是矩形的数目，并且因此 $R_n = S$）适配于每个长度为 aa' 的矩形，并"超出一个正方形"，其边长分别等于 $DN, DM, \cdots, DA$。

为简单起见，记 DN 为 x，记 aa' 或 $2CD$ 为 c，于是 $R_1 = cx + x^2$，$R_2 = c \cdot 2x + (2x)^2, \cdots$。

然后，比较（1）完整的圆柱或平截头台 EB'，以及（2）内接图形中相继的圆柱或平截头台，我们有

EB' 中第一个圆柱或平截头台：内接图形中的第一个圆柱或平截头台
$$= BD^2 : PN^2$$
$$= A'D \cdot AD : AN \cdot A'N$$
$$= S : 第一个 L 形$$

EB' 中第二个圆柱或平截头台：内接图形中的第二个圆柱或平截头台
$$= S : 第二个 L 形$$

等等。

圆柱或平截头台 EB' 中的最后一个在内接图形中没有对应物，也没有对应的 L 形。

组合这些比值，我们有[由命题 1]

圆柱或平截头台 EB'：内接图形 =（所有 S 空间之和）:（所有 L 形之和）。

现在，S 与相继 L 形之间的差值为 $R_1, R_2, \cdots, R_n$，而
$$R_1 = cx + x^2，$$
$$R_2 = c \cdot 2x + (2x)^2，$$
$$\cdots$$
$$R_n = cb + b^2 = S，$$

① 为便于读者理解，特列出本公式中诸量与 L 形中诸量的对应关系如下：
$A'D = a'd, AD = ad, ND = x, AN = AD - x = ad - x$。——译者注

230 · *The Works of Archimedes* ·

其中 $b=nx=AD$。

从而［命题 2］，

$$（所有 S 空间之和）：（R_1+R_2+\cdots+R_n）<（c+b）：\left(\frac{c}{2}+\frac{b}{3}\right)。$$

由此可知

$$（所有 S 空间之和）：（所有 L 形之和）>（c+b）：\left(\frac{c}{2}+\frac{2b}{3}\right)$$

$$>A'D：\frac{HD}{3}。$$

于是　　　　　　　圆柱或平截头台 EB'：内接图形

$$>A'D：\frac{HD}{3}$$

$$>EB'：V,$$

由上文的（β）式。因此，

$$内接图形<V;$$

而由上文的（γ）式，这是不可能的。

因此，截段 ABB' 不可能大于 V。

II. 设截段小于 V，检验是否可能。

作内接与外切图形，使得

$$外切图形－内接图形<V－截段,$$

因而　　　　　　　　　　$V>外切图形。$ 　　　　　　　　　　（δ）

在这种情况下，我们把 (EB') 中的圆柱或平截头台与外切图形中的那些相比较。

于是

EB' 中第一个圆柱或平截头台：外切图形中第一个圆柱或平截头台

$$=S：S$$

EB' 中第二个圆柱或平截头台：外切图形中第二个圆柱或平截头台

$$=S：第一个 L 形$$

等等。

最后

EB' 中最后一个圆柱或平截头台：外切图形中最后一个圆柱或平截头台

$$=S：最后一个 L 形$$

现在

$$S + \text{所有 } L \text{ 形} = nS - (R_1 + R_2 + \cdots + R_{n-1})。$$

以及 $\qquad nS : R_1 + R_2 + \cdots + R_{n-1} > (c+b) : \left(\dfrac{c}{2} + \dfrac{b}{3}\right)，$ [命题2]

故 $\qquad nS : (S + \text{所有 } L \text{ 形}) < (c+b) : \left(\dfrac{c}{2} + \dfrac{2b}{3}\right)。$

由此可知,如果像命题1那样组合以上比例式,我们得到

圆柱或平截头台 EB':外切图形

$$< (c+b) : \left(\dfrac{c}{2} + \dfrac{2b}{3}\right)$$

$$< A'D : \dfrac{HD}{3}$$

$$< EB' : V，\text{由上文的}(\beta)\text{式}。$$

从而外切图形大于 V;而由上面的 (δ),这是不可能的。

这样,因为截段 ABB' 既不可能大于又不可能小于 V,它只能等于 V;命题得证。

(2)截段是半椭球的特殊情况[命题27,28],与上述一般情况的区别是距离 CD 或 $c/2$ 为零,而矩形 $cb+b^2$ 就是正方形 (b^2),因此 L 形就是 b^2 与 x^2 之间的差额,b^2 与 $(2x)^2$ 之间的差额,等等。

因此,替代命题2,我们应用上述命题2的引理,推论1.[《论螺线》命题10],且替代比值 $(c+b) : \left(\dfrac{c}{2} + \dfrac{2b}{3}\right)$,我们得到比值 $3:2$,因而

截段 ABB':圆锥或圆锥的截段 $ABB' = 2:1$。

这一结果也可以简单地在比值 $(3CA - AD) : (2CA - AD)$ 中把 CA 用 AD 替代得到。

命题 31,32

若旋转椭球被一个平面截为不等的两个截段,$AN,A'N$ 分别是较小与较大截段的轴,C 是旋转椭球的中心,则

较大截段:底面及轴相同的圆锥或圆锥截段

$$= (CA + AN) : AN。$$

设旋转椭球的截平面通过 PP' 并垂直于纸面、又设纸面通过旋转椭球轴、交切割平面于 PP',形成椭圆截线 $PAP'A'$。

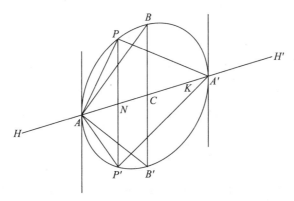

作椭圆的切线平行于 PP'，设它们与椭圆在 A，A' 相切，并通过切线作平面平行于截段底面。这些平面将与旋转椭球相切于 A，A'，直线段 AA' 将通过中心并等分 PP' 于 N，而 AN，$A'N$ 是截段的轴。

那么，(1)若切割平面垂直于旋转椭球的轴，AA' 将是那根轴，而 A，A' 既是旋转椭球的，也是二截段的顶点。再者，旋转椭球被切割平面及所有与它平行的平面所作的截线都是圆。

(2) 若切割平面不垂直于旋转椭球的轴，截段底面将是以 PP' 为一根轴的椭圆，切割平面及所有与它平行的平面所做的截线都是相似的椭圆。

作一个平面通过 C 并平行于截段的底面，并与纸面相交于 BB'。

构建三个圆锥或圆锥截段，其中两个以 A 为公共顶点，以通过 PP'，BB' 的平面截面分别为其对应的底面，第三个以通过 PP' 的平面截面为其底面，以 A' 为其顶点。

延长 CA 至 H 及延长 CA' 至 H'，使得

$$AH = A'H' = CA。$$

于是我们要证明

截段 $A'PP'$：圆锥或圆锥截段 $A'PP'$

$$= (CA + AN) : AN$$

$$= NH : AN$$

现在，半旋转椭球是圆锥或圆锥截段 ABB' 的两倍[命题 27，28]。因此

旋转椭球 = 4 圆锥或圆锥截段 ABB'

但是，

圆锥或圆锥截段 ABB'：圆锥或圆锥截段 $A'PP'$

$$= (CA : AN) \cdot (BC^2 : PN^2)$$

$$= (CA : AN) \cdot (CA \cdot CA' : AN \cdot A'N)。 \qquad (\alpha)$$

若沿着 AA' 度量 AK，使得

$$AK : AC = AC : AN，$$

则我们有 $\quad AK \cdot A'N : AC \cdot A'N = CA : AN，$

以及 (α) 中的比值成为

$$(AK \cdot A'N : CA \cdot A'N) \cdot (CA \cdot CA' : AN \cdot A'N)，$$

即 $\qquad\qquad AK \cdot CA' : AN \cdot A'N。$

于是

$$圆锥或圆锥截段 ABB' : 圆锥或圆锥截段 A'PP'$$
$$= AK \cdot CA' : AN \cdot A'N。$$

但 $\qquad 圆锥或圆锥截段 APP' : 截段 APP'$

$$= A'N : NH'，\qquad\qquad\qquad [命题 29, 30]$$

$$= AN \cdot A'N : AN \cdot NH'。$$

因此，由依次比例，

$$圆锥或圆锥截段 ABB' : 截段 APP'$$
$$= AK \cdot CA' : AN \cdot NH'，$$

使得 $\qquad\qquad\qquad 旋转椭球 : 截段 APP'$

$$= HH' \cdot AK : AN \cdot NH'，$$

因为 $\qquad\qquad\qquad HH' = 4CA'。$

从而 $\qquad\qquad 截段 A'PP' : 截段 APP'$

$$= (HH' \cdot AK - AN \cdot NH') : AN \cdot NH'$$
$$= (AK \cdot NH + NH' \cdot NK) : AN \cdot NH'。$$

此外，

$$截段 APP' : 圆锥或圆锥截段 APP$$
$$= NH' : A'N$$
$$= AN \cdot NH' : AN \cdot A'N，$$

以及

$$圆锥或圆锥截段 APP' : 圆锥或圆锥截段 A'PP'$$
$$= AN : A'N$$
$$= AN \cdot A'N : A'N^2。$$

从最后三个比例式，由依次比例我们得到

截段 APP'：圆锥或圆锥截段 $A'PP'$

$$=(AK \cdot NH+NH' \cdot NK)：A'N^2$$

$$=(AK \cdot NH+NH' \cdot NK)：(CA^2+NH' \cdot CN)$$

$$=(AK \cdot NH+NH' \cdot NK)：(AK \cdot AN+NH' \cdot CN)， \qquad (\beta)$$

但是

$$AK \cdot NH：AK \cdot AN =NH：AN$$

$$=(CA+AN)：AN$$

$$=(AK+CA)：CA（因为 AK：AC=AC：AN）$$

$$=HK：CA$$

$$=(HK-NH)：(CA-AN)$$

$$=NK：CN$$

$$=NH' \cdot NK：NH \cdot CN。$$

从而(β)式中的比值等于以下比值

$$AK \cdot NH：AK \cdot AN，或 NH：AN。$$

因此

截段 $A'PP'$：圆锥或圆锥截段 $A'PP'$

$$=NH：AN$$

$$=(CA+AN)：AN。$$

若取共轭直径 AA',BB' 为 x,y 坐标轴，(x,y) 是 P 在其中的坐标，且若 $2a,2b$ 分别是二直径的长度，则由于

旋转椭球－较小截段＝较大截段，

我们有 $$4 \cdot ab^2-\frac{2a+x}{a+x} \cdot y^2(a-x)-\frac{2a-x}{a-x} \cdot y^2(a+x)；$$

且以上命题是这个方程为真的几何证明，其中 x,y 由以下方程相联系

$$\frac{x^2}{a^2}+\frac{y^2}{b^2}=1。$$

论螺线

"阿基米德向多西休斯致敬。"

我托赫拉克利德斯带给您的书，包含了我寄给科农的大多数定理，以及您以往要求我寄给您的一些证明；而在现在递送给您的书中，包含了更多内容。您不必对我等待了这么长时间才发表这些证明而有所惊讶。因为我的计划是首先与投身数学，并急切想要进行数学研究的人士交流这些资料。事实上，几何学中有那么多一眼看去是不切实际的定理，随着时间的推移最终得到了证明。现在科农已离世，他没有足够时间研究所提及的定理；不然的话，他会发现和展示所有这些东西，并会以除此之外的其他许多发现，大大地丰富几何学。因为我很清楚，他带给数学的，不是普通的能力，并且他的勤奋是非同凡响的。但尽管科农已经离世多年，我却并未发现有人去研究其中的任何一个问题，哪怕有一个人。我现在打算逐一探讨这些问题，尤其是其中正好包括了两个问题，它们是无法实现的①［同时或许也能警示人们］：那些声称发现了一切却未提供任何证明的人，可以被指责为假装发现了不可能的事物的人。

我觉得有必要具体说明，哪些是我所说的问题，哪些问题是您已经收到了证明，以及哪些问题的证明被包括在本书中。第一个问题是，给定一个球，找到一个等于球表面的平面面积；这首先在已发表的关于球的书中被披露，因为一旦证明了任何球的表面是球中大圆的四倍，十分清楚可以找到等于球表面的一个平面面积。第二个，给定一个圆锥或圆柱，找到一个球等于该圆锥或圆柱。第三个，用一个平面截一个给定的球，使得两个球缺的体积之比是一个指定值。第四个，用一个平面截一个给定的球，使得两个球缺的面积之比是一个指定值。第五个，作一个给定球缺相似于一个给定的球缺②。第六个，给定或是相同，或是不同

---

① 海贝格读作 $\tau\acute{\epsilon}\lambda o\varsigma$ $\delta\grave{\epsilon}$ $\pi o\vartheta\epsilon\sigma\acute{o}\mu\epsilon\nu\alpha$，但抄本 F 有 $\tau\acute{\epsilon}\lambda o\upsilon\varsigma$，因此真实文字也许是 $\tau\acute{\epsilon}\lambda o\upsilon\varsigma$ $\delta\grave{\epsilon}$ $\pi o\tau\iota\delta\epsilon\acute{o}\mu\epsilon\nu\alpha$。其意义看起来就是'错误的'。

② $\tau\grave{o}$ $\delta o\vartheta\grave{\epsilon}\nu$ $\tau\mu\tilde{\alpha}\mu\alpha$ $\sigma\varphi\alpha\acute{\iota}\rho\alpha\varsigma$ $\tau\tilde{\omega}$ $\delta o\vartheta\acute{\epsilon}\nu\tau\iota$ $\tau\mu\acute{\alpha}\mu\alpha\tau\iota$ $\sigma\varphi\alpha\acute{\iota}\rho\alpha\varsigma$ $\acute{o}\mu o\iota\tilde{\omega}\sigma\alpha\iota$，即作一个球缺与一个给定的球缺相似，并在内含上等于另一个给定的球缺。［参见《论球与圆柱》卷 II 命题 5］

的球的两个球缺,求一个球缺,它相似于其中一个球缺,且其表面积与另一个球缺的表面积相等。第七个,用一个平面从一个给定的球截下一个球缺,使得该球缺与一个同底等高圆锥之比为一个大于二分之三的指定值。对所有刚才列举的命题,赫拉克利德斯为您提供了证明。在这些之后陈述的一个命题是错误的,这个命题是,若球被平面截为不等的两部分,则两个球缺的体积之比,将小于两个球缺的表面积之比的平方。根据我以前寄给您的资料,这显然是错误的,因为该资料中包含了这样一个命题:如果球被与其任意直径成直角的一个平面切割,两个球缺的表面积之比,等于两个球缺的高度之比;而两个球缺的体积之比,小于两个球缺表面积之比的平方,但大于该比值的二分之三次方。① 最后一个问题也是错误的,即如果任意球的直径被截,使得较大球缺截距的平方三倍于较小球缺截距的平方,且若通过切割点作一个与直径成直角的平面切割该球,则在表面相等的这种形式的所有球缺中,大于半球球缺的体积最大。由我以前寄给您的定理清楚可知,这也是错误的。因为在那里证明了,在所有表面相等的球缺中,半球是最大的一个。

在这些定理之后,提出了以下涉及圆锥②的问题。若直角圆锥截线[抛物线],绕其保持固定的直径[轴]旋转,则直径[轴]是[旋转]轴,称所述直角圆锥截线描绘的图形为拟圆锥。且若一个平面与拟圆锥图形相切,又作另一个平面平行于切平面,截下拟圆锥的一个截段,定义被截下截段的底面为切割平面,顶点为另一平面与拟圆锥的切点。若所述图形被一个与其轴成直角的平面切割,则很清楚,截线将是一个圆;需要证明的是,被截下截段的大小是同底等高圆锥的一倍半。若任意平面把拟圆锥截为两个截段,那么很清楚,若截平面并不与轴线垂直,得到的将是锐角圆锥截线[椭圆];但需要证明,截段之间的比值,是由它们的顶点到截平面所作平行于轴的线段的平方之比。这些性质的证明尚未传送给您。

在这些之后是以下关于螺线的命题,它们是另一种类型的问题,与前面提到的毫无共同之处;我为您在本书中写出了它们的证明如下。若一端固定的一条直线以固定的速度旋转直到回到其初始位置,并且有一点沿着直线匀速移动,则该点将在平面上描绘一条螺线。我将说明以螺线及回到初始位置的直线为界图

---

① (λόγον) μείζονα ἤ ἡμιόλιον τοῦ, ὅν ἔχει κ.τ.λ.,即一个大于(表面积之比)$^{\frac{3}{2}}$ 的比值。见《论球与圆柱》卷 II 命题 8。

② 这想来是'拟圆锥',不是'圆锥'。

形的面积,是以固定端点为中心及当直线旋转时点沿之移动的距离为半径的圆的三分之一。且若一条直线在螺线的端点与之相切,作另一条直线由固定端点出发,与旋转后回到初始位置的线成直角,并与切线相交,我将说明这样所作与切线相交的直线等于圆的周长。又若旋转的线及在其上移动的点,经过几次旋转后回到直线的初始位置,我将说明螺线在第三圈旋转中增加的面积是第二圈旋转中面积增加值的两倍,第四圈中增加的是该值的三倍,第五圈中增加的是该值的四倍,一般地,第 n 圈旋转所增加的面积是第二圈旋转所增加面积的$(n-1)$倍,而以第一圈旋转的螺线为界的面积,是在第二圈旋转中所增加面积的六分之一。又若在一圈旋转中所描绘的螺线上取两点,作直线把它们与旋转直线的固定端点相连接,以固定点为中心,两条连线为半径作圆,并延长两条线中较短者,则以下(1)、(2)两项之比,等于(3)、(4)两项之比。(1)两条直线之间在这(部分)螺线方向的较大圆的圆周、螺线(本身)及延长线所围成的面积,(2)以较小圆的圆周、同样的螺线(部分)及连接它们端点的直线为界的面积,(3)较小圆半径加上较大圆半径超出较小圆半径的值的三分之二,(4)较小圆半径加上这个超出量的三分之一。[①]

这些及其他与螺线相关的定理的证明将在本书中给出。按照其他几何著作中常用的方式,在证明之前列出需要被证明的命题。与以前发表的书相同,这里我也假定以下引理成立:"若有(两条)不等长线或(两个)不等面积,较大者超出较小者的部分,可以通过[连续]自我相加,超出可[与它及]相互比较的值中的任何给定值。"

命题 1

若一点沿任何线匀速移动,并在其上取两段长度,则长度与点经过之所需的时间成正比。

在一条直线上取两段不等长度,以及在另一条代表时间的直线上取两段长度;仿照欧几里得 V. 定义 5,通过取每段长度及对应时间的相等乘因子,可以证明它们是成比例的。

命题 2

若不同线上两点中的每一点都分别沿着线匀速移动,并若在每条线上各取若

---

① 所述各命题下面都有详细论证。特别是最后一个,这里的文字叙述不易理解,但在最后一个命题(命题 28)中讲得十分清楚。——译者注

干段长度,形成若干对,使得每一对都在相同时间内被经过,则这些长度成比例。

把在一条线上所取长度之比与经过时间之比等同即可证明,该比值也必须等于在其他线上所取长度之比。

命题 3

给定任意数目的圆,总可以找到大于所有这些圆周之和的一条直线。

因为我们只需用多边形描述每个圆,然后取一条直线等于各多边形的周边之和。

命题 4

给定两条不等的线,即一条直线与一个圆的圆周,总可以找到一条直线,比两条线中较长者短,比较短者长。

因为根据引理,超过部分可以通过自我相加足够多次而超出较短的线。

例如,若 $c > l$(这里 c 是圆的周长及 l 是直线的长度),我们可以找到一个数值 n 使得

$$n(c-l) > l。$$

因此

$$c-l > \frac{l}{n},$$

以及

$$c > l + \frac{l}{n} > l。$$

从而我们只需要把 l 分为 n 个相等的部分,并把其中之一加在 l 上。所得到的线将满足上述条件。

命题 5

给定一个中心为 O 的圆,以及它在 A 点的一条切线,由 O 作一条直线 OPF,与圆相交于 P,与切线相交于 F,若 c 是任意给定圆的圆周,则恒有

$$FP : OP < \text{弧} \ AP : c。$$

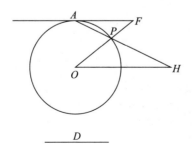

取一段直线，其长度 D，比圆周 c 长。〔命题 3〕

通过 O 作 OH 平行于给定切线，并通过 A 作线 APH，与圆相交于 P 及与 OH 相交于 H，并使得它在圆与直线之间截得的部分 PH 等于 D[①]。连接 OP 并延长，与切线相交于 F，则

$$FP : OP = AP : PH,$$
$$= AP : D$$
$$< \text{弧 } AP : c。$$

命题 6

给定一个中心为 O 的圆，小于直径的一根弦 AB，以及由 O 至 AB 的垂线 OM，则可以作一条直线 OFP，与弦 AB 相交于 F 及与圆相交于 P，使得

$$FP : PB = D : E,$$

其中 $D : E$ 是小于 $BM : MO$ 的任意给定比值。

作 OH 平行于 AB，以及作 BT 垂直于 BO，与 OH 相交于 T。则三角形 BMO, OBT 相似，且因此

$$BM : MO = OB : BT,$$

因而

$$D : E < OB : BT。$$

假定取一条线 PH（比 BT 长），使得

$$D : E = OB : PH,$$

并置放 PH 通过位于圆周上的 B 与 P，而 H 在线 OH 上。[②]（PH 将落在 BT 之外，因为 $PH > BT$。）连接 OP 与 AB 相交于 F。

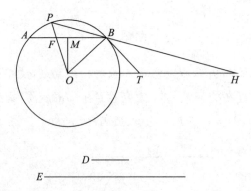

---

① 这个构形是假定的，并未说明如何实现，在希腊原文中是这样描述的："设作 PH（κείσθω）等于 D，逼近（νεύουσα）A。"这是被称为逼近线（νεῦσις）类型问题的常用词语。

② 希腊原文的直译是："置 PH 于圆周与直线（OH）之间，通过 B。"就像前一命题中类似的构形那样，这个构形也是假设的。

我们现在有

$$FP : PB = OP : PH$$

$$= OB : PH$$

$$= D : E。$$

命题 7

给定一个中心为 O 的圆, 小于直径的一根弦 AB, 以及由 O 至 AB 的垂线 OM, 则可以作一条直线 OFP, 与圆相交于 P 及与弦 AB 相交于 F, 使得

$$FP : PB = D : E,$$

其中 $D : E$ 是大于 $BM : MO$ 的任意给定比值。

作 OT 平行于 AB, 以及 BT 垂直于 BO, 后者与 OT 相交于 T。

在这种情况下,　　　　　$D : E > BM : MO$

$$> OB : BT, 由相似三角形的性质,$$

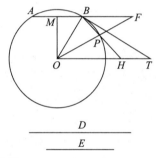

取线 PH(小于 BT)使得

$$D : E = OB : PH,$$

并作 PH 使得 P, H 分别位于圆周与 OT 上, 而 HP 的延长线通过 B[①], 于是

$$FP : PB = OP : PH$$

$$= D : E。$$

命题 8

给定一个中心为 O 的圆, 小于直径的一根弦 AB, 在 B 的切线, 以及由 O 至 AB 的垂线 OM, 则总可以作一条直线 OFP, 与弦 AB 相交于 F, 与圆相交于 P, 与切线相交于 G, 使得

$$FP : BG = D : E,$$

---

① 在希腊语中, PH 被描述为 νεύουσαν ἐπί (逼近) 点 B。同前, 这个构形是假设的。

其中$D:E$是小于$BM:MO$的任意给定比值。

若作OT平行于AB,与在B的切线相交于T,则

$$BM:MO=OB:BT$$

使得
$$D:E<OB:BT。$$

在TB的延长线上取C点,使得

$$D:E=OB:BC,$$

因而
$$BC>BT。$$

通过O,T,C点作一个圆,并延长OB与该圆相交于K。

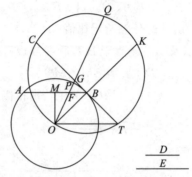

于是,因为$BC>BT$及OB垂直于CT,可以由O作直线OGQ与CT相交于G,并与通过OTC的圆相交于Q,使得$GQ=BK$。[①]

设OGQ与AB相交于F及与原始圆相交于P。

现在
$$CG \cdot GT=OG \cdot GQ;$$
以及
$$OF:OG=BT:GT,$$
使得
$$OF \cdot GT=OG \cdot BT。$$

由此可知

$$CG \cdot GT:OF \cdot GT=OG \cdot GQ:OG \cdot BT,$$

或
$$CG:OF=GQ:BT$$
$$=BK:BT,由构形,$$
$$=BC:OB$$
$$=BC:OP。$$

从而
$$OP:OF=BC:CG,$$

且因此,
$$PF:OP=BG:BC,$$

或
$$PF:BG=OP:BC$$

---

① 所用希腊语是:"可以置放另一条[直线]GQ等于KB并逼近$(\nu\varepsilon\acute{\nu}o\nu\sigma\alpha\nu)O$。"这个特殊的$\nu\varepsilon\tilde{\nu}\sigma\iota\varsigma$曾被Pappus(p.298,ed. Hultsch)讨论过。见引言第五章。

$$=OB:BC$$
$$=D:E。$$

命题 9

给定一个中心为 O 的圆，小于直径的一根弦 AB，在 B 的切线，及由 O 至 AB 的垂线 OM，则可以作一条直线 $OPGF$，与圆相交于 P，与切线相交于 G，且与 AB 的延长线相交于 F，使得

$$FP:BG=D:E，$$

其中 $D:E$ 是大于 $BM:MO$ 的任意给定比值。

作 OT 平行于 AB，与在 B 的切线相交于 T。于是

$$D:E>BM:MO$$
$$>OB:BT，由相似三角形的性质。$$

延长 TB 至 C，使得

$$D:E=OB:BC，$$

从而 $$BC<BT。$$

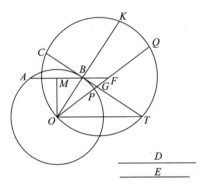

通过 O,T,C 点作一个圆，并延长 OB 与该圆相交于 K。

于是，因为 $TB>BC$，以及 OB 垂直于 CT，有可能由 O 作直线 OGQ，与 CT 相交于 G，并与环绕 OTC 的圆相交于 Q，使得 $GQ=BK$。设 OQ 与原始圆相交于 P，与 AB 的延长线相交于 F。

我们现在与前一个命题完全相同地证明

$$CG:OF=BK:BT$$
$$=BC:OP。$$

于是如前，

$$OP:OF=BC:CG，$$

以及 $$OP:PF=BC:BG，$$

因而
$$PF : BG = OP : BC$$
$$= OB : BC$$
$$= D : E。$$

命题 10

若 $A_1, A_2, A_3, \cdots, A_n$ 是 n 条线构成的升序算术级数,其公差等于最小项 A_1,则
$$(n+1)A_n^2 + A_1(A_1 + A_2 + \cdots + A_n) = 3(A_1^2 + A_2^2 + \cdots + A_n^2)。$$

阿基米德对本命题的证明在前面给出,参见第 201—202 页,在那里指出了其结果等价于

$$1^2 + 2^2 + 3^2 + \cdots + n^2 = \frac{n(n+1)(2n+1)}{6}。$$

推论 1 *由本命题可知*
$$n \cdot A_n^2 < 3(A_1^2 + A_2^2 + \cdots + A_n^2),$$
且又有
$$n \cdot A_n^2 > 3(A_1^2 + A_2^2 + \cdots + A_{n-1}^2),$$
[对后一个不等式的证明见第 202 页。]

推论 2 如果用类似的图形替代正方形,全部结果同样成立。

命题 11

若 $A_1, A_2, \cdots, A_n$ 是 n 条线构成的升序算术级数,[*其公差等于最小项 A_1*][1]*,则*

$$(n-1)A_n^2 : (A_n^2 + A_{n-1}^2 + \cdots A_2^2) < A_n^2 : \left[A_n \cdot A_1 + \frac{1}{3}(A_n - A_1)^2\right];$$

但 $\quad (n-1)A_n^2 : (A_{n-1}^2 + A_{n-2}^2 + \cdots A_1^2) > A_n^2 : \left[A_n \cdot A_1 + \frac{1}{3}(A_n - A_1)^2\right];$

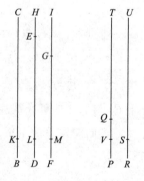

阿基米德把各项并排放置如图所示,其中,$BC = A_n$,$DE = A_{n-1}$,$\cdots$,$RS = A_1$,并延长 DE,FG,$\cdots$,RS,直到它们分别等于 BC 即 A_n,使图中的 EH,GI,$\cdots$,SU 分别等于 A_1,A_2,$\cdots$,A_{n-1}。他进一步沿着 BC,DE,FG,$\cdots$,PQ 分别度量出长度 BK,DL,FM,$\cdots$,PV,每个都等于 RS。

图形使各项之间的关系一目了然,但应用如此之多的字母使得对证明的理解颇有不便,该证明可以较为清楚地陈述如下。

很清楚有 $A_n - A_1 = A_{n-1}$。因此以下比例式显然成立,即

---

① 这个结论甚至当公差不等于 A_1 时也成立,且在命题 25 与 26 中取更一般的形式。但因为阿基米德的证明中取 A_1 与公差相等,这里插入这段话以避免误解。

$$(n-1)A_n^2 : (n-1)\left(A_n \cdot A_1 + \frac{1}{3}A_{n-1}^2\right) = A_n^2 : \left[A_n \cdot A_1 + \frac{1}{3}(A_n - A_1)^2\right] 。$$

因此,为了证明想要的结果,我们只需要证明

$$(n-1)A_n \cdot A_1 + \frac{1}{3}(n-1)A_{n-1}^2 < A_n^2 + A_{n-1}^2 + \cdots A_2^2$$

且

$$> A_{n-1}^2 + A_{n-2}^2 + \cdots + A_1^2 。$$

I. 为了证明第一个不等式,我们有

$$(n-1)A_n \cdot A_1 + \frac{1}{3}(n-1)A_{n-1}^2 = (n-1)A_1^2 + (n-1)A_1 \cdot A_{n-1} + \frac{1}{3}(n-1)A_{n-1}^2 \quad (1)$$

以及

$$A_n^2 + A_{n-1}^2 + \cdots + A_2^2$$
$$= (A_{n-1} + A_1)^2 + (A_{n-2} + A_1)^2 + \cdots + (A_1 + A_1)^2$$
$$= (A_{n-1}^2 + A_{n-2}^2 + \cdots + A_1^2) + (n-1)A_1^2 + 2A_1(A_{n-1} + A_{n-2} + \cdots + A_1)$$
$$= (A_{n-1}^2 + A_{n-2}^2 + \cdots + A_1^2) + (n-1)A_1^2$$
$$\quad + A_1(A_{n-1} + A_{n-2} + A_{n-3} + \cdots + A_1 + A_1 + A_2 + \cdots + A_{n-2} + A_{n-1})$$
$$= (A_{n-1}^2 + A_{n-2}^2 + \cdots + A_1^2) + (n-1)A_1^2 + nA_1 \cdot A_{n-1} \quad (2) 。$$

比较(1)与(2)式的右边项,我们看到$(n-1)A_1^2$是两边的公共项,且

$$(n-1)A_1 \cdot A_{n-1} > nA_1 \cdot A_{n-2} ,$$

然而按命题 10 的推论 1.,

$$\frac{1}{3}(n-1)A_{n-1}^2 < A_{n-2}^2 + A_{n-3}^2 + \cdots + A_1^2 。$$

由此可知,

$$(n-1)A_n \cdot A_1 + \frac{1}{3}(n-1)A_{n-1}^2 < A_n^2 + A_{n-1}^2 + \cdots + A_2^2 ;$$

从而命题的第一部分由此得证。

II. 为了证明第二个结果,我们必须证明

$$(n-1)A_n \cdot A_1 + \frac{1}{3}(n-1)A_{n-1}^2 > A_{n-1}^2 + A_{n-2}^2 + \cdots + A_1^2 。$$

右边项等于

$$(A_{n-2} + A_1)^2 + (A_{n-3} + A_1)^2 + \cdots + (A_1 + A_1)^2 + A_1^2$$
$$= A_{n-2}^2 + A_{n-3}^2 + \cdots + A_1^2 + (n-1)A_1^2 + 2A_1(A_{n-2} + A_{n-3} + \cdots + A_1)$$
$$= (A_{n-2}^2 + A_{n-3}^2 + \cdots + A_1^2) + (n-1)A_1^2$$
$$\quad + A_1(A_{n-2} + A_{n-3} + \cdots + A_1 + A_1 + A_2 + \cdots + A_{n-2})$$
$$= (A_{n-2}^2 + A_{n-3}^2 + \cdots A_1^2) + (n-1)A_1^2 + (n-2)A_1 \cdot A_{n-1} 。 \quad (3)$$

比较本表达式与上面(1)式的右边项,我们看到$(n-1)A_1^2$对两边公共,且

$$(n-1)A_1 \cdot A_{n-1} > (n-2)A_1 \cdot A_{n-1}$$

然而按命题 10 推论 1,

$$\frac{1}{3}(n-1)A_{n-1}^2 > A_{n-2}^2 + A_{n-3}^2 + \cdots + A_1^2 。$$

从而

$$(n-1)A_n \cdot A_1 + \frac{1}{3}(n-1)A_{n-1}^2 > A_{n-1}^2 + A_{n-2}^2 + \cdots + A_1^2$$

于是得到第二个要求的结果。

推论 当用相似图形替代若干条线上的正方形时以上命题的结果也成立。

定义

1. 若平面中的一条直线环绕其保持固定的端点匀速旋转并回到其初始位置,且若在该线旋转的同时,一个点从保持固定的端点出发沿直线匀速移动,则该点将在平面中描绘一条**螺线**($\mathcal{E}\lambda\xi$)。

2. 称以上直线旋转时保持固定的端点为螺线的**原点**[①]($\mathring{\alpha}\varrho\chi\mathring{\alpha}$)。

3. 称直线开始旋转时线的位置为旋转中的**初始线**($\mathring{\alpha}\varrho\chi\mathring{\alpha}\ \tau\tilde{\alpha}\varsigma\ \pi\varepsilon\varrho\iota\varphi\varrho\varrho\tilde{\alpha}\varsigma$)。

4. 称点在一圈旋转中沿直线移动的长度为**第一距离**,在第二圈旋转中的为**第二距离**,类似地,进一步旋转中经过的距离按照特定的旋转圈数命名。

5. 称在第一圈旋转中描绘的螺线与第一距离包围的面积为**第一面积**,在第二圈旋转中描绘的螺线与第二距离包围的面积为**第二面积**,依此类推。

6. 若由螺线原点作任意直线,称其在与旋转同方向的部分为前进的($\pi\varrho\sigma\eta\gamma\sigma\acute{\nu}\mu\varepsilon\nu\alpha$),而在另一方向的部分为后退的($\acute{\varepsilon}\pi\acute{\sigma}\mu\varepsilon\nu\alpha$)。

7. 称以原点为中心,第一距离为半径所作的圆为第一圆;以相同的中心,第一距离的两倍为半径所作的圆为第二圆,类似地对后续的圆。

命题 12

若从原点出发作任意条直线与螺线相交,其间的角度彼此相等,则这些线的长度构成算术级数。

其证明是显然的。

---

① 希腊语原文的字面直译当然分别是"螺线的开始"与"旋转的开始"。但现代名称更适合以后的应用,故在此采纳。

命题 13

若一条直线与螺线相切,则切触只在一点发生。

设 O 是螺线的原点, BC 是它的切线。

设 BC 与螺线接触于两点 P, Q,检验是否可能。连接 OP, OQ,并用与螺线相交于 R 的直线 OR 等分角 POQ。

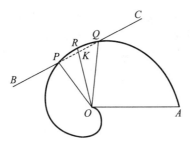

于是[命题 12], OR 是 OP 与 OQ 的算术平均值,或

$$OP + OQ = 2OR。$$

但在任意三角形 POQ 中,若角 POQ 的等分线与 PQ 相交于 K,则

$$OP + OQ > 2OK^{①}$$

因此 $OK < OR$,由此可知 BC 上 P 与 Q 之间的一些点在螺线之内,从而 BC 切割螺线;而这与假设相矛盾。

命题 14

设 O 是原点, P, Q 是螺线第一圈上的两点,且若延长 OP, OQ 与'第一圆' $AKP'Q'$ 分别相交于 P', Q', OA 是初始线,则

$$OP : OQ = 弧 AKP' : 弧 AKQ'。$$

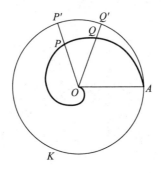

———————————

① 这被认为是已知的命题;但它很容易被证明。

因为,当旋转的线 OA 环绕 O 运动时,其上的点 A 沿着圆周 $AKP'Q'$ 匀速移动,与此同时,描绘螺线的点沿着 OA 匀速运动。

于是,当 A 描绘圆弧 AKP' 时,OA 上的动点描绘长度 OP,而当 A 描绘圆弧 AKQ' 时,OA 上的动点描绘长度 OQ。

从而　　　　　　$OP:OQ=c+$弧 $AKP':c+$弧 AKQ'。　　　　[命题2]

命题 15

若 P,Q 是螺线第二圈上的点,如同在上一个命题,OP,OQ 与'第一圆' $AKP'Q'$相交于P',Q',且若 c 是第一圆的圆周,则
$$OP:OQ=(c+弧\ AKP'):(c+弧\ AKQ')。$$

因为,当 OA 上的动点经过距离 OP 时,A 点经过整个第一圆的圆周,加上弧 AKP';而当 OA 上的动点经过距离 OQ 时,A 点经过整个第一圆的圆周,加上弧 AKQ'。

推论　类似地,若 P,Q 在螺线的第 n 圈,则
$$OP:OQ=(n-1)c+(弧\ AKP'):(n-1)c+(弧\ AKQ')。$$

命题 16,17

若 BC 是在螺线上任意点 P 的切线,PC 在 BC 的'前进'部分,若连接 OP,则角 OPC 是钝角,而角 OPB 是锐角。

I. 假定 P 在螺线的第一圈上。

设 OA 是初始线,AKP'是'第一圆'。作中心为 O 及半径为 OP 的圆 DLP,与 OA 相交于 D。于是该圆必定在 P 的'前进'方向落在螺线内,而在 P 的'后退'方向落在螺线外,因为螺线的半径向量在'前进'侧大于 OP,在'后退'侧小于 OP。从而角 OPC 不可能是锐角,因为它不可能小于 OP 及圆在 P 的切线之间的角,而后者是直角。

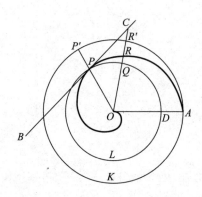

于是只需证明角 OPC 不是直角。

设它是直角,检验是否可能。BC 将在 P 与圆相切。

因此[命题 5],可以作一条线 OQC 与通过 P 的圆相交于 Q 及与 BC 相交于 C,使得

$$CQ：OQ < 弧\ PQ：弧\ DLP \qquad (1)$$

假定 OC 与螺线相交于 R 及与'第一圆'相交于 R';并延长 OP 与'第一圆'相交于 P'。

由(1)式可知,由合比例,

$$CO：OQ < 弧\ DLQ：弧\ DLP$$
$$< 弧\ AKR'：弧\ AKP'$$
$$< OR：OP。 \qquad [命题\ 14]$$

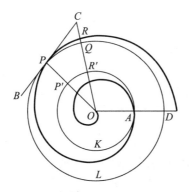

但这是不可能的,因为 $OQ=OP$,以及 $OR<OC$。

从而角 OPC 不是直角。它也已被证明不是锐角。

因此角 OPC 是钝角,且角 OPB 随之是锐角。

II. 若 P 在第二或第 n 圈,证明相同,除了在上面的命题(1)中,我们必须把弧 DLP 用分别等于($p+$弧 DLP)或等于($\overline{n-1 \cdot p}+$弧 DLP)的弧替代,其中 p 是通过 P 的圆 DLP 的周边。类似地,在后一步,p 或 $(n-1)p$ 将被分别加入到弧 DLQ 与弧 DLP 的每一个,而 c 或 $(n-1)c$ 分别加到面积 AKR',AKP' 的每一个,其中 c 是'第一圆' AKP' 的圆周。

命题 18,19

I. 若 OA 是初始线,A 是螺线第一圈的终点,且若作螺线在 A 的切线,则由 O 所作垂直于 OA 的直线 OB 将与所述切线相交于某一点 B,且 OB 将等于'第一圆'的周边。

II.若 A′ 是第二圈的终点,垂线 OB 将与在 A′ 的切线相交于某一点 B′,则 OB′ 等于'第二圆'周边的 2 倍。

III.一般地,若 A$_n$ 是第 n 圈的终点,且与在 A$_n$ 的切线相交于 B$_n$,则

$$OB_n = nc_n,$$

其中 c$_n$ 是'第 n 圆'的周边。

具体证明如下。

I.设 AKC 是'第一圆',则因为 OA 与在 A 的切线之间的'后退'角是锐角 [命题 16],该切线与'第一圆'相交于第二个点 C。而角 CAO,角 BOA 之和小于两个直角;因此 OB 与 AC 的延长线相交于某一点 B。

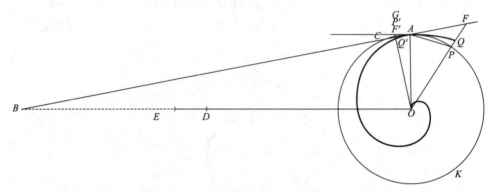

于是,若 c 是第一圆的周边,我们必须证明

$$OB = c。$$

若不成立,则 OB 必定或者大于或者小于 c。

(1) 假定 OB > c,检验是否可能。

沿 OB 度量长度 OD 小于 OB 但大于 c。

于是我们有圆 AKC,其中有小于直径的弦 AC,以及比值 AO:OD,它大于比值 AO:OB,或(即由相似三角形的性质,等于它的值)$\frac{1}{2}$ AC 与由 O 至 AC 的垂线之比。因此[命题 7],我们可以作直线 OPF,与圆相交于 P 及与 CA 的延长线相交于 F,使得

$$FP : PA = AO : OD。$$

因为 AO = PO,上式也可以写成

$$FP : PO = PA : OD$$
$$< 弧 PA : c,$$

这是因为弧 PA > PA 及 OD > c。

由合比例，

$$FO：PO < (c + 弧\ PA)：c$$

$$< OQ：OA，$$

其中 OF 与螺线相交于 Q。 [命题 15]

因为 $OA = OP$，所以 $FO < OQ$，而这是不可能的。从而

$$OB \not> c$$

(2) 假定 $OB < c$，检验是否可能。

沿 OB 度量 OE，使 OE 大于 OB 但小于 c。

在这种情况下，因为比值 $AO：OE$ 小于 $AO：OB$（或 $\frac{1}{2}AC$ 与由 O 至 AC 的垂线之比），我们可以[命题 8]作线 $OF'P'G$ 与 AC 相交于 F'，与圆相交于 P'，而在 A 的切线与圆相交于 G，使得

$$F'P'：AG = AO：OE。$$

设 $OP'G$ 截螺线于 Q'。

于是我们也可以有

$$F'P'：P'O = AG：OE$$

$$> 弧\ AP'：c，$$

这是因为 $AG > 弧\ AP'$，以及 $OE < c$。

因此

$$F'O：P'O < 弧\ AKP'：c$$

$$< OQ'：OA。$$ [命题 14]

但这是不可能的，因为 $OA = OP'$ 及 $OQ' < OF'$。

从而 $OB \not< c$。

因为 OB 既不大于也不小于 c，

$$OB = c。$$

II. 设 $A'K'C'$ 是'第二圆'，$A'C'$ 是在 A' 的螺线的切线（它将切割第二圆，因为'后退'角 $OA'C'$ 是锐角）。于是如前，OA' 的垂线 OB' 将与 $A'C'$ 的延长线相交于某个点 B'。

若 c' 是第二圆的圆周，我们必须证明 $OB' = 2c'$。

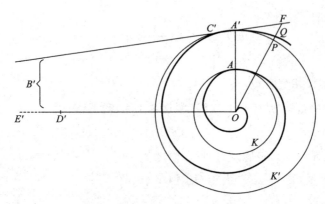

因为如若不然，OB' 必定或者大于或者小于 $2c'$。

(1) 假定 $OB'>2c'$，检验是否可能。

沿 OB' 度量 OD'，使 OD' 大于 OB' 也大于 $2c'$。

然后，如在前面'第一圆'情形，我们可以作直线 OPF 与'第二圆'相交于 P 点并与 $C'A'$ 的延长线相交于 F，使得

$$FP:PA'=A'O:OD'。$$

设 OF 与螺线相交于 Q。

因为 $A'O=PO$，又因为弧 $A'P>A'P$ 及 $OD'>2c'$，我们现在有

$$FP:PO=PA':OD'$$
$$<弧\ A'P:2c',$$

因此 $$FO:PO<(2c'+弧\ A'P):2c'$$
$$<OQ:OA'。 \qquad \text{[命题 15 推论]}$$

从而 $FO<OQ$；而这是不可能的。

于是 $$OB'\not>2c'。$$

类似地，如在'第一圆'情况，我们可以证明

$$OB'\not<2c'。$$

因此 $$OB'=2c'。$$

III. 进而，类似地，对'第三'及后续圆，我们可以证明

$$OB_n=nc_n。$$

命题 20

I. 若 P 是螺线第一圈上的任意点，并作 OT 垂直于 OP，OT 将与螺线在 P 的切线相交于某一点 T；且若以 O 为中心，以 OP 为半径的圆与初始线相交于 K，则

OT 等于该圆在 *K* 与 *P* 之间在'前进'方向上度量的弧段。

Ⅱ.一般地,若 *P* 是螺线 *OT* 第一圈上的任意点,且记法如前,而 *p* 表示半径为 *OP* 的圆周,则

$$OT = (n-1)p + 弧\ KP(在'前进'方向度量)。$$

具体证明如下。

Ⅰ.设 *P* 是螺线第一圈上的一点,*OA* 是初始线,*PR* 是位于'后退'方向的在 *P* 的切线,则[命题16]角 *OPR* 是锐角。

因此 *PR* 通过 *P* 与圆相交于某一点 *R*;且 *OT* 将与 *PR* 的延长线相交于某一点 *T*。

若 *OT* 现在不等于弧 *KRP*,它必定或者大于或者小于。

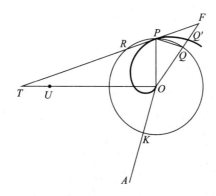

(1) 设 *OT* 大于弧 *KRP*,检验是否可能。

沿 *OT* 度量 *OU*,它小于 *OT* 但大于弧 *KRP*。

然后,因为比值 *PO*:*OU* 大于比值 *PO*:*OT*,或(由相似三角形的性质,它等于)$\frac{1}{2}PR$ 与由 *O* 至 *PR* 的垂线之比,我们可以作线 *OQF*,与圆相交于 *Q* 及与 *RP* 的延长线相交于 *F*,使得

$$FQ:PQ = PO:OU。 \qquad [命题7]$$

设 *OF* 与螺线相交于 *Q'*。

我们然后有

$$FQ:QO = PQ:OU$$
$$< 弧\ PQ:弧\ KRP,根据假设。$$

根据合比定理,

$$FO:QO < 弧\ KRQ:弧\ KRP$$
$$< OQ':OP。 \qquad [命题14]$$

但 $QO=OP$，因此 $FO<OQ'$；但这是不可能的。

从而 $\qquad\qquad OT \not> $ 弧 KRP。

(2) $OT \not< $ 弧 KRP 的证明来自命题 18，I.(2)，正如上面的来自命题 18，I.(1)。

于是因为 OT 既不大于也不小于弧 KRP，它们相等。

II. 若 P 在第二圈上，用相同的方法可以证明

$$OT=p+\text{弧}\ KRP;$$

以及类似地，对在第 n 圈上的点 P，

$$OT=(n-1)p+\text{弧}\ KRP。$$

命题 21，22，23

给定一个面积，它以一条螺线的任意弧及弧的两个端点与原点的连线为界，可以对这个面积外接一个图形，并内接另一个图形，每个图形都由相似的圆扇形组成，并且外接图形超出内接图形的部分小于指定的面积。

设 BC 是螺线的任意弧，O 是原点。作以 O 为中心以及 OC 为半径的圆，其中 C 是弧的'前进'端。

然后等分角 BOC，再等分得到的两个半角，如此继续，我们将最终得到角 COr，它截下小于任何指定面积的圆的一个扇形。设 COr 是这个扇形。

设另一条线分角 BOC 为两个相等的部分，与螺线相交于 P,Q，并设 Or 与它相交于 R。以 O 为中心及分别以 OB,OP,OQ,OR 为半径，作圆弧 Bp',bPq',pQr',qRc'，每个圆弧与邻近的半径相交如图所示。在每种情况下，从螺线的每个点出发的在'前进'方向的弧都将落在其内，而在'后退'方向的弧在其外。

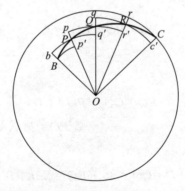

我们现在有一个外接图形与一个内接图形，它们均由相似的圆扇形组成。

为了比较其面积，我们从 OC 开始取每个相继的扇形并比较它们。

外接图形中的 OCr 是单独的。然而

$$扇形\ ORq = 扇形\ ORc',$$
$$扇形\ OQp = 扇形\ OQr',$$
$$扇形\ OPb = 扇形\ OPq',$$

但外接图形中的扇形 OBp' 也是单独的。

从而，若去除相等的部分，外接图形与内接图形之差就等于扇形 OCr 与 OBp' 之差，它本身小于任何指定面积。

无论角 BOC 被分割了多少次，证明是完全一样的，仅有的区别是，当弧从原点开始时，在每个图形中的最小扇形 OPb，OPq' 是相等的。因此没有单独的内接扇形，于是外接及内接图形的差就等于扇形 OCr 本身。

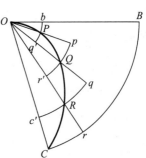

于是，命题普遍成立。

推论 因为以螺线为界的面积的大小在外接图形与内接图形之间，从而有

(1) 可以对这样的一个面积作一个外接图形，使图形的超出部分小于任何指定的空隙；

(2) 可以对这样的一个面积作一个内接图形，使图形的被超出部分小于任何指定的空隙。

命题 24

以螺线的第一圈及初始线为界的图形，等于'第一圆'的三分之一 $\left[= \dfrac{1}{3}\pi(2\pi a)^2，\right.$

这里的螺线是 $r = a\theta$ $\Big]$。

由相同的证明可知，与之等同，若 OP 是螺线第一圈的任意半径向量，则以螺线为界的部分的面积，等于用半径 OP 所作圆的一个扇形面积的三分之一，该扇形以初始线及 OP 为界，在初始线的'前进'方向度量。

设 O 是原点，OA 是初始线，A 是第一圈的末端。

作'第一圆'，即以 O 为中心及以 OA 为半径的圆。

然后，若 C_1 是第一圆的面积，R_1 是以 OA 为界的螺线第一圈的面积，我们必须证明

$$R_1 = \frac{1}{3}C_1 。$$

如若不然，R_1 必定或大于或者小于 C_1[①]。

I. 假定 $R_1 < \frac{1}{3}C_1$，检验是否可能。

我们可以对 R_1 外接一个图形，它由相似的圆扇形组成，若 F 是该图形的面积，则有

$$F - R_1 < \frac{1}{3}C_1 - R_1，$$

从而 $F < \frac{1}{3}C_1$。

设 $OP, OQ, \cdots$ 是圆扇形的半径，从最小的开始。最大的半径当然是 OA。

这些半径于是形成一个升序算术级数，公差等于最小项 OP。若扇形的数目是 n，我们有［由命题 10 推论 1］

$$n \cdot OA^2 < 3(OP^2 + OQ^2 + \cdots + OA^2)；$$

且因为相似的扇形正比于其半径的平方，可知

$$C_1 < 3F，$$

或

$$F > \frac{1}{3}C_1。$$

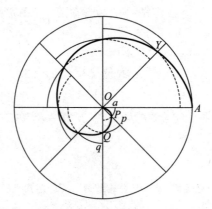

但这是不可能的，因为 F 小于 $\frac{1}{3}C_1$。

因此

$$R_1 \not< \frac{1}{3}C_1。$$

II. 假定 $R_1 > \frac{1}{3}C_1$，检验是否可能。

我们可以对 R_1 *内接*一个图形，它由圆的相似扇形组成，若 f 是该图形的面积，则有

$$R_1 - f < R_1 - \frac{1}{3}C_1,$$

因而 $f > \frac{1}{3}C_1$。

若有 $(n-1)$ 个扇形，其半径为 $OP, OQ, \cdots$，形成一个升序算术级数，其中最小项等于公差，最大项 OY 等于 $(n-1)OP$。

于是[命题 10 推论 1]，

$$n \cdot OA^2 > 3(OP^2 + OQ^2 + \cdots + OY^2),$$

因而 $$C_1 > 3f,$$

或 $$f < \frac{1}{3}C_1;$$

但这是不可能的，因为 $f > \frac{1}{3}C_1$，

因此 $$R_1 \not> \frac{1}{3}C_1。$$

于是因为 R_1 既不大于又不小于 $\frac{1}{3}C_1$，

$$R_1 = \frac{1}{3}C_1。$$

阿基米德并未真正找到用半径向量 OP 截下的螺线段的面积，这里 P 是第一圈中的任意点；但为了做到这一点，我们只需要在以上证明中，用以 O 为中心，OP 为半径的扇形 KLP 的面积替代'第一圆'的面积 C_1 就可以了，这两个图形由相似的扇形组成，分别外接或内接螺线的 OEP 部分。然后应用完全相同的证明方法，可以看出 OEP 的面积是 $\frac{1}{3}$（扇形 KLP）。

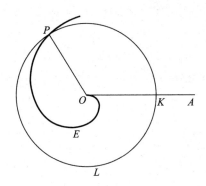

我们也可以用相同的方法证明,若 P 点在第二圈或以后任何一圈,如第 n 圈,则由半径向量从开始至 OP 位置*扫过的全部面积*,分别是 $\frac{1}{3}(C+$ 扇形 $KLP)$ 或 $\frac{1}{3}(\overline{n-1}\cdot C+$ 扇形 $KLP)$,其中 C 记以 O 为中心,OP 为半径的整圆面积。

被半径向量这样扫过的面积,当然与以终止于 P 的螺线的最后一圈及半径向量 OP 被截下部分为界的面积不是一回事。于是,假定 R_1 是由螺线的第一圈与 OA_1(第一圈终止于初始线上 A_1 点)为界的面积,R_2 是终止于初始线上 A_2 点第二整圈添加的面积,等等。于是,当半径向量到达 OA_2 位置时,它扫过 R_1 两次;当半径向量到达 OA_3 位置时,它扫过 R_1 三次、R_2 两次、R_3 一次;等等。

这样,一般说来,若 C_n 记'第 n 圆'的面积,我们将有

$$\frac{1}{3}nC_n = R_n + 2R_{n-1} + 3R_{n-2} + \cdots + nR_1,$$

而被外边界(即完整的第 n 圈与 OA_n 的被截下部分)包围的真实面积等于

$$R_n + R_{n-1} + R_{n-2} + \cdots + R_1。$$

现在可以看出,后面的命题 25 与 26 可以由刚才给出的命题 24 推广得到。

为了得到命题 26 的一般结果,假定 BC 是在螺线任一圈的弧,它小于一整圈,并假定 B 超出第 n 整圈的端点 A_n,而 C 在 B 的'前进'方向。

设 $\frac{p}{q}$ 是第 n 圈的端点与 B 点之间的部分。则半径向量直到位置 OB(始于螺线的开始处)*扫过的面积*等于

$$\frac{1}{3}\left(n+\frac{p}{q}\right)(\text{半径为 } OB \text{ 的圆})。$$

*半径向量从开始处直到位置 OC 扫过的面积*是

$$\frac{1}{3}\left\{\left(n+\frac{p}{q}\right)(\text{半径为 } OC \text{ 的圆}) + (\text{扇形 } B'MC)\right\}。$$

以 OB,OC 及螺线的 BEC 部分为界的面积,是以上两表达式之差;且因为圆的面积之比是 OB^2 比 OC^2,该差值可以表达为

$$\frac{1}{3}\left\{\left(n+\frac{p}{q}\right)\left(1-\frac{OB^2}{OC^2}\right)(\text{半径为 } OC \text{ 的圆}) + (\text{扇形 } B'MC)\right\}。$$

但是,按照命题 15 的推论,

$$\left(n+\frac{p}{q}\right)(\text{圆 } B'MC) : \left\{\left(n+\frac{p}{q}\right)(\text{圆 } B'MC) + (\text{扇形 } B'MC)\right\}$$

$$= OB : OC,$$

所以

$$\left(n+\frac{p}{q}\right)(\text{圆 } B'MC) : (\text{扇形 } B'MC) = OB : (OC-OB)。$$

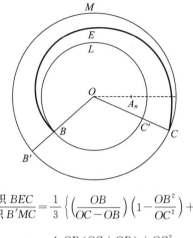

于是
$$\frac{\text{面积 } BEC}{\text{面积 } B'MC} = \frac{1}{3}\left\{\left(\frac{OB}{OC-OB}\right)\left(1-\frac{OB^2}{OC^2}\right)+1\right\}$$

$$= \frac{1}{3}\frac{OB(OC+OB)+OC^2}{OC^2}$$

$$= \frac{OC \cdot OB + \frac{1}{3}(OC-OB)^2}{OC^2}。$$

命题 25 的结果是它的一种特殊情况,且命题 27 的结果立即可得到,如在以下命题中所示。

命题 **25,26,27**

[命题 25]若 A_2 是螺线第二圈的末端,以第二圈及 OA_2 为界的面积与'第二圆'面积之比为 7 比 12,这是 $r_2 r_1 + \frac{1}{3}(r_2-r_1)^2$ 与 r_2^2 之比,其中 r_1, r_2 分别是'第一'与'第二'圆的半径。

[命题 26]若 BC 是在螺线任意圈'前进'方向度量的任意弧,不大于一整圈,且若作以 O 为中心及以 OC 为半径的圆,与 OB 相交于 B',则

$$OB, OC \text{ 间螺线面积:扇形 } OB'C \text{ 面积}$$

$$= \left\{OC \cdot OB + \frac{1}{3}(OC-OB)^2\right\} : OC^2。$$

[命题 27]若 R_1 是以初始线为界的第一圈的面积,R_2 是第二整圈添加的圆环面积,R_3 是第三圈添加的圆环面积,等等,则

$$R_3 = 2R_2, \quad R_4 = 3R_2, \quad R_5 = 4R_2, \cdots, \quad R_n = (n-1)R_2。$$

另外, $R_2 = 6R_1$。

阿基米德对命题 25 的证明,经必要修正,与更一般的命题 26 的证明一样。因此在这里给出后者,并应用于命题 25 作为一种特殊情况。

设 BC 是在螺线任意圈'前进'方向度量的一段弧，CKB' 是以 O 为中心，以 OC 为半径所作的一个圆。

取一个圆使其半径等于 $OC \cdot OB + \dfrac{1}{3}(OC-OB)^2$，并设 σ 是其中一个扇形，其中心角等于角 BOC，如图(b)所示。

于是
$$\sigma : 扇形\ OB'C = \left\{OC \cdot OB + \frac{1}{3}(OC-OB)^2\right\} : OC^2,$$

以及我们因此证明了

$$螺线\ OBC\ 的面积 = \sigma$$

如若不然，螺线 OBC 的面积(我们将称其为 S)必定或者大于或者小于 σ。

I. 假定 $S < \sigma$，检验是否可能。

对面积 S 外接一个由相似圆扇形组成的图形，若 F 是图形的面积，则

$$F - S < \sigma - S,$$

从而
$$F < \sigma。$$

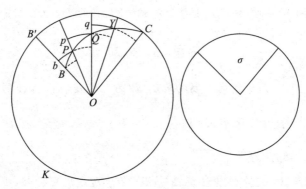

设始于 OB 的相继扇形半径为 $OP, OQ, \cdots, OC$。延长 $OP, OQ, \cdots$ 与圆 CKB' 相交。

然后若线 $OB, OP, OQ, \cdots, OC$ 共有 n 条，则外接图形中的扇形有 $(n-1)$ 个，而扇形 $OB'C$ 也将被分为 $(n-1)$ 个相等的扇形。$OB, OP, OQ, \cdots OC$ 将形成一个 n 项升序算术级数。

因此[见命题11及讨论]

$$(n-1)OC^2 : (OP^2 + OQ^2 + \cdots + OC^2)$$

$$< OC^2 : \left\{OC \cdot OB + \frac{1}{3}(OC-OB)^2\right\}$$

$$< 扇形\ OB'C : \sigma，根据假设。$$

从而,因为相似扇形的面积正比于半径的平方,

$$\text{扇形 } OB'C : F < \text{扇形 } OB'C : \sigma,$$

于是 $$F > \sigma。$$

但这是不可能的,因为 $F < \sigma$。

因此 $$S \not< \sigma。$$

II. 假定 $S > \sigma$,检验是否可能。

在面积 S 中内接一个图形,它由相似的圆扇形组成,使得若 f 是其面积,则

$$S - f < S - \sigma,$$

从而 $$f > \sigma。$$

假定 $OB, OP, \cdots, OY$ 为组成图形 f 的相邻扇形的半径,共有 $(n-1)$ 个。

$$(n-1)OC^2 : (OB^2 + OP^2 + \cdots + OY^2)$$

$$> OC^2 : \left\{ OC \cdot OB + \frac{1}{3}(OC - OB)^2 \right\}$$

因而 $$\text{扇形 } OB'C : f > \text{扇形 } OB'C : \sigma,$$

故 $$f < \sigma。$$

但这是不可能的,因为 $f > \sigma$。

因此 $$S \not> \sigma。$$

因为 S 既不能大于也不能小于 σ,可知

$$S = \sigma。$$

在以下特殊情况:B 与螺线第一圈的末端 A_1 重合及 C 与螺线第二圈的末端 A_2 重合,扇形 $OB'C$ 成为完全的'第二圆'即以 OA_2(或 r_2)为半径的圆。

于是

$$\text{以 } OA_2 \text{ 为界的螺线} : \text{'第二圆'}$$

$$= \left[r_2 r_1 + \frac{1}{3}(r_2 - r_1)^2 \right] : r_2^2$$

$$= \left(2 + \frac{1}{3} \right) : 4 \text{(因为 } r_2 = 2r_1)$$

$$= 7 : 12。$$

再者,以 OA_2 为界的螺线面积等于 $R_1 + R_2$(即以第一圈及 OA_1 为界的面积,以及第二圈添加的环)。'第二圆'是'第一圆'的四倍,因此等于 $12R_1$。

从而 $$(R_1 + R_2) : 12R_1 = 7 : 12,$$

或者 $$R_1 + R_2 = 7R_1,$$

于是 $$R_2 = 6R_1。 \tag{1}$$

其次,对第三圈,我们有

$$(R_1 + R_2 + R_3) : \text{'第三圆'} = \left\{ r_3 r_2 + \frac{1}{3}(r_3 - r_2)^2 \right\} : r_3^2$$

$$= \left(3 \cdot 2 + \frac{1}{3} \right) : 3^2$$

$$= 19 : 27,$$

以及   '第三圆' = '第一圆'的 9 倍

$$= 27R_1;$$

因此 $R_1 + R_2 + R_3 = 19R_1,$

且由上面(1)式可知

$$R_3 = 12R_1$$

$$= 2R_2, \tag{2}$$

等等。

一般而言,我们有

$$(R_1 + R_2 + \cdots + R_n) : 第 n 圆 = \left\{ r_n r_{n-1} + \frac{1}{3}(r_n - r_{n-1})^2 \right\} : r_n^2,$$

$$(R_1 + R_2 + \cdots + R_{n-1}) : 第\overline{n-1} 圆 = \left\{ r_{n-1} r_{n-2} + \frac{1}{3}(r_{n-1} - r_{n-2})^2 \right\} : r_{n-1}^2,$$

以及   第 n 圆 : 第 $\overline{n-1}$ 圆 = $r_n^2 : r_{n-1}^2$。

因此

$$(R_1 + R_2 + \cdots + R_n) : (R_1 + R_2 + \cdots + R_{n-1})$$

$$= \left\{ n(n-1) + \frac{1}{3} \right\} : \left\{ (n-1)(n-2) + \frac{1}{3} \right\}$$

$$= \{3n(n-1) + 1\} : \{3(n-1)(n-2) + 1\}。$$

根据分比例,

$$R_n : (R_1 + R_2 + \cdots + R_{n-1}) = 6(n-1) : \{3(n-1)(n-2) + 1\}。 \tag{α}$$

类似地

$$R_{n-1} : (R_1 + R_2 + \cdots + R_{n-2}) = 6(n-2) : \{3(n-2)(n-3) + 1\}。$$

由之我们导出

$$R_n : (R_1 + R_2 + \cdots + R_{n-1}) = 6(n-2) : \{6(n-2) + 3(n-2)(n-3) + 1\}$$

$$= 6(n-2) : \{3(n-1)(n-2) + 1\}。 \tag{β}$$

结合(α)与(β)式,我们得到

$$R_n : R_{n-1} = (n-1) : (n-2)。$$

于是,$R_2, R_3, R_4, \cdots, R_n$ 与相继的数字 $1, 2, 3, \cdots, (n-1)$ 成比例。

命题 28

若 O 是原点,BC 是螺线的任一圈在'前进'方向度量的任意弧,作两个圆:

(1)中心为O,半径为OB,与OC相交于C',以及(2)中心为O,半径为OC,与OB的延长线相交于B'。于是,若用E记由较大圆弧 $B'C$,直线 $B'B$ 与螺线BC为界的面积,用F记由较小圆弧 BC',直线CC'与螺线BC为界的面积,则

$$E : F = \left\{ OB + \frac{2}{3}(OC - OB) \right\} : \left\{ OB + \frac{1}{3}(OC - OB) \right\}.$$

设σ记较小扇形OBC'的面积;则较大扇形 $OB'C$ 等于$\sigma + F + E$。

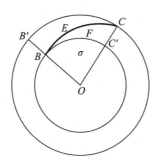

于是[命题 26],

$$(\sigma + F) : (\sigma + F + E) = \left\{ OC \cdot OB + \frac{1}{3}(OC - OB)^2 \right\} : OC^2, \qquad (1)$$

因而

$$E : (\sigma + F) = \left\{ OC(OC - OB) - \frac{1}{3}(OC - OB)^2 \right\} : \left\{ OC \cdot OB + \frac{1}{3}(OC - OB)^2 \right\}$$

$$= \left\{ OB(OC - OB) + \frac{2}{3}(OC - OB)^2 \right\} : \left\{ OC \cdot OB + \frac{1}{3}(OC - OB)^2 \right\}.$$

(2)再者,

$$(\sigma + F + E) : \sigma = OC^2 : OB^2$$

因此,由上文第一个命题,由依次比例,

$$(\sigma + F) : \sigma = \left\{ OC \cdot OB + \frac{1}{3}(OC - OB)^2 \right\} : OB^2,$$

因而

$$(\sigma + F) : F = \left\{ OC \cdot OB + \frac{1}{3}(OC - OB)^2 \right\} : \left\{ OB(OC - OB) + \frac{1}{3}(OC - OB)^2 \right\}.$$

把它与以上(2)式相结合,我们得到

$$E : F = \left\{ OB(OC - OB) + \frac{2}{3}(OC - OB)^2 \right\} : \left\{ OB(OC - OB) + \frac{1}{3}(OC - OB)^2 \right\}$$

$$= \left\{ OB + \frac{2}{3}(OC - OB) \right\} : \left\{ OB + \frac{1}{3}(OC - OB) \right\}.$$

论平面图形的平衡或平面图形的重心　卷Ⅰ

"我提出以下公设：

1.位于相等距离处的相等重量平衡，而位于不等距离处的相等重量不平衡，趋于向较大距离处的重量倾斜。

2.两个重量在某一距离上平衡，若在其中之一加上一点重量，它们就不再平衡，而是向有所增加的那个重量倾斜。

3.类似地，如果在上述两个重量之一中去除一点重量，它们就不再平衡，而是向没有变化的那个重量倾斜。

4.相等且相似的平面图形贴合时相互重合，它们的重心也类似地相互重合。

5.不等但相似图形的重心位置相似。对在相似图形中相似地定位的各点，我指的是这样的点，如果由它们至相等的角顶连直线，它们与对应的边成相等的角。

6.如果在某一距离处两个重量①平衡，（其他）等于它们的重量也将在同样距离处平衡。

7.周边凹向同一方向的任意图形的重心必定在图形之内。"

命题 1

在相等距离处平衡的两重量相等。

因为若它们不等，从较大重量去除两重量之差，则其剩余部分将不平衡[公设 3]；产生矛盾。

因此，两重量不可能不相等。

命题 2

在相等距离处的不等两重量不平衡，且会向较大重量倾斜。

---

① 这里所用英文为 magnitude，一般译为"量"，但在这两卷《论平面图形的平衡或平面图形的重心》中，它与 weight 并无不同，因而都译为"重量"。——译者注

因为若从较大重量去除两重量之差。相等的剩余部分将平衡[公设1]。从而,如果我们再加上差额,两个重量不平衡且向较大重量倾斜[公设2]。

命题 3

不等两重量在不等距离处平衡,较大重量位于较小距离处。

设 A,B 是两个不等的重量(其中 A 较大)分别在与 C 的距离为 AC,BC 处关于 C 平衡。

于是 AC 将小于 BC。因为如若不然,从 A 去除重量$(A-B)$,则剩余部分将向 B 倾斜[命题3]。但这是不可能的,因为(1)若 $AC=CB$,相等的剩余部分将平衡,或(2)若 $AC>CB$,它们将向在较大距离处的 A 倾斜[公设1]。

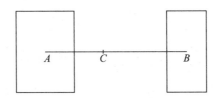

从而 $AC<CB$。

反之,若两重量平衡且 $AC<CB$,则 $A>B$。

命题 4

若两个相等重量有不同的重心,二者之和的重心在它们重心之间的连线上。

根据公设 3 用反证法证明。阿基米德假定二者之和的重心位于它们重心连线的中点,说这在以前证明过($προδέδεικται$)。无疑这指的是佚书《论杠杆($περὶ ζυγῶν$)》。

命题 5

若三个相等重量的重心等距地位于一条直线上,整个系统的重心与中间重量的重心重合。

这可根据公设 4 直接得到。

推论 1 若任意个奇数重量与中间重量等距,且它们重心之间的距离相等,则以上结论也成立。

推论 2 若有偶数个重量的重心等距地位于一条直线上,且若中间两个重量彼此相等,两侧与之等距的那些重量也分别相等,则该系统的重心是两个中间重量重心连线的中点。

命题 6,7

两重量无论可通约［命题 6］或不可通约［命题 7］，皆在反比于本重量的距离处平衡。

I. 假定两重量 A,B 可通约，且 A,B 是它们的重心。设 DE 是一条直线，在 C 点被分割而使得

$$A:B=DC:CE。$$

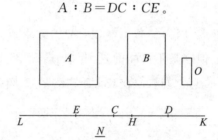

于是我们必须证明，若 A 位于 E 及 B 位于 D，则 C 是把二者放在一起后的重心。

因为 A,B 可通约，故 DC,CE 也是。设 N 是 DC,CE 的公约数，作 DH，DK，均等于 CE，作 EL（在 CE 的延长线上）等于 CD，则 $EH=CD$，因为 $DH=CE$。因此 LH 在 E 被等分，而 HK 在 D 被等分。

于是 LH,HK 必定每个都包含偶数个 N。

取一个重量 O，使得 O 包含在 A 中的个数与 N 包含在 LH 中的个数一样多，从而

$$A:O=LH:N。$$

但
$$B:A=CE:DC$$
$$=HK:LH。$$

从而，由依次比例，$B:O=HK:N$，或 B 包含 O 的个数与 HK 包含 N 的个数相同。

于是 O 是 A,B 的公约数。

把 LH,HK 每个都分为等于 N 的若干部分，以及把 A,B 每个都分为等于 O 的若干部分。A 的各部分的数目因此与 LH 的相等，而 B 的各部分的数目与 HK 的相等。把 A 的一部分放在 LH 的每一部分 N 的中点，B 的一部分放在 HK 的每一部分 D 的中点。

于是，在 LH 上等距分布的 A 的各部分的重心将位于 E，LH 的中点［命题 5

推论 2],而在 HK 上等距分布的 B 的各部分的重心将位于 D,HK 的中点。

于是我们可以假定把 A 本身贴合于 E,把 B 本身贴合于 D。

由 A 与 B 的各部分 O 之和构成的系统,是沿着 LK 等距分布的偶数个相等重量。且因为 $LE=CD$ 及 $EC=DK$,故 $LC=CK$,C 是 LK 的中点。因此 C 是沿着 LK 分布的系统的重心。

因此,A 在 E 的作用与 B 在 D 的作用下关于 C 点平衡。

II. 假定两个重量不可通约,分别为 $(A+a)$ 与 B。设 DE 是一条直线,在 C 点被分割而使得

$$(A+a) : B = DC : CE$$

于是,若置于 E 的 $(A+a)$ 与置于 D 的 B 不能关于 C 平衡,则 $(A+a)$ 或是太重,或是不够重,而不能平衡 B。

假定 $(A+a)$ 太重而不能平衡 B,检验是否可能。由 $(A+a)$ 取走重量 a,它小于可以使剩余部分平衡 B 的减少量,但使得剩余部分的 A 与重量 B 可通约。

于是,因为 A,B 可通约,且

$$A : B < DC : CE,$$

A 与 B 将不会平衡[命题 6],D 将会被压下。

但这是不可能的,因为就产生平衡而言,减少的重量 a 对 $(A+a)$ 是不充分的,所以 E 还是会被压下。

因此,$(A+a)$ 不会因太重而不能平衡 B;类似地可以证明,B 不可能因太重而不能平衡 $(A+a)$。

从而 $(A+a)$ 与 B 在一起后的重心在 C。

命题 8

若 AB 是一个图形,其重心为 C,而 AD 是它的一部分,其重心为 F,则剩余部分的重心将是在 FC 的延长线上的点 G,使得

$$GC : CF = AD : DE,$$

因为若剩余部分 DE 的重心不是 G,设它是 H 点。则由命题 6,7 立即得出矛盾。

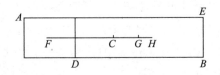

命题 9

任意平行四边形的重心在对边中点的连线上。

设 *ABCD* 是一个平行四边形，并设 *EF* 连接对边 *AD*，*BC* 的中点。

若重心不在 *EF* 上，假定它在 *H*，作 *HK* 平行于 *AD* 或 *BC*，与 *EF* 相交于 *K*。

于是有可能通过等分 *ED*，然后等分其一半等，如此继续，直至到达比 *KH* 短的长度 *EL*。把 *AE* 与 *ED* 都分为等于 *EL* 的各部分，并通过诸分点作 *AB* 或 *CD* 的平行线。

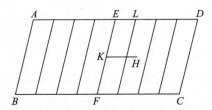

于是我们有一系列相等的与相似的平行四边形，且若把其中任一个贴合在另一个上，它们的重心相互重合[命题 4]。于是，我们有偶数个相等图形，其重心在一条直线上等距分布。从而整个平行四边形的重心将在两个中间平行四边形重心的连线上[命题 5，推论 2]。

但这是不可能的，因为 *H* 在两个中间平行四边形之外。

因此重心只能在 *EF* 上。

命题 10

平行四边形的重心是其对角线的交点。

因为根据上一个命题，重心位于等分对边的线上。因此它在它们的交点上；而这也是平行四边形对角线的交点。

另一个证明。

设 *ABCD* 是给定的平行四边形，*BD* 是一条对角线。于是三角形 *ABD*，*CDB* 相等且相似，故[命题 4]若把一个贴合在另一个上，它们的重心将相互重合。

假定 F 是三角形 ABD 的重心。设 G 是 BD 的中点。连接 FG 并延长至 H，使得 $FG = GH$。

如果我们贴合三角形 ABD 于三角形 CDB，使得 AD 落在 CB 上及 AB 落在 CD 上，则点 F 将落在 H 上。

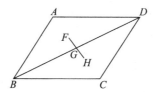

但[由命题 4] F 点将落在 $\triangle CDB$ 的重心上，因此 H 是三角形 CDB 的重心。

从而，因为 F，H 是两个相等三角形的重心，整个平行四边形的重心位于 FH 的中心，即在 BD 的中点，它就是两条对角线的交点。

命题 11

如果三角形 abc，ABC 相似，g，G 是对它们分别相似地定位的点，则若 g 是三角形 abc 的重心，G 必定是三角形 ABC 的重心。

假定 $ab : bc : ca = AB : BC : CA$。

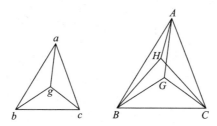

本命题可用一个显而易见的反证法证明。若 G 并非三角形 ABC 的重心，假定 H 是它的重心，则公设 5 要求 g，H 是对两个三角形分别相似地定位的点；而这立即与角 HAB，GAB 相等相矛盾。

命题 12

给定两个相似三角形 abc，ABC，且 d，D 分别是 bc，BC 的中点，于是若三角形 abc 的重心在 ad 上，则三角形 ABC 的重心将在 AD 上。

设 g 是 ad 上的点，它是三角形 abc 的重心。

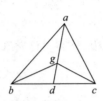 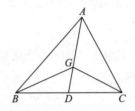

在 AD 上取 G 使得

$$ad : ag = AD : AG,$$

连接 gb,gc,GB,GC。

于是,因为两个三角形相似,以及 bd,BD 分别是 bc,BC 的一半,故

$$ab : bd = AB : BD,$$

而角 abd,ABD 相等。

因此三角形 abd,ABD 相似,且

$$\angle bad = \angle BAD。$$

另外 $\qquad ba : ad = BA : AD,$

而由上文, $\qquad ad : ag = AD : AG,$

因此 $ba : ag = BA : AG$,而角 bag,BAG 相等。

从而三角形 bag,BAG 相似,且

$$角 abg,ABG 相等。$$

又因为角 abd,ABD 相等,则

$$\angle gbd = \angle GBD,$$

同理,我们可以证明

$$\angle gac = \angle GAC,$$

$$\angle acg = \angle ACG,$$

$$\angle gcd = \angle GCD。$$

因此 g,G 分别对三角形相似地定位;从而[命题 11]G 是 ABC 的重心。

命题 13

在任何三角形中,重心恒位于任意角与对边中点的连线上。

设 ABC 是一个三角形,D 是 BC 的中点,连接 AD,于是三角形的重心将在 AD 上。

设这一点不成立,并设 H 是重心,检验是否可能。作 HI 平行于 CB,与 AD

相交于 I。

然后若我们等分 DC，再等分其半，……，我们将得到比 HI 短的长度 DE。把 BD 与 DC 都分为多个等于 DE 的长度，并通过分点作与 DA 平行的线，分别与 BA 及 AC 相交于 K,L,M 与 N,P,Q 点。

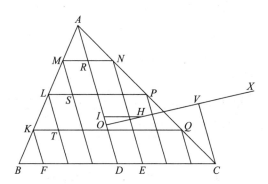

连接 MN,LP,KQ，这些线都将平行于 BC。

我们现在有一系列平行四边形 FQ,TP,SN，且 AD 等分每个的相对边。于是，每个平行四边形的重心都在 AD 上[命题 9]，从而由它们组成的图形的重心在 AD 上。

设所有平行四边形之和的重心为 O。连接 OH 并延长之；再作 CV 平行于 DA，与 OH 的延长线相交于 V。

现在，若 n 是 AC 被分成各部分的数目，

△ ADC：（在 $AN,NP,\cdots$ 上的诸面积之和）
$$=AC^2：(AN^2+NP^2+\cdots)$$
$$=n^2：n$$
$$=n：1$$
$$=AC：AN。$$

类似地，

$$△ABD：(在 AM,ML,\cdots 上的诸三角形之和)=AB：AM。$$

以及
$$AC：AN=AB：AM。$$

由此得到

$$△ABC：(所有小三角形面积之和)=CA：AN$$

$$>VO：OH，根据平行线的性质。$$

假定延长 OV 至 X，使得

$$△ABC：(所有小三角形面积之和)=XO：OH，$$

从而,根据分比例,

  (平行四边形之和):(所有小三角形面积之和)＝XH：HO,

于是因为三角形 ABC 的重心在 H,而它的由平行四边形组成的部分的重心在 O,由命题 8 可知,由所有小三角形之和的剩余部分的重心在点 X。

但这是不可能的,因为所有三角形都在通过 X 且平行于 AD 的直线的同一侧。

因此,该三角形的重心不可能在 AD 上。

另一种证明。

假定不在 AD 上的 H 是三角形 ABC 的重心,检验是否可能。连接 AH,BH,CH。设 E,F 分别是 CA,AB 的中点,并连接 DE,EF,FD。设 EF 与 AD 相交于 M。

作 FK,EL 平行于 AH,分别与 BH,CH 相交于 K,L,连接 KD,HD,LD,KL 点。设 KL 与 DH 相交于 N,连接 MN。

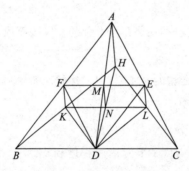

因为 DE 平行于 AB,三角形 ABC,EDC 相似。

因为 $CE＝EA$,以及 EL 平行于 AH,可知 $CL＝LH$,又因 $CD＝DB$,故 BH 平行于 DL。

于是,在相似地放置的相似三角形 ABC,EDC 中,直线 AH,BH 分别平行于 EL,DL;且由此可知,H,L 相对于所在三角形分别类似地定位。

但根据假设,H 是三角形 ABC 的重心,因此 L 是三角形 EDC 的重心。

[命题 11]

类似地,K 是三角形 FBD 的重心。

三角形 FBD,EDC 相等,故二者之和的重心在 KL 的中点,即 N 点。

去除三角形 FBD,EDC 后,三角形 ABC 的剩余部分是平行四边形 $AFDE$,这个平行四边形的重心在 M,其对角线的交点。

由此可知,整个三角形 ABC 的重心必定在 MN 上;也就是,MN 必定通过

H,而这是不可能的(因为 MN 平行于 AH)。

因此,三角形 ABC 的重心只能位于 AD 上。

命题 14

根据上一个命题立即可知,*任何三角形的重心恒位于其两个角点与其对边中点连线的交点上*。

命题 15

若 AD,BC 是梯形 $ABCD$ 的两平行边,AD 较短,又若 AD,BC 分别在 E,F 被等分,则梯形的重心在 EF 上的 G 点,使得

$$GE:GF = (2BC + AD):(2AD + BC)。$$

延长 BA,CD 直至相交于 O。于是 FE 的延长线也将通过 O,因为 $AE = ED$,且 $BF = FC$。

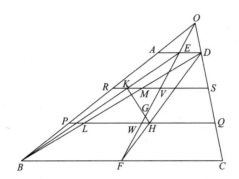

现在,三角形 OAD 的重心在 OE 上,三角形 OBC 的重心在 OF 上。　　[命题 13]

由此可知,剩余部分,即梯形 $ABCD$ 的重心也在 OF 上。　　[命题 8]

连接 BD,并把它三等分于 L,M。通过 L,M 作 PQ,RS 平行于 BC,分别与 BA 相交于 P,R,与 FE 相交于 W,V,并与 CD 相交于 Q,S。

连接 DF 与 PQ 相交于 H;连接 BE 与 RS 相交于 K。

现在,因为　　　　　　　　　$BL = \dfrac{1}{3}BD,$

故　　　　　　　　　　　　　$FH = \dfrac{1}{3}FD。$

因此 H 是三角形 DBC 的重心。[1]

————————————

[1]　这个基于命题 14 的简单推断被阿基米德认为成立而未予证明。

类似地,因为 $EK = \dfrac{1}{3}BE$,可知 K 是三角形 ADB 的重心。

因此,三角形 DBC,ADB 合在一起得到的梯形的重心,在 HK 线上。但它也在 OF 上。因此,若 OF,HK 在 G 相交,则 G 是梯形的重心。从而[命题6,7],

$$\triangle DBC : \triangle ABD = KG : GH$$
$$= VG : GW。$$

但 $$\triangle DBC : \triangle ABD = BC : AD。$$

因此, $$BC : AD = VG : GW。$$

由此可知,

$$(2BC + AD) : (2AD + BC) = (2VG + GW) : (2GW + VG)$$
$$= EG : GF。 \qquad 证毕。$$

论平面图形的平衡或平面图形的重心　卷 Ⅱ

命题 1

若 P , P' 是两个抛物线弓形, D , E 分别是它们的重心,则两个弓形之和的重心在 DE 上的 C 点,其位置由以下关系式确定

$$P : P' = CE : CD 。^{①}$$

在 DE 上取 H , L 两点,使 $EH = EL = DC$;并取点 K ,使 $DK = DH$;从而立即可知 $DK = CE$,且也有 $KC = CL$ 。

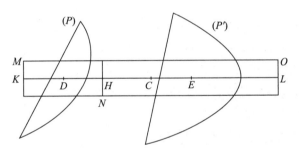

适配一个与抛物线弓形 P 面积相等的矩形 MN ,其底边平行且等于 KH ,放置矩形使得 KH 等分它。

于是 D 是矩形 MN 的重心,因为 $KD = DH$ 。

延长与 KH 平行的矩形两边,作矩形 NO 并使其底边长度等于 HL 。于是 E 是矩形 NO 的重心。

现在　　　　　　矩形 MN : 矩形 $NO = KH : HL$

$$= DH : EH$$
$$= CE : CD$$
$$= P : P' 。$$

---

① 这个命题其实是《论平面图形的平衡或平面图形的重心》卷 Ⅰ 命题 6,7 的特殊情况,因此几乎是不必要的。然而因为卷 Ⅱ 完全只涉及抛物线弓形,阿基米德的目的也许是强调以下事实:卷 Ⅰ 命题 6,7 中的图形可以是抛物线弓形,也可以是直线图形。他的步骤是把弓形用等面积的矩形替代,这一替代之所以成为可能是鉴于他在另一专著《抛物线形求积》中得到的结果。

但　　　　　　　　　　　　　　　　矩形 $MN = P$。

因此　　　　　　　　　　　　　　　矩形 $NO = P'$。

又因为 C 是 KL 的中点,所以 C 是由两个平行四边形 (MN),(NO) 组成的整个平行四边形的重心,这两个平行四边形分别等于 P,P',并与 P,P' 有相同的重心。

从而 C 是 P,P' 在一起的重心。

为命题 2 作准备的定义与引理

"若在一个以直线与直角圆锥截线［抛物线］为界的弓形中作一个内接三角形,它与弓形同底等高,又若在剩余的两个弓形中作内接三角形,它们与那些弓形同底等高,且若又在剩余的弓形中以相同方式作一个内接三角形,称这样得到的图形**以公认方式内接**($\gamma\nu\omega\rho\iota\mu\omega\varsigma\ \dot{\epsilon}\gamma\gamma\rho\dot{\alpha}\varphi\epsilon\sigma\vartheta\alpha\iota$)于弓形。

且显然,

(1) *在这样的内接图形中,作最接近弓形顶点的两个角点的连线,以及依次作下一对角点的连线,它们将平行于弓形的底边,*

(2) *所述各条线被弓形的直径等分,以及*

(3) *直径被这些线截成的各部分,与相继的奇数成比例,数字 1 的参考值是［邻近］弓形顶点的［长度］。*

并且这些性质必须在适当场合予以证明($\dot{\epsilon}\nu\ \tau\alpha\tilde{\iota}\varsigma\ \tau\dot{\alpha}\xi\epsilon\sigma\iota\nu$)。"

最后一句话表明阿基米德打算给予这些命题以适当的系统性证明;但这一打算看起来并未付诸实践,或者至少我们不知道有哪一本阿基米德的佚书中可能包含这些。但这些结果容易根据《抛物线弓形求积》中的命题导出如下。

(1) 设 $BRQPApqrb$ 是以'公认方式'内接于抛物线弓形 BAb 的图形,其中 Bb 是底边,A 是顶点及 AO 是直径。

等分每一条线 BQ,BA,QA,Aq,Ab,qb,并通过中点作线平行于 AO,分别与 Bb 相交于 G,F,E,e,f,g。

这些线也将通过对应抛物线弓形的顶点 R,Q,P,p,q,r［《抛物线弓形求积》命题 18］,即通过内接图形的角点(因为三角形与弓形等高)。

另外,$BG = GF = FE = EO$ 及 $Oe = ef = fg = gb$;但 $BO = Ob$,且因此 Bb 被分割成的所有各部分皆相等。

若现在 AB,RG 相交于 L,Ab,rg 相交于 l,我们有

$$BG : GL = BO : OA,由平行线的性质,$$

$$= bO : OA$$

$$= bg : gl,$$

因而 $GL = gl$。

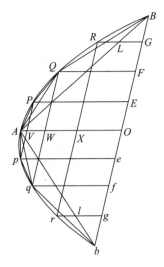

又［见《抛物线弓形求积》,命题 4］

$$GL : LR = BO : OG$$

$$= bO : Og$$

$$= gl : lr;$$

且因为 $GL = gl$,故 $LR = lr$。

因此 GR, gr 既相等又平行。

从而 $GRrg$ 是一个平行四边形,Rr 平行于 Bb。

类似地可以说明,Pp, Qq 皆平行于 Bb。

(2) 因为 $RGgr$ 是一个平行四边形,且 RG, rg 平行于 AO,而 $GO = Og$,可知 Rr 被 AO 等分,而且对 Pp, Qq 的情况类似。

(3) 最后,若 V, W, X 是 Pp, Qq, Rr 的等分点,

$$AV : AW : AX : AO = PV^2 : QW^2 : RX^2 : BO^2$$

$$= 1 : 4 : 9 : 16,$$

从而　　　　　　　$AV : VW : WX : XO = 1 : 3 : 5 : 7。$

命题 2

　　若在抛物线弓形中有一个以'公认方式'内接的图形,则该内接图形的重心在弓形的直径上。

　　因为,在前面引理的图形中,梯形 $BRrb$ 的重心必定在 XO 上,梯形 $RQqr$ 的重心在 WX 上,等等,而三角形 PAp 的重心在 AV 上。

　　从而整个图形的重心在 AO 上。

命题 3

若 BAB', bab' 是两个相似的抛物线弓形，其直径分别为 AO, ao，且若两个图形以'公认方式'分别内接于每个弓形，每个图形的边数相等，内接图形的重心将以相同的比值分割 AO, ao。

阿基米德明确地说明本命题对相似的弓形成立，但它对不相似的两个弓形同样成立，如证明过程所示。

假定 $BRQPAP'Q'R'B'$, $brqpap'q'r'b'$ 是以'公认方式'内接的两个图形。连接 PP', QQ', RR'，与 AO 相交于 L, M, N，以及连接 pp', qq', rr' 与 ao 相交于 l, m, n。

于是[引理(3)]，

$$AL : LM : MN : NO$$
$$= 1 : 3 : 5 : 7$$
$$= al : lm : mn : no,$$

从而 AO, ao 被分成相同的比例。

另外，逆转引理(3)的证明，我们看到

$$PP' : pp' = QQ' : qq' = RR' : rr' = BB' : bb'.$$

因为 $RR' : rr' = BB' : bb'$，且这些比值分别确定了 NO, no 被梯形 $BRR'B'$, $brr'b'$[《论平面图形的平衡或平面图形的重心》卷 I 命题 15]的重心分割的比例，由此可知，这些梯形的重心以相同的比例分割了 NO, no。

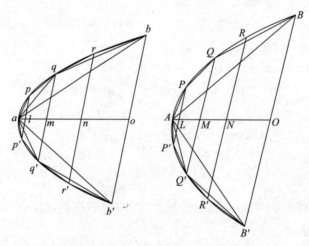

类似地，梯形 $RQQ'R'$, $rqq'r'$ 的重心，分别把 MN, mn 分成相同的比例，等等。

最后，三角形 PAP', pap' 的重心，分别把 AL, al 分成相同的比例。

进而,对应的梯形与三角形,相应地有相同的比例(因为它们的边长与高分别成比例),而 AO,ao 被分成相同的比例。

因此,完全内接的图形的重心,分别把 AO,ao 分成相同的比例。

命题 4

被一条直线截下的抛物线弓形的重心,在该弓形的直径上。

设 BAB' 是一个抛物线弓形,A 是它的顶点,AO 是它的直径。

若弓形的重心不在 AO 上,假定它在 F 点,检验是否可能。作 FE 平行于 AO,与 BB' 相交于 E。

内接于弓形的三角形 ABB' 与弓形有相同的顶点及高,又取一个面积 S 使得

$$\triangle ABB' : S = BE : EO。$$

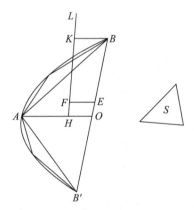

我们可以在弓形中以'公认方式'内接一个图形,使得抛物线弓形的剩余部分之和小于 S。因为《抛物线弓形求积》命题 20 证明了,若在任意弓形中内接底边相同及高相等的三角形,该三角形大于弓形的一半;从而看起来,每次我们增加以'公认方式'内接的图形的边数,我们就去除了剩余弓形的一半以上。

相应地作内接图形;于是其重心在 AO 上[命题 2]。设它是 H 点。

连接 HF 并延长之与通过 B 且平行于 AO 的线相交于 K。

于是我们有

内接图形:弓形的剩余部分 $> \triangle ABB' : S$
$$> BE : EO$$
$$> KF : FH。$$

假定在 HK 的延长线上取 L 点,使得前一个比值等于比值 $LF : FH$。

于是,因为 H 是内接图形的重心,F 是弓形的重心,L 必定是形成原始弓形的剩余部分的所有弓形之和的重心。[《论平面图形的平衡或平面图形的重心》

卷 I 命题 8]

但这是不可能的,因为所有这些弓形都在通过 L 所作 AO 的平行线的同一侧[参见《论平面图形的平衡或平面图形的重心》卷 I 公设 7]。

从而弓形的重心只能在 AO 上。

命题 5

若在抛物线弓形中有一个以'公认方式'内接的图形,则该弓形的重心比内接图形的重心更靠近顶点。

设 BAB' 是给定的弓形,AO 是它的直径,首先设 ABB' 是以'公认方式'内接的三角形。

分 AO 于 F 点,使得 $AF=2FO$;于是 F 是三角形 ABB' 的重心。

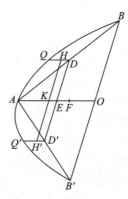

分别等分 AB,AB' 于 D,D',并连接 DD' 与 AO,它们相交于 E。作 DQ,$D'Q'$ 平行于 OA,分别与曲线相交于 Q,Q'。于是 QD,$Q'D'$ 分别是底边为 AB,AB' 的弓形的直径,而那些弓形的重心将分别在 QD,$Q'D'$ 上[命题 4]。设它们是 H,H',连接 HH' 与 AO 相交于 K。

现在,QD,$Q'D'$ 相等[①],因此以它们为直径的弓形也相等[《论拟圆锥与旋转椭球》引理 3]。

又因为 QD,$Q'D'$ 平行[②],且 $DE=ED'$,故 K 是 HH' 的中点。

---

① 这可以或者由上文的引理(1)推出(因为 QQ',DD' 都平行于 BB'),或者由《抛物线弓形求积》命题 19,它同等地应用于 Q 或 Q'。

② 这里的正文中明显插入了一段,其文字是 καὶ ἐπεὶ παραλληλόγραμμόν ἐστι τὸ ΘΖΗΙ。还没有证明 $H'D'DH$ 是一个平行四边形;这只能从以下事实导出:H,H' 分别分 QD,$Q'D'$ 为同样的比例。但这后一性质并不出现直到命题 7,且以后只对相似截段说明。插入段肯定是在尤托西乌斯之前做的,因为他对这一句子有一个附注,并通过大胆假定 H,H' 以相同的比例分别分割 QD,$Q'D'$,对之做出了解释。

从而相等弓形 $AQB,AQ'B'$ 在一起的重心是 K,这里 K 在 E 与 A 之间。三角形 ABB' 的重心是 F。

由此可知,整个弓形 BAB' 的重心在 K 与 F 之间,且因此比 F 更靠近顶点 A。

取五边图形 $BQAQ'B'$ 以'公认方式'内接,$QD,Q'D'$ 如前一样,是弓形 $AQB,AQ'B'$ 的直径。

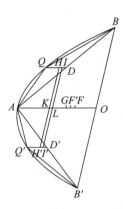

于是,由本命题的第一部分,弓形 AQB 的重心(当然在 QD 上)比三角形 AQB 的重心更靠近 Q。设弓形的重心是 H,三角形的重心是 I。类似地设 H' 是弓形 $AQ'B'$ 的重心及 I' 是三角形 $AQ'B'$ 的重心。于是可知,两个弓形 AQB,$AQ'B'$ 之和的重心是 K,HH' 的中点,三角形 AQB 和 $AQ'B'$ 之和的重心是 L,II' 的中点。

若现在在三角形 ABB' 的重心是 F,整个弓形 BAB'(即三角形 ABB' 与两个弓形 $AQB,AQ'B'$ 一起)的重心是 KF 上的 G,由以下比例式确定:

$$（弓形 AQB,AQ'B' 之和）：\triangle ABB' = FG：GK。$$

[《论平面图形的平衡或平面图形的重心》卷 I 命题 6,7]

内接图形 $BQAQ'B'$ 的重心是 LF 上的 F' 点,由以下比例式确定:

$$（\triangle AQB + \triangle AQ'B'）：\triangle ABB' = FF'：F'L。$$

[《论平面图形的平衡或平面图形的重心》卷 I 命题 6,7]

从而 $\qquad\qquad\qquad FG：GK > FF'：F'L，$

或 $\qquad\qquad\qquad GK：FG < F'L：FF'，$

且由合比例, $\qquad\qquad FK：FG < FL：FF'，而 FK > FL。$

因此 $FG > FF'$,即 G 比 F' 更靠近顶点 A。

应用这最后一个结果,并以相同方式进行,我们可以对以'公认方式'内接的

*任何*图形证明本命题。

命题 6

给定抛物线被直线截下的一个弓形,可以用'公认方式'在其中内接一个图形,使得弓形的重心与内接图形的重心之间的距离小于任何指定的距离。

设 BAB' 是弓形,AO 是其直径,G 是其重心,以及三角形 ABB' 是以'公认方式'内接的三角形。

设 D 是指定长度,S 是面积,使得

$$AG : D = \triangle ABB' : S。$$

在弓形中以'公认方式'内接一个图形,使弓形的剩余部分之和小于 S。设 F 是内接图形的重心。

我们将证明 $FG < D$。

如若不然,FG 必定或等于或大于 D。

很清楚,

内接图形:(剩余弓形之和) $> \triangle ABB' : S$

$$> AG : D$$

$$> AG : FG,根据假设(因为 FG \not< D)。$$

取第一个比值等于比值 $KG : FG$(这里 K 在 GA 的延长线上);且由此可知,K 是小弓形在一起的重心。

[《论平面图形的平衡或平面图形的重心》卷 I 命题 8]

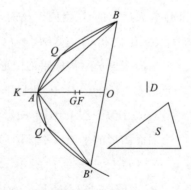

但这是不可能的,因为弓形全部在通过 K 所作平行于 BB' 的线的同一侧。

从而 FG 只能小于 D。

命题 7

若有两个相似的抛物线弓形，则它们的重心以相同的比值分割其直径。

本命题虽然被明确地说明只对*相似的*弓形成立，如同它所依赖的命题 3 那样，但其实它对任何弓形同样成立。阿基米德并未忘记这一事实，他在下一个命题 8 的证明中便应用了本命题的更一般形式。

设 BAB'，bab' 是两个相似的弓形，AO，ao 分别是其直径，G，g 分别是其重心。

然后，若 G，g 并未以相同比例分别分割 AO，ao，假定 H 是 AO 上这样的一点，它使得

$$AH：HO = ag：go；$$

再在弓形 BAB' 中以'公认方式'内接一个图形，使得若 F 是它的重心，则

$$GF < GH。 \qquad [命题 6]$$

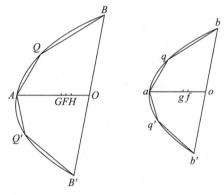

在弓形 bab' 中以'公认方式'内接一个图形；然后，若 f 是该图形的重心，则

$$ag < af。 \qquad [命题 5]$$

而由命题 3， $\qquad af：fo = AF：FO。$

但 $\qquad\qquad AF：FO < AH：HO$

$$< ag：go，根据假设。$$

因此， $\qquad\qquad af：fo < ag：go；但这是不可能的。$

由此可知，G，g 只能以相同比值分割 AO，ao。

命题 8

若 AO 是一个抛物线弓形的直径，G 是其重心，则

$$AG = \frac{3}{2}GO。$$

设弓形是 BAB'。以'公认方式'作内接三角形 ABB'，并设 F 是其重心。

分别等分 AB，AB' 于 D，D'，作 DQ，$Q'D'$ 平行于 OA 并与曲线相交，于是 QD，$Q'D$ 分别为弓形 AQB，$AQ'B'$ 的直径。

设 H，H' 分别为弓形 AQB，$AQ'B'$ 的重心。连接 QQ'，HH' 分别与 AO 相交于 V，K。

于是 K 是两个弓形 AQB，$AQ'B'$ 之和的重心。

现在 $AG:GO=QH:HD$，   [命题 7]

因而 $AO:OG=QD:HD$。

但 $AO=4QD$［如容易借助引理（3）证明］。

因此 $OG=4HD$；

相减后得到 $AG=4QH$。

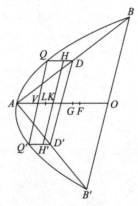

又根据引理（2），QQ' 是 BB' 的平行线且因此也平行于 DD'。由命题 7 可知，HH' 也平行于 QQ' 或 DD'，且从而 $QH=VK$。

因此 $AG=4VK$，

以及 $AV+KG=3VK$。

沿 VK 量度 VL 使得 $VL=\dfrac{1}{3}AV$，我们有   .

$$KG=3LK。\tag{1}$$

又有 $AO=4AV$ ［引理（3）］

$$=3AL，因为 AV=3VL，$$

因而 $AL=\dfrac{1}{3}AO=OF。\tag{2}$

兹根据《论平面图形的平衡或平面图形的重心》卷 I 命题 6，7，
$$\triangle ABB':（弓形 AQB，AQ'B' 之和）=KG:GF，$$

以及 $\triangle ABB'=3（弓形 AQB，AQ'B' 之和）。$

因为弓形 ABB' 等于 $\dfrac{4}{3}\triangle ABB'$（《抛物线弓形求积》命题 17,24）

从而　　　　　　　　　　　　$KG=3GF$。

但　　　　　　　　　　　　$KG=3LK$，由前面（1）式。

因此　　　　　　　　$LF=LK+KG+GF$

　　　　　　　　　　　　　$=5GF$。

且由（2）式，

$$LF=AO-AL-OF=\frac{1}{3}AO=OF。$$

因此　　　　　　　　　　$OF=5GF，$

以及　　　　　　　　　　$OG=6GF。$

但　　　　　　　　　$AO=3OF=15GF。$

因此，相减后得到

$$AG=9GF$$

$$=\frac{3}{2}GO。$$

命题 9（引理）

若 a,b,c,d 是成连比例与降序排列的四条线，且若

$$d:(a-d)=x:\frac{3}{5}(a-c)，$$

以及　　$(2a+4b+6c+3d):(5a+10b+10c+5d)=y:(a-c)，$
需证明的是

$$x+y=\frac{2}{5}a。$$

以下是阿基米德给出的证明，只是我们用代数记法代替了几何记法。在这种特殊情况下这样做，只是为了使证明更容易理解。阿基米德在图示的复制图中展示了他的各条线，但因为现在可以用代数记法，采用图形与几何记法并无优势，反而只会使证明过程晦涩难懂。阿基米德的图与下面应用的字母之间的关系如下：$AB=a,\varGamma B=b,\varDelta B=c,EB=d,ZH=x,H\varTheta=y,\varDelta O=z$。

我们有　　　　　$\dfrac{a}{b}=\dfrac{b}{c}=\dfrac{c}{d}，$　　　　　　　　　　（1）

因而　　　　　$\dfrac{a-b}{b}=\dfrac{b-c}{c}=\dfrac{c-d}{d}，$

且因此　　$\dfrac{a-b}{b-c}=\dfrac{b-c}{c-d}=\dfrac{a}{b}=\dfrac{b}{c}=\dfrac{c}{d}。$　　（2）

现在
$$\frac{2(a+b)}{2c}=\frac{a+b}{c}=\frac{a+b}{b}\cdot\frac{b}{c}=\frac{a-c}{b-c}\cdot\frac{b-c}{c-d}=\frac{a-c}{c-d}。$$

以相似的方式，
$$\frac{b+c}{d}=\frac{b+c}{c}\cdot\frac{c}{d}=\frac{a-c}{c-d}。$$

由最后两个关系式可知
$$\frac{a-c}{c-d}=\frac{2a+3b+c}{2c+d}。\qquad(3)$$

假定取 z 使得
$$\frac{2a+4b+4c+2d}{2c+d}=\frac{a-c}{z},\qquad(4)$$

故 $z<c-d$。

因此，
$$\frac{a-c+z}{a-c}=\frac{2a+4b+6c+3d}{2(a+d)+4(b+c)}。$$

而根据假设，
$$\frac{a-c}{y}=\frac{5(a+d)+10(b+c)}{2a+4b+6c+3d},$$

故
$$\frac{a-c+z}{y}=\frac{5(a+d)+10(b+c)}{2(a+d)+4(b+c)}=\frac{5}{2},\qquad(5)$$

再者，把(3)式交叉除以(4)式，得到
$$\frac{z}{c-d}=\frac{2a+3b+c}{2(a+d)+4(b+c)},$$

因而
$$\frac{c-d-z}{c-d}=\frac{b+3c+2d}{2(a+d)+4(b+c)}。\qquad(6)$$

但由(2)式，
$$\frac{c-d}{d}=\frac{a-b}{b}=\frac{3(b-c)}{3c}=\frac{2(c-d)}{2d},$$

故
$$\frac{c-d}{d}=\frac{(a-b)+3(b-c)+2(c-d)}{b+3c+2d}。\qquad(7)$$

组合(6)与(7)式，我们有
$$\frac{c-d-z}{d}=\frac{(a-b)+3(b-c)+2(c-d)}{2(a+d)+4(b+c)},$$

因而
$$\frac{c-z}{d}=\frac{3a+6b+3c}{2(a+d)+4(b+c)}。\qquad(8)$$

且因为[由(1)式]
$$\frac{c-d}{c+d}=\frac{b-c}{b+c}=\frac{a-b}{a+b},$$

我们有
$$\frac{c-d}{a-c}=\frac{c+d}{b+c+a+b},$$

从而
$$\frac{a-d}{a-c}=\frac{a+2b+2c+d}{a+2b+2c}=\frac{2(a+d)+4(b+c)}{2(a+c)+4b}。\qquad(9)$$

于是
$$\frac{a-d}{\frac{3}{5}(a-c)}=\frac{2(a+d)+4(b+c)}{\frac{3}{5}\{2(a+c)+4b\}},$$

因此根据假设，
$$\frac{d}{x}=\frac{2(a+d)+4(b+c)}{\frac{3}{5}\{2(a+c)+4b\}},$$

但由(8)式

$$\frac{c-z}{d}=\frac{3a+6b+3c}{2(a+d)+4(b+c)};$$

由依次比例可知

$$\frac{c-z}{x}=\frac{3(a+c)+6b}{\frac{3}{5}(2(a+c)+4b)}=\frac{5}{3}\cdot\frac{3}{2}=\frac{5}{2}。$$

又由(5)式

$$\frac{a-c-z}{y}=\frac{5}{2},$$

因此

$$\frac{5}{2}=\frac{a}{x+y},$$

$$x+y=\frac{2}{5}a。$$

命题 10

若 $PP'B'B$ 是抛物线被两条平行弦 PP', BB' 截取的部分, PP', BB' 分别在 N, O 被直径 ANO 等分(N 比 O 更靠近 A——弓形的顶点),且若 NO 被分为五个相等的部分,其中 LM 是中间的一个(L 比 M 更靠近 N),于是,若 G 是 LM 上的一点,使得
$$LG:GM=[BO^2\cdot(2PN+BO)]:[PN^2\cdot(2BO+PN)],$$
则 G 将是图形 $PP'B'B$ 的重心。

取线 ao 等于 AO,且取其上的 an 等于 AN。设 p, q 是 ao 线上的点,使得

$$ao:aq=aq:an,\tag{1}$$
$$ao:an=aq:ap,\tag{2}$$

从而 $ao:aq=aq:an=an:ap$,或 ao, aq, an, ap 是成连比例及降序排列的线。

沿 GA 度量长度 GF,使得

$$op:ap=OL:GF。\tag{3}$$

于是因为 PN, BO 是相对于 ANO 的纵坐标,

$$BO^2:PN^2=AO:AN$$
$$=ao:an$$
$$=ao^2:aq^2,\text{由}(1)式,$$

故

$$BO:PN=ao:aq,\tag{4}$$

以及

$$BO^3:PN^3=ao^3:aq^3$$
$$=(ao:aq)\cdot(aq:an)\cdot(an:ap)$$
$$=ao:ap,\tag{5}$$

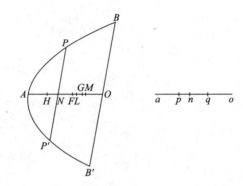

于是　　　　　　弓形 BAB'：弓形 $PAP'=\triangle BAB'$：$\triangle PAP'$

$$=BO^3：PN^3$$

$$=ao：ap，$$

因而　　　　　图形 $PP'B'B$：弓形 $PAP'=op：ap$

$$=OL：GF，由（3）式，$$

$$=\frac{3}{5}ON：GF。 \qquad (6)$$

现在　　$BO^2 \cdot (2PN+BO)：BO^3=(2PN+BO)：BO$

$$=(2aq+ao)：ao，由（4）式，$$

$$BO^3：PN^3=ao：ap，由（5）式，$$

以及　　$PN^3：PN^2 \cdot (2BO+PN)=PN：(2BO+PN)$

$$=aq：(2ao+aq)，由（4）式，$$

$$=ap：(2an+ap)，由（2）式。$$

从而，由依次比例，

$$BO^2 \cdot (2PN+BO)：PN^2 \cdot (2BO+PN)=(2aq+ao)：(2an+ap)，$$

所以根据假设，　　　　$LG：GM=(2aq+ao)：(2an+ap)。$

由合比例并前乘 5，

$$ON：GM=\{5(ao+ap)+10(aq+an)\}：(2an+ap)。$$

但　　　　　$ON：GM=5：2$

$$=\{5(ao+ap)+10(aq+an)\}：(2an+ap)。$$

由此可知

$$ON：OG=\{5(ao+ap)+10(aq+an)\}：(2ao+4aq+6an+3ap)。$$

因此，$(2ao+4aq+6an+3ap)：\{5(ao+aq)+10(aq+an)\}=OG：ON$

$$=OG：on。$$

以及
$$ap : (ao-ap)=ap : op$$

$$=GF : OL，根据假设，$$

$$=GF : \frac{3}{5}on，$$

而 $ao，aq，an，ap$ 成连比例。

因此，由命题 9，　　　$GF+OG=OF=\frac{2}{5}ao=\frac{2}{5}OA。$

于是 F 是弓形 BAB' 的重心。[命题 8]

设 H 是弓形 PAP' 的重心，于是 $AH=\frac{3}{5}AN$。

且因为 　　　　　　　　　　$AF=\frac{3}{5}AO，$

相减后得到，　　　　　　　$HF=\frac{3}{5}ON。$

但由上面的 (6) 式，图形 $PP'B'B$：弓形 $PAP'=\frac{3}{5}ON : GF$

$$=HF : FG。$$

于是，因为 $F，H$ 分别是弓形 $BAB'，PAP'$ 的重心，可知[《论平面图形的平衡或平面图形的重心》卷 I 命题 6，7]G 是图形 $PP'B'B$ 的重心。

数沙者

"革隆国王,有人认为,沙的数量是巨大无穷的;然而我所说的沙所在的地方,还不只是叙拉古附近和西西里的其余部分,也包括每个有人居住或荒无人烟的区域。也有一些人,他们不认为这个数量是无穷的,只是还没有人命名一个数字,足以超出沙的巨大数量而已。很明显,那些持有这种观点的人,若他们想象由沙子构成的一个大团,像地球那样大,其中包括地球上的所有海洋和所有空地,充满了沙子直到最高的山顶,他们会承认,距离找到任何数字来表达这些沙的数量,还相差很远。但我试图借助您可以理解的几何论证向您说明,我寄给宙克西帕斯的文章中给出的数字命名,有一些不仅超出了上述把地球充满的沙的数量,也超出了把全宇宙充满的沙的数量。您现在知道'宇宙'是由大多数天文学家给出的一个球的名称,其中心位于地球的中心,其半径等于太阳的中心与地球的中心之间的距离。这是您从天文学家那里听到的通常的说法($\tau\grave{\alpha}$ $\gamma\varrho\alpha\varphi\acute{o}\mu\varepsilon\nu\alpha$)。但萨摩斯的阿里斯塔克写的一本书包含了一些假设,导致的结论是,宇宙比现在所认为的要大好多倍。他的假设是,太阳和恒星是固定不动的,地球在以太阳为中心的圆周轨道上环绕太阳旋转,而恒星位于与太阳有相同中心的球面上,他假定地球的环行圆周是如此之大,以致它与到恒星的距离之比,如同球心与球面之比。现在容易看出这是不可能的;因为球心没有大小,不能设想它与球面有任何比例。但我们必须认为阿里斯塔克的意思是:因为我们设想地球从来就是宇宙的中心,地球与我们所述的'宇宙'之比,与包含他假设的地球环行圆的球与恒星所在的球之比相同。因为他在证明他的结果时采用了这种类型的假设,尤其是他假定用来表示地球运动的球的大小,似乎等于我们所说的'宇宙'。

于是我说,即使用沙做成的球的大小与阿里斯塔克假定的恒星的球相同,我仍然可以证明,在《原理》[①]中命名的数字里面,有一些超出了所述大小的球中沙的数目好多倍,如果作以下假设。

---

① Ἀρχαί 显然是寄给阿里斯塔克的著作。见引言第二章及其后对阿基米德佚书列举的附注。

1. 地球的周边约 3000000 斯塔德①,但并不更大。

如您所知,确实有许多人试图证明所述的周边是 300000 斯塔德。但我更进一步,取地球的大小为前人设想的十倍,约 3000000 斯塔德,但并不更大。

2. 地球的直径大于月球的直径,太阳的直径大于地球的直径。

在本假设中,我遵循大多数前辈天文学家。

3. 太阳的直径约为月球直径的 30 倍,但并不更大。

事实上,前辈天文学家欧多克斯认为约 9 倍大,我的父亲菲迪亚斯②认为是 12 倍,而阿里斯塔克试图证明,太阳的直径大于月球直径的 18 倍,但小于 20 倍。而我比阿里斯塔克更进一步,为了可以无争议地确立我的命题的真实性,我假定太阳的直径约为月球直径的 30 倍,但并不更大。

4. 太阳的直径大于宇宙(球)大圆内接 1000 边形的一边。

我做这个假设③的原因在于,阿里斯塔克发现太阳看起来约为黄道圆的 $\frac{1}{720}$,而我自己曾试图借助我现在将描述的一种方法,用实验($\dot{o}\varrho\gamma\alpha\nu\iota\varkappa\tilde{\omega}\varsigma$)找到顶点在人眼时太阳的张角,即视角($\tau\grave{\alpha}\nu\ \gamma\omega\nu\acute{\iota}\alpha\nu,\ \epsilon\grave{\iota}\varsigma\ \mathring{\alpha}\nu\ \mathring{o}\ \mathring{\alpha}\lambda\iota o\varsigma\ \dot{\epsilon}\nu\alpha\varrho\mu\acute{o}\zeta\epsilon\iota\ \tau\grave{\alpha}\nu\ \varkappa o\varrho\upsilon\varphi\grave{\alpha}\nu\ \mathring{\epsilon}\chi o\upsilon\sigma\alpha\nu\ \pi o\tau\grave{\iota}\ \tau\tilde{\alpha}\ \mathring{o}\psi\epsilon\iota$)。"

到这里为止,因为对阿基米德关于这个论题的精确词语的历史兴趣,这本专著是逐字逐句地翻译的。这本专著的其余部分现在可以较为随意地转述。在转向其数学内容之前,只需提到,阿基米德然后描述他如何得到太阳视角的上下限。他在一根长杆或尺子($\varkappa\alpha\nu\acute{o}\nu$)的一端固定一个小圆柱或圆盘,日出时(以便有可能直接观察)指向太阳升起的方向,然后移动圆柱到某个距离,使它恰好覆盖太阳。他也说明了他认为必须做的修正,因为"眼睛并不是从一点而是从一个小面积看太阳的"($\dot{\epsilon}\pi\epsilon\grave{\iota}\ \alpha\grave{\iota}\ \mathring{o}\psi\iota\epsilon\varsigma\ o\dot{\upsilon}\varkappa\ \dot{\alpha}\varphi'\ \mathring{\epsilon}\nu\grave{o}\varsigma\ \sigma\alpha\mu\epsilon\acute{\iota}o\upsilon\ \beta\lambda\acute{\epsilon}\pi o\nu\tau\iota,\ \dot{\alpha}\lambda\lambda\grave{\alpha}\ \dot{\alpha}\pi\acute{o}\ \tau\iota\nu o\varsigma\ \mu\epsilon\gamma\acute{\epsilon}\vartheta\epsilon o\varsigma$)。

实验结果表明,太阳直径的视角小于直角的 $\frac{1}{164}$,大于直角的 $\frac{1}{200}$。④

下面证明(对本假设)太阳的直径大于宇宙(球)大圆内接 1000 边形的一边。

假定当太阳刚升起浮出地平线之上时,纸面是通过太阳中心、地球中心与眼睛的平面。设该平面截地球于圆 *EHL* 及截太阳于圆 *FKG*,地球与太阳的中心

---

① Stardia,希腊人喜用的一个长度单位,等于 185~192 米。——译者注

② $\tau o\tilde{\upsilon}\ \dot{\alpha}\mu o\tilde{\upsilon}\ \pi\alpha\tau\varrho\grave{o}\varsigma$是(Blas)对 $\tau o\tilde{\upsilon}\ \mathring{A}\varkappa o\upsilon\pi\acute{\alpha}\tau\varrho o\varsigma$ (*Jahrb. f. Philol.* CXXVII. 1883)的纠正。

③ 严格说来,这不是一个假设,而是借助即将描述的实验结果稍后予以证明的一个命题。

④ 现代数据:太阳的视角是 32 分,即约 $\frac{1}{169}R$,月球的视角与之十分接近。太阳、地球、月球的平均直径分别为 139.2 万千米、12756 千米及 3476.28 千米,即:400 : 3.7 : 1。——译者注

分别是 C,O,而 E 是眼睛的位置。

进而,设截'宇宙'球(即中心在 C,半径为 CO 的球)的平面就是大圆 AOB 所在的平面。

由 E 作圆 FKG 的两条切线相切于 P,Q,又由 C 作同一圆的另外两条切线,相切于 F,G。

设 CO 与地球的截线和太阳的截线分别相交于 H,K;并设 CF,CG 的延长线与大圆 AOB 相交于 A,B。

连接 EO,OF,OG,OP,OQ,AB,并设 AB 与 CO 相交于 M。

现在 $CO>EO$,因为太阳恰好在地平线之上。因此

$$\angle PEQ>\angle FCG,$$

且 $\dfrac{1}{164}R>\angle PEQ>\dfrac{1}{200}R$,其中 R 表示直角。

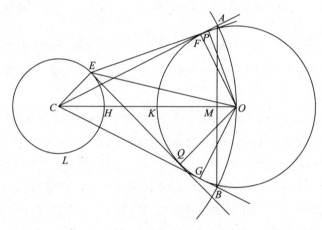

于是更有 $$\angle FCG<\frac{1}{164}R,$$

而弦 AB 对向大圆的一段小于其周边的 $\dfrac{1}{656}$ 的弧。

$$AB<内接于圆的 656 边多边形的一条边。$$

现在,内接于大圆的任意多边形的周边小于 $\dfrac{44}{7}CO$。[参见《圆的度量》命题 3]

因此 $$AB:CO<11:1148,$$

且更有 $$AB<\frac{1}{100}CO。 \qquad (\alpha)$$

又因为 $CA=CO$,且 AM 垂直于 CO,而 OF 垂直于 CA,故

$$AM=OF。$$

因此 $\qquad AB=2AM=$ 太阳的直径。

于是 $\qquad$ 太阳的直径$<\dfrac{1}{100}CO$，由（α）式，

且更有 $\qquad$ 地球的直径$<\dfrac{1}{100}CO$。 $\qquad$ ［假设2］

从而 $\qquad CH+OK<\dfrac{1}{100}CO$，

所以 $\qquad HK>\dfrac{99}{100}CO$，

或者 $\qquad CO:HK<100:99$。

以及 $\qquad CO>CF$，

而 $\qquad HK<EQ$。

因此 $\qquad CF:EQ<100:99$。 $\qquad$ （β）

而在直角三角形 CFO,EQO 中，直角边

$\qquad OF=OQ$，但 $EQ<CF$（因为 $EO<CO$）。

因此 $\qquad \angle OEQ:\angle OCF>CO:EO$，

但 $\qquad\qquad\qquad\qquad <CF:EQ$[①]。

把角加倍，

$\qquad \angle PEQ:\angle ACB<CF:EQ$，

$\qquad\qquad\qquad <100:99$，由上文（β）式，

但 $\qquad \angle PEQ>\dfrac{1}{200}R$，$\quad$ 根据假设。

因此 $\qquad \angle ACB>\dfrac{99}{20000}R$

$\qquad\qquad\qquad >\dfrac{1}{203}R$。

由此可知，弧 AB 大于大圆 AOB 周边的 $\dfrac{1}{812}$。

从而更有，

$\qquad AB>$ 内接于大圆的 1000 边形的边长，

---

① 这里设定的命题自然等价于以下三角公式：若 α,β 是两个角的量度，每个都小于一个直角，其中 α 较大，则

$$\dfrac{\tan\alpha}{\tan\beta}>\dfrac{\alpha}{\beta}>\dfrac{\sin\alpha}{\sin\beta}。$$

且 AB 等于太阳的直径，如上面所证明的。

———————————

现在可证明以下结果：

‘宇宙’的直径＜10000 地球的直径，

及 　　　　　　‘宇宙’的直径＜10000000000 斯塔德。

（1）用 d_u 表示‘宇宙’的直径，d_s 表示太阳的直径，d_e 表示地球的直径，d_m 表示月球的直径。

根据假设，　　　　　　　$d_s \not> 30d_m$，　　　　　　　[假设 3]

以及　　　　　　　　　　$d_e > d_m$；　　　　　　　　　　[假设 2]

因此　　　　　　　　　　$d_s < 30d_e$。

现在，根据上一个命题，　$d_s >$ 内接于大圆的 1000 边形的一边

所以　　　　　　　1000 边形的周边＜1000d_s

　　　　　　　　　　　　　　＜30000d_e。

但圆的多于六边的任意内接正多边形的周边大于它的内接正六边形的周边，因此大于直径的三倍。从而

　　　　　　　　　1000 边形的周边＞3d_u。

由此可知　　　　　　　$d_u < 10000d_e$。

（2）　　　　　　地球的周边 $\not> 3000000$ 斯塔德，　　　　[假设 1]

以及　　　　　　　　　地球的周边＞3d_e，

因此　　　　　　$d_e < 1000000$ 斯塔德，

从而　　　　　　$d_u < 10000000000$ 斯塔德。

———————————

假设 5

假定所取沙的量不大于一颗罂粟籽，并假定它包含的沙粒不多于 10000 个。

其次假定罂粟籽的直径不小于指宽的 $\frac{1}{40}$。

数字的级与周期

I. 对直到一万（10000）的数字，有传统的名称；我们可以以此表达直到一亿（万万）（100000000）的数字。让我们称这些数字为*第一级*的，1 为第一级数字的单位。

假定这个 100000000 是*第二级*数字的单位，并设第二级数字由开始于这个单位直到 $(100000000)^2$ 的数字组成。

又设这后一个数字是*第三级*数字的单位，直到 $(100000000)^3$；以此类推，直到我们到达第 100000000 *级*数字，结束于 $(100000000)^{100000000}$，称为 P。

II. 假定数字 1 到刚才所述的 P 是 *第一周期*。

设 P 是 *第二周期第一级* 的单位，并设该级由 P 到 100000000P 的数字组成。

设第二周期第一级的最后一个数字是 *第二周期第二级* 的单位，并设该级结束于 $(100000000)^2 P$。

我们可以用这种方式继续直至 *第二周期第* 100000000 *级*，结束于 $(100000000)^{100000000} P$，或 P^2。

III. 取 P^2 为 *第三周期第一级* 的单位，以相同方式继续直至 *第三周期第* 100000000 *级*，结束于 P^3。

IV. 取 P^3 为 *第四周期第一级* 的单位，以相同方式继续直至 *第* 100000000 *周期第* 100000000 *级*，结束于 $P^{100000000}$。这最后一个数字被阿基米德表达为"第万-万周期第万-万级的一个万-万单位（*αἰ μυριακισμυριοστᾶς περιόδου μυριακισμυριοστῶν ἀριθμῶν μυρίαι μυριάδες*）"，容易看出它是（100000000）^{99999999} 与 $P^{99999999}$ 乘积的 100000000 倍，即 $P^{100000000}$。

这样描述的数字体系可以借助乘幂指数更清楚地表示如下。

第一周期

第一级	由 1	到 10^8 的数字
第二级	由 10^8	到 10^{16} 的数字
第三级	由 10^{16}	到 10^{24} 的数字
	...	
第 10^8 级	由 $10^{8 \cdot (10^8-1)}$	到 $10^{8 \cdot 10^8}$（即 P）的数字

第二周期

第一级	由 $P \cdot 1$	到 $P \cdot 10^8$ 的数字
第二级	由 $P \cdot 10^8$	到 $P \cdot 10^{16}$ 的数字
	...	
第 10^8 级	由 $P \cdot 10^{8 \cdot (10^8-1)}$	到 $P \cdot 10^{8 \cdot 10^8}$（即 P^2）的数字

...

第 10^8 周期

第一级	由 $P^{10^8-1} \cdot 1$	到 $P^{10^8-1} \cdot 10^8$ 的数字
第二级	由 $P^{10^8-1} \cdot 10^8$	到 $P^{10^8-1} \cdot 10^{16}$ 的数字
	...	
第 10^8 级	由 $P^{10^8-1} \cdot 10^{8 \cdot (10^8-1)}$	到 $P^{10^8-1} \cdot 10^{8 \cdot 10^8}$ 的数字（即 P^{10^8}）

这个体系的庞大内容很容易看出，注意到*第一周期*的最后一个数字需用 1 与随后的 800000000 位表示，而第 10^8 *周期*的最后一个数字需要 100000000 倍于以上的位数，8 亿亿位。

八数组

考虑成连比例的一系列数，第一个是 1，第二个是 10［即几何级数 $1, 10^1, 10^2, 10^3, \cdots$］。这些项的第一个八数组［即 $1, 10^1, 10^2, \cdots, 10^7$］落入上述第一周期第一级，第二个八数组［即 $10^8, 10^9, \cdots, 10^{15}$］落入第一周期第二级，在每一种情形，八数组的第一项是对应的级的单位。类似地对第三个八数组，等等。我们可以用相同方式，定义任何数目的八数组。

定理

若一个连比例序列有任意数目的项，例如 $A_1, A_2, A_3, \cdots, A_m, \cdots, A_n, \cdots,$ $A_{m+n+1}, \cdots$，*其中* $A_1 = 1, A_2 = 10$ ［*于是该序列构成几何级数* $1, 10^1, 10^2, \cdots,$ $10^{m-1}, \cdots, 10^{n-1}, \cdots, 10^{m+n-2}, \cdots$］，*且若取任意二项如* A_m, A_n *并相乘，乘积* $A_m \cdot A_n$ *将是同一序列的项，它与* A_n *相距的项数等于* A_m *与* A_1 *相距的项数；另外，它与* A_1 *相距的项数，比* A_m *及* A_n *分别与* A_1 *相距的项数之和少* 1。

取一个特定项，它与 A_n 相距的项数等于 A_m 与 A_1 相距的项数。这个相距项数是 M（第一项与最后一项都计入在内）。于是所取的项与 A_n 相距的项数是 M，因此是 A_{m+n+1}。

我们因此必须证明

$$A_m \cdot A_n = A_{m+n+1}。$$

现在，与连比例中其他项等距的各项是成比例的。

例如

$$\frac{A_m}{A_1} = \frac{A_{m+n+1}}{A_n}$$

但 　　　　　　$A_m = A_m \cdot A_1$，因为 $A_1 = 1$。

因此 　　　　　$A_{m+n+1} = A_m \cdot A_n$ 　　　　　　　　　　　　(1)

第二个结果现在是显然的，因为 A_m 与 A_1 相距的项数是 M，A_n 与 A_1 相距的项数是 N，而 A_{m+n+1} 与 A_1 相距的项数是 $M+n+1$。

应用于沙粒计算

根据假设 5［294］，

$$\text{罂粟籽的直径} \not< \frac{1}{40} \text{指宽；}$$

且因为球的体积之比正比于其直径的三次方之比,可知

直径为一指宽的球≯64000 罂粟籽

≯64000 · 10000

≯640000000

≯6 个第二级单位

＋40000000 个第一级单位。

} 沙粒

更有直径为一指宽的球的体积＜10 个第二级单位的数字。

我们现在逐步增加假想球的直径,每次乘以 100。则球的体积随之增加为 100^3 倍即 1000000 倍,在每个相继直径的球中包含的沙粒数目可以描述如下所示。

球的直径	对应的沙粒数目
(1) 100 指宽	＜1000000 · 10 个第二级单位
	＜(序列的第 7 项) · (序列的第 10 项)
	＜序列的第 16 项[即 10^{15}]
	＜[10^7 或]10000000 个第二级单位
(2) 10000 指宽	＜1000000 · 10^7 个第二级单位
	＜(序列的第 7 项) · (序列的第 16 项)
	＜序列的第 22 项[即 10^{21}]
	＜[10^5 或]100000 个第三级单位
(3) 1 斯塔德(＜10000 指宽)	＜100000 个第三级单位
(4) 100 斯塔德	＜1000000 · 10^5 个第三级单位
	＜(序列的第 7 项) · (序列的第 22 项)
	＜序列的第 28 项[即 10^{27}]
	＜[10^3 或]1000 个第四级单位
(5) 10000 斯塔德	＜1000000 · 10^3 个第四级单位
	＜(序列的第 7 项) · (序列的第 28 项)
	＜序列的第 34 项[即 10^{33}]
	＜10 个第五级单位
(6) 1000000 斯塔德	＜(序列的第 7 项) · (序列的第 34 项)
	＜序列的第 40 项[即 10^{39}]
	＜[10^7 或]10000000 个第五级单位
(7) 100000000 斯塔德	＜(序列的第 7 项) · (序列的第 40 项)
	＜序列的第 46 项[即 10^{45}]

（8）10000000000 斯塔德

$<[10^5$ 或$]$ 100000 个第六级单位

$<$（序列的第 7 项）·（序列的第 46 项）

$<$ 序列的第 52 项$[$即 $10^{51}]$

$<[10^3$ 或$]$ 1000 个第七级单位

但由上面的命题$[$第 294 页$]$，

'宇宙'的直径$<$10000000000 斯塔德。

从而像我们的'宇宙'那样大小的球可包含沙粒的数目小于 1000 个第七级单位，$[$即 $10^{51}]$。

由此我们可以进一步证明，阿里斯塔克所称恒星球那样大小的球，包含少于 10000000 个第八级单位$[$或 $10^{56+7}=10^{63}]$的沙粒。

因为根据假设，

地球：'宇宙'＝'宇宙'：恒星球

以及$[$第 229 页$]$

'宇宙'$<$10000 地球，

从而

恒星球$<$10000'宇宙'，

因此

恒星球$<(10000)^3$'宇宙'。

由此可知，类似于恒星球那样的一个球中包含的沙粒数目

$<(10000)^3$·1000 个第七级单位

＝（序列的第 13 项）·（序列的第 52 项）

＝序列的第 64 项$[$即 $10^{63}]$

$=[10^7$ 或$]$10000000 个第八级单位

结论

"革隆国王，我意识到对未曾学过数学的大多数民众而言，这些会是不可思议的，但对熟悉数学并思考过地球、太阳、月球及整个宇宙的距离与尺寸问题的人，以上证明是有说服力的。正因为如此，我认为请您考虑这个论题不会是不合适的。"

抛物线弓形求积

"阿基米德向多西休斯致敬。

我听说了我的终生好友科农已经去世，但您与科农熟识并且精通几何学，在我哀悼不仅失去了一位好友也失去了一位令人钦佩的数学家之际，我给自己定下了与您联系的任务，因为我完成了对以前未曾研究过的一个几何定理的研究，本打算寄给科农。我先借助力学发现了该定理，然后借助几何学予以证明。一些先前的几何学家试图证明，有可能找到一个直线图形，其面积等于给定的圆与给定的圆弓形；随后他们努力使整个圆锥的截线①及一条直线为界的区域与一个正方形相等，引用了并不容易认可的引理，以致大多数人认为这个问题尚未解出。但据我所知知道没有一位先辈试图把以直线及直角圆锥截线［抛物线］为界的弓形等于一个正方形，而对此我现在已经求出了解。这里将说明以直线与直角圆锥截线［抛物线］为界的弓形，是与其同底等高三角形面积的三分之四，为了证明这个性质，引用以下引理：（两个）不等面积中较大者超出较小者的部分，可以通过自我相加，超出任意给定的面积。先前的几何学家也应用过这个引理；正因为应用了这同一个引理，他们证明了圆面积与其直径的平方成正比，以及球体积与其直径的立方成正比，进而，每个角锥都是与之同底等高棱柱体积的三分之一；另外，引用与上述相似的某个引理证明了，每个圆锥是与之同底等高的圆柱体积的三分之一。其结果是，上述定理中的每一个的被接受程度②，都不亚于未用该引理而证明的那些。因此，现在公开的我的著作满足了该命题所指的相同测试，我写下了证明并寄给您，首先借助力学研究了该定理，然后借助几何学予以证明。也应用圆锥曲线论的初等命题于证明中（στοιχεῖα κωνικὰ χρεῖαν ἔχοντα ἐς τὰν ἀπόδειξιν）。再见。"

---

① 这里看起来有一些混乱：原文中的表达式是 τᾶς ὅλου τοῦ κώνου τομᾶς，难以对之给出一个自然清楚的意义。'整个圆锥'的截线也许可能指通过它切割的一条截线，即一个椭圆，而'直线'，可能是一条直线或直径。但海贝格因为添加的 καὶ εὐθείας 而否决了读作 τᾶς ὀξυγωνίου κώνου τομᾶς 的建议，其原因是前一个表达式总是意味着整个椭圆，而不是它的一部分(*Quaestiones Archimedeae*，p. 149)。

② 本段的希腊语原文是 συμβαίνει δὲ τῶν προειρημένων θεωρημάτων ἕκαστον μηδὲν ἧσσον τῶν ἄνευ τούτου τοῦ λήμματος ἀποδεδειγμένων πεπιστευκέναι。看来 πεπιστευκέναι 一定是错的，且应该用被动态。

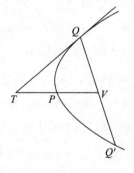

命题 1

若由抛物线上的一点作一条直线,它或者本身是轴或者平行于轴,如 PV,且若 QQ' 是平行于抛物线在 P 的切线的弦,与 PV 相交于 V,则

$$QV = VQ'。$$

反之,若 $QV = VQ'$,则弦 QQ' 将平行于在 P 的切线。

命题 2

若抛物线 QQ' 中有一根弦平行于在 P 的切线。且若通过 P 作一条直线,它或者本身是轴或者平行于轴,并与 QQ' 相交于 V,又与在 Q 的切线相交于 T,则

$$PV = PT。$$

命题 3

若由抛物线上的一点作一条直线,它或者本身是轴或者平行于轴,如 PV,且若由抛物线上的两个其他点 Q,Q' 作直线平行于抛物线在 P 的切线,且分别与 PV 相交于 V,V',则

$$PV : PV' = QV^2 : Q'V'^2。$$

"且这些命题已在《圆锥曲线原理》[1] 中被证明。"

命题 4

若 Qq 是一条抛物线的任意弓形的底边,P 是弓形的顶点,且若通过任意其他点 R 的直径[2]与 Qq 相交于 O,以及与 QP(需要时可延长)相交于 F,则

$$QV : VO = OF : FR。$$

作相对于 PV 的纵坐标 RW,与 QP 相交于 K,于是

$$PV : PW = QV^2 : RW^2,$$

从而,由于平行性, $$PQ : PK = PQ^2 : PF^2。$$

① 即在欧几里得和阿里斯塔克论圆锥曲线的专著中。
② 这里抛物线的直径是轴或抛物线内部平行于轴的直线,这个概念国内不常用。——译者注

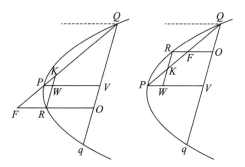

换句话说，PQ,PF,PK 成连比例；因此

$$PQ：PF = PF：PK$$
$$= (PQ \pm PF)：(PF \pm PK)$$
$$= QF：KF。$$

从而，由于平行性，　　　$QV：VO = OF：FR。$

容易看出，这个方程等价于由切线与直径构成的坐标系到由弦 Qq（例如作为 x 轴）及通过 Q 的直径（作为 y 轴）构成的新坐标系的变化。

因为，若 $QV = a$，则 $PV = \dfrac{a^2}{p}$，这里 p 是相对于 PV 的纵坐标参数。

于是，若 $QO = x$ 及 $RO = y$，则以上结果给出

$$\frac{a}{x-a} = \frac{OF}{OF-y},$$

从而

$$\frac{a}{2a-x} = \frac{OF}{y} = \frac{x \cdot \dfrac{a}{p}}{y},$$

或

$$py = x(2a-x)。$$

命题 5

若 Qq 是一条抛物线的任意弓形的底边，P 是弓形的顶点，PV 是其直径，且若通过任意其他点 R 的抛物线的直径与 Qq 相交于 O，以及与在 Q 的切线相交于 E，则

$$QO：Oq = ER：RO。$$

设通过 R 的直径与 QP 相交于 F。

于是由命题 4，

$$QV：VO = OF：FR。$$

因为 $QV = Vq$，可知

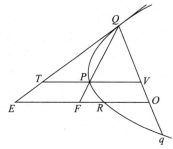

$$QV : qO = OF : OR。 \tag{1}$$

又若 VP 与切线相交于 T,则 $PT=PV$,且因此 $EF=OF$。

因此,把(1)式中的首项加倍,我们有

$$Qq : qO = OE : OR,$$

从而

$$QO : Oq = ER : RO。$$

命题 6,7[①]

假定杠杆 AOB 水平放置,并且其中点 O 是支点。设三角形 BCD 悬挂于 B 与 O,其角 C 是直角或钝角,C 与 O 贴合[②]而边 CD 与 O 在同一条竖直线上。于是,若 P 是悬挂于 A 并使系统平衡的一个面积,则

$$P = \frac{1}{3} \triangle BCD。$$

在 OB 上取 E 点使得 $BE=2OE$,并作 EFH 平行于 OCD,分别与 BC,BD 相交于 F,H。设 G 是 FH 的中点,则 G 是三角形 BCD 的重心。

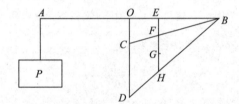

从而,若使角点 B,C 悬空,通过把 F 附着在 E 上而悬挂三角形,则由于 EFG 是竖直线,三角形会悬于与前相同的位置。[③]"因为这是已经被证明了的。"[④]

因此,像前面一样,这里有平衡状态。

于是

$$P : \triangle BCD = OE : AO$$

$$= 1 : 3,$$

或

$$P = \frac{1}{3} \triangle BCD。$$

---

① 在命题 6 中,阿基米德取三角形的角 BCD 为直角的单独情况,其中 C 与 O 重合,F 与 E 重合。他然后在命题 7 中把钝角三角形作为两个直角三角形 BOD,BOC 之差,并应用命题 6 的结果,证明了同样的性质对钝角三角形 BCD 也成立。为简洁起见,我把两个命题合并为一个。同样的评论也适用于命题 6,7 以后的一些命题。

② 这是对直角而言。对钝角,C 在 O 的下方,但这不影响以下的证明。——译者注

③ 对直角自然成立,因为 F 与 E 重合,对钝角,$\triangle BCD$ 的位置提高,但这不影响以下的证明。——译者注

④ 无疑指佚书 $\pi\epsilon\varrho\grave{\iota}$ $\zeta\upsilon\gamma\tilde{\omega}\nu$。见引论第二章及其后。

命题 8,9

假定杠杆 AOB 水平放置,其中点 O 为支点。设三角形 BCD 悬挂于 OB 上的 B,E 点,它的角 C 是直角或钝角,角点 C 贴合 E[①],并使边 CD 与 O 在同一条竖直线上。设 Q 是一个面积,使得

$$AO:OE=\triangle BCD:Q。$$

于是,若悬挂于 A 的面积 P 使系统保持平衡,则

$$P<\triangle BCD \text{ 但} >Q。$$

取 G 为三角形 BCD 的重心,作 GH 平行于 DC,即作竖直线,与 BO 相交于 H。

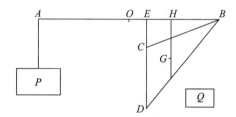

我们现在可以假定三角形 BCD 悬挂于 H,且因为系统处于平衡,

$$\triangle BCD:P=AO:OH, \tag{1}$$

从而 $$P<\triangle BCD。$$

另外, $$\triangle BCD:Q=AO:OE。$$

因此由(1)式, $$\triangle BCD:Q>\triangle BCD:P,$$

以及 $$P>Q。$$

命题 10,11

假定杠杆 AOB 水平放置,其中点 O 为支点。设 $CDEF$ 是一个梯形,放置如图:其平行边 CD,FE 是竖直的,C 在 O 的竖直下方,另两边 CF,DE 相交于 B。设 EF 与 BO 相交于 H,又设通过把 F 贴合于 H,以及把 C 贴合于 O 而悬挂梯形。进而,假定 Q 是一个面积,使得

$$AO:OH=梯形 CDEF:Q。$$

于是,若 P 是一个悬挂于 A 的面积,它使系统保持平衡,则

---

① 见命题 7 译者注。——译者注。

$$P < Q。$$

在角 C, F 是直角的特殊情况,这同样成立,并且 C, F 分别与 O, H 重合。分 OH 于 K 使得

$$(2CD + FE) : (2FE + CD) = HK : KO。$$

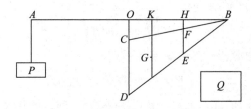

作 KG 平行于 OD,并设 G 是 KG 的延长线在梯形中被截下部分的中点。于是 G 是梯形的重心[《论平面图形的平衡或平面图形的重心》卷 I 命题 15]。

于是我们可以假定梯形悬挂于 K 上,且保持平衡不受影响。

因此 $AO : OK = $ 梯形 $CDEF : P,$

且根据假设, $AO : OH = $ 梯形 $CDEF : Q。$

因为 $OK < OH$,可知 $P < Q。$

命题 12, 13

若梯形 $CDEF$ 如上一命题中一样放置,但 CD 竖直地位于 OB 上 L 点的下方而不是 O 的下方,且梯形悬挂于 L, H,假定 Q, R 是满足以下条件的面积:

$$AO : OH = 梯形 CDEF : Q,$$

以及 $AO : OL = $ 梯形 $CDEF : R。$

然后悬挂面积 P 于 A,若使系统保持平衡,则

$$P > R \text{ 但} < Q。$$

取梯形的重心 G,与上一命题中相同,并设通过 G 的线平行于 DC,与 OB 相交于 K。

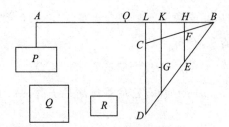

然后我们可以假定梯形悬挂于 K,且仍处于平衡。

因此　　　　　　　　　　梯形 $CDEF$ ∶ $P = AO$ ∶ OK

从而　　　　　　　　　　梯形 $CDEF$ ∶ $P >$ 梯形 $CDEF$ ∶ Q,

但　　　　　　　　　　　梯形 $CDEF$ ∶ $P <$ 梯形 $CDEF$ ∶ R。

由此可知　　　　　　　　$P < Q$ 但 $> R$。

命题 14,15

设 Qq 是一条抛物线的任意弓形的底边。若从 Q,q 分别作两条线,皆平行于抛物线的轴且皆位于弓形在 Qq 的一侧,则或者(1)这样在 Q,q 形成的角都是直角,或者(2)一个是锐角,另一个是钝角。在后一种情况下,设在 q 的角是钝角。

用 $O_1,O_2,\cdots,O_n$ 将 Qq 分为任意多个相等段。通过 $q,O_1,O_2,\cdots,O_n$ 作抛物线的直径与在 Q 的切线相交于 $E,E_1,E_2,\cdots,E_n$,及与抛物线本身相交于 $q,R_1,R_2,\cdots,R_n$。连接 $QR_1,QR_2,\cdots,QR_n$,它们分别与 $qE,O_1E_1,\cdots,E_nO_n$ 相交于 $F,F_1,F_2,\cdots,F_{n-1}$。

设直径 $Eq,E_1O_1,O_2E_2,\cdots,E_{n-1}O_{n-1}$ 分别与通过 Q 所作垂直于直径的一条直线 QOA 相交于 $O,H_1,H_2,\cdots,H_n$ 点。(在 Qq 本身垂直于直径的特殊情况,q 与 O 点重合,O_1 与 H_1 重合等。)

要求证明:

(1) $\triangle EqQ < 3$(梯形 $FO_1,F_1O_2,\cdots,F_{n-1}O_n$ 及 $\triangle E_nO_nQ$ 之和),

(2) $\triangle EqQ > 3$(梯形 $R_1O_2,R_2O_3,\cdots,R_{n-1}O_n$ 及 $\triangle R_nO_nQ$ 之和)。

假定使 AO 等于 OQ,并把 QOA 看作一个杠杆,水平放置并以 O 点为支点。假定三角形 EqQ 由 OQ 向下悬挂,且假定梯形 EO_1 在所示位置与悬挂于 A 的面积 P_1 平衡,梯形 E_1O_2 与悬挂于 A 的面积 P_2 平衡,等等,三角形 E_nO_nQ 以类似的方式与 P_{n+1} 平衡。

于是 $P_1+P_2+\cdots+P_{n+1}$ 将与整个三角形平衡,如图所示,且因此

$$P_1+P_2+\cdots+P_{n+1}=\frac{1}{3}\triangle EqQ。\qquad\text{[命题 6,7]}$$

另外,　　　　AO ∶ $OH_1 = QO$ ∶ OH_1

　　　　　　　　　　$= Qq$ ∶ qO_1

　　　　　　　　　　$= E_1O_1$ ∶ O_1R_1[借助命题 5]

　　　　　　　　　　$=$ 梯形 EO_1 ∶ 梯形 FO_1;

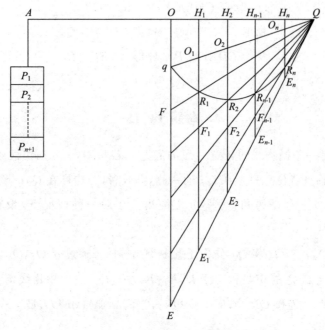

因而[命题 10,11]　　　　　　　$FO_1 > P_1$。

其次　　　　$AO : OH_1 = E_1O_1 : O_1R_1$

$= E_1O_2 : R_1O_2$, （α）

而　　　　$AO : OH_2 = E_2O_2 : O_2R_2$

$= E_1O_2 : F_1O_2$; （β）

且因为（α）与（β）式同时成立,由命题 12,13 我们有

$$F_1O_2 > P_2 > R_1O_2。$$

类似地可以证明　　　　$F_2O_3 > P_3 > R_2O_3$,

等等。最后[命题 8,9],　$\triangle E_nO_nQ > P_{n+1} > \triangle R_nO_nQ$。

相加后得到

(1)　$FO_1 + F_1O_2 + \cdots + F_{n-1}O_n + \triangle E_nO_nQ > P_1 + P_2 + \cdots + P_{n+1}$

$$> \frac{1}{3} \triangle EqQ,$$

或者　　　$\triangle EqQ < 3(FO_1 + F_1O_2 + \cdots + F_{n-1}O_n + \triangle E_nO_nQ)。$

(2)　$R_1O_2 + R_2O_3 + \cdots + R_{n-1}O_n +$

$$\triangle R_nO_nQ < P_2 + P_3 + \cdots + P_{n+1}$$

$$< P_1 + P_2 + \cdots + P_{n+1},$$

$$< \frac{1}{3} \triangle EqQ,$$

或者 $\quad \triangle EqQ > 3(R_1O_2 + R_2O_3 + \cdots + R_{n-1}O_n + \triangle R_nO_nQ)$。

命题 16

假定 Qq 是一条抛物线的任意弓形的底边，q 不比 Q 离抛物线的顶点更远。通过 q 作直线 qE 平行于抛物线的轴，与在 Q 的切线相交于 E。要求证明：

$$弓形的面积 = \frac{1}{3}\triangle EqQ。$$

如若不然，弓形的面积必定或大于或小于 $\frac{1}{3}\triangle EqQ$ 的面积。

I. 假定弓形的面积大于 $\frac{1}{3}\triangle EqQ$，检验是否可能。多出部分可以通过不断自身相加而大于 $\triangle EqQ$。也可以找到三角形 EqQ 的一个因子，小于所述弓形超出 $\frac{1}{3}\triangle EqQ$ 的部分。

设三角形 FqQ 是三角形 EqQ 的一个这样的因子，Eq 被分成相等的各部分，每部分都等于 qF，把所有分点包括 F 都与 Q 相连接，分别与抛物线相交于 R_1，R_2，$\cdots$，R_n。通过 R_1，R_2，$\cdots$，R_n 作抛物线的直径，分别与 qQ 相交于 O_1，O_2，$\cdots$，O_n。

设 O_1R_1 与 QR_2 相交于 F_1。

设 O_2R_2 与 QR_1 相交于 D_1，与 QR_3 相交于 F_2。

设 O_3R_3 与 QR_2 相交于 D_2，与 QR_4 相交于 F_3，等等。

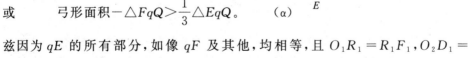

于是根据假设有，

$$\triangle FqQ < 弓形面积 - \frac{1}{3}\triangle EqQ，$$

或 $\quad 弓形面积 - \triangle FqQ > \frac{1}{3}\triangle EqQ。\quad (\alpha)$

兹因为 qE 的所有部分，如像 qF 及其他，均相等，且 $O_1R_1 = R_1F_1$，$O_2D_1 = D_1R_2 = R_2F_2$，等等；因此

$$\triangle FqQ = (FO_1 + R_1O_2 + D_1O_3 + \cdots)$$
$$= (FO_1 + F_1D_1 + F_2D_2 + \cdots + F_{n-1}D_{n-1} + \triangle E_nO_nQ)。\quad (\beta)$$

但 $\quad 弓形面积 < (FO_1 + F_1D_1 + F_2D_2 + \cdots + F_{n-1}D_{n-1} + \triangle E_nO_nQ)。$

以上二式相减后得到

弓形面积 $-\triangle FqQ<(R_1O_2+R_2O_3+\cdots+R_{n-1}O_n+\triangle R_nO_nQ)$。

因而,由(α)式更有

$\dfrac{1}{3}\triangle FqQ<(R_1O_2+R_2O_3+\cdots+R_{n-1}O_n+\triangle R_nO_nQ)$。

但这是不可能的,因为[命题14,15]

$\dfrac{1}{3}\triangle FqQ>(R_1O_2+R_2O_3+\cdots+R_{n-1}O_n+\triangle R_nO_nQ)$。

因此

$$弓形面积\not>\dfrac{1}{3}\triangle EqQ。$$

II. 假定弓形面积小于 $\dfrac{1}{3}\triangle EqQ$,检验是否可能。取三角形 EqQ 的一个因子,小于 $\dfrac{1}{3}\triangle EqQ$ 超出弓形的面积。作与前相同的构形。

因为 $\qquad \triangle FqQ<\dfrac{1}{3}\triangle EqQ-$弓形面积,

可知 $\quad \triangle FqQ+$弓形面积$<\dfrac{1}{3}\triangle EqQ$

$$<(FO_1+F_1O_2+\cdots+F_{n-1}O_n+\triangle E_nO_nQ)。$$

[命题14,15]

两边都减去弓形面积,我们有

$$\triangle FqQ<(qFR_1,R_1F_1R_2,\cdots,\triangle E_nO_nQ\ 之和),更有$$
$$<(FO_1+F_1D_1+\cdots+F_{n-1}D_{n-1}+\triangle E_nO_nQ);$$

而这是不可能的,因为由上文的(β)式,

$$\triangle FqQ=FO_1+F_1D_1+F_2D_2+\cdots+F_{n-1}D_{n-1}+\triangle E_nO_nQ。$$

从而 $\qquad\qquad$ 弓形面积$\not<\dfrac{1}{3}\triangle EqQ。$

于是弓形面积既不能小于又不能大于 $\dfrac{1}{3}\triangle EqQ$,所以二者相等。

命题 17

兹证明,抛物线任意弓形的面积是与弓形同底等高的三角形的三分之四。

设 Qq 是弓形的底边,P 是其顶点。于是 PQq 是与弓形同底等高的内接三角形。

因为 P 是弓形的顶点[①],通过 P 的直径 VP 等分 Qq,设 V 为等分点。

作 qE 平行于直径 VP,分别与在 Q 的切线相交于 T,E。

于是,由于平行性,

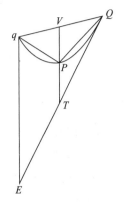

$$qE = 2VT,$$

以及 $$PV = PT, \qquad [命题\ 2]$$

故 $$VT = 2PV。$$

从而 $$\triangle EqQ = 4\triangle PQq。$$

但由命题 16,弓形的面积等于 $\dfrac{1}{3}\triangle EqQ$。

因而 $$弓形面积 = \dfrac{4}{3}\triangle PQq。$$

定义 "在以直线与任意曲线为界的弓形中,我称该直线为**底边**,称由曲线向底边所作垂线中最长者为**高**,称由之作最长垂线的点为**顶点**。"

命题 18

若 Qq 是抛物线弓形的底边,V 是 Qq 的中点,且若通过 V 的直径与曲线相交于 P,则 P 是弓形的顶点。

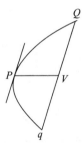

Qq 平行于在 P 的切线[命题 1]。因此,在由弓形各点向底边可作的所有垂线中,由 P 所作的垂线最长。从而根据定义,P 是弓形的顶点。

命题 19

若 Qq 是抛物线的一根弦,它被直径 PV 等分于 V,且若 RM 是等分 QV 于 M 点的一条直径,RW 是 R 相对于 PV 的纵坐标,则

$$PV = \dfrac{4}{3}RM。$$

因为由抛物线的性质,

$$PV : PW = QV^2 : RW^2$$

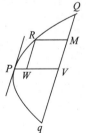

---

① 有趣的是,阿基米德在这里应用术语弓形的底边与顶点,但之后才给出它们的定义(在命题之末),此外,他假定了命题 18 中所证明性质的逆成立。

$$= 4RW^2 : RW^2,$$

所以 $$PV = 4PW,$$

因而 $$PV = \frac{4}{3}RM.$$

命题 20

如图所示,设 Qq 是一个抛物线弓形的底边,P 是其顶点,则三角形 PQq 大于弓形 PQq 的一半。

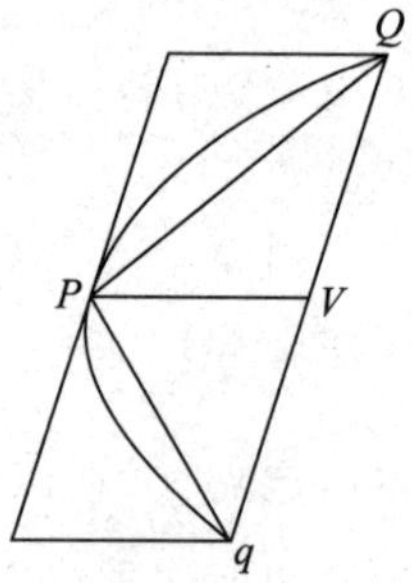

因为弦 Qq 平行于在 P 的切线,且三角形 PQq 是由 Qq,在 P 的切线与通过 Q 的直径构成的平行四边形的一半。

因此,三角形 PQq 大于弓形的一半。

推论 由此可知,通过在弓形中内接一个多边形,可以使得弓形的剩余部分之和小于任意指定的面积。

命题 21

若 Qq 是任意抛物线弓形的底边,P 是其顶点,R 是被 PQ 截下的弓形的顶点,则

$$\triangle PQq = 8\triangle PRQ.$$

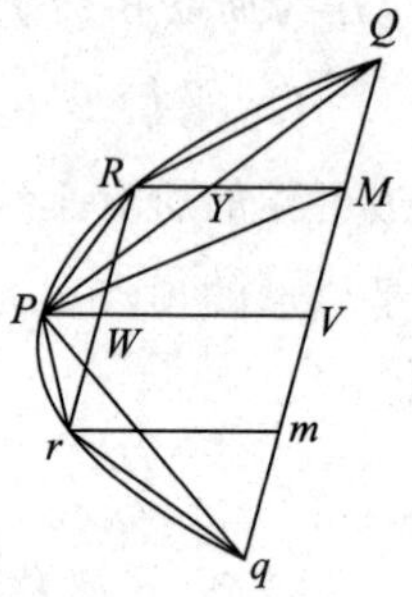

通过 R 的直径等分弦 PQ,因此也等分 QV,这里 PV 是等分 Qq 的直径。设通过 R 的直径等分 PQ 于 Y 及等分 QV 于 M。连接 PM。

由命题 19, $$PV = \frac{4}{3}RM.$$

另外 $$PV = 2YM.$$

因此 $$YM = 2RY,$$

以及 $$\triangle PQM = 2\triangle PRQ.$$

从而 $$\triangle PQV = 4\triangle PRQ,$$

以及 $$\triangle PQq = 8\triangle PRQ.$$

又若把 RW,即 R 相对于 PV 的纵坐标,延长至再次与曲线相交于 r,则
$$RW = rW,$$

且相同的证明导致 $$\triangle PQq = 8\triangle Prq.$$

命题 22

若有一系列面积 A，B，C，D，$\cdots$，其中每个都是下一个的四倍，又若最大的 A 等于内接于抛物线弓形 PQq 的三角形 PQq，且弓形与三角形同底等高，于是

$$A+B+C+D+\cdots < 弓形面积 PQq。$$

因为 $\triangle PQq = 8\triangle PRQ = 8\triangle Pqr$，其中 R，r 分别是被 PQ，Pq 截下弓形的顶点，则如同在上一个命题中，

$$\triangle PQq = 4(\triangle PQR + \triangle Pqr)。$$

因此，由 $\triangle PQq = A$，故

$$\triangle PQR + \triangle Pqr = B。$$

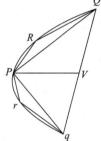

以类似的方式，我们可以证明，相似地内接于剩余弓形中的三角形之和等于面积 C，等等。

因此，$A+B+C+D+\cdots$ 等于某个内接多边形的面积，且小于弓形的面积。

命题 23

给定一系列面积 A，B，C，D，$\cdots$，Z，其中 A 最大，且每一个都是下一个的四倍，于是

$$A+B+C+\cdots+Z+\frac{1}{3}Z = \frac{4}{3}A。$$

取面积 B，c，d，$\cdots$，使得

$$b = \frac{1}{3}B,$$

$$c = \frac{1}{3}C,$$

$$d = \frac{1}{3}D,\cdots。$$

于是因为 $\quad b = \frac{1}{3}B,$

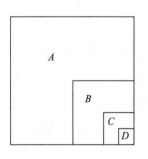

以及 $\quad\quad B = \frac{1}{4}A,$

$$B + b = \frac{1}{3}A。$$

类似地，
$$C+c=\frac{1}{3}B。$$

...

因此 $B+C+D+\cdots+Z+b+c+d+\cdots+z=\frac{1}{3}(A+B+C+\cdots+Y)。$

但 $b+c+d+\cdots+y=\frac{1}{3}(B+C+D+\cdots+Y)。$

因此，相减后得到 $B+C+D+\cdots+Z+z=\frac{1}{3}A$

或 $A+B+C+\cdots+Z+\frac{1}{3}Z=\frac{4}{3}A。$

本结果的代数等价当然是

$$1+\frac{1}{4}+\left(\frac{1}{4}\right)^2+\cdots+\left(\frac{1}{4}\right)^{n-1}=\frac{4}{3}-\frac{1}{3}\left(\frac{1}{4}\right)^{n-1}=\frac{1-\left(\frac{1}{4}\right)^n}{1-\frac{1}{4}}。$$

命题 24

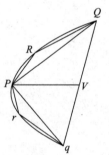

以一段抛物线及一条弦 Qq 为界的每一个弓形，等于与弓形同底等高的三角形的三分之四。

假定 $K=\frac{4}{3}\triangle PQq,$

这里 P 是弓形的顶点；于是我们必须证明弓形的面积等于 K。

若弓形不等于 K，它必定或者大于或者小于 K。

I. 假定弓形面积大于 K，检验是否可能。

若我们在被 PQ,Pq 截下的弓形中内接三角形，它们与对应的弓形分别有相同的顶点 R,r，且若在剩余的弓形中再次以相同的方式内接三角形，等等，我们最终将得到剩余弓形之和小于弓形 PQq 超出 K 的面积。

因此，这样构成的多边形必定大于面积 K；而这是不可能的，因为［命题23］

$$A+B+C+\cdots+Z<\frac{4}{3}A,$$

其中 $A=\triangle PQq。$

于是，弓形面积不可能大于 K。

II. 假定弓形面积小于 K,检验是否可能。

若然后 $\triangle PQq = A, B = \dfrac{1}{4}A, C = \dfrac{1}{4}B$,等等,直到我们到达一个面积 X,使得 X 小于 K 与弓形之差,我们有

$$A + B + C + \cdots + X + \frac{1}{3}X = \frac{4}{3}A \qquad\qquad \text{[命题 23]}$$

$$= K 。$$

现在,因为 K 超出 $A + B + C + \cdots + X$ 的面积小于 X,及超出弓形的面积大于 X,可知

$$A + B + C + \cdots + X > 弓形 \ PQq;$$

由上文的命题 22,这是不可能的。

从而弓形不小于 K。

于是,因为弓形 PQq 既不能大于又不能小于 K,

$$弓形 \ PQq = K = \frac{4}{3}\triangle PQq 。$$

论浮体　卷 I

公设 1

"假定液体有以下特性：它的各部分平铺且连续,受推力较小的部分被受推力较大的部分驱动；若液体中浸入任何物体或液体被任何东西推挤,则每一部分液体都被它上方的液体在垂直方向推挤。"

命题 1

若一个曲面被恒通过一个定点的平面所截,且截线恒为一个圆周,则圆周的中心是上述定点,该曲面是一个球面。

因为如若不然,则可由该点向曲面作两条线,它们将互不相等。

假定 O 点是固定点,A,B 是曲面上的两点,OA,OB 不相等。设曲面被通过 OA,OB 的平面切割,则根据假设,截线是以 O 为中心的圆。

于是 $OA = BO$；而这与假设相左。因此该曲面只能是一个球面。

命题 2

任何液体静止时的表面是一个球面,它的中心与地球的中心相同。

假定液体表面被通过地球中心 O 的一个平面切割于曲线 $ABCD$。

$ABCD$ 是一个圆周。

因为如若不然,由 O 向曲线所作的线中的一些将不相等。取其中的一条,OB,使得 OB 大于由 O 向曲线所作的一些线,并小于其他的。作以 OB 为半径的圆。设它是 EBF,它因此将部分地在液体的曲面之中,部分地在其外。

作 OGH 与 OB 成一个等于角 EOB 的角度,它与曲面相交于 H,及与圆相交于 G。又在平面上作中心为 O 且在液体中的一段圆弧 PQR。

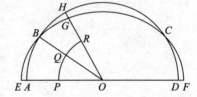

于是沿着 PQR 的液体部分是均匀且连续的,PQ 部分被它与 AB 之间的部分推挤,而 QR 部分被 QR 与 BH 之间的部分推挤。因此,沿着 PQ,QR 的部分被不均匀地压缩,且压缩较少的部分将被压缩较多的部分驱使运动。

因此,液体并不静止;而这与假设相左。

从而该曲面的截线是中心为 O 的圆;且通过 O 的平面所作的所有其他截线都是。

因此,该曲面是中心为 O 的球面。

命题 3

若把与相同体积液体有相等重量的固体浸没于液体中,则它不突出于液体表面之上,但也不下沉。

把与同体积液体有相等重量的某个固体 EFHG 浸入液体中,使固体的一部分 EBCF 突出于液体表面之上,考察是否可能。

通过地球的中心 O 与固体作一个平面,截液体的表面于圆 ABCD。

设想在液体表面上有一个角锥,其顶点为 O,底面为包含了固体浸入部分的一个平行四边形。设该角锥被平面 ABCD 截于 OL,OM。又设液体中有一个在 GH 下方,中心为 O 的球,并设平面 ABCD 截该球于 PQR。

设想液体中有另一个顶点为 O 的角锥,它与前一个角锥相连接,相等且相似。设该角锥被平面 ABCD 截于 OM,ON。

最后,设 STUV 是第二个角锥中等于且相似于固体的 BGHC 部分,并设 SV 位于液体的表面。

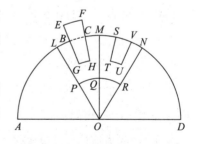

于是在 PQ,QR 上的压力不等,在 PQ 上的压力较大。从而在 QR 的部分将被在 PQ 的部分驱使运动,因此液体并不静止;这与假设相左。

因此,该固体不会突出于表面之上。

它也不会进一步下沉,因为液体的所有部分都处于相同的压力之下。

命题 4

若把一个比液体轻的固体浸入该液体中,它不会完全沉没,它的一部分将突出于液体表面之上。

在这种情况下,仿照前一命题的方式,假设该固体完全沉没在液体中并且静止于该位置,考察是否可能。我们设想(1)一个顶点为地球的中心 O 的角锥,包含该固体在其中。(2)另一个与前者相连接、相等且相似于它、并有相同顶点 O 的角锥。(3)在后一个角锥中的液体部分,等于在前一个角锥中的浸入固体。(4)中心为 O 的一个球,其表面低于浸入固体,且在第二个角锥中的液体部分与之对应。我们假定作一个平面通过中心 O,截液体表面为圆 ABC,截固体于 S,截第一个角锥于 OA,OB,截第二个角锥于 OB,OC,截第二个角锥中的液体于 K 并截内球面于 PQR。

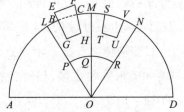

于是因为 S 比 K 轻,施加于 PQ,QR 处的液体的压力不等。从而不会是静止状态;而这与假设相左。

因此,完全沉没的固体 S 不可能处于静止状态。

命题 5

若把任何比液体轻的固体置于液体中,它将浸入到使被排开液体的重量等于该固体的重量。

设固体是 $EGHF$,并设 $BGHC$ 是液体静止时它浸入的部分。如在命题 3 中,设想一个顶点为 O 的角锥包含固体,另一个有相同顶点的角锥与前一个相连接,并等于且相似于它。设液体 $STUV$ 在第二个角锥底面的部分等于且相似于固体的浸入部分;并设其构形与命题 3 中的相同。

于是,因为液体在 PQ,QR 部分的压力必须相等以使液体静止,可知液体的 $STUV$ 部分的重量必须等于固体 $EGHF$ 的重量。且前者等于被固体 $BGHC$ 的浸入部分排开的液体的重量。

命题 6

若比液体轻的固体被外力迫使浸入液体中,该固体将被一个力向上推,该力的大小等于固体重量与被它排开的液体重量之差。

设 A 完全浸入液体中,并设 G 表示 A 的重量,$G+H$ 是与 A 同体积液体的重量。取固体 D,其重量为 H,并把它加到 A 上。于是 $A+D$ 的重量小于等体积液体的重量;若 $A+D$ 浸入液体中,它将突出在液面之上而使其重量等于被排开液体的重量。

但其重量是 $G+H$。因此,被排开液体的重量是 $G+H$,且从而被排开液体的体积是固体 A 的体积。于是 A 沉没及 D 突出且静止。

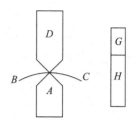

于是 D 的重量平衡了液体施加于 A 的向上的力,它是被 A 排开液体的重量与 H 的重量之差。

命题 7

若把任何比液体重的固体置于液体中,它将沉入底部,且当在液体中称重时,得到的结果是真实重量减去它排开液体的重量。

(1)命题的第一部分是显然的,因为液体在固体以下的部分经受较大的压力,且因此会避让直至固体到达底部。

(2)设 A 是比相同体积液体重的固体,并设 $G+H$ 表示它的重量,G 表示相同体积液体的重量。

取比相同体积液体轻的固体 B,其重量为 G,而相同体积液体的重量为 $G+H$。

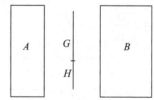

设 A 与 B 现在组合成一个固体并浸入。于是 $A+B$ 与相同体积的液体的重量相同,二者的重量都等于 $G+H+G$,由此可知,$A+B$ 将在液体中保持静止。

因此,引起 A 自行下沉的力必定等于 B 所在的液体自行施加的向上的力,后者等于 $G+H$ 与 G 之间的差值[命题 6]。从而 A 被等于 H 的力下压,即它在液体中的重量是 H,或 $G+H$ 与 G 之间的差值。

我觉得,可以很有把握地认为,就有名的阿基米德对皇冠中银与金含量的确定(见引言第一章)而言,这个命题是有决定性意义的。本命题实际上建议了以下方法。

设 W 是皇冠的重量,w_1 与 w_2 分别是其中所含金与银的重量,故 $W=w_1+w_2$。

(1)在液体中称重一个纯金重量 W,于是其表观重量的缺少等于被排开液体的重量。若用 F_1 表示被排开液体的重量,则 F_1 便是称重操作的结果。

由此可知,被金子的重量 w_1 排开液体的重量是 $\dfrac{w_1}{W} \cdot F_1$。

（2）取一个纯银重量 W 并实施相同的操作，若 F_2 是银子在液体中称重时缺少的重量，我们用类似的方法发现，被 w_2 排开液体的重量是 $\dfrac{w_2}{W}\cdot F_2$。

（3）最后，在液体中称量皇冠，并设 F 是缺少的重量，因此，被皇冠排开液体的重量是 F。

由此可知
$$\frac{w_1}{W}\cdot F_1+\frac{w_2}{W}\cdot F_2=F,$$
或
$$w_1F_1+w_2F_2=(w_1+w_2)F,$$
从而
$$\frac{w_1}{w_2}=\frac{F_2-F}{F-F_1}。$$

这一步骤，与说明阿基米德方法的诗歌《重量与度量》（可能写于约公元 500 年）[1]中所述的十分接近。依照诗的作者，我们首先取相等的纯金与纯银重量各一个，并把二者都浸入水中称重；由此得到它们在水中重量之间的关系，进而得到它们在水中重量的减少之间的关系。其次，我们取金银混合物与纯银的一个相等重量，并在水中以相同方式相互比对地称重。

阿基米德所用方法的另一种说法由维特鲁维鲁斯（Vitruvirus）给出[2]，据之他成功地分别测量了被三个相等重量物体所排开的液体的体积，这三个相等重量的物体是：① 皇冠，② 金子，③ 银子。于是如前一样，皇冠的重量是 W，它包含的金子与银子的重量分别是 w_1 与 w_2，

（1）皇冠排开了液体的体积为 V。

（2）重量 W 的金子排开液体的体积为 V_1；因此，重量 w_1 的金子排开液体的体积为 $\dfrac{w_1}{W}\cdot V_1$。

（3）重量 W 的银子排开液体的体积为 V_2；因此重量 w_2 的银子排开液体的体积为 $\dfrac{w_2}{W}\cdot V_2$。

由此可知
$$V=\frac{w_1}{W}\cdot V_1+\frac{w_2}{W}\cdot V_2,$$
从而，因为
$$W=w_1+w_2,$$
故
$$\frac{w_1}{w_2}=\frac{V_2-V}{V-V_1};$$
而该比值显然等于前面已经得到的那一个比值 $\dfrac{F_2-F}{F-F_1}$。

公设 2

"在液体中被迫上升的物体，沿着垂直于液体表面并通过其重心的线上升。"

命题 8

若把其物质比液体轻的一个球缺形固体浸入液体中，使其底面不触及液体表

---

① Torelli's *Archimedes*, P. 364; Hultsch, *Metrol. Script*. II. 95 sq., and Prolegomena 118。
② *De architect*. IX. 3。

面,则该固体将静止于其轴垂直于液体表面的位置;且若迫使固体处于底面在一侧触及液体表面,而在另一侧不触及的位置,则它不会保持在这个位置,而将回到对称位置。且当在液体中称重时,得到的结果是真实重量减去它排开液体的重量。

塔尔塔利亚的拉丁语版本缺少本命题的证明。科曼底努斯在他的版本中提供了他自己的一个证明。

命题 9

若把其物质比液体轻的一个球缺形固体浸入液体中,使其底面完全在液面之下,则该固体将静止于其轴垂直于液体表面的位置。

本命题的证明以残缺不全的形式留存。此外,它只涉及三种情形中的一种,即所处理的是一个大于半球的球缺,这一点在开始时说明,但插图只给出等于或小于半球的情形。

首先假定这是一个大于半球的球缺。设它被一个通过它的轴与地球中心的平面切割;假定它静止在图中所示的位置,考察是否可能,其中 AB 是上述平面与球缺底面的交线,DE 是球缺的轴,C 是球缺所在球的中心,O 是地球的中心。

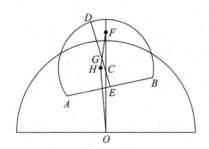

球缺在液体以外部分的重心 F 在 OC 的延长线上,球缺的轴通过 C。

设 G 是球缺的重心。连接 FG,并延长至 H 使得

$$FG:GH=浸入部分体积:固体的其他部分体积。$$

连接 OH。

于是固体在液体以外部分的重量沿着 FO 作用,液体对浸入部分的压力沿着 OH 作用,而浸入部分的重量沿着 HO 作用,并且根据假设,它小于液体沿着 OH 作用的压力。

因而球缺将不平衡,它在 A 附近的部分上升,在 B 附近的部分下降,直至 DE 取得垂直于液体表面的位置。

论浮体　卷 II

命题 1

若一个比液体轻的固体静止在液体中,则固体的重量与相同体积液体重量之比,是固体的浸入部分与整个固体之比。

设 $A+B$ 是固体,B 是它浸入液体中的部分。

设 $C+D$ 是相等体积的液体,C 的体积与 A 相等,B 的体积与 D 相等。

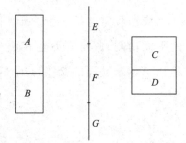

进一步假定线段 E 表示固体 $A+B$ 的重量,$F+G$ 表示液体 $C+D$ 的重量,以及 G 表示 D 的重量。

于是

$$(A+B)\text{的重量}：(C+D)\text{的重量}=E：(F+G)。 \qquad (1)$$

且 $A+B$ 的重量等于体积为 B 的液体的重量[《论浮体》卷 I 命题 5],即 D 的重量。

这就是说,$E=G$。

从而由(1)式,

$$(A+B)\text{的重量}：(C+D)\text{的重量}=G：(F+G)$$
$$=D：(C+D)$$
$$=B：(A+B)$$

命题 2

若旋转抛物体的一个正截段的轴不大于 $\dfrac{3}{4}p$(这里 p 是生成抛物线的主参数),且其比重小于某液体的比重,把它置于该液体中,使其轴与竖直线成任意角度,但截段的底面不触及液体表面,则该旋转抛物体截段不会留在这个位置,而会回到其轴为竖直的位置。

设该旋转抛物体截段的轴是 AN,通过 AN 作一个平面垂直于液体表面。

设该平面与旋转抛物体交于抛物线 BAB'，与旋转抛物体截段的底面交于 BB'，以及与液体表面交于抛物线的弦 QQ'。

于是，因为轴 AN 不垂直于 QQ'，故 BB' 不平行于 QQ'。

作抛物线的切线 PT 平行于 QQ'，并设 P 是切点。[①]

由 P 作 PV 平行于 AN，与 QQ' 相交于 V，则 PV 是抛物线的直径，也是旋转抛物体浸入液体部分的轴。

设 C 是旋转抛物体 BAB' 的重心，F 是浸入液体部分的重心，连接 FC 并延长至 H，其中 H 是旋转抛物体液面以上部分的重心。

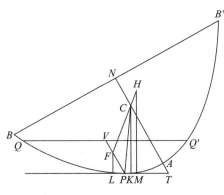

于是，因为

$$AN = \frac{3}{2}AC^{②},$$

以及

$$AN \not> \frac{3}{4}p,$$

可知

$$AC \not> \frac{1}{2}p.$$

因此，若连接 CP，则角 CPT 是锐角。[③] 从而，若作 CK 垂直于 PT，K 将落在 P 与 T 之间。且若作 FL，HM 平行于 CK 并与 PT 相交，则它们每个都垂直于液体表面。

现在，作用于旋转抛物体截段浸入部分的力将沿着 LF 竖直向上，而其在液体之外部分的重力将沿着 HM 竖直向下。

因此，截段不平衡，它将转动使 B 上升而 B' 下降，直到 AN 取竖直位置。

———————————————

作为对比，附上其三角学等价命题及其他命题。

假定把上图中轴 AN 相对于液体表面倾斜的角度 NTP 记为 θ。

———————————————

①　塔尔塔利亚的版本中缺少证明的其余部分，小字部分是由科曼底努斯提供的。

②　这里认为的旋转抛物体重心的确定，并未见于任何现存阿基米德的著作中，也未见于任何其他希腊数学家的任何已知著作中，看来很可能阿基米德本人在现已佚失的某一本专著中研究过这个问题。

③　容易由次法线的性质来证明这个论断。若在 P 的法线与轴相交于 G，则 AG 大于 $\frac{p}{2}$，除非该法线是在顶点本身的法线。但后一种情形这里被排除，因为根据假设，AN 并非竖直放置的。从而，P 是一个与 A 不同的点，AG 恒大于 AC；且因为角 TPG 是直角，故角 TPC 必须是锐角。

于是，若把 AN 与在 A 的切线作为坐标轴，P 的坐标是

$$\frac{p}{4}\cot^2\theta, \quad \frac{p}{2}\cot\theta$$

其中 p 是主参数。

假定 $AN=h$，$PV=k$。

若现在 x' 是由 F 在 TP 上的正交投影 T 算起的距离，x 是 C 点的对应距离，我们有

$$x' = \frac{p}{2}\cot^2\theta \cdot \cos\theta + \frac{p}{2}\cot\theta \cdot \sin\theta + \frac{2}{3}k\cos\theta,$$

$$x = \frac{p}{4}\cot^2\theta \cdot \cos\theta + \frac{2}{3}h\cos\theta,$$

从而 $\qquad x'-x = \cos\theta\left\{\frac{p}{4}(\cot^2\theta+2) - \frac{2}{3}(h-k)\right\}$。

为使旋转抛物体截段可以朝着角 PTN 增加的方向转动，x' 必须大于 x，即刚才找到的表达式必定是正的。

于是无论 θ 取什么值，只要

$$\frac{p}{2} \not< \frac{2h}{3},$$

或 $\qquad h \not> \frac{3}{4}p,$

这将总是如此。

命题 3

若一个旋转抛物体正截段的轴不大于 $\frac{3}{4}p$（这里 p 是参数），且其比重小于某液体的比重，把它置于该液体中，其轴倾斜而与竖直线成任意角度，但截段的底面完全沉没，则该旋转抛物体截段不会保持在这个位置，而会回到其轴为竖直的位置。

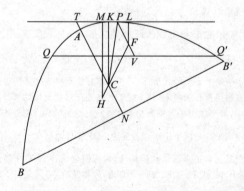

设该旋转抛物体截段的轴是 AN,通过 AN 作一个平面垂直于液体表面。该平面交旋转抛物体于抛物线 BAB',交旋转抛物体截段的底面于 BB',以及交液体表面于抛物线的弦 QQ'。

于是,因为轴 AN 所示的位置不垂直于液体的表面,QQ' 与 BB' 不平行。

作 PT 平行于 QQ',与抛物线相切于 P,设 PT 与 NA 的延长线相交于 T。作直径 PV 等分 QQ' 于 V,则 PV 是旋转抛物体在液面以上部分的轴。

设 C 是整个旋转抛物体的重心,F 是其液面以上部分的重心,连接 FC 并延长之到浸入部分的重心 H。

于是,因为 $AC \not> \dfrac{1}{2}p$,故角 CPT 是锐角,与上一命题相同。

从而,若作 CK 垂直于 PT,K 将落在 P 与 T 之间。且若作 FL,HM 平行于 CK,它们都将垂直于液体表面。

作用于旋转抛物体截段浸入部分的力将沿着 HM 竖直向上,而其余部分的重量将沿着 LF 的延长线向下。

于是,旋转抛物体将转动,直到 AN 是竖直的位置。

命题 4

给定一个抛物旋转旋转体正截段,其轴 AN 大于 $\dfrac{3}{4}p$(这里 p 是参数),其比重小于某液体的比重,但二者的比值不小于 $\left(AN - \dfrac{3}{4}p\right)^2 : AN^2$,若把它置于该液体中,其轴相对于竖直线任意倾斜,但截段的底面不触及液体表面,则它不会保持在这个位置,而会回到其轴为竖直的位置。

设旋转抛物体截段的轴是 AN,通过 AN 作一个平面垂直于液体表面,交旋转抛物体于抛物线 BAB',交截段底面于 BB',以及交液体表面于抛物线的弦 QQ'。

这样放置的 AN 不会是 QQ' 的垂直线。

作 PT 平行于 QQ',与抛物线相切于 P。作直径 PV 等分 QQ' 于 V,则 PV 是固体浸入部分的轴。

设 C 是整个固体的重心,F 是浸入部分的重心,连接 FC 并延长之到剩余部分的重心 H。

兹因
$$AN = \dfrac{3}{2}AC,$$

以及 $\qquad AN > \dfrac{3}{4}p$,

可知 $\qquad AC > \dfrac{1}{2}p$。

沿着 CA 度量 CO 等于 $\dfrac{1}{2}p$,沿着 OC 度量 OR

等于 $\dfrac{1}{2}AO$。

于是因为 $\qquad AN = \dfrac{3}{2}AC$,

以及 $\qquad AR = \dfrac{3}{2}AO$,

相减得到 $\qquad NR = \dfrac{3}{2}OC$。

亦即, $\qquad AN - AR = \dfrac{3}{2}OC = \dfrac{3}{4}p$,

或者 $\qquad AR = AN - \dfrac{3}{4}p$,

于是 $\qquad \left(AN - \dfrac{3}{4}p\right)^2 : AN^2 = AR^2 : AN^2$,

且因此,由本命题中的条件可知,固体与液体比重之比不小于比值 $AR^2 : AN^2$。

但由命题 1,上面这个比值等于浸入部分与整个固体之比,即等于 $PV^2 : AN^2$[《论拟圆锥与旋转椭球》,命题 24]。

从而 $\qquad PV^2 : AN^2 \not< AR^2 : AN^2$,

或者 $\qquad PV \not< AR$,

由此可知 $\qquad PF\left(= \dfrac{2}{3}PV\right) \not< \dfrac{2}{3}AR = AO$。

因此,若由 O 作 OK 垂直于 OA,它与 PF 相交于 P 与 F 之间。

此外,若连接 CK,三角形 KCO 便等于且相似于由法线、次法线及在 P 的纵坐标形成的三角形(因为 $CO = \dfrac{1}{2}p$ 或次法线,而 KO 等于纵坐标)。

因此,CK 平行于在 P 的法线,且因此垂直于在 P 的切线及液体表面。

从而,若通过 F,H 作 CK 的平行线,它们都将垂直于液体表面,且作用于固体浸入部分的力将沿着前者向上作用,而另一部分的重量将沿着后者向下作用。

因此,该固体不会保持在它的位置而将转动,直到 AN 取竖直位置。

应用与前面相同的记法（命题 2 后的附加部分），我们有

$$x' - x = \cos\theta \left\{ \frac{p}{4} \left(\cot^2\theta + 2 \right) - \frac{2}{3}(h-k) \right\},$$

对不同的 θ 值，花括号中表达式的*极小值*是

$$\frac{p}{2} - \frac{2}{3}(h-k),$$

对应于 AM 的竖直位置，或 $\theta = \dfrac{\pi}{2}$。因此，仅在该位置可能有稳定平衡，且要求

$$k \not< \left(h - \frac{3}{4}p \right),$$

或者，若 s 是固体与液体比重（在这种情况是 k^2/h^2）之比，

$$s \not< \left(h - \frac{3}{4}p \right)^2 \Big/ h^2 \text{。}$$

命题 5

给定旋转抛物体的一个正截段，其轴 AN 大于 $\dfrac{3}{4}p$（这里 p 是参数），其比重小于该液体的比重，但二者的比值不大于 $\left[AN^2 - \left(AN - \dfrac{3}{4}p \right)^2 \right] : AN^2$，若把截段置于液体中，其轴相对于竖直线任意倾斜，但其底面不触及液体表面，则它不会保持在这个位置，而会回到其轴为竖直的位置。

设旋转抛物体截段的轴是 AN，通过 AN 作一个平面垂直于液体表面，交旋转抛物体于抛物线 BAB'，交截段底面于 BB'，以及交液体表面于抛物线的弦 QQ'。

作切线 PT 平行于 QQ'，作直径 PV 等分 QQ' 于 V，则 PV 是旋转抛物体在液面以上部分的轴。

设 F 是在液面以上部分的重心，C 是整个固体的重心，延长 FC 到浸入部分的重心 H。

如在上一命题中，$AC > \dfrac{1}{2}p$，沿着 CA 度量 CO 等于 $\dfrac{1}{2}p$，并沿着 OC 度量 OR 等于 $\dfrac{1}{2}AO$。

于是 $AN = \dfrac{2}{3}AC$ 及 $AR = \dfrac{3}{2}AO$；如前推导后得到

$$AR = \left(AN - \frac{3}{4}p \right),$$

现在,根据假设,

固体的密度:液体的密度 $\not>\left\{AN^2-\left(AN-\dfrac{3}{4}p\right)^2\right\}:AN^2$

$$\not>\{AN^2-AR^2\}:AN^2\text{。}$$

因此,浸入部分:整个固体 $\not>\{AN^2-AR^2\}:AN^2$,

以及   整个固体:液体表面以上部分 $\not> AN^2:AR^2$。

于是 $AN^2:PV^2\not> AN^2:AR^2$,

从而 $PV\not< AR$,

以及 $PF\not< \dfrac{2}{3}AR$

$$\not< AO\text{。}$$

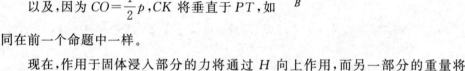

因此,若由 O 作 AC 的垂线,它将与 PF 相交于 P 及 F 之间的某一点 K。

以及,因为 $CO=\dfrac{1}{2}p$,CK 将垂直于 PT,如同在前一个命题中一样。

现在,作用于固体浸入部分的力将通过 H 向上作用,而另一部分的重量将通过 F 向下作用,在两种情况下都平行于 CK;从而有以下命题。

命题 6

给定旋转抛物体的一个正截段,其轴 AM 大于 $\dfrac{3}{4}p$,但 $AM:\dfrac{1}{2}p<15:4$,把它置于液体中,其轴相对于竖直线倾斜,使截段的底面只在一点触及液体,则它绝不会保持在这个位置。

假定旋转抛物体截段被放置在所述位置,作通过轴 AM 且垂直于液体表面的平面,与旋转抛物体交于抛物线 BAB',以及与液体表面所在平面交于 BQ。

在 AM 上取 C 使 $AC=2CM$(也就是使得 C 是旋转抛物体截段的重心),沿着 CA 量度 CK,使得

$$AM:CK=15:4\text{。}$$

于是按照假设,$AM:CK>AM:\dfrac{1}{2}p$;因此 $CK<\dfrac{1}{2}p$。

沿着 CA 量度 CO 等于 $\dfrac{1}{2}p$。又作 KR 垂直于 AC,与抛物线相交于 R。

作切线 PT 平行于 BQ，并通过 P 作直径 PV 等分 BQ 于 V，且与 KR 相交于 I。

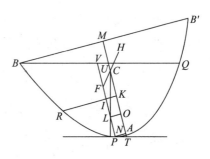

于是 $PV : PI \underset{\text{或}>}{=} KM : AK$，

"因为这是已经被证明了的[①]。"

以及 $CK = \dfrac{4}{15}AM = \dfrac{2}{5}AC$；

因而
$$AK = AC - CK = \frac{3}{5}AC = \frac{2}{5}AM。$$

于是
$$KM = \frac{3}{5}AM。$$

因此
$$KM = \frac{3}{2}AK。$$

由此可知
$$PV \underset{\text{或}>}{=} \frac{3}{2}PI，$$

故
$$PV \underset{\text{或}>}{=} 2IV。$$

设 F 是旋转抛物体浸入部分的重心，故 $PF = 2FV$。延长 FC 至液面以上部分的重心 H。

作 OL 垂直于 PV。

于是因为 $CO = \dfrac{1}{2}p$，CL 必定垂直于 PT，且因此垂直于液体表面。

---

① 我们对哪一本著作包含了这个命题的证明一无所知。以下的证明比（在托雷利版本的附录中）鲁伯逊的更为简洁。

设 BQ 与 AM 相交于 U，并设 PN 是 P 相对于 AM 的纵坐标。

我们需要证明 $PV \cdot AK \underset{\text{或}>}{=} PI \cdot KM$，或换句话说，

$(PV \cdot AK - PI \cdot KM)$ 为正数或为零。

现在
$$PV \cdot AK - PI \cdot KM = AK \cdot PV - (AK - AN)(AM - AK)$$
$$= AK^2 - AK(AM + AN - PV) + AM \cdot AN$$
$$= AK^2 - AK \cdot UM + AM \cdot AN，（因为 AN = AT）。$$

现在
$$UM : BM = NT : PN。$$

因此
$$UM^2 : p \cdot AM = 4AN^2 : p \cdot AN，$$

从而
$$UM^2 = 4AM \cdot AN，$$

或者
$$AM \cdot AN = \frac{UM^2}{4}。$$

因此
$$PV \cdot AK - PI \cdot KM = AK^2 - AK \cdot UM + \frac{UM^2}{4} = \left(AK - \frac{UM}{2}\right)^2，$$

所以 $PV \cdot AK - PI \cdot KM$ 不可能为负。

作用于旋转抛物体浸入部分及液面以上部分的力分别沿着通过 F 与 H 且平行于 CL 的方向朝上及朝下作用。

从而旋转抛物体不能保持在 B 恰好触及液体表面的位置，而必定朝着使得角 PTM 增加的方向转动。

对 I 点不在 VP 而在 VP 延长线上的情形，证明相同，如在第二幅图中[①]。

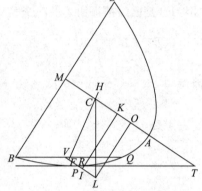

采取用于第 322 页中的记法，若底面 BB' 在 B 点触及液体表面，我们有

$$BM = BV\sin\theta + PN,\text{[②]}$$

且由抛物线的性质，

$$BV^2 = (p + 4AN)PV$$
$$= pk(1 + \cot^2\theta)$$

因此，
$$\sqrt{ph} = \sqrt{pk} + \frac{p}{2}\cot\theta。$$

为了得到本命题的结果，我们必须在本方程与以下方程中消去 k，

$$x' - x = \cos\theta\left\{\frac{p}{4}(\cot^2\theta + 2) - \frac{2}{3}(h - k)\right\}。$$

由第一个方程我们有，

$$k = h - \sqrt{ph}\cot\theta + \frac{p}{4}\cot^2\theta，$$

或
$$h - k = \sqrt{ph}\cot\theta - \frac{p}{4}\cot^2\theta。$$

因此，

$$x' - x = \cos\theta\left\{\frac{p}{4}(\cot^2\theta + 2) - \frac{2}{3}\left(\sqrt{ph}\cot\theta - \frac{p}{4}\cot^2\theta\right)\right\}$$
$$= \cos\theta\left\{\frac{p}{4}\left(\frac{5}{3}\cot^2\theta + 2\right) - \frac{2}{3}\sqrt{ph}\cot\theta\right\}。$$

于是若固体不可能永远保持在所述位置，而必须朝着增加角 PTM 的方向转动，则不管 θ 取什么值，括号中的表达式必定为正。

因此
$$\left(\frac{2}{3}\right)^2 ph < \frac{5}{6}p^2，$$

---

① 有趣的是，托雷利、尼采和海贝格给出的图都不正确，因为他们都把我称为 I 的点置于 BQ 上而不是置于 VP 的延长线上。

② 图中未明显标注 N 和 Q，按照第 322 页图所示，θ 是角 PTM，而 N 是 P 至 MT 垂线的垂足。——译者注

或
$$h < \frac{15}{8}p。$$

命题 7

给定旋转抛物体的一个正截段，它比液体轻，且其轴 AM 大于 $\frac{3}{4}p$，但 AM：$\frac{1}{2}p$ <15：4，若把它置于液体中，使其底面完全沉没，则它绝不会保持于底面只在一点触及液体表面的这个位置。

假定固体这样放置在所述位置，使底面只有一点（B）触及液体表面。设通过 B 与轴 AM 的平面截旋转抛物体于抛物线 BAB'，并与液体表面所在平面交于抛物线的弦 BQ。

设 C 为截段的重心，故 AC＝2CM；沿着 CA 量度 CK，使得
$$AM：CK = 15：4。$$

由此可知
$$CK < \frac{1}{2}p。$$

沿着 CA 度量 CO 等于 $\frac{1}{2}p$。又作 KR 垂直于 AM，与抛物线相交于 R。

在 P 作抛物线的切线 PT 平行于 BQ，并通过 P 作直径 PV 等分 BQ 于 V，PV 是旋转抛物体在液面以上部分的轴。

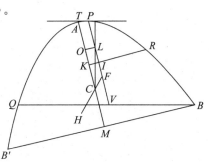

于是，如同在前一个命题，我们证明
$$PV \underset{或>}{=} \frac{3}{2}PI，$$

以及
$$PI \underset{或>}{=} 2IV。$$

设 F 是固体在液面以上部分的重心；连接 FC 并延长至 H——沉没部分的重心。

作 OL 垂直于 PV；且如以前一样，因为 $CO = \frac{1}{2}p$，故 CL 垂直于切线 PT。

而分别通过 F，H 且平行于 CL 的两条线均垂直于液体表面；于是命题如前一样得到确认。

对 I 不在 VP 而在 VP 延长线上的情形，证明相同。

命题 8

给定形状为旋转抛物体正截段的一个固体,旋转体的轴 AM 大于 $\frac{3}{4}p$,但 $AM : \frac{1}{2}p < 15 : 4$,其比重与液体比重之比小于 $\left(AM - \frac{3}{4}p\right)^2 : AM^2$。于是,若把固体置于液体中,其底面不触及液体,且其轴与竖直线成一个角度,则该固体不会回到其轴竖直的位置,并将不会保持在任何其他位置,除非轴与液体表面构成如下所述的一定角度。

取 am 等于轴 AM,并设 c 是 am 上的一点,使得 $ac = 2cm$。沿着 ca 度量 co 等于 $\frac{1}{2}p$,以及沿着 oc 度量 or 等于 $\frac{1}{2}ao$。

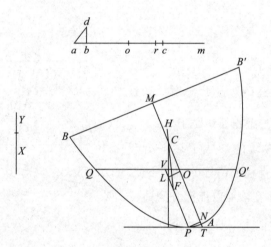

设 $X + Y$ 是这样一条直线,它使得

$$固体的比重 : 液体的比重 = (X+Y)^2 : am^2, \qquad (\alpha)$$

并假定 $X = 2Y$。

现在

$$ar = \frac{3}{2}ao = \frac{3}{2}\left(\frac{2}{3}am - \frac{1}{2}p\right)$$

$$= am - \frac{3}{4}p$$

$$= AM - \frac{3}{4}p。$$

因此,根据假设,

$$(X+Y)^2 : am^2 < ar^2 : am^2,$$

这里 $X+Y<ar$,且因此 $X<ao$。

沿着 oa 度量 ob 等于 X,并作 bd 垂直于 ab,其长度使得

$$bd^2=\frac{1}{2}co\cdot ab。 \qquad (\beta)$$

连接 ad。

兹置该固体于液体中,其轴 AM 与竖直线成任意角度。通过 AM 作一个平面垂直于液体表面,并设该平面截旋转抛物面于抛物线 BAB',以及截液体表面于抛物线的弦 QQ'。

作切线 PT 平行于 QQ',切点为 P,且设 PV 为等分 QQ' 于 V 的直径(即固体的浸入部分的轴),PN 是 P 的纵坐标。

沿着 AM 度量 AO 等于 ao,以及沿着 OM 度量 OC 等于 oc,并作 OL 垂直于 PV。

I. 假定角 OTP 大于角 dab。

于是 $$PN^2:NT^2>db^2:ba^2。$$

但 $$PN^2:NT^2=p:4AN$$
$$=co:NT,$$

以及 $$db^2:ba^2=\frac{1}{2}co:ab,由(\beta)式。$$

因此 $$NT<2ab,$$

或 $$AN<ab,$$

因而 $$NO>bo(因为\ ao=AO)$$
$$>X。$$

现在 $$(X+Y)^2:am^2=固体的比重:液体的比重$$
$$=浸入部分:固体的其余部分$$
$$=PV^2:AM^2,$$

故 $$X+Y=PV。$$

但 $$PL(=NO)>X$$
$$>\frac{2}{3}(X+Y),因为\ X=2Y,$$
$$>\frac{2}{3}PV,$$

或 $$PV<\frac{3}{2}PL,$$

且因此 $\qquad PL>2LV$。

在 PV 上取 F 点使得 $PF=2FV$，也就是使得 F 是固体浸入部分的重心。

另外，$AC=ac=\dfrac{2}{3}am=\dfrac{2}{3}AM$，且因此 C 是整个固体的重心。

连接 FC 并延长至 H——固体在液面以上部分的重心。

兹因为 $CO=\dfrac{1}{2}p$，CL 垂直于液体表面；因此，通过 F 与 H 的 CL 的平行线也是如此。但浸入部分的力通过 F 向上作用，而固体其余部分的力通过 H 向下作用。

因此，固体不会静止而会朝着减小角 MTP 的方向转动。

II. 假定角 OTD 小于角 dab。在这种情况下，替代以上结果，我们有以下关系式，

$$AN>ab,$$
$$NO<X。$$

另外，$\qquad PV>\dfrac{3}{2}PL$，

且因此，$\qquad PL<2LV$。

作 PF 等于 $2FV$，使得 F 是浸入部分的重心。

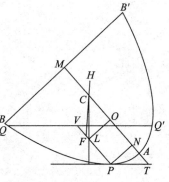

另外，与前相同，我们证明在这种情况下，固体会朝着增加角 MTP 的方向转动。

III. 当角 MTP 等于角 dab 时，在所得结果中用等号替代不等号，且 L 本身是浸入部分的重心。于是所有的力都作用在一条直线（竖直线 CL）上；因此是一种平衡状态，固体会静止在所述位置。

采取前面用过的记法

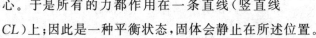

$$x'-x=\cos\theta\left\{\frac{p}{4}(\cot^2\theta+2)-\frac{2}{3}(h-k)\right\},$$

把花括号中的数字等于零可以得到平衡条件。于是我们有

$$\frac{p}{4}\cot^2\theta=\frac{2}{3}(h-k)-\frac{p}{2}。$$

容易验证，满足本方程的角度与阿基米德确定的角度完全相同。因为在上述命题中，

$$\frac{3X}{2}=PV=k，$$

因而，
$$ab = \frac{2}{3}h - \frac{p}{2} - \frac{2}{3}k = \frac{2}{3}(h-k) - \frac{p}{2}.$$

此外，
$$bd^2 = \frac{p}{4} \cdot ab.$$

由此可知
$$\cot^2 \angle dab = \frac{ab^2}{bd^2} = \frac{4}{p}\left\{ \frac{2}{3}(h-k) - \frac{p}{2} \right\}.$$

命题 9

给定形状为旋转抛物体正截段的一个固体，旋转体的轴 AM 大于 $\frac{3}{4}p$，但 $AM : \frac{1}{2}p < 15 : 4$，其比重与液体比重之比大于 $\left\{ AM^2 - \left(AM - \frac{3}{4}p \right)^2 \right\} : AM^2$，于是，若把固体置于液体中，其轴相对于竖直线倾斜一个角度，但其底面完全在液面以下，则该固体将不会回到其轴竖直的位置，并且不会保持在任何其他位置，除非轴与液体表面成上一个命题中所述的一定角度。

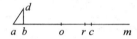

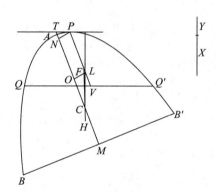

取 am 等于 AM，并在 am 上取一点 c，使得 $ac = 2cm$。沿着 ca 度量 co 等于 $\frac{1}{2}p$，沿着 ac 度量 ar，使得 $ar = \frac{3}{2}ao$。

设 $X + Y$ 是这样一条直线，它使得
$$\text{固体的比重：液体的比重} = [am^2 - (X+Y)^2] : am^2,$$
并假定 $X = 2Y$。

现在
$$ar = \frac{3}{2}ao$$
$$= \frac{3}{2}\left(\frac{2}{3}am - \frac{1}{2}p \right)$$

$$= AM - \frac{3}{4}p。$$

因此，根据假设，

$$(am^2 - ar^2) : am^2 < \{am^2 - (X+Y)^2\} : am^2,$$

从而 $$(X+Y) < ar,$$

且 $$X < ao。$$

取 ob（沿着 oa 度量）等于 X，并作 bd 垂直于 ad，且其长度使得

$$bd^2 = \frac{1}{2}co \cdot ab。$$

连接 ad。

兹假定固体放置如图，其轴 AM 相对于竖直线倾斜。通过 AM 作一个平面垂直于液体表面，该平面截固体于抛物线 BAB'，以及截液体表面于 QQ'。

设 PT 是平行于 QQ' 的切线，直径 PV（即旋转抛物体在液面以上部分的轴）等分 QQ' 于 V，PN 是 P 的纵坐标。

I. 假定角 MTP 大于角 dab。设 AM 像以前一样被截于 C 与 O，使得 $AC = 2CM$，$OC = \frac{1}{2}p$，以及因此 AM，am 被等分。作 OL 垂直于 PV。

于是，与上一个命题相同，

$$PN^2 : NT^2 > db^2 : ba^2,$$

因而 $$co : NT > \frac{1}{2}co : ab,$$

且 $$AN < ab。$$

由此可知 $$NO > bo$$
$$> X。$$

又因为固体与液体的比重之比等于固体的浸入部分与整体之比，

$$[AM^2 - (X+Y)^2] : AM^2 = (AM^2 - PV^2) : AM^2,$$

或 $$(X+Y)^2 : AM^2 = PV^2 : AM^2。$$

也就是 $$X+Y = PV。$$

又 $$PL（或 NO） > X$$
$$> \frac{2}{3}PV,$$

故 $$PL > 2LV。$$

在 PV 上取 F 点使得 $PF = 2FV$。于是 F 是该固体在液面以上部分的重心。

现在，$CO=\dfrac{1}{2}p$，CL 垂直于 PT 与液体表面；作用于固体浸入部分的力沿着 CL 的平行线通过 H 向上，而固体其余部分的重量沿着 CL 的平行线通过 F 向下作用。

因此，固体不会保持静止而会转向减小角 MTP 的方向。

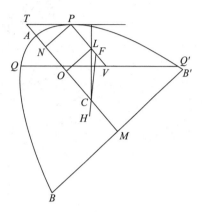

II. 与前一个命题完全相同，若角 MTP 小于角 dab，我们可以证明，固体不会保持在原位，而会朝着增加 $\angle MTP$ 的方向转动。

III. 若角 MTP 等于角 dab，固体将静止在那个位置，因为 L 与 F 重合，且所有的力沿着一条直线 CL 作用。

命题 10

给定形状为旋转抛物体正截段的一个固体，其轴 AM 的长度使得 $AM:\dfrac{1}{2}p>15:4$，若该固体被置于比重比它大的液体中，使其底面完全在液面之上，研究它的静止位置。

（准备工作）

假定旋转抛物体截段被通过其轴 AM 的平面截得抛物线弓形 BAB_1，这里 BB_1 是其底线。

分 AM 于 C 使得 $AC=2CM$，并沿着 CA 度量 CK 使得

$$AM:CK=15:4,\qquad\qquad (\alpha)$$

从而根据假设，$CK>\dfrac{1}{2}p$。

假定沿着 CA 度量 CO 等于 $\dfrac{1}{2}p$，并在 AM 上取 R 点，使得 $MR=\dfrac{3}{2}CO$。

于是　　　　　　　　$AR=AM-MR$

$$=\dfrac{3}{2}(AC-CO)$$

$$=\dfrac{3}{2}AO.$$

连接 BA，作 KA_2 垂直于 AM，与 BA 相交于 A_2，等分 BA 于 A_3，并作 A_2M_2，A_3M_3 平行于 AM，分别与 BM 相交于 M_2，M_3。

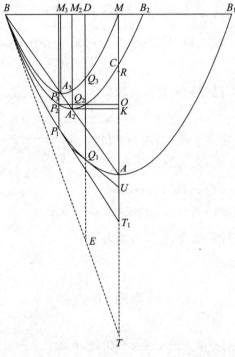

以 A_2M_2，A_3M_3 为轴作抛物线弓形，类似于弓形 BAB_1。（由相似三角形的性质可知，BM 是轴为 A_2M_2 的弓形的底线，而 BB_2 是轴为 A_3M_3 的弓形的底线，这里 $BB_2=2BM_2$。）

于是抛物线 BA_2B_2 将通过 C。

因为

$$BM_2 : M_2M = BM_2 : A_2K$$
$$= KM : AK$$
$$= (CM+CK) : (AC-CK)$$
$$= \left(\frac{1}{3}+\frac{4}{15}\right)AM : \left(\frac{2}{3}-\frac{4}{15}\right)AM$$
$$= 3 : 2$$
$$= MA : AC。 \tag{β}$$

于是由《抛物线弓形求积》命题 4 的逆可知，C 在抛物线 BA_2B_2 上。

另外，若由 O 作 AM 的垂线，它将与抛物线 BA_2B_2 相交于 Q_2，P_2 两点。作直线 $Q_1Q_2Q_3D$ 通过 Q_2 并平行于 AM，分别与抛物线 BAB_1，BA_3M 相交于 Q_1，Q_3 及与 BM 相交于 D；并设 $P_1P_2P_3$ 是通过 P_2 与 AM 对应的平行线。设在 P_1，Q_1 的外抛物线的切线分别与 MA 的延长线相交于 T_1，U。

于是,因为三个抛物线弓形相似并相似地放置,它们的底边在同一条直线上,并有一个公共端点,且因为 $Q_1Q_2Q_3D$ 是对所有三个弓形公共的直径,可知

$$Q_1Q_2 : Q_2Q_3 = (B_2B_1 : B_1B) \cdot (BM : MB_2)^{①}。$$

现在 　　　　　　$B_2B_1 : B_1B = MM_2 : BM$ 　　　　　　　（被 2 除）

$$= 2 : 5,$$ 　　　　　　借助前面（β）式。

以及 　　　　　　$BM : MB_2 = BM : (2BM_2 - BM)$

$$= 5 : (6-5)$$ 　　　　借助（β）式,

$$= 5 : 1。$$

由此可知 　　　　　　$Q_1Q_2 : Q_2Q_3 = 2 : 1,$

或 　　　　　　　　　　$Q_1Q_2 = 2Q_2Q_3。$

类似地 　　　　　　　$P_1P_2 = 2P_2P_3。$

另外,因为 　　　　　　$MR = \dfrac{3}{2}CO = \dfrac{3}{4}p,$

$$AR = AM - MR$$

$$= AM - \dfrac{3}{4}p。$$

（陈述）

若把旋转抛物体截段置于液体中,其底面完全在液面之上,则

I. 若

$$固体比重 : 液体比重 \not< AR^2 : AM^2$$

$$\left[\not< \left(AM - \dfrac{3}{4}p\right)^2 : AM^2\right],$$

---

① 这个结果被认为成立而无证明,毫无疑问,这可以很容易地由《抛物线弓形求积》命题 5 导出。兹推导如下。

首先,因为 AA_2A_3B 是直线,且用普通的记法,$AN = AT$（这里 PT 是在 P 的切线及 PN 是纵坐标）,由相似三角形的性质可知,在 B 的外抛物线切线是其他两条抛物线在同一点 B 的切线。

兹由所引的命题,若延长 $DQ_3Q_2Q_1$ 与切线 BT 相交于 E,则

$$EQ_3 : Q_3D = BD : DM,$$

因而 　　　　　　　　$EQ_3 : ED = BD : BM。$

类似地 　　　　　　　$EQ_2 : ED = BD : BB_2,$

以及 　　　　　　　　$EQ_1 : ED = BD : BB_1。$

前两个性质等价于 　　$EQ_3 : ED = BD \cdot BB_2 : BM \cdot BB_2,$

以及 　　　　　　　　$EQ_2 : ED = BD \cdot BM : BM \cdot BB_2。$

二者相减, 　　　　　　$Q_2Q_3 : ED = BD \cdot MB_2 : BM \cdot BB_2。$

类似地, 　　　　　　　$Q_1Q_2 : ED = BD \cdot B_2B_1 : BB_2 \cdot BB_1。$

由此可知, 　　　　　　$Q_1Q_2 : Q_2Q_3 = (B_2B_1 : B_1B) \cdot (BM : MB_2)。$

固体将静止在轴 AM 竖直的位置。

II. 若

$$固体比重：液体比重 < AR^2 : AM^2,$$

但

$$> Q_1Q_3^2 : AM^2,$$

固体将不会静止在其底面仅在一点触及液体表面的位置，而静止在以下位置：其底面不在任一点触及液体表面，且其轴与液体表面成一个大于 U 的角度。

III. a 若

$$固体比重：液体比重 = Q_1Q_3^2 : AM^2,$$

固体将静止并保持在这样一个位置，其底面仅在一点触及液体表面，且其轴与液体表面成一个等于 U 的角度。

III. b 若

$$固体比重：液体比重 = P_1P_3^2 : AM^2,$$

固体将静止并保持在这样一个位置，其底面仅在一点触及液体表面，且其轴与液体表面成一个等于 T_1 的角度。

IV. 若

$$固体比重：液体比重 > P_1P_3^2 : AM^2,$$

但

$$< Q_1Q_3^2 : AM^2,$$

固体将静止并保持在其底面浸入更多的位置。

V. 若

$$固体比重：液体比重 < P_1P_3^2 : AM^2,$$

固体将静止在这样一个位置，其轴倾斜而与液体表面成一个小于 T_1 的角度，且其底面甚至不在一点触及液体表面。

（证明）

I. 因为 $AM > \dfrac{3}{4}p$，且

$$固体比重：液体比重 \nless \left(AM - \dfrac{3}{4}p\right)^2 : AM^2,$$

由命题 4 可知，固体当轴竖直时将处于稳定平衡状态。

II. 在这种情形

$$固体比重：液体比重 < AR^2 : AM^2,$$

但

$$> Q_1Q_3^2 : AM^2$$

假定比重之比等于 $\qquad l^2 : AM^2,$

于是，$Q_1Q_3 < l < AR$。

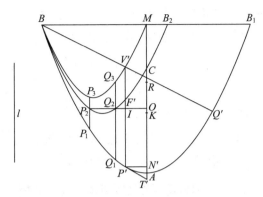

置 $P'V'$ 于两条抛物线 BAB_1, BP_3Q_3M 之间,它等于 l 及平行于 AM;[①]且设 $P'V'$ 与中间抛物线相交于 F'。

于是,根据与前相同的证明,我们得到

$$P'F' = 2F'V'。$$

设外抛物线在 P' 的切线 $P'T'$ 与 MA 相交于 T',并设 $P'N'$ 是 P' 的纵坐标。

连接 BV' 并延长至与外抛物线相交于 Q'。设 OQ_2P_2 与 $P'V'$ 相交于 I。

---

① 阿基米德并未给出这个问题的解,但我们可以提供如下。

设 BR_1Q_1, BRQ_2 是两个相似及相似地放置的抛物线弓形,它们的底边在同一条线上,并设 BE 是在 B 的公共切线。

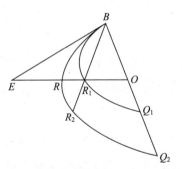

假定问题已解决,且设 ERR_1O 平行于轴,与抛物线相交于 R, R_1 及与 BQ_2 相交于 O,使得 RR_1 等于 l。

于是我们仍然有

$$ER_1 : EO = BO : BQ_1$$
$$= BO \cdot BQ_2 : BQ_1 \cdot BQ_2$$

以及

$$ER : EO = BO : BQ_2$$
$$= BO \cdot BQ_1 : BQ_1 \cdot BQ_2。$$

二式相减得

$$RR_1 : EO = BO \cdot Q_1Q_2 : BQ_1 \cdot BQ_2$$

或

$$BO \cdot OE = l \cdot \frac{BQ_1 \cdot BQ_2}{Q_1Q_2},$$这是已知的。

且比值 $BO : BE$ 是已知的。因此可以找到 BO^2 或 OE^2,进而找到 O。

现在,对两个相似的且相似地放置的抛物线弓形,其底边 $BMBB_1$ 在同一条直线上,作直线 $BV'Q'$,则 BV',BQ' 与底边成相同的角度,

$$BV' : BQ' = BM : BB_1 [①]$$
$$= 1 : 2,$$

故
$$BV' = V'Q'。$$

假定把旋转抛物体截段如上所述置于液体中,其轴相对于竖直线倾斜一个角度,其底面仅只一点 B 触及液体表面。设固体被一个通过轴且垂直于液体表面的平面切割,并设平面与固体交于抛物线弓形 BAB',以及与液体表面平面交于 BQ。

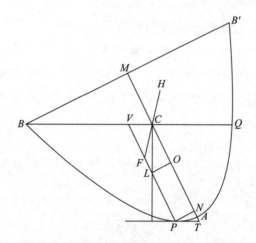

在 AM 上取 C,O 如上所述。于 P 作抛物线切线,它平行于 BQ,并与 AM 相交于 T;又设 PV 是等分 BQ(即固体浸入部分的轴)的直径。

于是

$$l^2 : AM^2 = 固体比重:液体比重$$
$$= 浸入部分:整个固体$$
$$= PV^2 : AM^2,$$

因而 $\qquad P'V'=l=PV$。

于是，二图中的弓形，即 $BP'Q',BPQ$，相等且相似。

因此，$\qquad \angle PTN=\angle P'T'N'$。

另外，$\qquad AT=AT',AN=AN',PN=P'N'$。

现在，在第一幅图中，$P'I<2IV'$。

因此，若在第二幅图中，OL 垂直于 PV，则

$$PL<2LV。$$

在 LV 上取 F 使得 $PF=2FV$，即 F 点是固体浸入部分的重心。而 C 是整个固体的重心。连接 FC 并延长它至 H——液体表面以上部分的重心。

兹因为 $CO=\dfrac{1}{2}p,CL$ 垂直于在 P 的切线与液体表面。于是像以前一样，我们证明了固体不会静止于 B 触及液体表面的位置，而会朝着角 PTN 增加的方向转动。

从而，在静止位置，轴 AM 与液体表面所成角度必定大于在 Q_1 的切线与 AM 所成的角度 U。

III. a 在这种情况

$$固体比重：液体比重=Q_1Q_3^2：AM^2。$$

置旋转抛物体截段于液体中，其底面不触及液体表面，其轴倾斜而与竖直线成一个角度。

设通过 AM 且垂直于液体表面的一个平面，截旋转抛物体于抛物线 BAB' 及截液体表面于 QQ'。设 PT 是平行于 QQ' 的切线，PV 是等分 QQ' 的直径，PN 是 P 的纵坐标。

像前面一样分 AM 于 C,O。

在另一图中设 Q_1N' 是 Q_1 的纵坐标。连接 BQ_3 并延长之与外抛物线相交于 q。于是 $BQ_3=Q_3q$ 点，且切线 Q_1U 平行于 Bq。现在

$$Q_1Q_3^2：AM^2 =固体比重：液体比重$$
$$=浸入部分：整个固体$$
$$=PV^2：AM^2。$$

因此 $Q_1Q_3=PV$；且旋转抛物体截段 QPQ',BQ_1q 体积相等。后者的底面通过 B，而前者的底面通过 Q,Q 离 A 比 B 离 A 更近些。

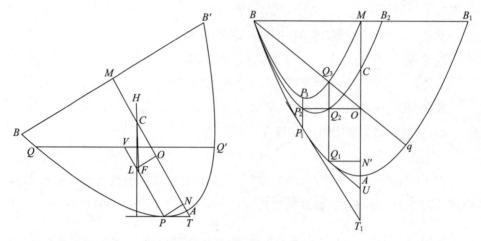

由此可知，QQ' 与 BB' 之间的角度小于角 B_1Bq。

因此

$$\angle U < \angle PTN,$$

因而

$$AN' > AN,$$

且因此

$$N'O（或 Q_1Q_2）< PL,$$

其中 OL 垂直于 PV。

因为 $Q_1Q_2 = 2Q_2Q_3$，可知

$$PL > 2LV。$$

因此，固体浸入部分的重心 F 在 P 与 L 之间，与前一样，CL 垂直于液体表面。

延长 FC 至 H——固体在液面以上部分的重心，我们看到固体必定会朝着减少角 PTN 的方向转动，直到底面的一点 B 正好触及液体表面。

若情况如此，我们将有截段 BPQ 等于且相似于截段 BQ_1q，角 PTN 等于角 U，以及 AN 等于 AN'。

从而在这种情形，$PL = 2LV$，且 F，L 重合，故 F，C，H 全部在一条竖直线上。

于是旋转抛物体将保持在以下位置：底面的一点 B 触及液体表面，轴与液体表面成角 U。

III. b 在这种情形

$$固体比重：液体比重 = P_1P_3^2 : AM^2，$$

我们可以用同样的方法证明，若固体被置于液体中，使其轴相对于竖直线倾斜，且其底面不处触及液体表面，固体将静止在以下位置：底面仅一点触及液体表面，且轴相对于它倾斜一个等于角 T_1 的角度（第 336 页上的图）。

Ⅳ. 在这种情形

$$固体比重：液体比重＞P_1P_3^2：AM^2，$$

但 $$＜Q_1Q_3^2：AM^2，$$

假定这个比值是 $l^2：AM^2$，故 l 大于 P_1P_3 但小于 Q_1Q_3。

置 $P'V'$ 于抛物线 $BP_1Q_1，BP_3Q_3$ 之间，使得 $P'V'$ 等于 l 且平行于 AM，并设 $P'V'$ 与中间抛物线相交于 F'，且与 OQ_2P_2 相交于 I。

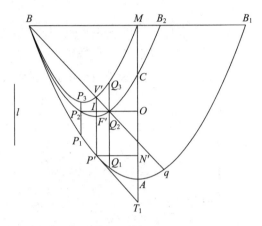

连接 BV' 并延长，使之与外抛物线相交于 q。

于是像以前一样，$BV'=V'q$，以及相应地，在 P' 的切线 $T'P'$ 平行于 Bq。设 $P'N'$ 是 P' 的纵坐标。

1. 兹放置截段于液体中，轴相对于竖直线倾斜，但底面不处触及液体表面。

设通过 AM 且垂直于液体表面的一个平面截旋转抛物体于抛物线 BAB' 及截液体表面平面于 QQ'。设 PT 是平行于 QQ' 的切线，PV 是等分 QQ' 的直径。如前一样分 AM 于 $C，O$，并作 OL 垂直于 PV。

于是如前一样，我们有 $PV=l=P'V'$。

这样，旋转抛物体的截段 $BP'q$，QPQ' 体积相等；且由此可知，QQ' 与 BB' 之间的角小于角 B_1Bq。

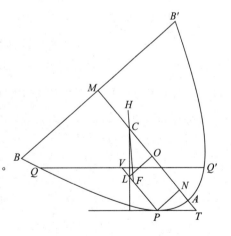

因此 $\angle P'T'N' < \angle PTN$，

且 $AN' > AN$，

故 $NO > N'O$，

即 $PL > P'I$，

进而 $PL > P'F'$。

于是 $PL > 2LV$，故固体浸入部分的重心 F 在 L 与 P 之间，而 CL 垂直于液体表面。

若我们延长 FC 至 H——固体在液面以上部分的重心，我们可以证明该固体不会静止不动，而会朝着减少角 PTN 的方向转动。

2. 其次设旋转抛物体以这样的方式置于液体中，其底面仅在 B 触及液体表面，且设其构形如前一样。

于是 $PV = P'V'$，且截段 BPQ，$BP'q$ 相等且相似，使得

$$\angle PTN = \angle P'T'N'。$$

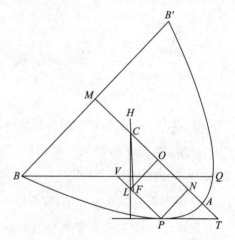

由此可知 $AN = AN'$，$NO = N'O$，

且因此 $P'I = PL$，

从而 $PL > 2LV$。

这样，F 又在 P 与 L 之间，且像以前一样，旋转抛物体会朝着减少角 PTN 的方向转动，也就是使得底面沉没更多。

Ⅴ. 在这种情形

$$固体比重：液体比重 < P_1P_3^2 : AM^2。$$

若该比值等于 $l^2 : AM^2$，$l < P_1P_3$，置 $P'V'$ 于抛物线 BP_1Q_1 与 BP_3Q_3 之间，长度为 l 且平行于 AM。设 $P'V'$ 与中间抛物线相交于 F' 且与 OP_2 相交于 I。

连接 BV' 并延长它与外抛物线相交于 q。于是与前一样，$BV' = V'q$，且切线 $P'T'$ 平行于 Bq。

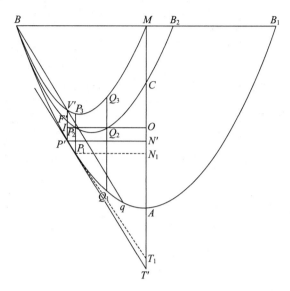

1. 设旋转抛物体以这样的方式放置于液体中,其底面仅在一点触及液体表面。

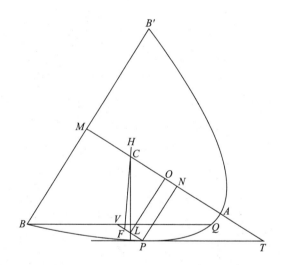

设通过 AM 且垂直于液体表面的一个平面截旋转抛物体于抛物线 BAB',以及截液体表面平面于 BQ。

作通常的构形,我们发现

$$PV = l = P'V',$$

且弓形 BPQ,BP_1q 相等又相似。

因此 $\angle PTN = \angle P'T'N'$,

且	$AN=AN',N'O=NO$。
故	$PL=P'I$,
从而可知	$PL<2LV$。

于是固体浸入部分的重心 F 在 L 与 V 之间,而 CL 垂直于液体表面。

延长 FC 至固体在液面以上部分的重心 H,我们同样可以证明该固体将不会静止,而会朝着角增加 PTN 的方向转动,使得底面不触及液体表面。

2. 然而固体将静止在其轴与液体表面成一个小于角度 T_1 的位置。

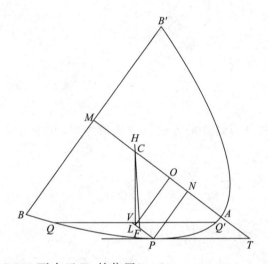

把它放在角 PTN 不小于 T_1 的位置。

于是,用与前面相同的构形,$PV=l=P'V'$。

且因为	$\angle T\not<\angle T_1$,
	$AN\not>AN_1$,

因此 $NO\not<N_1O$,这里 P_1N_1 是 P_1 的纵坐标。

从而	$PL\not<P_1P_2$,
又	$P_1P_2>P'F'$。

因此	$PL>\dfrac{2}{3}PV$,

故固体浸入部分的重心 F 在 P 与 L 之间

于是固体会朝着角 PTN 减少的方向转动,直到该角度小于 $\angle T_1$。

与前面一样,若 x,x' 分别是由 T 到 C,F 在 TP 上的正交投影的距离,则我们有

$$x'-x=\cos\theta\left\{\frac{p}{4}(\cot^2\theta+2)-\frac{2}{3}(h-k)\right\},\tag{1}$$

其中 $h=AM, k=PV$。

此外，若底面 BB' 仅在一点 B 接触液体表面，则如在命题 6 后面的注所述，我们进而有

$$\sqrt{ph} = \sqrt{pk} + \frac{p}{2}\cot\theta, \tag{2}$$

以及

$$h - k = \sqrt{ph}\cot\theta - \frac{p}{4}\cot^2\theta。 \tag{3}$$

设旋转抛物体的轴关于液体表面倾斜 θ 角且处于平衡，B 点正好触及液体表面，为了找到 h 与 θ 之间的关系，我们消去 k 并让（1）式中的花括号等于零；于是

$$\frac{p}{4}\left(\cot^2\theta + 2\right) - \frac{2}{3}\left(\sqrt{ph}\cot\theta - \frac{p}{4}\cot^2\theta\right) = 0,$$

或

$$5p\cot^2\theta - 8\sqrt{ph}\cot\theta + 6p = 0。 \tag{4}$$

θ 值的两个解由下式给出

$$5\sqrt{p}\cot\theta = 4\sqrt{h} \pm \sqrt{16h - 30p}。 \tag{5}$$

在阿基米德的命题中，下部的符号"$-$"对应于角 U，上部的符号"$+$"对应于角 T_1，这可以验证如下。

在阿基米德的第一幅图中第 336 页我们有

$$AK = \frac{2}{5}h,$$

$$M_2 D^2 = \frac{3}{5}p \cdot OK = \frac{3}{5}p\left(\frac{2}{3}h - \frac{2}{5}h - \frac{1}{2}p\right)$$

$$= \frac{3}{5}p\left(\frac{4}{15}h - \frac{1}{2}p\right)。$$

若 $P_1 P_2 P_3$ 与 BM 相交于 D'，则

$$\left.\begin{array}{c} M_3 D \\ M_3 D' \end{array}\right\} = M_2 D \pm M_3 M_2$$

$$= \sqrt{\frac{3}{5}p\left(\frac{4}{15}h - \frac{1}{2}p\right)} \pm \frac{1}{10}\sqrt{ph},$$

以及

$$\left.\begin{array}{c} MD \\ MD' \end{array}\right\} = MM_2 \mp M_2 D$$

$$= \frac{2}{5}\sqrt{ph} \mp \sqrt{\frac{3}{5}p\left(\frac{4}{15}h - \frac{1}{2}p\right)}。$$

兹由抛物线的性质，

$$\cot\angle U = \frac{2MD}{p},$$

$$\cot\angle T_1 = \frac{2MD'}{p},$$

故

$$\frac{p}{2}\cot\begin{Bmatrix}\angle U\\\angle T_1\end{Bmatrix}=\frac{2}{5}\sqrt{ph}\mp\sqrt{\frac{3}{5}p\left(\frac{4}{15}h-\frac{1}{2}p\right)},$$

或

$$5\sqrt{p}\cot\begin{Bmatrix}\angle U\\\angle T_1\end{Bmatrix}=4\sqrt{h}\mp\sqrt{16h-30p},$$

与上面(5)式的结果一致。

为了找到比重的对应比值,即 k^2/h^2,我们必须应用(2)与(5)式,以及把 k 用 h 及 p 表达。

代入(5)式中包含的 $\cot\theta$ 值,(2)式给出

$$\sqrt{k}=\sqrt{h}-\frac{1}{10}(4\sqrt{h}\pm\sqrt{16h-30p})$$

$$=\frac{3}{5}\sqrt{h}\mp\frac{1}{10}\sqrt{16h-30p},$$

从而通过取平方得到

$$k=\frac{13}{25}h-\frac{3}{10}p\mp\frac{3}{25}\sqrt{h(16h-30p)}。 \tag{6}$$

下部的符号对应于角 U,上部的符号对应于角 T_1,为了验证阿基米德的结果,只需要说明 k 的两个值分别等于 Q_1Q_3,P_1P_3。

现在容易看出

$$Q_1Q_3=\frac{h}{2}-\frac{MD^2}{p}+\frac{2M_3D^2}{p},$$

$$P_1P_3=\frac{h}{2}-\frac{MD'^2}{p}+\frac{2M_3D'^2}{p},$$

因此,应用上面找到的 MD,MD',M_3D,M_3D' 的值,我们有

$$\begin{Bmatrix}Q_1Q_3\\P_1P_3\end{Bmatrix}=\frac{h}{2}+\frac{3}{5}\left(\frac{4h}{15}-\frac{p}{2}\right)-\frac{7h}{50}\pm\frac{6}{5}\sqrt{\frac{3h}{5}\left(\frac{4h}{15}-\frac{p}{2}\right)}$$

$$=\frac{13}{25}h-\frac{3}{10}p\pm\frac{3}{25}\sqrt{h(16h-30p)},$$

这正是上面(6)式中给出的 k 值。

引理汇编

命题 1

若两个圆在 A 相切，BD，EF 是它们的相互平行的直径，则 ADF 是一条直线。

原文中的证明只适用于二直径垂直于过切点半径的特殊情况，但只要做一个小小的改动就很容易使它适用于更一般的情况。

设 O，C 分别是两圆周的中心，连接 OC 并延长至 A。作 DH 平行于 AO，它与 OF 相交于 H。

于是，因为 $\qquad OH = CD = CA$，

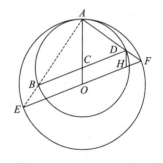

以及 $\qquad OF = OA$，

相减后得到 $\qquad HF = CO = DH$。

因此 $\qquad \angle HDF = \angle HFD$。

于是，三角形 CAD，HDF 都是等腰三角形，且它们的第三个角 ACD，DHF 彼此相等。因此，两个三角形中的一双等角也彼此相等，即

$$\angle ADC = \angle DFH \text{。}$$

对每个角都加上角 CDF，便有

$$\angle ADC + \angle CDF = \angle CDF + \angle DFH$$
$$= （\text{两个直角}）\text{。}$$

从而 ADF 是一条直线。

相同的证明适用于两个圆周在外部相切的情形。[①]

---

① 帕普斯认为，这个命题的结果与 $\alpha\varrho\beta\eta\lambda o\varsigma$ 有关（p. 214，胡尔奇编辑），他对两个圆周在外部相切的情形给出了证明（p. 840）。

命题 2

设 AB 是一个半圆的直径,它在 B 的切线与在任意其他点 D 的切线相交于 T。若现在作 DE 垂直于 AB,又若 AT 与 DE 相交于 F,则

$$DF = FE。$$

延长 AD 与 BT 的延长线相交于 H。因为半
圆中的角 ADB 是直角,角 BDH 也是直角;且
TB,TD 相等。

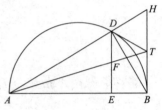

因此,T 是以 BH 为直径且通过 D 的圆的中心。

从而　　　　　$HT = TB$。
又因为 DE,HB 平行,故 $DF = FE$。

命题 3

设 P 是底边为 AB 的圆弓形上的任意点,并设 PN 垂直于 AB。在 AB 上取 D 使 $AN = ND$。若现在 PQ 是等于弧 PA 的一段弧,并连接 BQ,则 BQ,BD 相等。[①]

连接 PA,PQ,PD,DQ。
于是,因为弧 PA,PQ 相等,故

---

① 抄本插图中的弓形看来像是一个半圆,虽然本命题对任何弓形成立。但弓形为半圆的情形与托勒密的 $\mu\varepsilon\gamma\acute{\alpha}\lambda\eta\ \sigma\acute{\nu}\nu\tau\alpha\xi\iota\varsigma$ I. 9[p. 31,ed. Halma,见 Cantor,*Gesch. d. Mathematik*,I. (1894),p. 389 中的转述]有密切的关系。托勒密的目标是用一个方程把弧的弦的长度与半弧的弦的长度联系起来。他的步骤的实质性部分如下。假定 AP,PQ 是相等的弧,AB 是通过 A 的直径;连接 AP,PQ,AQ,PB,QB。沿着 BA 度量 BD 等于 BQ。现在作垂线 PN,且已经证明了 $PA = PD$,以及 $AN = ND$。

于是　　　$AN = \dfrac{1}{2}(BA - BD) = \dfrac{1}{2}(BA - BQ) = \dfrac{1}{2}\left(BA - \sqrt{BA^2 - AQ^2}\right)。$

且由相似三角形的性质,　　　　　　　$AN : AP = AP : AB。$

因此,　　　　　　　　　　　$AP^2 = AB \cdot AN$

$$= \frac{1}{2}\left(BA - \sqrt{BA^2 - AQ^2}\right) \cdot AB。$$

这里 AQ 及已知直径 AB 给出了 AP。若我们把所有各项都除以 AB^2,便立即可知,本命题给出了以下公式的一个几何证明

$$\sin^2\frac{\alpha}{2} = \frac{1}{2}(1 - \cos\alpha)。$$

弓形是半圆的这种情况,也使人联想起阿基米德在《圆的度量》命题 3 第二部分开始时用过的方法。那里证明了,

$$(AB + BQ) : AQ = BP : PA,$$

或者,把该命题的前两项除以 AB,我们得到

$$\frac{(1 + \cos\alpha)}{\sin\alpha} = \cot^2\frac{\alpha}{2}。$$

$$PA = PQ。$$

但因为 $AN = ND$，且在 N 的角是直角，故

$$PA = PD。$$

因此 $$PQ = PD，$$

以及 $$\angle PQD = \angle PDQ。$$

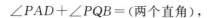

兹因为 A,P,Q,B 共圆，

$$\angle PAD + \angle PQB = （两个直角），$$

从而 $$\angle PDA + \angle PQB = （两个直角）$$

$$= \angle PDA + \angle PDB。$$

因此 $$\angle PQB = \angle PDB；$$

又因为它们各自的部分，角 PQD,PDQ 相等，故

$$\angle BQD = \angle BDQ，$$

以及 $$BQ = BD。$$

命题 4

若 AB 是一个半圆的直径，N 是 AB 上的任意点，另有两个半圆在第一个半圆中，分别以 AN,BN 为直径，包含在三个半圆周之间的图形，是"阿基米德所谓的 $\H{\alpha}\rho\beta\eta\lambda o\varsigma$[①]"；其面积等于以 PN 为直径的圆，这里 PN 垂直于 AB，与第一个半圆相交于 P。

因为 $$AB^2 = AN^2 + NB^2 + 2AN \cdot NB$$

$$= AN^2 + NB^2 + 2PN^2。$$

考虑到圆（或半圆）面积之比等于其半径（或直径）平方之比，故

在 AB 上的半圆＝（在 AN,NB 上的半圆之和）＋2（在 PN 上的半圆）。

也就是，以 PN 为直径的圆等于 AB 上的半圆减去 AN,BN 上半圆之和，即等于 $\H{\alpha}\rho\beta\eta\lambda o\varsigma$ 的面积。

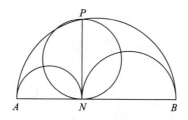

---

① $\H{\alpha}\rho\beta\eta\lambda o\varsigma$ 字面上的意义是'制鞋匠的刀'。见引言第二章评论的附注。

命题 5

设 AB 是一个半圆的直径，C 是 AB 上的任意点，CD 与 AB 垂直，并设在第一个半圆内有两个半圆，以 AC，CB 为直径。作二圆与 CD 相切于不同侧，且每个都切于两个半圆，则该二圆相等。

设二圆之一与 CD 相切于 E，与 AB 上的半圆相切于 F，以及与 AC 上的半圆相切于 G。

作该圆的直径 EH，它将垂直于 CD 并因此平行于 AB。

连接 FH，HA 与 FE，EB。于是由命题 1，因为 EH，AB 平行，则 FHA，FEB 都是直线。

因为同样的理由，AGE，CGH 都是直线。

作 AF 的延长线与 CD 相交于 D，并作 AE 的延长线与外部半圆相交于 I。连接 BI，ID。

于是，因为角 AFB，ACD 是直角，直线 AD，AB 将使得由其中之一的端点到另一的垂线相交于 E[①]。因此，由三角形的性质，AE 垂直于 B 至 D 的连线。

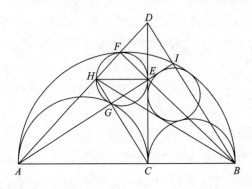

但 AE 垂直于 BI。

因此 BID 是一条直线。

兹因为在 G，I 的角是直角，CH 平行于 BD。

因此
$$AB : BC = AD : DH$$
$$= AC : HE,$$

故
$$AC \cdot CB = AB \cdot HE$$

类似地，若 d 是另一个圆的直径，我们可以证明
$$AC \cdot CB = AB \cdot d$$

---

① 即 B 至 AD 的垂线与 D 至 AB 的垂线相交于 E。——译者注

因此 $d = HE$，故二圆相等。[①]

如阿拉伯学者阿尔考依（Alkauhi）所指出的，这个命题可以更一般地陈述。若我们用两点 C,D 替代 AB 上的一点 C，并以 AC,BD 为直径的两个半圆，且若替代通过 C 的 AB 的垂线，我们作两个半圆的径向轴，则在径向轴两侧，与该轴以及两个半圆相切的圆相等。相应的证明是类似的，没有难点。

命题 6

设半圆的直径 AB 被分割于 C，使得 $AC = \dfrac{3}{2}CB$［或任意比值］。在半圆内分别以 AC,CB 为直径作两个半圆，并作一个圆与所有三个半圆相切。若 GH 是该圆的直径，找出 GH 与 AB 之间的关系。

设 GH 是平行于 AB 的圆的直径，并设该圆与分别以 AB,AC,CB 为直径的圆相切于 D,E,F。

连接 AG,GD,BH,HD，则由命题 1 可知，AGD,BHD 也是直线。

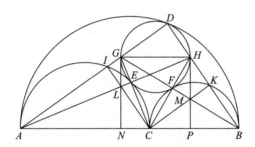

同理，AEH,BFG 是直线，且 CEG,CFH 也是直线。

设 AD 与以 AC 为直径的半圆相交于 I，并设 BD 与以 CB 为直径的半圆相交于 K。连接 CI,CK，分别与 AE,BF 相交于 L,M，且 GL,HM 的延长线分别与 AB 相交于 N,P。

于是在三角形 AGC 中，由 A,C 至对边的垂线相交于 L。因此，由三角形的性质，GLN 垂直于 AC。

类似地，HMP 垂直于 CB。

---

① 本结果依赖的性质，即
$$AB : BC = AC : HE$$
看来系帕普斯的一个命题（p.230,胡尔奇编辑）的中间步骤，它证明了在命题 5 的图中，
$$AB : BC = CE^2 : HE^2。$$
容易看出后一个命题的正确性。因为角 CEH 是一个直角，EG 垂直于 CH，故
$$CE^2 : EH^2 = CG : GH$$
$$= AC : HE。$$

再者,因为在 I,K,D 的角是直角,CK 平行于 AD,以及 CI 平行于 BD。

因此
$$AC : CB = AL : LH$$
$$= AN : NP,$$

以及
$$BC : CA = BM : MG$$
$$= BP : PN。$$

从而
$$AN : NP = NP : PB,$$

即 AN,NP,PB 成连比例。[①]

在 $AC = \dfrac{3}{2}CB$ 的情况下,

$$AN = \frac{3}{2}NP = \frac{9}{4}PB,$$

因而
$$BP : PN : NA : AB = 4 : 6 : 9 : 19$$

因此
$$GH = NP = \frac{6}{19}AB。$$

类似地,当 $AC : CB$ 等于任何其他给定比值时也可以找到 GH 的值。[②]

[①] 同一性质也出现在帕普斯(p.226)中作为下面将提到的"古老命题"证明的一个中间步骤。

[②] 一般说来,若 $AC : AB = \lambda : 1$,我们有
$$BP : PN : NA : AB = 1 : \lambda : \lambda^2 : (1 + \lambda + \lambda^2),$$

以及
$$GH : AB = \lambda : (1 + \lambda + \lambda^2)。$$

在这里附上帕普斯(p.208)对"古老命题"的说明,以及他在几个辅助引理之后所做的证明,读者也许会感兴趣。

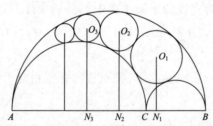

设分别以 AB,AC,CB 为直径的三个半圆构成一个 $\check{\alpha}\varrho\beta\eta\lambda o\varsigma$,并作一系列圆,其中第一个圆与所有三个半圆相切,第二个圆与第一个圆及构成 $\check{\alpha}\varrho\beta\eta\lambda o\varsigma$ 的两个半圆相切,第三个圆与第二个圆及同样的两个半圆相切,等等。设相继圆的直径为 $d_1,d_2,d_3,\cdots$,它们的圆心为 $O_1,O_2,O_3,\cdots$,及由圆心到 AB 的垂线为 $O_1N_1,O_2N_2,O_3N_3,\cdots$,则需要证明的是
$$O_1N_1 = d_1,$$
$$O_2N_2 = 2d_2,$$
$$O_3N_3 = 3d_3,$$
$$\cdots$$
$$O_nN_n = nd_n。$$

命题 7

若有两个圆分别外切于及内接于一个正方形,则外切圆是内接圆的两倍。

因为外切圆与内接圆的面积之比等于正方形对角线的平方与正方形本身面积之比,即比值 $2:1$。

命题 8

若 AB 是圆心为 O 的圆的任意弦,又若延长 AB 至 C 使得 BC 等于半径;若进而 CO 与圆相交于 D,并延长至第二次与圆相交于 E,则弧 AE 等于弧 BD 的三倍。

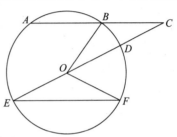

作弦 EF 平行于 AB,并连接 OB,OF。

于是因为角 OEF,OFE 相等,

$$\angle COF = 2\angle OEF$$

$$= 2\angle BCO,\text{由平行线的性质},$$

$$= 2\angle BOD,\text{因为 } BC = BO。$$

因此

$$\angle BOF = 3\angle BOD,$$

故弧 BF 等于弧 BD 的三倍。

从而等于弧 BF 的弧 AE,也等于弧 BD 的三倍。[①]

命题 9

若在一个圆中有两根弦 AB,CD,它们不通过圆心但相互垂直,则

$$\text{弧 } AD + \text{弧 } CB = \text{弧 } AC + \text{弧 } DB。$$

设二弦相交于 O,并作直径 EF 平行于 AB,交 CD 于 H。EF 将成直角等分 CD 于 H,且

$$\text{弧 } ED = \text{弧 } EC。$$

另外,弧 EDF,弧 ECF 是半圆,故

---

① 这个命题给出了把任意角,即任意圆弧的三等分问题,约化为称为逼近线（νεύσεις）的一类问题的方法。假定 AE 是要被三等分的弧,ED 是通过 E 的圆的直径,AE 是该圆的一段圆弧。为了找到一段弧等于 AE 的三分之一,我们只需要通过 A 作线 ABC,与圆弧相交于 B 及与 ED 的延长线相交于 C,使得 BC 等于圆的半径。对这条及其他逼近线（νεύσεις）的讨论见引言第五章。

弧 $ED=$弧 $EA+$弧 AD。

因此

弧 CF,弧 EA,弧 AD 之和=半圆的弧。

又弧 AE,BF 相等,则

弧 $CB+$弧 $AD=$半圆的弧。

从而,圆周的剩余部分,即弧 AC,DB 之和也等于半圆弧。命题得证。

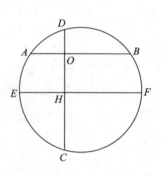

命题 10

设 TA,TB 是一个圆的两条切线,TC 切割该圆。设 BD 是通过 B 且平行于 TC 的弦,并设 AD 与 TC 相交于 E。若作 EH 垂直于 BD,则它将等分 BD 于 H。

设 AB 与 TC 相交于 F 点,并连接 BE。

角 TAB 现在等于交错弓形的角度,即

$$\angle TAB=\angle ADB$$
$$=\angle AET,由平行线的性质。$$

从而三角形 EAT,AFT 有一个角相等,另一个角是公共角 T。因此它们相似,且

$$FT:AT=AT:ET。$$

因此 $\qquad ET \cdot TF=TA^2$
$$=TB^2。$$

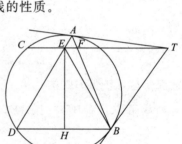

由此可知,三角形 EBT,BFT 相似。

因此 $\qquad\qquad \angle TEB=\angle TBF$
$$=\angle TAB。$$

又角 TEB 等于角 EBD,且已证明角 TAB 等于角 EDB。

因此 $\qquad\qquad\qquad \angle EDB=\angle EBD。$

且在 H 的角是直角。则

由此可以得到 $\qquad\qquad\qquad BH = HD$。①

命题 11

若圆的两根弦 AB，CD 在 O 点（不是中心）垂直相交，则
$$AO^2 + BO^2 + CO^2 + DO^2 = 直径^2$$

作直径 CE，并连接 AC，CB，AD，BE。

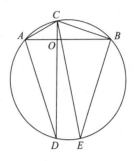

于是角 CAO 等于同一弓形的角 CEB，且角 AOC，EBC 是直角；因此，三角形 AOC，EBC 是相似的，于是
$$\angle ACO = \angle ECB。$$

由此可知，对向的弧及因此对向的弦 AD，BE 是相等的。

于是
$$
\begin{aligned}
(AO^2 + DO^2) + (BO^2 + CO^2) &= AD^2 + BC^2 \\
&= BE^2 + BC^2 \\
&= CE^2。
\end{aligned}
$$

命题 12

若 AB 是一个半圆的直径，TP，TQ 是由任意点 T 到半圆的切线，且若连接 AQ，BP 相交于 R，则 TR 垂直于 AB。

延长 TR 与 AB 相交于 M，并连接 PA，QB。

因为角 APB 是直角，
$$
\begin{aligned}
\angle PAB + \angle PBA &= 一个直角 \\
&= \angle AQB。
\end{aligned}
$$

---

① 本命题的图使人想起帕普斯（pp. 836-838）在他对阿波罗尼奥斯的专著《论接触》（$\pi\varepsilon\varrho\grave{\iota}\ \dot{\varepsilon}\pi\alpha\varphi\tilde{\omega}\nu$）第一册的引理中给出的一个问题的图。这个问题是，*给定一个圆与两点 E，F（二者都不是必需的，如在本案例，通过 E，F 的圆的圆心在弦的中点），分别作通过 E，F 的两根弦 AD，AB，它们有公共端点 A，使得 DB 平行于 EF。* 分析如下。假定问题已解决，BD 平行于 FE。令在 B 的切线 BT 与 EF 的延长线相交于 T。（T 一般不是 AB 的极点，故 TA 一般不是在 A 的切线。）

于是在替代弓形中，$\qquad\qquad \angle TBF = \angle BDA$，
$$\qquad\qquad\qquad = \angle AET，由于平行线的性质。$$
因此，A，E，B，T 共圆，且
$$EF \cdot FT = AF \cdot FB。$$
又圆 ADB 与 F 点是给定的，矩形 $AF \cdot FB$ 是给定的，故 EF 也是给定的。从而 FT 是已知的。

于是，为了作出该构形，我们只需要由这些数据找到 FT 的长度，延长 EF 到 T 点使得 FT 有指定的长度，作切线 TB，然后作 BD 平行于 EF。DE，BF 将相交于圆周上的 A，A 将会是所需的弦。

在两边都加上角 RBQ，且

$$\angle PAB + \angle QBA = \angle PRQ(外角)。$$

但在交错弓形中

$$\angle TPR = \angle PAB，\angle TQR = \angle QBA；$$

因此

$$\angle TPR + \angle TQR = \angle PRQ。$$

由此可知，$TP = TQ = TR$。

因为，若延长 PT 至 O，使得 $TO = TQ$，我们有

$$\angle TOQ = \angle TQO。$$

而根据假设，

$$\angle PRQ = \angle TPR + \angle TQR。$$

相加后得到，

$$\angle POQ + \angle PRQ = \angle TPR + \angle OQR。$$

由此可知，在四边形 $OPRQ$ 中，对角之和等于两个直角。因此，通过 $O，P，Q，R$ 可以作一个圆，且 T 是中心，因为 $TP = TO = TQ$。因此 $TR = TP$。

于是

$$\angle TRP = \angle TPR = \angle PAM。$$

对其中每一个都加上角 PRM，

$$\angle PAM + \angle PRM = \angle TRP + \angle PRM$$
$$= 两个直角。$$

因此，

$$\angle APR + \angle AMR = 两个直角，$$

从而，

$$\angle AMR = 一个直角。^{①②}$$

命题 13

若半圆的直径 AB 与任意弦（不是直径）CD 相交于 E，且若作 $AM，BN$ 垂直于 CD，则

$$CN = DM。^{③}$$

设 O 是圆心，OH 垂直 CD 于 H。连接 BM 并延长 HO 与 BM 相交于 K。

于是 $CH = HD$。

且因为 $BO = OA$，

---

①　TM 当然是 $PQ，AB$ 的极线，因为它是连接 $PQ，AB$ 各自极点的线。

②　对圆锥曲线，极点指其两条切线的交点，例如这里的 T，而切点的连线称为极点的极线，例如这里的 PQ，上面这个注的含义不详，且看不出与本文内容有何关系。——译者注

③　无论 $M，N$ 在 CD 上还是在 CD 的延长线上，这个命题都当然为真。帕普斯（p. 788）在他对阿波罗尼奥斯νεύσεις卷 II 的第一个引理中对后一种情况给出了证明。

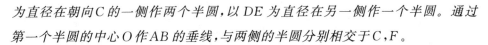

故由平行线的性质， $BK=KM$ 。

因此 $NH=HM$ ，

所以 $CN=DM$ 。

命题 14

设 ACB 是以 AB 为直径的圆，又设 AD , BE 分别是沿着 AB 分别由 A , B 度量的相等长度。以 AD , BE 为直径在朝向 C 的一侧作两个半圆，以 DE 为直径在另一侧作一个半圆。通过第一个半圆的中心 O 作 AB 的垂线，与两侧的半圆分别相交于 C , F 。

于是以所有半圆周边为界图形的面积（"阿基米德称之为'盐罐'"[①]）等于以 CF 为直径的圆的面积。[②]

根据欧几里得 II. 10，因为 ED 在 O 被二等分并延长至 A ，

$$EA^2+AD^2=2(EO^2+OA^2) ,$$

以及 $$CF=OA+OE=EA 。$$

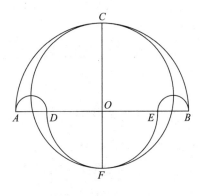

因此

$$AB^2+DE^2=4(EO^2+OA^2)=2(CF^2+AD^2) 。$$

但圆（或半圆）的面积之比等于它们的半径（或直径）平方之比。因此

在 AB , DE 上的半圆之和

---

① 对这个名称的说明，见附于引言第二章关于《引理汇编》的注。根据那里的大段论述，我相信 $\sigma\acute{\alpha}\lambda\iota\nu o\nu$ 简单地就是'盐罐'这个拉丁词 *salinum* 的希腊化词。

② 康托（Cantor, *Gesch. d. Mathematik*, I. p. 285）把这个论断与希波克拉底借助弓形化圆为方的尝试做了比较，但他指出，阿基米德的目标可能与希波克拉底的相反。因为希波克拉底想要从同类的其他图形中找到一个圆的面积，而阿基米德的意图可能是把被不同曲线包围的图形面积等同于被认为已经知道的圆面积。

=在 CF 上的圆+在 AD,BE 上的半圆之和。

因此

'盐罐'的面积=以 CF 为直径的圆面积。

命题 15

设 AB 是一个圆的直径,AC 是其内接正多边形①的一边,D 是弧 AC 的中点。连接 CD 并延长,使之与 BA 的延长线相交于 E;连接 AC,DB,二者相交于 F,作 FM 垂直 AB 于 M,则

$$EM=圆的半径。②$$

设 O 是圆的中心,连接 DA,DM,DO,CB。

现在 $\qquad \angle ABC=\dfrac{2}{5}(直角)$,

以及 $\qquad \angle ABD=\angle DBC=\dfrac{1}{5}(直角)$,

从而 $\qquad \angle AOD=\dfrac{2}{5}(直角)$。

进而,三角形 FCB,FMB 全等。

因此,在三角形 DCB,DMB 中,CB,MB 边相等,BD 为公共边,角 CBD,MBD 相等,故

$$\angle BCD=\angle BMD=\dfrac{6}{5}(直角)。$$

但 $\qquad \angle BCD+\angle DAE=(两个直角)$

$$=\angle BAD+\angle DAE$$

$$=\angle BMD+\angle DMA,$$

---

① 这里指的是正五边形。——译者注

② 帕普斯(p.418)在比较五个正多边形的引理中,给出了一个几乎是等同的命题。他的说明基本如下。若 DH 是内接于圆的一个多边形的边长之半,DH 垂直于半径 OHA,使 HM 等于 AH,则 OA 以外内比被分于 M,OM 是其中较长者。

如同在以上命题中,在证明过程中首先说明 AD,DM,MO 全都相等。

于是三角形 ODA,DAM 相似,

$$OA:AD=AD:AM,$$

或(因为 $AD=OM$) $\qquad OA:OM=OM:MA$。

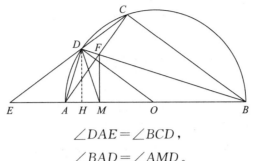

故 $\qquad\angle DAE = \angle BCD$，

又 $\qquad\angle BAD = \angle AMD$。

因此， $\qquad AD = MD$。

现在，在三角形 DMO 中，

$$\angle MOD = \frac{2}{5}(\text{直角})，$$

$$\angle DMO = \frac{6}{5}(\text{直角})。$$

因此 $\qquad\angle ODM = \frac{2}{5}(\text{直角}) = \angle AOD；$

从而 $\qquad OM = MD$。

又 $\qquad\angle EDA = ADC\text{ 的补角}$

$$= \angle CBA$$

$$= \frac{2}{5}(\text{直角})$$

$$= \angle ODM。$$

因此，在三角形 EDA，ODM 中，

$$\angle EDA = \angle ODM，$$

$$\angle EAD = \angle OMD，$$

且 AD，MD 相等。

从而，这两个三角形全等，且

$$EA = MO。$$

因此 $\qquad EM = AO。$

此外，$DE = DO$；且由此可知，因为 DE 等于内接正六边形的一边，DC 等于内接正十边形的一边，EC 在 D 以外内比[即 $EC：ED = ED：DC$]分割；"这一点在《原本》中得到了证明"。欧几里得 XIII.9，"若把内接于同一个圆的正六边形的边与正十边形的边放在一起，则整条直线按外内比分割，较大的部分是正六边形的边"。

牛群问题

    求分别有四种颜色的公牛与母牛的数目,即 8 个未知数。问题的第一部分把未知数用 7 个方程联系起来;第二部分再加上未知数必须满足的两个条件。

    设 W,w 分别是白色公牛与母牛的数目,

       X,x 分别是黑色公牛与母牛的数目,

       Y,y 分别是黄色公牛与母牛的数目,

       Z,z 分别是花斑公牛与母牛的数目。

第一部分

I.
$$W=\left(\frac{1}{2}+\frac{1}{3}\right)(X+Y),\tag{α}$$

$$X=\left(\frac{1}{4}+\frac{1}{5}\right)(Z+Y),\tag{β}$$

$$Z=\left(\frac{1}{6}+\frac{1}{7}\right)(W+Y),\tag{γ}$$

II.
$$w=\left(\frac{1}{3}+\frac{1}{4}\right)(X+x),\tag{δ}$$

$$x=\left(\frac{1}{4}+\frac{1}{5}\right)(Z+z),\tag{ε}$$

$$z=\left(\frac{1}{5}+\frac{1}{6}\right)(Y+y),\tag{ζ}$$

$$y=\left(\frac{1}{6}+\frac{1}{7}\right)(W+w).\tag{η}$$

第二部分
$$W+X=一个平方数,\tag{θ}$$
$$Y+Z=一个三角形数。[①]\tag{ι}$$

---

    ① 若一定数目的点或圆在等距离的排列下可以形成一个等边三角形,则这样的数被称为一个三角形数,例如 1,3,6,10,15,21 等。第 n 个三角形数的公式是 $\dfrac{n(n+1)}{2}$ 或 $\dfrac{(2n+1)^2-1}{8}$。类似地有正方形数(平方数)、五边形数、六边形数等。——译者注

表达条件(θ)的语言有歧义。字面上它表示"把白公牛与黑公牛的数目加在一起,它们站立不动($\check{\epsilon}\mu\pi\epsilon\delta o\nu$),占地深广相同($i\sigma\acute{o}\mu\epsilon\tau\rho oi\ \epsilon i\varsigma\ \beta\acute{\alpha}\vartheta o\varsigma\ \epsilon i\varsigma\ \epsilon\check{v}\rho\acute{o}\varsigma\ \tau\epsilon$);而特林塔基亚平原向四面八方伸展,到处充满了它们的群体"(克伦比格尔解读为$\pi\lambda\acute{\eta}\vartheta o\upsilon\varsigma$;而不是$\pi\lambda\acute{\iota}\nu\vartheta o\upsilon$)。考虑到这些,如果牛群集聚形成一个正方形,那么它们的数目不是一个平方数,因为牛的长度大于宽度,很明显,一种可能的解释是把'正方形'看作一个平方数,并把条件(θ)简单地理解为

$$W+X=\ 一个矩形数(即两个因子的乘积)。$$

因此,这个问题可以用两种形式来表述:

(1) 简化问题。其中把条件(θ)替换为只要求

$$W+X=两个整数的乘积;$$

(2) 完整问题。其中所有条件都必须满足,包括条件(θ)

$$W+X=一个平方数。$$

武尔姆(Jul. Fr. Wurm)解决了简化问题,故可以称之为武尔姆问题。

武尔姆问题

这一问题的解(以及对完整问题的讨论)见于 Amthor, *Zeitschrift für Math. u. Physik* (*Hist. litt. Abtheilung*), xxv. (1880), p. 156 及以后。

方程 (α) 乘以 336,方程(β)乘以 280,方程(γ)乘以 126,然后相加;于是

$$297W=742Y,\ 即\ 3^3\cdot11W=2\cdot7\cdot53Y。\tag{α'}$$

于是由方程(γ)与(β)我们得到

$$891Z=1580Y,即\ 3^4\cdot11Z=2^2\cdot5\cdot79Y,\tag{β'}$$

以及

$$99X=178Y,即\ 3^2\cdot11X=2\cdot89Y。\tag{γ'}$$

再者,若把方程(δ)乘以 4800,方程(ε)乘以 2800,方程(ζ)乘以 1260,方程(η)乘以 462,然后相加,我们得到

$$4657w=2800X+1260Z+462Y+143W;$$

借助方程(α′),(β′),(γ′)中的值,我们导出

$$297\cdot4657w=2402120\ Y,$$

即

$$3^3\cdot11\cdot4657w=2^3\cdot5\cdot7\cdot23\cdot373Y。\tag{δ'}$$

从而,借助方程(η),(ζ),(ε),我们有

$$3^2\cdot11\cdot4657y=13\cdot46489\ Y,\tag{ϵ'}$$

$$3^3 \cdot 4657z = 2^2 \cdot 5 \cdot 7 \cdot 761Y, \qquad (\zeta')$$

以及 $\qquad 3^2 \cdot 11 \cdot 4657x = 2 \cdot 17 \cdot 15991Y。 \qquad (\eta')$

又因为所有未知数都必须是整数，我们由方程 (α')，(β')，$\cdots$，(η') 可知 Y 必须可以被 $3^4 \cdot 11 \cdot 4657$ 整除，即我们可以记

$$Y = 3^4 \cdot 11 \cdot 4657n = 4149387n。$$

因此，方程 (α')，(β')，$\cdots$，(η') 对所有未知数给出以 n 为参数的解如下：

$$\left.\begin{aligned}
W &= 2 \cdot 3 \cdot 7 \cdot 53 \cdot 4657n = 10366482n, \\
X &= 2 \cdot 3^2 \cdot 89 \cdot 4657n = 7460514n, \\
Y &= 3^4 \cdot 11 \cdot 4657n = 4149387n, \\
Z &= 2^2 \cdot 5 \cdot 79 \cdot 4657n = 7358060n, \\
w &= 2^3 \cdot 3 \cdot 5 \cdot 7 \cdot 23 \cdot 373n = 7206360n, \\
x &= 2 \cdot 3^2 \cdot 17 \cdot 15991n = 4893246n, \\
y &= 3^2 \cdot 13 \cdot 46489n = 5439213n, \\
z &= 2^2 \cdot 3 \cdot 5 \cdot 7 \cdot 11 \cdot 761n = 3515820n。
\end{aligned}\right\} \qquad (A)$$

若现在 $n=1$，则得到的数字是满足 7 个方程 (α')，(β')，$\cdots$，(η') 的最小解；我们下一步要找到也满足方程 (ι) 的整数值。[修改后的方程 (θ) 要求 $W+X$ 必须是两个因子的乘积这一点于是自动满足。]

方程 (ι) 要求

$$Y + Z = \frac{q(q+1)}{2},$$

其中 q 是某个正整数。

使 Y，Z 取方程组（A）中的值，我们有

$$\frac{q(q+1)}{2} = (3^4 \cdot 11 + 2^2 \cdot 5 \cdot 79) \cdot 4657n$$
$$= 2471 \cdot 4657n$$
$$= 7 \cdot 353 \cdot 4657n。$$

现在 q 或为偶数或为奇数，即 $q=2s$ 或者 $q=2s-1$，于是以上方程成为

$$s(2s \pm 1) = 7 \cdot 353 \cdot 4657n$$

因为 n 不需要是一个质数，我们假定 $n=uv$，其中 u 是 n 的因子，它整除 s，而 v 是 n 的因子，$2s \pm 1$ 被它整除；于是我们有以下 16 对可能的方程组：

$$(1)\ s = \qquad\qquad u, \qquad 2s \pm 1 = 7 \cdot 353 \cdot 4657 v,$$

$$(2)\ s = \qquad\qquad 7u, \qquad 2s \pm 1 = \qquad 353 \cdot 4657 v,$$

$$(3)\ s = \qquad\quad 353u, \qquad 2s \pm 1 = \qquad 7 \cdot 4657 v,$$

$$(4)\ s = \qquad\quad 4657u, \qquad 2s \pm 1 = \qquad 7 \cdot 353 v,$$

$$(5)\ s = \quad 7 \cdot 353\ u, \qquad 2s \pm 1 = \qquad\quad 4657 v,$$

$$(6)\ s = \quad 7 \cdot 4657\ u, \qquad 2s \pm 1 = \qquad\quad 353 v,$$

$$(7)\ s = \quad 353 \cdot 4657u, \qquad 2s \pm 1 = \qquad\qquad 7 v,$$

$$(8)\ s = 7 \cdot 353 \cdot 4657u, \qquad 2s \pm 1 = \qquad\qquad v。$$

为了找到满足问题中所有条件的 n 的最小值,我们必须从这些方程对的不同正数解中,找到给出乘积 uv 或 n 为最小值的某一个。

求解不同的方程对并比较结果,我们发现由方程

$$s = 7u, \qquad 2s - 1 = 353 \cdot 4657 v,$$

可求出我们想要的解;这个解是

$$u = 117423, \quad v = 1,$$

故

$$n = uv = 117423 = 3^3 \cdot 4349,$$

$$s = 7u = 821961,$$

$$q = 2s - 1 = 1643921。$$

于是

$$Y + Z = 2471 \cdot 4657n$$

$$= 2471 \cdot 4657 \cdot 117423$$

$$= 1351238949081$$

$$= \frac{1643921 \cdot 1643922}{2},$$

这是一个三角数,如同所要求的。

方程 (θ) 中有两个必须为整数乘积的数,它们现在是

$$W + X = 2 \cdot 3 \cdot (7 \cdot 53 + 3 \cdot 89) \cdot 4657n$$

$$= 2^2 \cdot 3 \cdot 11 \cdot 29 \cdot 4657n$$

$$= 2^2 \cdot 3 \cdot 11 \cdot 29 \cdot 4657 \cdot 117423$$

$$= 2^2 \cdot 3^4 \cdot 11 \cdot 29 \cdot 4657 \cdot 4349$$

$$= (2^2 \cdot 3^4 \cdot 4349) \cdot (11 \cdot 29 \cdot 4657)$$

$$= 1409076 \cdot 1485583,$$

这是一个矩形数,它的两个因子几乎相等。

于是我们有以下的解(代入 n 的值 117423):

$$W = 1217263415886,$$
$$X = 876035935422,$$
$$Y = 487233469701,$$
$$Z = 864005479380,$$
$$w = 846192410280,$$
$$x = 574579625058,$$
$$y = 638688708099,$$
$$z = 412838131860,$$
$$总和 = 5916837175686。$$

完全问题

在这种情况下需满足 7 个原始方程,且以下进一步条件必须成立,
$$W + X = 一个平方数(例如~ p^2),$$

$$Y + Z = 一个三角形数\left(例如\frac{q(q+1)}{2}\right)。$$

应用上面方程组(A)中找到的值,我们首先有
$$p^2 = 2 \cdot 3 \cdot (7 \cdot 53 + 3 \cdot 89) \cdot 4657n$$
$$= 2^2 \cdot 3 \cdot 11 \cdot 29 \cdot 4657n,$$

若
$$n = 3 \cdot 11 \cdot 29 \cdot 4657\xi^2 = 4456749\xi^2,$$

则方程(B)将被满足,其中 ξ 是任意整数。

于是,前 8 个方程被以下数值满足:
$$W = 2 \cdot 3^2 \cdot 7 \cdot 11 \cdot 29 \cdot 53 \cdot 4657^2 \cdot \xi^2 = 46200808287018 \cdot \xi^2,$$
$$X = 2 \cdot 3^3 \cdot 11 \cdot 29 \cdot 89 \cdot 4657^2 \cdot \xi^2 = 33249638308986 \cdot \xi^2,$$
$$Y = 3^5 \cdot 11^2 \cdot 29 \cdot 4657^2 \cdot \xi^2 = 18492776362863 \cdot \xi^2,$$
$$Z = 2^2 \cdot 3 \cdot 5 \cdot 11 \cdot 29 \cdot 79 \cdot 4657^2 \cdot \xi^2 = 32793026546940 \cdot \xi^2,$$
$$w = 2^3 \cdot 3^2 \cdot 5 \cdot 7 \cdot 11 \cdot 23 \cdot 29 \cdot 373 \cdot 4657 \cdot \xi^2 = 32116937723640 \cdot \xi^2,$$
$$x = 2 \cdot 3^3 \cdot 11 \cdot 17 \cdot 29 \cdot 15991 \cdot 4657 \cdot \xi^2 = 21807969217254 \cdot \xi^2,$$
$$y = 3^3 \cdot 11 \cdot 13 \cdot 29 \cdot 46489 \cdot 4657 \cdot \xi^2 = 242241207098537 \cdot \xi^2,$$
$$z = 2^2 \cdot 3^2 \cdot 5 \cdot 7 \cdot 11^2 \cdot 29 \cdot 761 \cdot 4657 \cdot \xi^2 = 15669127269180 \cdot \xi^2。$$

尚需确定 ξ 满足方程(ι),即
$$Y + Z = \frac{q(q+1)}{2}。$$

代入已确定的 Y, Z 值，我们有

$$\frac{q(q+1)}{2} = 51285802909803 \cdot \xi^2$$

$$= 3 \cdot 7 \cdot 11 \cdot 29 \cdot 353 \cdot 4657^2 \cdot \xi^2 。$$

上式乘以 8，并记

$$2q+1 = t, \; 2 \cdot 4657\xi = u,$$

于是我们得到"佩利"方程

$$t^2 - 1 = 2 \cdot 3 \cdot 7 \cdot 11 \cdot 29 \cdot 353 u^2 ,$$

也就是

$$t^2 - 4729474u^2 = 1。$$

在这个方程的多个解中，必须选择可被 $2 \cdot 4657$ 整除的 u 的最小值。

做到了这一点以后，

$$\xi = \frac{u}{2 \cdot 4657} \text{且为一个整数};$$

从而，通过把这样找到的 ξ 值代入上面最后一个方程组中，我们应该可以得到完全问题的解。

写出以下"佩利"方程

$$t^2 - 4729494u^2 = 1,$$

的解，需要的篇幅太大，有兴趣的读者请参考阿姆托尔的原始论文。这里只要提到以下事实就足够了：他把 $\sqrt{4729494}$ 展开成连分数形式，它的周期性在作出 91 次渐近分数以后才出现，做了大量艰巨的工作以后，他得出结论，

$$W = 1598《206541》,$$

其中《206541》表示后面还有 206541 位数字，用同样的记法，

$$\text{牛的总数} = 7766《206541》。$$

考虑到庞大的数字量及工作中固有的巨大困难，人们有理由怀疑阿基米德是否解决了这个完全问题。就仅写下得到的结果所需的篇幅而言，阿姆托尔给出了一个概念，他指出，大的七位对数表的一页包含 50 行，每行大约有 50 个数字，总共约 2500 个数字；因此，八个未知量之一被找到后，将会占用 $82\frac{1}{2}$ 这样的页，而写下所有八个数字将需要 660 页的一本书！[①]

---

① 用电子计算机很容易算出全部 206541 位数字，首次由加拿大滑铁卢大学的三位数学家于 1965 年完成。——译者注

阿基米德的方法

导引札记

从希腊数学研究者的角度看来,近年来没有任何事件可与海贝格于 1906 年发现了一份希腊文手抄本相比拟,该抄本除了包含阿基米德的其他著作,还包含了以前被认为佚失而不可复得的一部基本完整的专著。

海贝格在关于阿基米德的书的新版(1910)第一卷的前言中,对抄本的完整描述是:

美第奇君士坦丁堡修订抄本,S. 塞普尔克里修道院,希罗索利米太尼 355,4to。

海贝格讲述了他发现这个抄本的故事,并对之给出了一个完整的记述。[①] 注意到帕帕多波洛斯·克拉梅乌斯(Papadopulos Kerameus)对 Ἱεροσολυμιτικὴ βιβλιοθήκη 第四卷(1899)关于数学内容重写本的一个注,由所引的几行文字,他立即推测该抄本一定包含阿基米德写的一些东西。在君士坦丁堡检视抄件本身以后,并借助所摄的照片,他得以看到其中包含了什么,并解读出许多内容。这是在 1906 年,他于 1908 年再次检视了该抄本。发现其中除了制作于 16 世纪的纸页——最后的 178 至 185 页以外,其余都是羊皮纸,包含了于 10 世纪精心抄写成两列的阿基米德著作。人们曾经在 12—13 世纪,或 13—14 世纪,试图抹去原来的文字,用于抄写祷告书(Euchologion),幸运的是此举只是部分地奏效。在这 177 页中的大多数之中,原来的文字仍然或多或少可以辨认;只有 29 页全无原来的文字;另有 9 页已被毫无希望地抹去;再有几页只能看出几个词;还有 14 页由不同的人书写,并不分成两列。所有其他的借助放大镜都还勉强可读。与其他原本中找到的阿基米德的著作相比较,这个新发现的抄件包含了《论球与圆柱》的大部分,几乎完整的《论螺线》《圆的度量》《论平面图形的平衡或平面图形的重心》的一部分。然而重要的是,它包含了(1) 相当一部分《论浮体》,以前认为其希腊文本以佚失,仅有威

[①] *Hermes* XLII. 1907,pp. 235 sq.

廉·冯·默贝克(Wilhelm von Mörbeke)的译文存留,以及(2)最宝贵的部分是:按照它自己的标题为 Ἔφοδος,在其他场合也称为 Ἐφόδιον 或 Ἐφοδικόν,意思是方法。抄件中包含的这一部分,已出版的有 海贝格的希腊语文本[①]及宙滕评注的德译本[②]。关于这部专著,以前只知道曾被苏伊达斯提到过,他说特奥多修斯曾对之写过评论;但新近被舍恩(R. Schöne)发现,并于 1903 年出版的海伦的《度量》中,引用了其中的三个命题[③],包括阿基米德在开始时说明的两个具有新特征的主要命题,这是《方法》提供的一种新的研究手段。最后,除了前言,抄本包括了一项称为 Stomachion 的工作(它可能是"Neck-Spiel"或"Quäl-Geist"),它处理一类中国拼图,后来以"阿基米德盒子"著称;看来海贝格曾拒绝归功于阿基米德的这个智力游戏[④],确实是阿基米德的原创。

如此幸运地重新发现的《方法》,由于以下原因具有无比重大的价值。希腊大几何学家经典著作最令后人叹为观止又百思不得其解之处在于,他们对如何一步步地发现他们的重大定理,全无任何提示。我们现在看到的这些定理,都是已经完成了的杰作,全无任何过程中些微痕迹,对其演化过程,全然无迹可寻。我们不得不假定希腊人有一些可以比肩现代分析的方法;然而一般而言,他们在发表著作之前似乎不遗余力地清除所用手段的全部蛛丝马迹和所有探索性努力的过程,经过深思熟虑,只发布所得到结果的绝对严格的科学证明。《方法》却是个例外。在此我们仿佛看到面纱揭开,从而得以一瞥阿基米德探求真理的真实面貌。他告诉我们他如何发现了求面积和求体积的一些定理,同时他特别强调以下事项之间的不同:(1)也许足以说明定理的真实性,但未提供其科学证明,以及(2)采用不可争议的几何方法进行的严格证明,这些定理在最终被接受之前,必须遵循这一步骤;用阿基米德自己的话语,前者使定理得以被研究(θεωρεῖν)但不是被证明(ἀποδεικνύναι)。《方法》中所用的力学方法,被证明对发现定理是如此有用,却显然不能提供定理的证明;阿基米德许诺,对一开始就说明的两个定理,给以必要的补充来形成正式的几何证明。两个几何证明中的一个现已佚失,好在另一个的片断被包含在抄件中,它足以说明该方法是正统的穷举法,其形式与阿基米德应用于别处的相同,这使得证明得以重建。

---

①　*Hermes* XLII. 1907,pp. 243-297.

②　*Bibliotheca Mathematica* VII3,1906-1907,pp. 321-363.

③　*Heronis Alexandrini opera*,Vol. III. 1903,pp. 80,17;130,15;130,25.

④　Vide,*The works of Archimedes*,p. xxii.

本评注的其余部分只有在阅读原著本身以后才能更好地理解。不过阿基米德使用的力学方法的实质性特征可以陈述如下。假定 X 是一个平面或立体图形，欲求其面积或体积。他的方法是称重 X 的无穷小元素（连同或不连同添加另一图形 C 的对应元素），与图形 B 的对应元素作对比，B 和 C 的面积或体积，以及 B 的重心都是预先知道的。为了这个目的，这些图形先以一条相同的直线作为公共直径（或称为轴）进行放置；若无穷小元素是由（一般而言）垂直于轴的平行平面所作的截面，则所有元素的重心都在公共直径或轴的某一点上。这条直径或轴被延长及设想为平衡杆或杠杆。考虑一种简单情况就足够了，其中 X 的元素相对于另一个图形 B 的元素称重。相互对应的元素，分别是被任一（一般而言）垂直于直径或轴，并切割两个图形 X 与 B 所成的截面；所述的元素在平面图形的情况是直线，在立体图形的情况是平面。虽然阿基米德分别称这些元素为直线与平面面积，它们当然从一开始就是无限窄条（面积）与无限薄平面层（立体）；但其宽度与厚度（我们也许会称之为“dx”）并未出现在计算中，因为它在两种分别对比称重的对应元素中相同，从而可以约去。每个图形中的元素数目相同，但阿基米德无须对此提及。他只说 X 与 B 是分别由其中的*所有元素构成*的，即在面积的情况是直线，而在立体的情况是平面面积。

阿基米德的目标是这样安排元素的平衡：X 的元素全部都只作用在杠杆上的一点，而 B 的元素则作用在不同的点上，即它们一开始所在的位置。他因此试图把 X 的元素从它们的初始位置移开，把它们集中在杠杆上的一点，而 B 的元素则留在它们原来的位置，以此作用于它们的相对重心。因为 X 的重心作为整体是已知的，其面积或体积也是，于是可以被假定为如同一个质量作用在其重心。所以，取整个 X 与 B 物体分别最终如此定位，我们便知道两个重心从杠杆支点算起的距离，以及 B 的面积或体积，从而可找到 X 的面积或体积。如果其面积或体积是事先知道的，这种方法可以反过来用于求 X 的重心的问题。在这种情况下 X 的元素，以及因此 X 本身应当在它们的*所示位置*称重，且在诸元素组成的图形移动到杠杆上的某一点，并且在那里称重的，应该是其他的图形而不是 X。

我们将看到的方法不是*积分*，不同于一些重要著作中的某些几何证明，而是*避免*特定积分的一个精巧设置，它自然会被应用来直接找到待求的面积或体积，并使得解依赖于*另一个*结果已知的积分。阿基米德也处理了关于杠杆支点的力矩，即面积或体积元素分别与杠杆支点及诸元素重心之间距离的乘积。如上所述，这些距离对 B 的所有元素不同，其设计是通过移动 X 的元素，使它们对在其最终位置

的 X 的所有元素相同。他认为以下事实是已知的：图形 B 的每个元素在它们所在点作用的力矩之和，等于整个图形作为一个质量作用于它的重心的力矩。

假定 X 的元素是 udx，u 是由垂直于杠杆的一系列平行平面之一切割而得到的 X 的截面的长度或面积，x 是以杠杆的支点为原点，沿着杠杆（两个图形的公共轴）测量的距离。然后假定这个元素位于杠杆上从原点算起，但在 B 的另一侧的某个定常距离（例如 a）处。若 $u'dx$ 是被同一平面截下的 B 的对应元素，x 是从原点算起的距离，阿基米德的论证确立了方程

$$a\int_h^k udx = \int_h^k xu'dx 。$$

现在，第二个积分是已知的，因为图形 B 的面积或体积（例如三角形、角锥、球、圆锥或圆柱）是已知的，并可以被假定是作用在重心的一个质量，它也是已知的；积分等于 bU，这里 b 是由杠杆的支点到重心的距离，U 是 B 的面积或内含。从而

$$X \text{ 的面积或体积} = \frac{bU}{a} 。$$

在 X 的元素沿着另一个图形 C 相对于 B 的对应元素称重的情况，V 是它的面积或体积，

$$a\int_h^k udx + a\int_h^k vdx = \int_h^k xu'dx 。$$

以及

$$(X \text{ 的面积或体积}+V)a = bU 。$$

在原著处理的特殊问题中，h 恒等于 0，而 k 经常，但并非恒等于 a。

如果熟读我们面前的原著，我们对这位古代最伟大的天才数学家必定更加钦佩。数学家无疑都会同意，成书于约公元前 250 年前的阿基米德著作，已经能够用如此简单，且即使现在对我们也是（值得注意）足够严谨的方法，能解出这样的问题，如找到任意球缺的体积与重心，以及半圆的重心。然而阿基米德并未满足于此。

除了本书的数学内容，有意义的不仅是阿基米德对他的研究过程的说明，还有他提到了德谟克利特是以下定理的发现者：角锥与圆锥的体积分别是同底等高棱柱与圆柱体积的三分之一。这些命题一直被认为是出自欧多克斯，且事实上，阿基米德自己也这样说过。[①] 现在看起来，虽然第一个科学地证明了这一点的是欧多克斯，第一个得到正确结论的却是德谟克利特。我在其他场合[②]提到了为什

---

① 《论球与圆柱》卷 I。
② *The Thirteen Books of Euclid's Elements*，Vol. III. P. 368.

么阿基米德认为德谟克利特的论据不能算作命题的证明；这里值得重述。普鲁塔克在一段众所周知的文字中[①]，说到德谟克利特提出了自然哲学（$\varphi\nu\sigma\iota\varkappa\tilde{\omega}\varsigma$）中的以下问题：“如果一个圆锥被一个平行于其底面的平面切割[这显然指一个无限接近于底面的平面]，我们必须认为截面表面是什么样的呢？它们是相等的还是不相等的？如果它们是不相等的，它们会使圆锥成为不规则的，有许多凹坑，如阶梯形与不平整性；但如果它们相等，诸截面将相等，而圆锥似乎有圆柱的性质，由相等的而并非不相等的圆组成，这显得很荒谬。”“由相等的……圆组成”（$\dot{\varepsilon}\xi\ \mathit{\iota}\sigma\omega\nu\ \sigma\nu\gamma\varkappa\varepsilon\dot{\iota}\mu\varepsilon\nu\sigma\varsigma...\varkappa\dot{\nu}\varkappa\lambda\omega\nu$）表明德谟克利特已有了这样的概念：立体是无穷多个平行平面，或无穷多个无限接近的薄层之和，而这是为阿基米德带来丰硕成果的相同想法的最重要预告。请允许我来猜想德谟克利特关于角锥的论据，看起来很可能他会注意到，如果高相等且有相同三角形底面的两个角锥分别被平行于底面的平面所截，并截高于相同的比例，则两个角锥的对应截面相等，从而他会提到两个角锥相等，因为它们是相同数目的相等平面截面或无限薄层之和。（这可以说是卡瓦列里原理的特别猜测，原理是说，若两图形不管高度是多少，它们在同一高度处的两个截面总是分别为相等的直线段或相等的表面，则两图形的面积或体积相等。）德谟克利特当然会看到，一个与原始角锥[②]同底等高的棱柱，可以被分为三个角锥（如在欧几里得 XII. 7），它们成对地满足这个等价性试验，故角锥是棱柱的三分之一。容易推广到具有多边形底面的角锥。德谟克利特也许把圆锥的命题陈述为（当然没有一个绝对的证明），构成角锥底面的正多边形的边数无限增加结果的自然推广。

　　遵循在阿基米德的著作中的惯例，我用引号表示由于历史或其他原因认定为重要的内容，即我由希腊文逐字逐句翻译过来的段落；其他大部分都用现代记法和话语重现。在方括号中的词语和句子绝大部分是海贝格对抄件中无法解读部分的猜想性复原（在他的德语译本中）。在几个间隙相当大的场合，方括号中的文字指示缺失的部分可能包含的内容，且若有必要，对缺失部分进行了补足。

T. L. 希思

1912 年 6 月 7 日

---

① Plutarch，De Comm. *Not. Adv. Stoicos* XXXIX. 3.
② 这里指的是具有三角形底面的角锥。——译者注

阿基米德处理力学问题的方法——致厄拉多塞

"阿基米德向厄拉多塞致敬。

在前不久,我寄给您一些我发现的定理,只写出了说明,并邀请您去发现我那时并未给出的证明。我寄给您的定理的说明如下。

1. 若在底面为平行四边形的直棱柱中内接一个圆柱,圆柱底面在相对的平行四边形上①,其边[即四条母线]在其他面上,且若通过圆柱底面圆的中心,以及(通过)与该底面相对平面上正方形的一边作一个平面,则该平面把圆柱截下一段,它以两个平面与圆柱表面为界,两个平面之一是刚才所作的平面,另一个是圆柱底面所在的平面,而曲面是这两个平面之间的圆柱侧面;则从圆柱上切下的截段②的体积是整个棱柱的六分之一。

2. 若在一个立方体中内接一个圆柱体,它的两个底面在立方体的一对相对的平行四边形③底面上,其圆柱形表面与剩余的四个面相切。然后在同一立方体中相同地再内接一个圆柱体,它的两个底面在立方体的另一对相对的平行四边形底面上,其圆柱形表面与剩余的四个面相切④,则以圆柱表面为界,即同时在两个圆柱面中的图形,是整个立方体的三分之二。

这些定理在性质上不同于我们以前交流过的那些,那时我们考虑了拟圆锥、旋转椭球及它们的截段,就其大小与圆锥及圆柱相比较;但还未发现那些图形中有哪一个与以平面为界的立体图形相等;这里,以两个平面与圆柱表面为界的图形,被发现等于一个以平面为界的立体图形。于是我把这些定理的证明写下来,并寄给您。知晓您的诸多方面:勤奋的学习者、相当卓越的哲学家和[数学研究的]热衷者,我觉得在同一本书中为您写出并详细说明某些方法的特色是合适的,这样会使得您有可能开始借助力学研究数学问题。这种步骤,我认为,甚至对证明定理本身也不无用处。因为对我而言,一些事情当借助了力学方法进行研究之后开始变得清楚,虽然以后还必须用几何方法来证明,因为力学方法并未

---

① 这些平行四边形显然是正方形。

② 这个截段是沿上表面边缘向下底面直径切一刀得到的,故它的底面是半圆。——译者注

③ 同①,是正方形。

④ 这两个圆柱成十字形内接于立方体中,参见后面的命题15中的详细讨论。——译者注

提供真正的证明。与没有预先获取的任何知识而进行证明相比较，事先用力学方法得到关于问题的一些知识来帮助进行证明，当然会容易些。这是为什么对欧多克斯首先找到的定理的证明，即圆锥的体积是同底等高圆柱的三分之一，角锥的体积是同底等高棱柱的三分之一，我们应当给予德谟克利特肯定的原因。因为他是就所述图形①得出这个结论的第一人，虽然他并未予以证明。我自己也得以首先发现定理而现在发表［借助所述的方法］，我觉得必须详细说明这种方法，部分地因为我已经提到过它②，而我不希望被认为言而无信，也因为我相信，这对数学用处不小。我意识到，这种方法一旦确立，或是我的同时代人或是后人中的一些，将能借助之发现我还未想到的其他定理。

我将从第一个定理出发，我通过力学知道了它，即

直角圆锥截线（即抛物线）的任意弓形是同底等高的三角形面积的三分之四。

在此之后，我将给出用相同方法研究过的每一条其他定理。然后，在本书末，我将给出［上述命题］的几何［证明］……

［我现在预先提出我将在本书中应用的如下几个命题。］

1. 若由［一个重量减去另一个重心不同的重量，则剩余部分的重心可以通过把整体与被减去部分的重心的连线在整体的方向上］延长并由之截下一段长度找到，该长度与原来两个重心之间的距离之比，等于被减去重量与剩余部分重量之比。

［《论平面图形的平衡或平面图形的重心》卷 I 命题 8］

2. 若一组量的重心在一条直线上，则这组量之和的重心将在同一条直线上。

［《论平面图形的平衡或平面图形的重心》卷 I 命题 5］

3. 任意直线段的重心是它的等分点。

［《论平面图形的平衡或平面图形的重心》卷 I 命题 4］

4. 任意三角形的重心是各个角顶点到对边中点连线的交点。

［《论平面图形的平衡或平面图形的重心》卷 I 命题 13，14］

5. 任意平行四边形的重心是它的两条对角线的交点。

［《论平面图形的平衡或平面图形的重心》卷 I 命题 10］

6. 圆的重心是［该圆的］圆心。

---

① *περὶ τοῦ εἰρημένου σχήματος*，单数。阿基米德也许觉得角锥的情形更加基本，而且其实也涉及圆锥的情形。或者也许"图形"意图指"图形的类型"。

② 见《抛物线弓形求积》。

7. 任意圆柱的重心是它的轴的中点。

8. 任意圆锥的重心是[分割轴的点,该点使轴上靠近顶点的]部分三倍于[靠近底面的部分]。

[所有这些命题都已经被]证明。[①] 除了这些,我也需要以下命题,它是容易被证明的:

如果在两组量中,第一组依次正比于第二组且进而,[第一组]诸量,或者全部或者部分,[与第三组中的那些量]有任意比例,且若第二组的量与对应的[第四组]的量成相同的比例,则第一组各项之和与第三组被选择的那些量之和的比值,等于第二组之和与第四组[对应的]被选择量之和的比值。[《论拟圆锥与椭球》命题1]"

命题 1

设ABC是以直线AC及抛物线ABC为边界的抛物线弓形,并设D是AC的中点。作直线DBE平行于抛物线的轴,并连接AB,BC,则弓形ABC的面积是三角形ABC的 $\frac{4}{3}$。

由 A 作 AKF 平行于 DE,设在 C 的抛物线的切线与 DBE 相交于 E,且与 AKF 相交于 F。延长 CB 与 AF 相交于 K,然后又延长 CK 至 H,使 KH 等于 CK。

视 CH 为平衡杆,K 是其中点。

设 MO 是平行于 ED 的任意直线,设它与 CF,CK,AC 相交于 M,N,O,且与曲线相交于 P。

兹因为 CE 是抛物线的一条切线,以及 CD 是纵坐标的一半,故

$$EB = BD,$$

"因为这在《圆锥曲线原理》[②]中证明了。"

因为 FA,MO 平行于 ED,可知

$$FK = KA, \quad MN = NO。$$

兹由"在引理中证明的"抛物线的性质,

---

① 求圆锥重心的问题,在阿基米德的任何现存的书中未予解答。它可能或者在一本单独的专著中,例如已佚失的 περὶ ζυγῶν,或者在一本篇幅较大的力学书中,《论平面图形的平衡》只是该书的一部分。

② 即阿里斯塔克与欧几里得所著论圆锥曲线的书。也参见《论拟圆锥与旋转椭球》命题3与《抛物线弓形求积》命题3中的类似表达式。

$$MO : OP = CA : AO$$

[参见《抛物线弓形求积》命题 5]

$$= CK : KN$$

[欧几里得 I.2]

$$= HK : KN。$$

取一条直线 TG 等于 OP，并把它这样放置，使得其重心在 H，故 $TH=HG$；于是，因为 N 是直线 MO 的重心，以及

$$MO : TG = HK : KN，$$

可知在 H 的 TG 与在 N 的 MO 将关于 K 平衡。

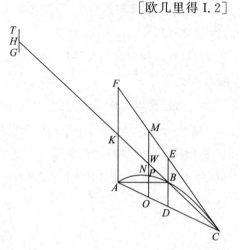

[《论平面图形的平衡》卷 I 命题 6,7]

类似地，对其他所有平行于 DE 并与抛物线的弧相交的直线，(1) 在 FC，AC 之间的部分，其中点在 KC 上，与(2) 等于曲线与 AC 之间一个截段的长度，其重心位于 H，将关于 K 平衡。

因此，K 是整个系统的重心，该系统由以下两部分组成：(1) 所有像 MO 那样在 FC，AC 之间的直线段，且它们在图中所示的位置，以及(2) 所有位于 H，等于像 PO 那样在曲线与 AC 之间的直线段。

且因为三角形 CFA 由所有像 MO 那样的平行线组成，而弓形 CBA 由所有像 PO 那样曲线内的直线段组成，可知在图中所示位置的三角形 CBA，与重心在 H 弓形 CBA 关于 K 平衡。

分 KC 于 W 使得 $CK=3KW$；则 W 是三角形 ACF 的重心；"因为这已在关于平衡的书中被证明"（ἐν τοῖς ἰσορροπικοῖς）。

[参见《论平面图形的平衡》卷 I 命题 15]

因此   △ACF：弓形 $ABC = HK : KW$

$$= 3 : 1。$$

因此   弓形 $ABC = \frac{1}{3}$△ACF。

但   △$ACF = 4$△ABC。

因此   弓形 $ABC = \frac{4}{3}$△ABC。

"这里所述的事实并未被所用的论据真正予以证明；但那个论据给出了该结论成立的某种迹象。看到该定理并未证明，但同时猜想该结论是对的，我们将必

须追索已被我自己发现并发表的几何证明。"①

命题 2

我们可以用同样的方法来研究以下命题：

(1) *任意球体(就其体积而言)是一个圆锥的四倍,该圆锥的底面等于球的大圆,它的高等于球的半径;以及*

(2) *一个底面等于球的大圆、高等于球的直径的圆柱,其体积是球的* $1\dfrac{1}{2}$ *倍。*

(1) 设 $ABCD$ 是球的一个大圆, AC, BD 是相互成直角的两条直径。

以 BD 为直径,在垂直于 AC 的一个平面上作一个圆,并以该圆为底面作一个以 A 为顶点的圆锥。延伸该圆锥的表面,然后用通过 C 且平行于其底面的平面切割,截线将是以 EF 为直径的一个圆。以这个圆为底面立一个高与轴为 AC 的圆柱,延长 CA 至 H ,使 AH 等于 CA 。

视 CH 为平衡杆, A 为其中点。

在圆 $ABCD$ 的平面上作任意直线 MN 平行于 BD 。设 MN 与圆相交于 O, P ,与直径 AC 相交于 S ,以及与直线 AE, AF 相交于 Q, R 。连接 AO 。

通过 MN 作一个与 AC 成直角的平面,这个平面将截圆柱于一个直径为 MN 的圆,截球于一个直径为 OP 的圆,以及截圆锥于直径为 QR 的圆。

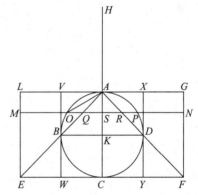

兹因为 $MS=AC$ 及 $QS=AS$,

$$MS \cdot SQ = CA \cdot AS$$
$$= AO^2$$
$$= OS^2 + SQ^2 。$$

且因为 $HA = AC$,

$$HA : AS = CA : AS$$
$$= MS : SQ$$
$$= MS^2 : MS \cdot SQ$$
$$= MS^2 : (OS^2 + SQ^2) ,由上文,$$

$$=MN^2 : (OP^2 + QR^2)$$

=直径为 MN 的圆：(直径为 OP 的圆＋直径为 QR 的圆)。

也就是，

$$HA : AS = 圆柱中的圆 : (球中的圆＋圆锥中的圆)$$

因此，在所示位置的圆柱中的圆，相对于重心都在 H 的球中的圆与圆锥中的圆之和，关于 A 平衡。

对由垂直于 AC 与通过平行四边形 LF 中平行于 EF 的任何其他直线的平面所作的三个对应的截面，情况类似。

如果我们用同样的方法处理由垂直于 AC 的平面截圆柱、球与圆锥这三个立体得到的所有三个圆的集合，可知圆柱在它所处的位置，相对于重心都在 H 的球与圆锥之和，关于 A 平衡。

因此，由 K 是圆柱的重心，

$$HA : AK = 圆柱 : (球＋圆锥 AEF)$$

但 $$HA = 2AK ;$$

因此 $$圆柱 = 2(球＋圆锥 AEF)。$$

现在 $$圆柱 = 3 圆锥 AEF ; \qquad [欧几里得 XII.10]$$

因此 $$圆锥 AEF = 2 球。$$

但，因为 $$EF = 2BD ,$$

$$圆锥 AEF = 8 圆锥 ABD ;$$

因此 $$球 = 4 圆锥 ABD。$$

(2) 通过 B,D 作 VBW,XDY 平行于 AC；并想象一个以 AC 为轴与以 VX, WY 为直径的圆作为底面的圆柱。

于是 $$圆柱 VY = 2 圆柱 VD$$

$$= 6 圆锥 ABD \qquad [欧几里得 XII.10]$$

$$= \frac{3}{2} 球，由上面。 \qquad\qquad 证毕。$$

"由本定理，即球的体积是以其大圆为底面且以其半径为高的圆锥的四倍，我有了这样一个想法，任意球的表面像球的四个大圆一样大；考虑到任意圆的面积等于一个以圆周为底边且以半径为高的三角形的面积，我意识到，以相似的方式，任意球的体积等于其底面等于球的表面及高等于半径的一个圆锥的体积。"[①]

────────────────

① 这就是说，阿基米德在找到球的表面之前解出了找到球的体积的问题，他由前一个问题的结果猜想出后一个问题的结果。然而在《论球与圆柱》卷 I 中，表面积是独立地找到的(命题 33)，在找到体积(命题 34)之前，这再次说明了，希腊几何学家著作中命题的最终次序不一定遵循其发现的次序。

命题 3

用这种方法,我们也可以研究以下定理:

底面等于旋转椭球的最大圆,高等于旋转椭球轴的圆柱的体积是旋转椭球的 $1\frac{1}{2}$ 倍;当这一点确立以后,以下结论便是显而易见的;

若任意旋转椭球被通过其中心且与轴成直角的平面切割,这样得到的旋转椭球体积的一半是与它有相同底面及高等于其轴的圆锥体积的两倍。

作通过旋转椭球轴的平面截其表面于椭圆 $ABCD$,其直径(即轴)是 AC,BD;并设 K 是其中心。

在垂直于 AC 的平面上作以 BD 为直径(即轴)的圆;设想以这个圆为底面及以 A 为顶点作一个圆锥,它被一个通过 C 且平行于其底面的平面切割;得到的截面是一个在与 AC 成直角的平面上以 EF 为直径的圆。

设想一个圆柱的底面是上述的圆,其轴为 AC;延长 CA 至 H,使 AH 等于 CA。

视 HC 为平衡杆,A 是其中点。

在平行四边形 LF 中作任意直线 MN 平行于 EF,与椭圆相交于 O,P 与 AE,AF,AC 分别相交于 Q,R,S。

若现在通过 MN 作一个与 AC 成直角的平面;这个平面将截圆柱于一个直径为 MN 的圆,截旋转椭球于一个直径为 OP 的圆,以及截圆锥于直径为 QR 的圆。

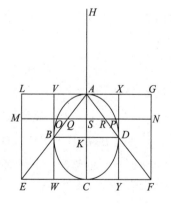

因为
$$HA = AC,$$
$$HA : AS = CA : AS$$
$$= EA : AQ$$
$$= MS : SQ。$$

因此
$$HA : AS = MS^2 : MS \cdot SQ。$$

又由椭圆的性质,
$$AS \cdot SC : SO^2 = AK^2 : KB^2$$
$$= AS^2 : SQ^2,$$

因此
$$SQ^2 : SO^2 = AS^2 : AS \cdot SC$$
$$= SQ^2 : SQ \cdot QM,$$

从而 $$SO^2 = SQ \cdot QM。$$

在上式两边都加上 SQ^2，则我们有
$$SO^2 + SQ^2 = SQ \cdot SM。$$

因此，由上文，我们有
$$HA : AS = MS^2 : (SO^2 + SQ^2)$$
$$= MN^2 : (OP^2 + QR^2)$$
$$= 直径为 MN 的圆 : (直径为 OP 的圆 + 直径为 QR 的圆)，$$

即
$$HA : AS = 圆柱中的圆 : (旋转椭球中的圆 + 圆锥中的圆)。$$

因此，圆柱中在所示位置的圆，相对于重心都在 H 的旋转椭球中的圆与圆锥中的圆之和，关于 A 平衡。

对由垂直于 AC 及通过平行四边形 LF 中平行于 EF 的任何其他直线的平面所作的三个对应的截面，情况类似。

如果我们用同样的方法处理由垂直于 AC 的平面截圆柱、旋转椭球与圆锥得到的所有三个圆的集合，则可知，在所示位置的圆柱，相对于重心都置于 H 的旋转椭球与圆锥之和，关于 A 平衡。

因此，因为 K 是圆柱的重心，
$$HA : AK = 圆柱 : (旋转椭球 + 圆锥 AEF)，$$

但 $$HA = 2AK，$$

因此 $$圆柱 = 2(旋转椭球 + 圆锥 AEF)。$$

又有 $$圆柱 = 3 圆锥 AEF，\qquad [欧几里得 XII.10]$$

因此 $$圆锥 AEF = 2 旋转椭球。$$

又 $$EF = 2BD，$$

$$圆锥 AEF = 8 圆锥 ABD，$$

因此 $$旋转椭球 = 4 圆锥 ABD，$$

$$半个旋转椭球 = 2 圆锥 ABD。$$

通过 B, D 作 VBW, XDY 平行于 AC；并想象一个以 AC 为轴及分别以直径为 VX, WY 的圆为上下底面的圆柱。

于是 $$圆柱 VY = 2 圆柱 VD$$

$$= 6 圆锥 ABD \qquad [欧几里得 XII.10]$$

$$= \frac{3}{2} 旋转椭球，由上文。\qquad 证毕。$$

命题 4

直角拟圆锥（即抛物旋转旋转体）被与轴成直角的平面截下的任意截段,是与该截段同底等轴的圆锥的 $1\frac{1}{2}$ *倍。*

这可以用我们的方法研究如下。

设旋转抛物体被一个通过抛物线 BAC 轴的平面切割;且设它也被与轴成直角并交前一个平面于 BC 的另一个平面切割。延长截段的轴 DA 至 H,使 HA 等于 AD。

视 HD 为平衡杆,A 是其中点。

截段的底面是以 BC 为直径的圆,它在垂直于 AD 的平面上,设想有:(1) 以该圆为底面及 A 为顶点的圆锥,(2) 以同一圆为底面,AD 为轴的圆柱。

在平行四边形 EC 中,作任意直线 MN 平行于 BC,并通过 MN 作一个平面与 AD 成直角;这个平面截圆柱于一个直径为 MN 的圆,截旋转抛物体于一个直径为 OP 的圆。

现在,BAC 是抛物线且纵坐标为 BD,OS,故
$$DA:AS = BD^2:OS^2$$
或
$$HA:AS = MS^2:SO^2。$$
因此

$$HA:AS = 半径为 MS 的圆:半径为 OS 的圆$$
$$= 圆柱中的圆:旋转抛物体中的圆。$$

因此,在所示位置的圆柱中的圆,相对于重心在 H 的旋转抛物体中的圆,关于 A 平衡。

对由垂直于 AD 并通过平行四边形中平行于 BC 的任何其他直线的平面所作的两个对应的截面,情况类似。

因此,像以前一样,如果我们取组成整个圆柱与整个截段的所有的圆,以同样的方式处理它们,我们发现,在其所示位置的圆柱,与重心在 H 的截段,关于 A 平衡。

若 K 是 AD 的中点,则 K 是圆柱的重心,

则
$$HA:AK = 圆柱:截段。$$

因此 $\qquad\qquad\qquad\qquad$ 圆柱＝2 截段。

又 $\qquad\qquad\qquad\qquad$ 圆柱＝3 圆锥 ABC, $\qquad\qquad$ [欧几里得 XII. 10]

因此 $\qquad\qquad\qquad\qquad$ 截段＝$\dfrac{3}{2}$ 圆锥 ABC。

命题 5

直角拟圆锥（即旋转抛物体）被与轴成直角的平面切割，所得到截段的重心把其轴分割为两段，其中靠近顶点的部分两倍于剩余部分。

这可以用我们的方法研究如下。

设旋转抛物体被通过抛物线 BAC 的轴的一个平面切割；且它也被与轴垂直并与该平面相交于 BC 的另一个平面切割。延长截段的轴 DA 至 H，作 HA 等于 AD。视 DH 为平衡杆，A 是它的中点。

截段的底面是以 BC 为直径的圆，在垂直于 AD 的平面上，设想以圆为底面并以 A 为顶点的圆锥，AB,AC 是圆锥的母线。

在平行四边形中作任意双坐标 OP，分别与 AB, AD,AC 相交于 Q,S,R。

兹由抛物线的性质，

$$BD^2 : OS^2 = DA : AS$$
$$= BD : QS$$
$$= BD^2 : BD \cdot QS,$$

因此 $\qquad\qquad OS^2 = BD \cdot QS,$

或者 $\qquad\qquad BD : OS = OS : QS,$

因而 $\qquad\qquad BD : QS = OS^2 : QS^2。$

又 $\qquad\qquad BD : QS = AD : AS$
$$= HA : AS,$$

因此 $\qquad HA : AS = OS^2 : QS^2$
$$= OP^2 : QR^2。$$

若现在通过 OP 作一个平面与 AD 成直角；这个平面截旋转抛物体于一个直径为 AD 的圆，截圆锥于一个直径为 QR 的圆。

因此我们看到

$$HA：AS ＝直径为 OP 的圆：直径为 QR 的圆$$
$$＝旋转抛物体中的圆：圆锥中的圆；$$

因此,在所示位置的旋转抛物体中的圆,相对于重心在 H 的圆锥中的圆,关于 A 平衡。

对由垂直于 AD 并通过抛物线的任何其他纵坐标的平面所作的两个对应的圆截面,情况类似。

这些圆截面分别组成整个旋转抛物体与整个圆锥,因此,如果以同样的方式处理它们,我们看到,旋转抛物体的截段在它所示的位置,相对于重心在 H 的圆锥,关于 A 平衡。

兹因为 A 是整个系统在所示位置的重心,而它的一部分,即圆锥,在所示位置的重心是 H,剩余部分即截段的重心在 HA 延长线上的 K,使得

$$HA：AK ＝截段：圆锥。$$

但 $截段 = \dfrac{3}{2}圆锥,$ [命题 4]

故 $HA = \dfrac{3}{2}AK。$

因此 $截段 = \dfrac{3}{2}圆锥 ABC。$

也就是,K 分 AD 的方式为 $AK = 2KD$。

命题 6

任意半球的重心[在]它的轴[所在的一条直线上],并把所述直线分成两部分：靠近半球面的部分与剩余部分的比例为 5：3。

球被通过其中心的平面截出一个圆；AC,BD 为相互垂直的圆的直径,通过 BD 作一个平面与 AC 成直角。

后一个平面将截球于以 BD 为直径的一个圆。

设想一个圆锥的底面为上述圆,顶点为 A。

延长 CA 至 H,使 AH 等于 CA,并视 HC 为平衡杆,A 是杆的中点。

在半圆 BAD 中,作任意直线 OP 平行于 BD,截 AC 于 E 并分别截圆锥的两条母线 AB,AD 于 Q,R。连接 AO。

通过 OP 作一个平面与 AC 成直角；这个平面将截半

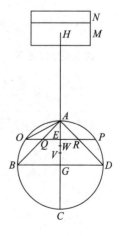

球于以 OP 为直径的圆,以及截圆锥于以 QR 为直径的圆。

现在,

$$HA:AE=AC:AE$$
$$=AO^2:AE^2$$
$$=(OE^2+AE^2):AE^2$$
$$=(OE^2+QE^2):QE^2$$
$$=(直径为\ OP\ 的圆+直径为\ QR\ 的圆):直径为\ QR\ 的圆。$$

因此,以 OP,QR 为直径的圆在它们的所示位置,相对于重心在 H 的直径为 QR 的圆关于 A 平衡。

且因为在所示位置的直径为 OP,QR 的两个圆加在一起的重心是⋯⋯

这里有一片空缺;但本证明很容易根据对应的但更困难的命题 8 中的案例完成。

我们从"在它们所示位置的直径为 OP,QR 的圆,相对于重心在 H 的直径为 QR 的圆,关于 A 平衡"开始。

对于通过 AG 上的各点且与 AG 成直角的平面所生成的所有其他圆截面的集合,类似的关系成立。然后,分别取充满半球 BAD 与圆锥 ABD 的所有圆,我们发现,在它们所示位置的半球 BAD 与圆锥 ABD 加在一起,相对于重心在 H 的圆锥 ABD 关于 A 平衡。

设圆柱 $M+N$ 的体积等于圆锥 ABD 的体积。然后,因为重心在 H 的圆柱 $M+N$ 平衡了在它们所示位置的半球 BAD 加上圆锥 ABD,假定重心在 H 的圆柱 M,(单独)平衡了在它所示位置的圆锥 ABD;于是,重心在 H 的圆柱 N 在所示位置(单独)平衡了半球 BAD。

现在,圆锥的重心在 V 点,使得 $AG=4GV$;因此,鉴于在 H 的 M 与圆锥处于平衡,

$$M:圆锥=\frac{3}{4}AG:HA=\frac{3}{8}AC:AC,$$

因而

$$M=\frac{3}{8}圆锥。$$

但 $M+N=$ 圆锥;因此 $N=\frac{5}{8}$ 圆锥。

现在设半球的重心在 AG 上 W 处。

于是,因为在 H 的 N 单独平衡了半球,

$$半球:N=HA:AW。$$

但半球 $BAD=$ 圆锥 ABD 的两倍,　　　　[《论球与圆柱》卷 I 命题 34 及上面的命题 2]

以及由上文,$N=\frac{5}{8}$ 圆锥,

因此

$$2:\frac{5}{8}=HA:AW$$
$$=2AG:AW,$$

从而 $AW = \dfrac{5}{8}AG$，故 W 分 AG 的方式为

$$AW : WG = 5 : 3。$$

命题 7

我们也可以用同样的方法研究以下定理：

[任意球缺与同底面等高]圆锥[的体积之比等于球半径及补球缺的高度之和与补球缺高度之比。]

这里有一片空缺；但佚失的只是构形，而构形容易由图形理解。BAD 当然是球缺，其体积将与同底面等高的圆锥的体积相比较。

通过 MN 所作与 AC 成直角的平面，截圆柱于一个直径为 MN 的圆，截球于一个直径为 OP 的圆，以及截底面为 EF 的圆锥于一个直径为 QR 的圆。

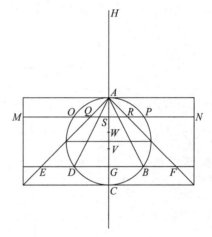

用与前相同的方式[参见命题 2]，我们可以证明，在它所示位置的直径为 MN 的圆，相对于移动后重心都在 H 的直径为 OP，QR 的两个圆，关于 A 平衡。

对于所有三个圆由任意垂直于 AC 的平面截有公共高 AG 的圆柱、球缺与圆锥而成的集合，可以证明相同的结论。

因为所有三个圆的集合分别组成整个圆柱、整个球缺及整个圆锥，可知在它所示位置的圆柱相对于重心在 H 的球缺与圆锥之和关于 A 平衡。

分 AG 于 W，V 使得

$$AW = WG, AV = 3VG。$$

因此，W 将是圆柱的重心，V 将是圆锥的重心。

因为现在，物体如所描述的那样处于平衡，

$$圆柱 : (圆锥\ AEF + 球缺\ BAD) = HA : AW。$$

$$\cdots$$

证明的其余部分佚失，但容易补充如下。

我们有

$$(圆锥\ AEF + 球缺\ BAD) : 圆柱 = AW : AC$$

$$= AW \cdot AC : AC^2。$$

但　　　　　　　圆柱：圆锥 $AEF = AC^2 : \frac{1}{3}EG^2$

$$= AC^2 : \frac{1}{3}AG^2。$$

因此,由依次比例,

$$（圆锥 AEF＋球缺 BAD）：圆柱 = AW \cdot AC : \frac{1}{3}AG^2$$

$$= \frac{1}{2}AC : \frac{1}{3}AG,$$

因而　　　　　球缺 BAD：圆锥 $AEF = \left(\frac{1}{2}AC - \frac{1}{3}AG\right) : \frac{1}{3}AG。$

再者　　　　　圆锥 AEF：圆锥 $BAD = EG^2 : DG^2$

$$= AG^2 : AG \cdot GC$$

$$= AG : GC$$

$$= \frac{1}{3}AG : \frac{1}{3}GC。$$

因此,由依次比例,

$$球缺 BAD：圆锥 ABD = \left(\frac{1}{2}AC - \frac{1}{3}AG\right) : \frac{1}{3}GC$$

$$= \left(\frac{3}{2}AC - AG\right) : GC$$

$$= \left(\frac{1}{2}AC + GC\right) : GC。\qquad\qquad 证毕。$$

命题 8

阐述、设置及构形的一些话语佚失。

然而其阐述可由命题 9 的阐述提供,除了不能针对"任意球缺"以外,二者必定等同,因此前提是,命题的阐述或者只对小于半球的球缺,或者只对大于半球的球缺。

海贝格的图对应于大于半球的球缺。所研究的当然是球缺 BAD。配置与构形看图自明。

延长 AC 至 H,O,使 HA 等于 AC 及 CO 等于球的半径;并视 HC 为平衡杆,其中点是 A。

在截出球缺的平面上作一个以 G 为中心及半径 (GE) 等于 AG 的圆;以这个圆为底面及以 A 为顶点作一个圆锥。AE,AF 是该圆锥的母线。

通过 AG 上的任意点 Q 作 KL 平行于 EF 并截球

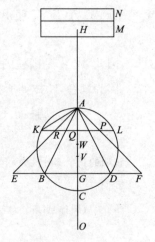

缺于 K , L ,以及截 AE , AF 于 R , P 点。连接 AK 。[①]

现在 $HA:AQ = CA:AQ$

$$= AK^2:AQ^2$$

$$=(KQ^2+QA^2):QA^2$$

$$=(KQ^2+PQ^2):PQ^2$$

$$=(直径为 KL 的圆+直径为 PR 的圆):直径为 PR 的圆。$$

设想有一个圆等于直径为 PR 的圆,其重心在 H ;因此,直径为 KL , PR 的圆在它们所示的位置,与重心位于 H 且直径为 PR 的圆关于 A 平衡。

对由任何其他垂直于 AG 的平面所作的对应截面,情况类似。

因此,分别取组成球缺 BAD 与组成圆锥 AEF 的截段的所有圆截面,我们发现,在它们所示位置的球缺 BAD 与圆锥 AEF ,相对于重心在 H 的圆锥 AEF 关于 A 点平衡。[②]

设圆柱 $M+N$ 等于以 A 为顶点及以 EF 为直径的圆为底面的圆锥 AEF 。

分 AG 于 V 使得 $AG=4VG$;因此 V 是圆锥 AEF 的重心;"因为这是已经被证明了的"[③]。

设圆柱 $M+N$ 被垂直于轴的一个平面以这样的方式切割,使得其重心被置于 H 的圆柱 M (单独)与圆锥 AEF 平衡。

因为悬挂在 H 的 $M+N$,相对于在它们所示位置的球缺 BAD 与圆锥 AEF 平衡,且也在 H 的 M 相对于在它所示位置的圆锥 AEF 平衡,可知在 H 的 N 与在它所示位置的球缺 BAD 平衡。

现在　　　　　球缺 BAD :圆锥 $ABD=OG:GC$,

"因为这是已经被证明了的"[参见《论球与圆柱》卷 Ⅱ 命题 2 的推论,以及上面的命题 7]。

又圆锥 ABD :圆锥 $AEF=$ 直径为 BD 的圆:直径为 EF 的圆

$$=BD^2:EF^2$$

$$=BG^2:GE^2$$

$$=CG \cdot GA:GA^2$$

---

① 这一段所叙述的辅助线,都是在纸面所在平面上作的。——译者注

② 根据本命题开始时的叙述,本命题研究的是大于半球的球缺 BAD ,但这里和以下的叙述中都称之为球缺 ABD ,二者应理解为同一个球缺。另外,本句并未提及取得平衡的参考点,根据上文,应该是相对于 A 而言。——译者注

③ 参见第 375 页的注。

$$=CG:GA。$$

因此，由依次比例，

$$球缺 BAD：圆锥 AEF=OG:GA。$$

在 AG 上取 W 使得

$$AW:WG=(GA+4GC):(GA+2GC)。$$

反过来我们有，

$$GW:AW=(2GC+GA):(4GC+GA)，$$

且由合比例，

$$GA:AW=(6GC+2GA):(4GC+GA)。$$

又 $GO=\dfrac{1}{4}(6GC+2GA)$ [由 $GO-GC=\dfrac{1}{2}(CG+GA)$ 得]，

且

$$CV=\dfrac{1}{4}(4GC+GA)，$$

因此

$$GA:AW=OG:CV，$$

或者写成

$$OG:GA=CV:WA。$$

由上文可知，

$$球缺 BAD：圆锥 AEF=CV:AW。$$

兹因为重心在 H 的圆柱 M 与重心在 V 的圆锥 AEF 关于 A 平衡，

$$圆锥 AEF：圆柱 M=HA:AV$$
$$=CA:AV；$$

且因为圆锥 AEF＝圆柱 $M+N$，由分比例及反比例有，

$$圆柱 M：圆柱 N=AV:CV。$$

从而，由合比例，

$$圆锥 AEF：圆柱 N=CA:CV [1]$$
$$=HA:CV。$$

但已经证明了

$$球缺 BAD：圆锥 AEF=CV:AW；$$

从而，由合比例，

$$球缺 BAD：圆柱 N=HA:AW。$$

且上面已经证明，在 H 的圆柱 N 与在所示位置的球缺 ABD 关于 A 平衡；因此，因为 H 是圆柱 N 的重心，故 W 是球缺 BAD 的重心。

----

[1] 阿基米德以迂回的方式得到了这个结果，其实它可以根据通过变换立即得到。参见欧几里得 X.14。

命题 9

我们也可以用同样的方法研究以下定理：

任意球缺的重心在该球缺的轴上，它把轴分为两部分，靠近球缺顶点部分的体积与剩余部分的体积之比，等于该轴及补球缺轴的四倍的和与该轴及补球缺轴的两倍的和之比。

本定理与"任意球缺"相联系，但所述的结果与上一命题相同，故由命题 8，它必须与某一种球缺相联系，或者是比半球大（如在命题 8 海贝格的图中），或者是比半球小。但无论如何，这只要求对图稍作修改即可。

命题 10

我们也可以用同样的方法研究以下定理：

[钝角拟圆锥（即旋转双曲体）的截段与一个]同底[等高的圆锥之比等于截段的轴与三倍的]"附加轴"（即通过旋转双曲体轴的双曲线截线的横轴之半，或换句话说，截段的顶点与包络圆锥顶点之间的距离），与截段的轴加上两倍"附加轴"之比 [①] [这是在《论拟圆锥与旋转椭球》命题 25 中证明的定理]，"以及还有许多其他定理，但借助前面几个例子，对所用的方法已经说得很清楚，因此我将略去，转而确定上面提到的定理的证明"。

命题 11

若一个圆柱内接于有正方形底面的直棱柱，其上下底面在相对的一组正方形底面上，且它与其余平行四边形侧面相切。若通过圆柱底面圆的中心及相对正方形面的一边作一个平面，则这样所作平面截下的图形，是整个棱柱的六分之一。

"这可以用上述方法研究，一旦完成，我将回到它的几何证明。"

命题 11，12 中包含用力学方法的研究。命题 13 给出另一个解，它虽然不包含力学，但仍有阿基米德视为不能使人信服的特征，因为其中认为立体由许多平行平面截面组成，而辅助抛物线事实上由其中的许多平行直线组成。命题 14 添加了令人信服的几何证明。

设有直棱柱与内接圆柱如上所述。

设棱柱被通过棱柱及圆柱的轴的一个平面切割，该平面垂直于截下部分圆柱的平面；设生成的截线是平行四边形 *AB*，并设它与截下部分圆柱的平面（该平面垂直于 *AB*）相截于直线 *BC*。

---

① 原文在最后一行中是"三倍"（*τριπλασίαν*）而不是"两倍"。因为在最后几行前有很大一片空缺，一条关于抛物旋转旋转体重心的定理可能就此缺失了。

设 CD 是棱柱与圆柱的轴，EF 成直角把它等分，通过 EF 作平面与 CD 成直角；这个平面将截棱柱于一个正方形，以及截圆柱于一个圆。

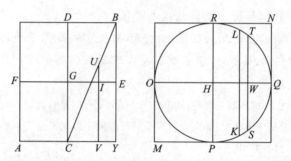

设 MN 是上述正方形及 $OPQR$ 是上述圆，并设圆与正方形的四边相切于 O,P,Q,R［第一幅图中的 F,E 分别等同于 O,Q］。设 H 是圆的中心。

设 KL 是通过 EF 垂直于圆柱轴的平面与截下部分圆柱的平面的交线；KL 被 OHQ 等分［并通过 HQ 的中点］。

作圆的任意弦，例如 ST，垂直于 HQ 并与 HQ 相交于 W；通过 ST 作平面垂直于 OQ，并把它向圆 $OPQR$ 所在平面的两边延伸。

这样所作的平面将切割有半圆截面 PQR 的半圆柱而得到一个平行四边形截面，其高为棱柱的轴，一边等于 ST，另一边是圆柱母线；它也将切割被截下的部分圆柱，得到一个平行四边形，其一边等于 ST，另一边等于且平行于 UV（在第一幅图中）。

UV 将平行于 BY 并将沿着平行四边形 DE 中的 EG，截下等于 QW 的线段 EI。

兹因为 EC 是一个平行四边形，且 VI 平行于 GC，则

$$EG : GI = YC : CV$$

$$= BY : UV$$

$$= 半圆柱中的 \square : 部分圆柱中的 \square，$$

且 $EG = QH,GI = HW,QH = OH$；因此，

$$OH : HW = 半圆柱中的 \square : 部分圆柱中的 \square。$$

设想部分圆柱中的平行四边形被移动并置于 O 点，使得 O 为其重心，且 OQ 是平衡杆，H 是杆的中点。

于是，因为 W 是半圆柱中平行四边形的重心，由上可知，在它所示位置的半圆柱中的平行四边形，重心在 W，它相对于重心在 O 的部分圆柱中的平行四边形关于 H 平衡。

对任何垂直于 OQ 并通过在垂直于 OQ 的半圆 PQR 中的任何其他弦所作的平行四边形截线,情况类似。

如果我们分别取组成半圆柱与部分圆柱的所有平行四边形,可知在其所示位置的半圆柱,与重心在 O 的截下的部分圆柱关于 H 平衡。

命题 12

设分别作出垂直于轴的平行四边形(正方形)MN,圆 $OPQR$ 及其直径 OQ,PR。

连接 HG,HM,并通过它们作平面与该圆所在的平面成直角,把平面向两边延伸。

这产生了一个三角形截面棱柱 GHM,其高等于圆柱的轴;这个棱柱是外切于圆柱的原棱柱的 $\frac{1}{4}$。

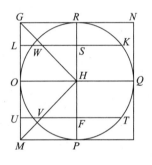

作 LK,UT 平行于 OQ 并与之等距,分别截该圆于 K,T,截 RP 于 S,F,以及截 GH,HM 于 W,V。

通过 LK,UT 作平面与 PR 成直角,并向着该圆所在平面的两侧延伸;这些平面在半圆柱 PQR 与棱柱 GHM 生成四个平行四边形截线,这些平行四边形的高等于圆柱的轴,其他边分别等于 $KS,TF,LW,UV,\cdots$

……

[证明的其余部分缺失,但如宙滕所说[①],所得到的结果及达到这些结果的方法,清楚地由上文的内容提示。

阿基米德打算证明,在它所示位置的半圆柱 PQR 和棱柱 GHM 关于定点 H 保持平衡。

他首先证明了,元素(1)边$=KS$ 的平行四边形,以及元素(2)边$=LW$ 的平行四边形,在它们所示的位置关于 S 平衡,或换句话说,在它们所示位置的直线 SK,LW 关于 S 平衡。

现在 （圆 $OPQR$ 的半径)$^2=SK^2+SH^2$,

或 $$LS^2=SK^2+SW^2。$$

因此 $$LS^2-SW^2=SK^2,$$

所以 $$(LS+SW)\cdot LW=SK^2,$$

从而 $$\frac{1}{2}(LS+SW):\frac{1}{2}SK=SK:LW。$$

① Zeuthen in *Bibliotheca Mathematica* VII3,1906—1907,pp. 352-353.

式中 $\frac{1}{2}(LS+SW)$ 是由 S 算起至 LW 的重心的距离，$\frac{1}{2}SK$ 是由 S 算起至 SK 的重心的距离，而 SK 与 LW 在它们所示位置关于 S 平衡。

对于对应的平行四边形，情况类似。

分别在半圆柱与棱柱中的平行四边形取*所有*元素，我们发现，分别在它们所示位置的半圆柱 PQR 与棱柱 GHM，关于 H 平衡。

由这个结果及命题 11 的结果，我们可以立即推导出截下部分圆柱的体积。因为在命题 11 中，重心在 O 的部分圆柱，被证明与在它所示位置的半圆柱关于 H 平衡。由命题 12，我们可以用半圆柱替代该命题中的棱柱 GHM，将其旋转到相对于 RP 相反的方向。如此放置的棱柱的重心在 HQ 上的（例如 Z）点，使得 $HZ = \frac{2}{3}HQ$。

因此，认为棱柱作用于其重心，我们有

$$\text{部分圆柱}：\text{棱柱 } GHM = \frac{2}{3}HQ：OH$$

$$= 2：3,$$

则

$$\text{部分圆柱} = \frac{2}{3}\text{棱柱 } GHM$$

$$= \frac{1}{6}\text{元棱柱。}$$

注. 本命题当然解出了求半圆柱的重心，或换句话说，解决了求半圆重心的问题。

因为在所示位置的三角形 GHM，与在所示位置的半圆 PQR 关于 H 平衡。

若 X 是在 HQ 上的点，它是半圆的重心，则

$$\frac{2}{3}HO \cdot \triangle GHM = HX \cdot \text{半圆 } PQR,$$

或

$$\frac{2}{3}HO \cdot HO^2 = HX \cdot \frac{1}{2}\pi \cdot HO^2;$$

即

$$HX = \frac{4}{3\pi} \cdot HQ。]$$

命题 13

设一个直棱柱有正方形底面，$ABCD$ 是其中之一；在棱柱中内切一个圆柱，其底面是圆 $EFGH$，它与正方形 $ABCD$ 的四边相切于 E, F, G, H。

通过底面的中心及与 $ABCD$ 相对的面上对应于 CD 的边作一个平面；这将割下一个等于原棱柱的 $\frac{1}{4}$ 的棱柱，它由三个平行四边形及两个三角形组成，两个

三角形形成相对的面。

在半圆 EFG 中作抛物线,它以 FK 为轴并通过 E,G;作 MN 平行于 KF 并与 GE 相交于 M,与抛物线相交于 L,与半圆相交于 O,以及与 CD 相交于 N。

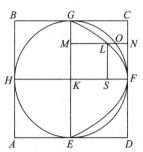

于是 $$MN \cdot NL = NF^2;$$

"因为这很清楚。" ［阿波罗尼奥斯 I 命题 11］

其参数当然等于 GK 或 KF。

因此 $$MN : NL = GK^2 : LS^2 。$$

通过 MN 作与 EG 成直角的平面,它将生成以下截线:(1) 在棱柱中,从整体棱柱截下一个直角三角形,其底边是 MN,与之垂直的边是在 N 与平面 $ABCD$ 上垂直的线,斜边在切割圆柱的平面上,以及(2) 在部分圆柱中截下一个直角三角形,其底边是 MO,与之垂直的边是圆柱的母线,在 O 垂直于平面 KN,以及斜边是……

这里有一段空缺,补足如下。

因为 $$MN : NL = GK^2 : LS^2$$
$$= MN^2 : LS^2,$$

由此可知 $$MN : ML = MN^2 : (MN^2 - LS^2)$$
$$= MN^2 : (MN^2 - MK^2)$$
$$= MN^2 : MO^2 。$$

但棱柱中的三角形(1)与部分圆柱中的三角形(2)之比是 $MN^2 : MO^2$。

因此,

棱柱中的△:部分圆柱中的△

$= MN : NL$

=矩形中的直线 DG:抛物线中的直线。

我们现在分别取棱柱、部分圆柱、矩形 DG 及抛物线 EFG 中的元素;

随之有

棱柱中的所有△:圆柱中的所有△

$= \square DG$ 中的所有直线:抛物线与 EG 之间的所有直线。

但棱柱由棱柱中的三角形组成,[部分圆柱由其中的三角形组成,]平行四边形 DG 由其中平行于 KF 的直线组成,以及抛物线弓形由被其周边与 EG 截取的平行于 KF 的直线组成;因此

棱柱：部分圆柱＝□GD：抛物线弓形 EFG

但 $\qquad \square GD = \dfrac{3}{2}$ 抛物线弓形 EFG；

"因为这已在我以前的专著中被证明。" [《抛物线弓形求积》]

因此 $\qquad$ 棱柱 $=\dfrac{3}{2}$ 部分圆柱；

于是，若我们记圆柱部分为 2 个单位，棱柱为 3 个单位，以及外切圆柱的原始棱柱为 12 个单位（四倍于另一个棱柱），则部分圆柱 $=\dfrac{1}{6}$（原始棱柱）。

$\qquad\qquad\qquad\qquad\qquad\qquad\qquad\qquad\qquad$ 证毕。

以上命题与下一个命题特别令人感兴趣之处在于，抛物线作为辅助曲线引入的唯一目的是把求体积问题简化为已知的抛物线弓形求积。

命题 14

设直棱柱有正方形底面［且其内切圆柱的底面在正方形 ABCD 中，与正方形四边相切于 E，F，G，H；设圆柱被通过 EG 及与 ABCD 相对的正方形面的对应边 CD 所作的一个平面切割。］

这个平面从棱柱中截下一个棱柱，并从圆柱中截下其一部分。

可以证明，被平面截下的部分圆柱是整个棱柱的 $\dfrac{1}{6}$。

但我们将首先证明，有可能对由圆柱截下的一部分，分别内接及外切一个立体图形，它们的高相等且有相似的三角形底面，使得外切图形超出内接图形的部分小于任何指定的量……

$\qquad\qquad\qquad\qquad\qquad$ ……

但已经证明了

$\qquad\qquad$ 被倾斜平面截下的棱柱 $<\dfrac{3}{2}$ 内接于部分圆柱的图形。

现在

$\qquad\qquad$ 被截下的棱柱：内接图形＝□DG：内接于抛物线弓形的诸□；

因此 $\qquad\qquad \square DG < \dfrac{3}{2}$ 抛物线弓形中的诸□；

但这是不可能的,因为"已在别处证明",平行四边形 DG 是抛物线弓形的 $\dfrac{3}{2}$。

所以……不大于。

……

以及被截下棱柱中的所有棱柱:外切图形中的所有棱柱

$=\square DG$ 中的所有 $\square$:抛物线弓形外切图形中的所有 $\square$;

因此

被截下的棱柱:部分圆柱的外切图形 $=\square DG$:抛物线弓形的外切图形。

但是,被倾斜平面截下的棱柱大于外切于部分圆柱的立体图形的 $\dfrac{3}{2}$……

……

在这个几何证明的阐述中,有很多缺失,但穷举法的应用方式,以及与其他应用的平行性是清楚的。第一个片断展示了与部分圆柱外切及内接的由棱柱组成的立体图形。这些棱柱的平行三角形面垂直于命题 13 图中的 GE;它们分 GE 为相等部分,其微小程度符合要求;由这样一个平面生成的部分圆柱的每个截面是内接及外切直棱柱的一个公共三角形面。这些平面,也在与截下部分圆柱相同的倾斜平面截下的以 GD 为底面的棱柱中,生成了许多棱柱。

平行平面把 GE 分成部分的数量要足够大,以保证外切图形超出内接图形的部分,小于一个很小的指定值。

证明的第二部分开始于以下假设:部分圆柱大于截下棱柱的 $\dfrac{2}{3}$;但通过应用辅助抛物线与曾用于命题 13 中的比例

$$MN:NL=MN^2:MO^2,$$

这被证明是不可能的,

我们可以提供缺失的证明如下。[1]

_____

[1] 需要指出,这已被赖因施在他的论文中(阿基米德未发表的一个几何处理"Un Traité de Géométrie inédit d'Archimède" in *Revue generale des sciences pures et appliquées*,30 Nov. and 15 Dec. 1907)用他的方式完成了;但我更喜欢我自己对这个证明的叙述。

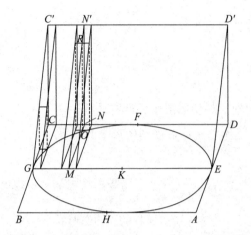
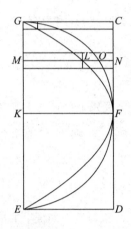

伴随的第一幅图表示了(1)第一个元棱柱外切于部分圆柱,(2)两个与纵坐标 OM 邻近的元棱柱,左面的一个外切于及右面的一个(二者相等)内接于部分圆柱,(3)对应的元棱柱形成截下的棱柱($CC'GEDD'$),它是元棱柱的 $\frac{1}{4}$。

第二幅图显示了外切及内接于辅助抛物线的元矩形,那些矩形精确地对应于第一幅图显示的外切及内接元棱柱(GM 的长度在二图中相同,元矩形的宽与元棱柱的高相同);对应的矩形形成的元矩形 GD 部分是相似的,如图所示。

为了方便起见,假定 GE 被分为偶数个相等的部分,以使 GK 包含整数个这些部分。

为了简洁起见,我们将每两个有公共边 OM 的元棱柱称为"元棱柱(O)",将每两个有公共面 MNN' 的元棱柱称为"元棱柱(N)"。类似地,我们将应用对应的缩写"元矩形(L)"与"元矩形(N)"于辅助抛物线的对应元素,如第二幅图所示。

现在容易看出,由所有内接棱柱组成的图形,小于由所有外切棱柱组成的图形,其差值是邻近 FK 的最终外切棱柱的两倍,即两倍的"元棱柱(N)";且因为这个棱柱的高可以通过把 GK 分为足够小的部分而足够小,可以使元棱柱组成的内接及外切立体图形之差小于任意指定的立体图形。

(1) 假定以下关系成立,检验是否可能。

$$部分圆柱 > \frac{2}{3} 截下的棱柱,$$

或

$$截下的棱柱 < \frac{3}{2} 部分圆柱。$$

例如设

$$截下的棱柱 = \frac{3}{2} 部分圆柱 - X。$$

构建由元棱柱组成的内接及外切立体图形,使得

$$外切图形 - 内接图形 < X。$$

因此

$$内接图形 > 外切图形 - X,$$

且更有

$$> 部分圆柱 - X。$$

由此可知

$$截下的棱柱 < \frac{3}{2}内接图形。$$

现在分别考虑截下的棱柱与内接图形中的元棱柱,我们有

$$元棱柱(N):元棱柱(O) = MN^2:MO^2$$

$$= MN:NL \qquad [如在命题 13 中]$$

$$= 元矩形(N):元矩形(L)。$$

由此可知

$$\sum\{元棱柱(N)\}:\sum\{元棱柱(O)\} = \sum\{元矩形(N)\}:\sum\{元矩形(L)\}。$$

(其实第一项及第三项与第二项及第四项相比,分别多出两个棱柱与矩形;但这不引起任何问题,因为第一项及第三项可以乘一个公共因子 $\frac{n}{n-2}$ 而不会影响比例式的成立。参见上面第 377 页引用的《论拟圆锥与旋转椭球》中的命题。)

因此

$$截下的棱柱:部分圆柱中的内接图形 = 矩形 GD:抛物线中的内接图形。$$

但上面已经证明了

$$截下的棱柱 < \frac{3}{2}部分圆柱中的内接图形,$$

因此

$$矩形 GD < \frac{3}{2}抛物线中的内接图形,$$

从而更有

$$矩形 GD < \frac{3}{2}抛物线弓形;$$

而这是不可能的,因为

$$矩形 GD = \frac{3}{2}抛物线弓形。$$

因此,

$$部分圆柱 \not> \frac{2}{3}截下的棱柱。$$

(2) 第二个空缺一定是下一个穷举法的开始,否定另一种可能的假设:

$$部分圆柱 < \frac{2}{3}截下的棱柱。$$

在这种情况下,我们的假设是

$$截下的棱柱 > \frac{3}{2}部分圆柱;$$

且我们用元棱柱作外切及内接图形,使得

$$截下的棱柱 > \frac{3}{2}部分圆柱的外切图形。$$

我们现在分别考虑棱柱与外切图形中截下的元棱柱,与上面相同的论据给出

$$截下的棱柱:部分圆柱的外切图形 = 矩形 GD:抛物线的外切图形,$$

从而可知

$$矩形\,GD > \frac{3}{2}\,抛物线的外切图形，$$

且更有

$$矩形\,GD > \frac{3}{2}\,抛物线弓形；$$

这是不可能的，因为

$$矩形\,GD = \frac{3}{2}\,抛物线弓形。$$

因此， $$部分圆柱 \not< \frac{2}{3}\,截下的棱柱。$$

这就证明了既不大于又不小于；因此

$$部分圆柱 = \frac{2}{3}\,截下的棱柱$$

$$= \frac{1}{6}\,元棱柱。$$

命题 15

这个缺失的命题，应该是本专著前言中提到的两个特殊问题中的第二个，即同时包括在两个圆柱之间的图形的体积，这两个圆柱内切于同一个立方体，它们的相对底面在立方体的相对面上，且圆柱的侧面与立方体的其余四个面相切[①]。

宙滕[②]展示了力学方法如何应用于本案例。

在附图中，$VWYX$ 是立方体被一个平面（纸面）所作的截面，该平面通过内切于立方体的圆柱之一的轴 BD，且平行于两个相对的平面。

同平面由另一圆柱截出圆 $ABCD$，该圆柱的轴垂直于纸面，并在各个方向延伸至等于圆半径或立方体边长的一半。

AC 是圆的直径，它垂直于 BD。

连接 AB,AD 并延长它们与圆在 C 的切线相交于 E,F。

于是 $EC=CF=CA$。

设 LG 是在 A 的切线，并完成矩形 $EFGL$。

由 A 作直线至一个截面的四角，该截面系通过 BD 并垂直于 AK 的平面。这些直线若延长，将与立方体中与 A 相对的平面相交于四点，形成该平面中一个正方形的四角，其边等于 EF 或立方体边的两倍，于是我们有一个角锥，它以 A 为顶点及以上述正方形为底面。

用与角锥相同的底面与高来完成棱柱（平行六面体）。

---

① 这两个圆柱成十字形内接于立方体中。——译者注
② Zeuthen in *Bibliotheca Mathematica* VII₃, 1906-1907, pp. 356-357.

在平行四边形 LF 中作任意直线 MN 平行于 EF,并通过 MN 作一个平面与 AC 成直角。

这个平面切割:

(1) 边等于 OP 的正方形中的两个圆柱都包含的立体,

(2) 边等于 MN 的正方形中的棱柱,以及

(3) 边等于 QR 的正方形中的角锥。

延长 CA 至 H,作 HA 等于 AC,并设想 HC 是平衡杆。

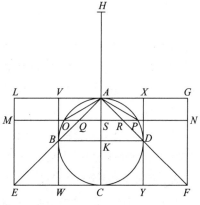

现在,如在命题 2 中,因为

$$MS = AC, QS = AS,$$
$$\text{则 } MS \cdot SQ = CA \cdot AS$$
$$= AO^2$$
$$= OS^2 + SQ^2。$$

另外,

$$HA : AS = CA : AS$$
$$= MS : SQ$$
$$= MS^2 : MS \cdot SQ$$
$$= MS^2 : (OS^2 + SQ^2),\text{由上面},$$
$$= MN^2 : (OP^2 + QR^2)$$

$=$ 边为 MN 的正方形:(边为 OP 的正方形+边为 QR 的正方形)。

因此,在所示位置的边长等于 MN 的正方形,关于 A 与重心在 H 的边长分别等于 OP,QR 的两个正方形平衡。

用同样方式处理由垂直于 AC 的其他平面生成的正方形截面,我们最终证明在其所示位置的棱柱,关于 A 与被包含在两个圆柱中的立体及角锥平衡,这两个圆锥及角锥的重心均在 H。

现在,棱柱的重心在 K。

因此　　　　　　　　$HA : AK =$ 棱柱:(立体+角锥)

或者　　　　　　$2 : 1 =$ 棱柱:$\left(\text{立体}+\dfrac{1}{3}\text{棱柱}\right)$,

即　　　　　　　　$2\text{立体}+\dfrac{2}{3}\text{棱柱}=\text{棱柱}。$

由此可知

$$\text{包含在两个圆柱中的立体}=\frac{1}{6}\text{棱柱}$$

$$= \frac{2}{3} \text{立方体}。$$ 证毕。

毫无疑问,阿基米德进而用穷举法完成了严格的几何证明。

如同尤尔(C. Juel)教授观察到的(宙滕,上引),本命题中的立体由 8 段圆柱[①]组成,它们的类型与上一命题中处理的相同。然而这两个命题是分别叙述的,阿基米德对它们的证明肯定是不同的。

在这种情况下,AC 会被许多平面分为很大数目的相等部分,这些平面通过各分点并垂直于 AC。这些平面切割立体,也切割立方体 VY 于正方形截面。这样,我们可以对上述立体内接及外接所要求的由元棱柱组成的立体图形,使它们的差值小于任意指定的立体;角锥有正方形底面,它们的高是 AC 的小段。在内接及外接图形中的元棱柱以等于 OP^2 的正方形作为底面,对应于在立方体中的元棱柱,其底面是边等于立方体边的正方形;元棱柱之比是 OS^2：BK^2,我们可以用同一条辅助抛物线,并以与命题 14 完全相同的方式做出证明。

---

① 这个立体是由两个轴线互相垂直的圆柱相交得到的公共部分,其形状如下图所示。——译者注

译后记

• *Translator's Postscript* •

    阿基米德著作的内容十分丰富。在数学方面,有些内容在现代数学课程中可以找到,另一些内容则不为今人所熟悉。即使是今人熟悉的内容,有些也因使用的术语不同而需要加以说明。这些说明,多数已用译者注的形式分散给出,这里把出现频率较高的情形汇总并作更系统的说明,以方便读者阅读。还要提到,英文版第八章是英语与希腊语术语对照,考虑到中国读者很少有人懂得希腊数学术语或对之少有兴趣探讨,未予译出。

    首先有两个希腊词,英语因无适当译名而基本上保留原文。一个是"$\nu\varepsilon\tilde{\upsilon}\sigma\iota\varsigma$"(名词)拉丁语译为"inclinatio",英语译为"neusis"(音译),"verge"它的动词形式"$\nu\varepsilon\acute{\upsilon}\varepsilon\iota\nu$"则译为"incline towards"。它的完整意义是"作一条直线通过一个给定点,使其在两条直线或两条曲线之间的截距等于一个给定长度"。译文中有时简称为"逼近线"。另一个是"$\delta\iota o\rho\iota\sigma\mu\acute{o}\varsigma$",涉及解的可能性及其极限、个数等,译文中有时简称为"解存在的条件"。

    本书中常用的一个概念"Application",可能不为中国读者所熟悉。其意义是："求一个面积为 A 的矩形与一条长度为 a 的直线适配,其实质就是要求一个 x,使得 $A=ax$;同样的矩形与直线适配并超出一个正方形,是求 x,使得 $A=(a+x)x$;适配而亏缺一个正方形,是求 x,使得 $A=(a-x)x$。"(图 1)这种方法相当于把代数问题化为几何问题求解。注意在阿基米德时代还没有代数方法,因此不得不采用这种现在看起来有点烦琐的所谓几何代数方法。

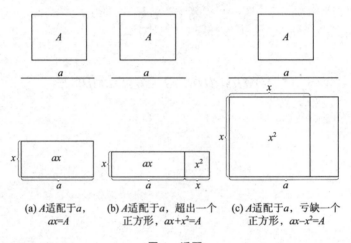

(a) A 适配于 a,
$ax=A$

(b) A 适配于 a,超出一个
正方形,$ax+x^2=A$

(c) A 适配于 a,亏缺一个
正方形,$ax-x^2=A$

图 1　适配

阿基米德是度量几何学的鼻祖,他自己最得意的成就,是算出了球与圆柱的体积之比及它们的表面积之比。在他的著作中,许多内容与体积和面积的计算有关。因此,"section"一词在本书中经常出现,表示用一个割平面截一个立体或曲面所得到的结果。对于立体,译为"截面";对于曲面,译为"截线"。特别是对圆锥面,阿基米德所用的术语"锐角圆锥截线""直角圆锥截线"和"钝角圆锥截线",分别指"椭圆(圆)""抛物线"和"双曲线"。

中文所说的"圆锥",既可以指"圆锥体",又可以指"圆锥面",译文也只在可能导致混淆处加以明确区分,对其他如"椭球"和"球"等也类似地处理。再如"圆"和"椭圆"也既可以指二维图形,又可以指一维曲线,需要强调是后者时分别用"圆的周边"和"椭圆的周边"表示。但对另一些,如"抛物旋转体(面)"和"双曲旋转体(面)",则必须明确区分指的是立体还是曲面,因为没有一个泛指的名词。双曲线其实有完全相同且相对的两个分支(这一点直到阿波罗尼奥斯才搞清楚),它们有公共渐近线,每一分支又是自我对称的。若两渐近线成直角,则称为等轴(或直角)双曲线。此外,轴线与之垂直,且共享渐近线的另一组双分支、双曲线被称为共轭双曲线(图 2)。如果两个分支的双曲线绕自我对称轴旋转,得到的是双叶旋转双曲面(图 3),本书讨论的是其中的一叶(另一叶完全相同)。如果绕共同对称轴旋转,得到的是单叶旋转双曲面(图 4),本书中未涉及。旋转椭球在书中被称为"spheroid"(球体),而不是现在常用的"ellipsoid of revolution",阿基米德的原文称之为"锐角拟圆锥","拟圆锥"的英语是"conoid",中文译为劈锥,显然在此不合适,故根据韦氏字典的释义"shaped like or nearly like a cone"译为"拟圆锥"。类似地,旋转抛物体(面)和旋转双曲体(面)被阿基米德分别称为直角拟圆锥和钝角拟圆锥。

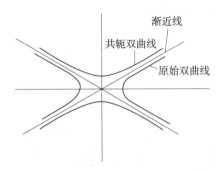

图 2　双曲线

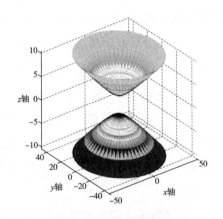

图 3　双叶旋转双曲面

图 4　单叶旋转双曲面

被平面截下的部分是"segment",一般译为"截段"。但球体的截段是"球缺",其表面称为"球冠"。椭球的正截段(切割平面垂直于轴)也称为"椭球缺"。平面图形的截段译为"弓形",如"(圆)弓形""抛物线弓形""双曲线弓形"等。直线的截段则常译为"截距"。本书常常略去了"点""面积""体积"等词语,例如"圆锥 APP"指的就是"圆锥 APP 的体积",只要不引起歧义,译文中保持原状。原文对线段的命名有时不甚统一,例如"AB"与"BA"指的是同一线段,我们也未予以改变。对括号的使用,遵循原书从内到外圆括号、方括号、花括号的顺序,有时还用上横线。另外,对比值的前后项,即使是若干项的四则运算,一般也不括起来。另外,原书中基本只用"直线"而不用"线段",译文在必要时予以区分。

正是因为没有代数方程,阿基米德著作大量用到比例式及其运算。对一个比例式 $a:b=c:d$,

1. 由更比例($permutando$,$alternando$)有 $a:c=b:d$;

2. 由反比例($invertendo$)有 $b:a=d:c$;

3. 由合比例($componendo$)有 $a+b:b=c+d:d$;

4. 由分比例($dividendo$)有 $a-b:b=c-d:d$;

5. 由换比例有 $a:a-b=c:c-d$;

6. 依次比例($ex\ aequali$ 或 sc. $distantia$,拉丁文 $ex\ aequali$ 中,ex 是"由",$aequali$ 是"相等",而按照希思的解读,作者的原意应是 $ex\ aeqali\ distantia$,这里 $distantia$ 是"距离")的意思是由 $a:b:c:d:\cdots=A:B:C:D:\cdots$ 可知 $a:d=A:D$ 等,以及由 $a:b=A:B$ 和 $b:c=B:C$ 可知 $a:c=A:C$ 等。

本书中有一些注释性内容、他人的推导、因希腊语译文难以辨认或缺少的猜测性恢复等,在希思的原书中均放在方括号中。译文为醒目起见,把这类文字中独立成段及以上者,用小一号字排印,并取消括号。但对插入句中的部分,仍保留原形式。此外,原书用单引号表示一些专用术语,如'第一圆''前进''后退'等。译文中仍保持原状。

除了自身外,本书中还大量引用以下两种文献:

欧几里得的《几何原本》。国内已有不少译本,"科学元典丛书"也收入了译者参与翻译的一个最新重译本,即将出版。

阿波罗尼奥斯的《圆锥曲线论》(暂名)。比较容易阅读的是希思编撰的英文版本,"科学元典丛书"收入的由本译者翻译的一个译本也即将出版。

彭婧珞女士对本书翻译过程中出现的一些英语难点提供了咨询意见,北京大学出版社周雁翎老师对本书导读提出了宝贵意见,唐知涵女士在本书出版中做了大量工作,译文中希腊语与拉丁语的翻译,得到了张曜老师的帮助,在此一并致谢。

附录中列出本书多次用到的一些几何形状的面积与体积公式。

附录：一些常用几何图形的面积和体积

下表中：V—体积；M—侧面积；S—总面积；r—半径；h—高；l—母线长度；a—长轴，球扇形和球冠（缺）底面半径；b—底边宽度，短轴；c—椭球第三轴。

图形	体积	侧面积	总面积	
椭圆			$S=\pi ab$	
圆柱	$V=\pi r^2 h$	$M=2\pi rh$	$S=2\pi r(r+h)$	
圆锥	$V=\dfrac{1}{3}\pi r^2 h$	$M=\pi rl$	$S=\pi r(r+l)$	
圆球	$V=\dfrac{4}{3}\pi r^3$		$S=4\pi r^2$	
抛物线弓形			$S=\dfrac{2}{3}bh$	

图形	体积	侧面积	总面积	
球扇形	$V=\dfrac{2}{3}\pi r^2 h$	$M=\pi ar$	$S=\pi(2rh+a^2)$	
球缺	$V=\dfrac{1}{3}\pi h^2(3r-h)$	$M=2\pi rh$	$S=\pi r(r+l)$	
椭球	$V=\dfrac{4}{3}\pi abc$			
旋转抛物体	$V=\dfrac{1}{2}\pi r^2 h$			

科学元典丛书